平衡优化理论与应用
Equilibrium Optimization Theory with Applications

刘彦奎　陈艳菊　杨国庆　著

科学出版社
北京

内 容 简 介

本书主要介绍不确定决策系统中的平衡度量理论、静态与两阶段动态平衡优化方法及其应用. 在平衡度量理论中, 介绍平衡度量的构造方法, 引入平衡均值和风险值等优化指标, 讨论基于平衡度量的收敛模式等. 在静态平衡优化方法方面, 引入评价函数来评估决策向量的优劣; 依据所选择的评价函数, 建立各种不同的静态优化模型. 在动态平衡优化方法方面, 介绍如何将可信性优化与随机优化两种处理不确定性的建模方法融合在一个优化体系中, 来解决多阶段决策问题.

本书可作为应用数学专业高年级本科生或运筹学与控制论专业研究生的教材, 也可作为从事运筹学、管理科学及信息科学研究的高校教师和科技工作者的参考书.

图书在版编目(CIP)数据

平衡优化理论与应用/刘彦奎, 陈艳菊, 杨国庆著. —北京: 科学出版社, 2018.12
ISBN 978-7-03-059429-7

Ⅰ. ①平⋯ Ⅱ. ①刘⋯ ②陈⋯ ③杨⋯ Ⅲ. ①平衡-度量-最优化算法 Ⅳ. ①O174.12

中国版本图书馆 CIP 数据核字 (2018) 第 253877 号

责任编辑: 胡庆家 李 萍 / 责任校对: 杜子昂
责任印制: 张 伟 / 封面设计: 铭轩堂

科学出版社 出版
北京东黄城根北街 16 号
邮政编码: 100717
http://www.sciencep.com

北京九州迅驰传媒文化有限公司 印刷
科学出版社发行 各地新华书店经销

*

2018 年 12 月第 一 版 开本: 720×1000 B5
2019 年 9 月第二次印刷 印张: 17 1/4 插页: 1
字数: 340 000
定价: 128.00 元
(如有印装质量问题, 我社负责调换)

前　言

　　带有不确定信息的决策与优化方法是当今系统科学领域的研究热点,其中不确定信息分布的精细化表示与精准化度量是亟待解决的科学问题. 目前国内外同行主要采用模糊集合论方法刻画主观不确定信息的分布函数,但该方法在处理多源不确定信息交叉融合运算中具有很大的局限性.

　　本书作者通过多年系统、深入地研究,提出了基于平衡机会的不确定信息表示的理论体系,建立了一套处理多源不确定信息的理论和方法,在一定程度上解决了不确定信息分布的精细化表示与精准化度量两方面的关键问题. 本书共 10 章,介绍不确定性平衡优化理论与应用的最新研究进展,包括理论基础、模型的建立与分析,以及平衡优化方法的应用等.

　　第 1 章给出一些有关线性规划、非线性规划和概率约束规划的基本知识.

　　第 2 章介绍静态平衡优化理论. 首先讨论模糊随机变量的可测性准则,引入平衡机会的定义并讨论平衡机会的性质,然后在此基础上研究平衡机会规划的凸性.

　　第 3 章给出几种双重不确定变量序列的收敛模式,建立各种平衡收敛模式之间的关系;通过非线性积分引入两种双重不确定变量的平衡均值;针对可积双重不确定变量序列,讨论单调收敛定理和控制收敛定理;最后给出双重不确定变量的逼近方法.

　　第 4 章主要介绍有价证券选择问题. 首先采用随机优化方法建立带有 VaR 约束的优化模型;其次在收益率的概率分布信息部分已知的情形下,重点讨论概率-可信性平衡风险值优化方法.

　　第 5 章主要介绍单阶段平衡枢纽选址问题. 首先在离散随机时间情形下研究枢纽选址问题的建模与求解;其次在随机时间的概率分布信息部分已知的情形下,讨论枢纽选址问题的概率-可信性平衡优化方法.

　　第 6 章主要介绍两阶段平衡枢纽选址问题. 首先介绍随机需求情形下的最小风险建模方法,进而在双重不确定需求下,基于平衡关键值准则建立相应的两阶段枢纽选址优化模型.

　　第 7 章主要介绍平衡供应链网络设计问题. 本章通过随机向量刻画现实供应链网络问题中的不确定参数,在精确联合概率分布信息已知和联合概率分布信息部分已知两种不同情形下研究供应链网络设计问题.

　　第 8 章主要介绍平衡冗余优化问题. 在部件寿命用概率分布刻画的情形下,分两种情形讨论冗余优化问题的建模方法. 重点讨论在概率分布信息部分已知情形下, 如何建立相应的平衡冗余优化模型.

第 9 章主要介绍多站点平衡供应链计划问题. 本章通过联合概率分布刻画现实供应链计划问题中的不确定参数, 在联合概率分布信息部分已知的情形下讨论多站点供应链计划问题的优化方法.

第 10 章主要介绍两阶段平衡供应合同问题. 在不确定参数的精确概率分布信息已知和概率分布信息部分已知两种情形下, 分别讨论两阶段供应合同问题的优化方法.

借此机会, 作者对 "风险管理与金融工程" 实验室的所有研究生表示感谢, 他们在学习和讨论初稿的过程中, 对第 1 章概率约束规划一节提出了很好的改进意见和建议, 在此表示感谢.

本书的研究工作得到国家自然科学基金 (No.61773150, No.61374184) 的资助, 在此作者表示衷心的感谢.

作　者
2018 年 1 月

目 录

第 1 章 预备知识 ··· 1
　1.1　线性规划 ··· 1
　　　1.1.1　可行域 ·· 1
　　　1.1.2　对偶理论 ··· 2
　1.2　非线性规划 ·· 3
　　　1.2.1　凸集与凸函数 ·· 3
　　　1.2.2　凸性 ··· 5
　　　1.2.3　Kuhn-Tucker 条件 ·· 5
　　　1.2.4　Lagrange 对偶 ··· 7
　1.3　概率约束规划 ·· 8
　　　1.3.1　联合概率约束 ·· 8
　　　1.3.2　可分离概率约束 ·· 10
　1.4　本章小结 ·· 11

第 2 章 静态平衡优化 ·· 12
　2.1　模糊随机变量的可测性准则 ·· 12
　　　2.1.1　模糊随机变量的定义 ·· 12
　　　2.1.2　可测性准则的可信性描述 ·· 16
　2.2　平衡机会 ·· 22
　　　2.2.1　平衡机会的定义 ·· 22
　　　2.2.2　平衡机会的推广 ·· 24
　2.3　平衡机会规划模型 ··· 25
　　　2.3.1　处理约束 ·· 25
　　　2.3.2　处理单个目标函数 ··· 26
　　　2.3.3　处理多个目标函数 ··· 27
　2.4　平衡机会规划的凸性 ·· 28
　　　2.4.1　联合分布下的凸性定理 ··· 28
　　　2.4.2　独立条件下的凸性定理 ··· 32
　2.5　本章小结 ·· 35

第 3 章 平衡期望值算子与收敛性 ·· 36
　3.1　第一类平衡期望值算子 ··· 36

3.1.1　模糊随机变量的收敛模式 ································ 36
　　3.1.2　控制收敛定理 ·· 42
3.2　第二类平衡期望值算子 ··· 46
　　3.2.1　平衡机会的性质 ·· 46
　　3.2.2　收敛准则 ·· 53
　　3.2.3　可积序列的收敛定理 ·· 59
3.3　模糊随机变量的逼近方法 ··· 61
3.4　本章小结 ··· 62

第 4 章　平衡有价证券选择问题 ·· 64
4.1　具有随机 VaR 约束的优化方法 ······································· 64
　　4.1.1　投资组合选择问题和下行风险约束 ······················ 64
　　4.1.2　最优投资组合 ·· 65
4.2　概率–可信性平衡风险准则 ·· 66
　　4.2.1　平衡风险值 ··· 66
　　4.2.2　平衡优化模型的建立 ·· 67
　　4.2.3　平衡优化模型的分析 ·· 68
　　4.2.4　等价确定凸规划模型 ·· 72
　　4.2.5　数值实验和比较研究 ·· 74
4.3　本章小结 ··· 83

第 5 章　单阶段平衡枢纽选址问题 ·· 84
5.1　离散随机时间情形的关键值方法 ····································· 84
　　5.1.1　问题的提出 ··· 84
　　5.1.2　等价混合整数规划 ··· 87
　　5.1.3　分枝定界法 ··· 89
　　5.1.4　数值试验 ·· 90
5.2　概率–可信性平衡优化方法 ·· 91
　　5.2.1　问题描述 ·· 92
　　5.2.2　平衡优化问题的形成 ·· 93
　　5.2.3　处理平衡服务水平 ··· 96
　　5.2.4　基于参数分解的禁忌搜索算法 ···························· 100
　　5.2.5　数值实验和比较研究 ·· 106
5.3　本章小结 ··· 112

第 6 章　两阶段平衡枢纽选址问题 ·· 113
6.1　随机需求情形的最小风险准则 ······································ 113
　　6.1.1　模型的建立 ·· 113

		6.1.2 等价 0-1 分式规划问题·················· 116
		6.1.3 分枝定界法······················· 118
		6.1.4 数值实验························ 119
	6.2	双重不确定需求情形的平衡关键值方法·············· 120
		6.2.1 两阶段 UHL 问题的描述················· 120
		6.2.2 基于补偿的动态最优预算选址模型············· 120
		6.2.3 两阶段 UHL 问题的等价静态模型············· 124
		6.2.4 计算最优预算····················· 128
		6.2.5 基于变邻域搜索的遗传算法设计·············· 131
		6.2.6 数值实验和比较研究··················· 137
	6.3	本章小结··························· 143
第 7 章	平衡供应链网络设计问题························ 144
	7.1	风险值随机优化模型及其分枝定界法··············· 144
		7.1.1 风险值模型的建立··················· 144
		7.1.2 等价 0-1 混合整数规划问题················ 146
		7.1.3 分枝定界法······················ 148
		7.1.4 数值实验······················· 148
	7.2	平衡优化模型及其生物地理进化算法··············· 150
		7.2.1 平衡模型的建立···················· 150
		7.2.2 等价可信性优化模型··················· 153
		7.2.3 可信性优化模型的近似方法················ 156
		7.2.4 占优集和有效不等式··················· 158
		7.2.5 基于逼近方法的 BBO 算法················ 160
		7.2.6 数值实验和比较研究··················· 165
	7.3	本章小结··························· 168
第 8 章	平衡冗余优化问题··························· 170
	8.1	随机机会约束多目标规划模型·················· 170
		8.1.1 冗余系统······················· 170
		8.1.2 冗余优化模型····················· 171
	8.2	max-max 平衡机会约束优化模型················· 173
		8.2.1 模型的建立······················ 173
		8.2.2 基于局部搜索的粒子群算法················ 176
		8.2.3 模型逼近方法····················· 186
		8.2.4 数值实验和比较研究··················· 189
	8.3	本章小结··························· 193

第9章　多站点平衡供应链计划问题·············194
9.1　问题描述·············194
9.2　两阶段平衡三目标优化模型·············195
9.2.1　符号说明·············195
9.2.2　第二阶段约束·············197
9.2.3　第二阶段目标·············198
9.2.4　第一阶段约束·············198
9.2.5　第一阶段目标·············199
9.2.6　平衡优化模型·············200
9.3　等价两阶段模糊模型·············200
9.3.1　处理概率约束·············200
9.3.2　分析第二阶段规划模型·············201
9.3.3　简化第一阶段目标·············202
9.4　可信性模型的近似·············203
9.4.1　逼近方案·············203
9.4.2　近似目标函数·············204
9.4.3　近似优化模型·············206
9.5　求解算法·············206
9.5.1　初始化操作·············206
9.5.2　粒子速度与位置的更新·············208
9.5.3　外部存储集合的更新·············208
9.5.4　算法步骤·············209
9.6　数值实验·············211
9.7　本章小结·············214

第10章　两阶段平衡供应合同问题·············216
10.1　随机双目标均值–标准差模型·············216
10.1.1　两阶段双目标随机期权–期货合同模型·············216
10.1.2　分析两阶段双目标随机规划模型·············218
10.1.3　第一阶段目标的处理·············220
10.1.4　等价模型与风险转化定理·············226
10.1.5　数值实验与结果分析·············230
10.1.6　灵敏度分析·············231
10.2　平衡单目标期望值模型·············233
10.2.1　两阶段期权–期货合同期望值模型·············233
10.2.2　分析两阶段随机模糊期望值模型·············234

  10.2.3 几种分布下的等价确定单阶段模型 ········· 235
  10.2.4 数值实验与结果分析 ················· 246
  10.2.5 与随机方法比较研究 ················· 249
 10.3 本章小结 ··························· 249
参考文献 ································ 251
索引 ·································· 261
彩图

常用符号

$(\Omega, \Sigma, \mathrm{Pr})$	概率空间
$(\Gamma, \mathcal{A}, \mathrm{Cr})$	可信性测度空间
α, β	概率/可信性置信水平
Pr	概率
Cr	可信性测度
Pos	可能性测度
Nec	必要性测度
Ch	平衡机会
E_γ	模糊变量期望值
E_ω	随机变量期望值
Var	方差
σ	标准差
$\boldsymbol{x}, \boldsymbol{y}$	决策向量
VaR	风险值
$\boldsymbol{\xi}, \boldsymbol{\eta}$	随机模糊向量或模糊随机向量
ξ, η	随机模糊变量或模糊随机变量
$\mathcal{N}(\boldsymbol{\mu}(\gamma), \boldsymbol{\Sigma})$	正态分布
$\boldsymbol{\mu}$	模糊期望值向量
$\boldsymbol{\Sigma}$	模糊协方差矩阵
$\mathcal{U}(\cdot, \cdot)$	均匀分布
(r_1, r_2, r_3, r_4)	梯形模糊变量
(r_1, r_2, r_3)	三角模糊变量
$n(m, \sigma)$	正态模糊变量
I, J, K, L, M	指标集
exp	以 e 为底的指数函数
PSO	粒子群算法
GA	遗传算法
$\top$	三角模
UHL	无能力约束的枢纽中心选址

$\rho^{\alpha}_{\text{CVaR}}$	模糊变量的条件风险值
d^+	正偏差变量
d^-	负偏差变量
Ξ	随机模糊向量或模糊随机向量的支撑
$\Re$	实数集
$\Re^n$	n 维欧氏空间

第1章 预备知识

本章介绍线性规划模型、非线性规划模型和随机规划模型中的一些基本概念和结论，主要包括线性规划的可行域及其对偶规划、凸集、凸函数、方向导数和次梯度等概念，凸规划，非线性规划的 Kuhn-Tucker 条件及其对偶规划，具有联合概率约束的随机规划问题及其简约梯度法，具有可分离概率约束的随机规划问题及其等价凸规划.

1.1 线性规划

1.1.1 可行域

在一组线性等式或不等式约束下，求一个线性函数的最大值或最小值的问题称为线性规划.

下面考虑线性规划问题的如下标准形式：

$$\begin{cases} \min & \boldsymbol{c}^{\mathrm{T}}\boldsymbol{x} \\ \text{s.t.} & \boldsymbol{A}\boldsymbol{x} = \boldsymbol{b}, \\ & \boldsymbol{x} \geqslant \boldsymbol{0}, \end{cases} \tag{1.1}$$

其中 $\boldsymbol{c} \in \Re^n, \boldsymbol{b} \in \Re^m, \boldsymbol{A} \in \Re^{m \times n}$ 是确定的, $\boldsymbol{x} \in \Re^n$ 是决策向量. 其他形式的线性规划都可以转化为此标准形式.

称 $\{\boldsymbol{x} \mid \boldsymbol{A}\boldsymbol{x} = \boldsymbol{b}, \boldsymbol{x} \geqslant \boldsymbol{0}\}$ 为线性规划 (1.1) 的约束, 称满足约束的向量 $\boldsymbol{x}$ 为问题 (1.1) 的一个可行解. 所有的可行解组成的集合称为问题 (1.1) 的可行集, 记为 $\mathfrak{B}$, 即

$$\mathfrak{B} = \{\boldsymbol{x} \mid \boldsymbol{A}\boldsymbol{x} = \boldsymbol{b}, \boldsymbol{x} \geqslant \boldsymbol{0}\}.$$

如果可行解 $\boldsymbol{x}_0 \in \mathfrak{B}$ 满足对所有的 $\boldsymbol{x} \in \mathfrak{B}$, 都有 $\boldsymbol{c}^{\mathrm{T}}\boldsymbol{x}_0 \leqslant \boldsymbol{c}^{\mathrm{T}}\boldsymbol{x}$, 则称可行解 $\boldsymbol{x}_0$ 为线性规划的最优解.

可用如下定理判断线性规划问题可行集是否非空.

定理 1.1 (Farkas 引理)　线性规划问题 (1.1) 的可行集 $\mathfrak{B} \neq \varnothing$ 当且仅当 $\{\boldsymbol{v} \mid \boldsymbol{A}^{\mathrm{T}}\boldsymbol{v} \geqslant \boldsymbol{0}\} \subset \{\boldsymbol{v} \mid \boldsymbol{b}^{\mathrm{T}}\boldsymbol{v} \geqslant \boldsymbol{0}\}$.

给定一个线性规划问题, 若 $\mathfrak{B} = \varnothing$, 则称该问题不可行或无解. 若 $\mathfrak{B} \neq \varnothing$, 但目标函数在 $\mathfrak{B}$ 上无下界, 则称该问题无下界. 若 $\mathfrak{B} \neq \varnothing$, 且目标函数有有限的最优值, 则称该问题有最优解.

1.1.2 对偶理论

下面介绍线性规划的对偶理论.

对每个线性规划 (1.1), 称其为原规划, 其对偶线性规划为

$$\begin{cases} \max & b^{\mathrm{T}}y \\ \text{s.t.} & A^{\mathrm{T}}y \leqslant c. \end{cases} \tag{1.2}$$

定理 1.2 设线性规划问题 (1.1) 和 (1.2) 分别有可行解 x 和 y, 则

(1) $b^{\mathrm{T}}y \leqslant c^{\mathrm{T}}x$;

(2) 问题 (1.1) 和问题 (1.2) 都有最优解.

定理 1.3 (对偶性定理) 线性规划问题 (1.1) 有最优解 x^o 当且仅当问题 (1.2) 有最优解 y^o, 并且 $b^{\mathrm{T}}y^o = c^{\mathrm{T}}x^o$.

对于任意形式的线性规划, 可以先转化为形如 (1.1) 的标准线性规划, 然后根据 (1.2) 给出对偶线性规划.

如果原规划为

$$\begin{cases} \min & c^{\mathrm{T}}x \\ \text{s.t.} & Ax \geqslant b, \\ & x \geqslant 0, \end{cases} \tag{1.3}$$

根据定义, 对偶线性规划为

$$\begin{cases} \max & b^{\mathrm{T}}u \\ \text{s.t.} & A^{\mathrm{T}}u \leqslant c, \\ & u \geqslant 0. \end{cases} \tag{1.4}$$

根据定义, 如果原规划为

$$\begin{cases} \min & c^{\mathrm{T}}x \\ \text{s.t.} & Ax \leqslant b, \\ & x \geqslant 0, \end{cases} \tag{1.5}$$

则对偶线性规划为

$$\begin{cases} \max & -b^{\mathrm{T}}v \\ \text{s.t.} & A^{\mathrm{T}}v \geqslant -c, \\ & v \geqslant 0. \end{cases} \tag{1.6}$$

如果原规划为

$$\begin{cases} \max & g^{\mathrm{T}}x \\ \text{s.t.} & Dx \leqslant f, \end{cases} \tag{1.7}$$

则得到对偶线性规划

$$\begin{cases} \min & \boldsymbol{f}^\mathrm{T}\boldsymbol{w} \\ \text{s.t.} & \boldsymbol{D}^\mathrm{T}\boldsymbol{w} = \boldsymbol{g}, \\ & \boldsymbol{w} \geqslant \boldsymbol{0}. \end{cases} \quad (1.8)$$

因此, 对偶的对偶就是原规划.

用 $\mathfrak{B}$ 表示原规划的可行集, 用 $\mathfrak{D}$ 表示对偶规划的可行集. 如果 $\mathfrak{B} = \varnothing$, 则令 $\inf_{\boldsymbol{x}\in\mathfrak{B}} \boldsymbol{c}^\mathrm{T}\boldsymbol{x} = +\infty$, 如果 $\mathfrak{D} = \varnothing$, 则令 $\sup_{\boldsymbol{u}\in\mathfrak{D}} \boldsymbol{b}^\mathrm{T}\boldsymbol{u} = -\infty$. 下面介绍原规划和对偶规划之间的关系.

定理 1.4 对于线性规划 (1.1) 和它的对偶线性规划 (1.2), 有

$$\inf_{\boldsymbol{x}\in\mathfrak{B}} \boldsymbol{c}^\mathrm{T}\boldsymbol{x} \geqslant \sup_{\boldsymbol{u}\in\mathfrak{D}} \boldsymbol{b}^\mathrm{T}\boldsymbol{u}.$$

定理 1.5 设 $\mathfrak{B}$ 和 $\mathfrak{D}$ 分别是线性规划 (1.1) 和它的对偶线性规划 (1.2) 的可行集. 如果 $\mathfrak{B} \neq \varnothing$ 或者 $\mathfrak{D} \neq \varnothing$, 则有

$$\inf_{\boldsymbol{x}\in\mathfrak{B}} \boldsymbol{c}^\mathrm{T}\boldsymbol{x} = \sup_{\boldsymbol{u}\in\mathfrak{D}} \boldsymbol{b}^\mathrm{T}\boldsymbol{u}.$$

如果 (1.1) 和 (1.2) 中有一个可解, 则另一个也可解, 且

$$\min_{\boldsymbol{x}\in\mathfrak{B}} \boldsymbol{c}^\mathrm{T}\boldsymbol{x} = \max_{\boldsymbol{u}\in\mathfrak{D}} \boldsymbol{b}^\mathrm{T}\boldsymbol{u}.$$

定理 1.6 $\mathfrak{B} \neq \varnothing$ 当且仅当由 $\boldsymbol{A}^\mathrm{T}\boldsymbol{u} \geqslant \boldsymbol{0}$ 可推导出 $\boldsymbol{b}^\mathrm{T}\boldsymbol{u} \geqslant 0$.

1.2 非线性规划

1.2.1 凸集与凸函数

定义 1.1 设 $S \subset \Re^n$ 是 n 维欧氏空间的一个点集, 若对任意的 $\boldsymbol{x}, \boldsymbol{y} \in S$, 以及任意的 $\lambda \in [0,1]$, 都有

$$\lambda \boldsymbol{x} + (1-\lambda)\boldsymbol{y} \in S,$$

则称 S 是一个凸集.

凸集有如下的重要性质.

定理 1.7 任意多个凸集的交还是凸集.

定义 1.2 设函数 $f(x,y)$ 在点 $P(x,y)$ 的某一邻域 $U(P)$ 内有定义. 自点 P 引射线 l. 设 $P'(x+\Delta x, y+\Delta y)$ 为 l 上的另一点且 $P' \in U(P)$, 两点间的距离为 $\rho = \sqrt{(\Delta x)^2 + (\Delta y)^2}$. 如果极限

$$\lim_{\rho \to 0} \frac{f(x+\Delta x, y+\Delta y) - f(x,y)}{\rho}$$

存在，则称此极限值为函数 f 在点 P 处沿方向 l 的方向导数，记作 $\dfrac{\partial f}{\partial l}$，即

$$\frac{\partial f}{\partial l} = \lim_{\rho \to 0} \frac{f(x+\Delta x, y+\Delta y) - f(x,y)}{\rho}.$$

现在来介绍凸函数的概念及其性质.

定义 1.3 设 $S \subset \Re^n$ 是非空凸集，函数 $f: S \to \Re^1$，如果对任意的 $\boldsymbol{x}^1, \boldsymbol{x}^2 \in S$，以及任意的 $\lambda \in (0,1)$，有

$$f(\lambda \boldsymbol{x}^1 + (1-\lambda)\boldsymbol{x}^2) \leqslant \lambda f(\boldsymbol{x}^1) + (1-\lambda)f(\boldsymbol{x}^2),$$

则称 f 为 S 上的凸函数，如果上述的 "$\leqslant$" 变为 "$<$"，且 $\boldsymbol{x}^1 \neq \boldsymbol{x}^2$，则称 f 为 S 上的严格凸函数. 另外，如果 $-f$ 是 S 上的凸函数，那么称 f 为 S 上的凹函数.

由凸函数的定义，容易验证，如果 f_1, f_2 都是 S 上的凸函数，$a \geqslant 0$，那么 af_1 和 $f_1 + f_2$ 都是凸函数. 需要注意的是，两个凸函数的乘积不一定是凸函数.

下面的定理给出了凸函数和凸集的关系.

定理 1.8 设 $S \subset \Re^n$ 是非空凸集，函数 $f: S \to \Re^1$ 是凸函数，那么集合

$$H_c(f, S) = \{\boldsymbol{x} \in S \mid f(\boldsymbol{x}) \leqslant c\}$$

对每个 $c \in \Re^1$ 都是凸集.

定理 1.9 设 $S \subset \Re^n$ 是非空凸集，函数 $f: S \to \Re^1$ 是凸函数，那么 f 在 S 的内部连续.

下面的定理用于判别一个可微函数是否为凸函数.

定理 1.10 设 $S \subset \Re^n$ 是非空开凸集，$f: S \to \Re^1$ 可微，则 f 是 S 上的凸函数的充分必要条件是：对任意的 $\boldsymbol{x}^1, \boldsymbol{x}^2 \in S$，有

$$\nabla f(\boldsymbol{x}^1)^{\mathrm{T}}(\boldsymbol{x}^2 - \boldsymbol{x}^1) \leqslant f(\boldsymbol{x}^2) - f(\boldsymbol{x}^1),$$

其中 $\nabla f(\boldsymbol{x}^1) = \left(\dfrac{\partial f(\boldsymbol{x}^1)}{\partial x_1}, \cdots, \dfrac{\partial f(\boldsymbol{x}^1)}{\partial x_n}\right)^{\mathrm{T}}$ 是函数 f 在点 $\boldsymbol{x}^1$ 处的一阶导数或梯度.

定理 1.11 设 $S \subset \Re^n$ 是非空开凸集，$f: S \to \Re^1$ 二阶连续可微，则 f 是 S 上的凸函数的充分必要条件是 f 的 Hessian 矩阵 $\nabla^2 f(\boldsymbol{x})$ 在 S 上是半正定的.

定义 1.4 令 $f: \Re^n \mapsto \Re$ 为一个凸函数，如果向量 $\boldsymbol{d} \in \Re^n$ 满足

$$f(\boldsymbol{z}) \geqslant f(\boldsymbol{x}) + (\boldsymbol{z} - \boldsymbol{x})^{\mathrm{T}}\boldsymbol{d}, \quad \forall \boldsymbol{z} \in \Re^n,$$

则称向量 $\boldsymbol{d}$ 是 f 在点 $\boldsymbol{x} \in \Re^n$ 上的一个次梯度.

定理 1.12 令 $f: \Re^n \mapsto \Re$ 为一个凸函数，向量 $\boldsymbol{d} \in \Re^n$. $\boldsymbol{d}$ 是 f 在点 $\boldsymbol{x} \in \Re^n$ 上的一个次梯度当且仅当

$$f(\boldsymbol{z}) - \boldsymbol{z}^{\mathrm{T}}\boldsymbol{d} \geqslant f(\boldsymbol{x}) - \boldsymbol{x}^{\mathrm{T}}\boldsymbol{d}, \quad \forall \boldsymbol{z} \in \Re^n.$$

1.2.2 凸性

非线性规划研究非线性函数的数值最优化问题. 考虑如下标准形式的非线性规划问题

$$\begin{cases} \min & f(\boldsymbol{x}) \\ \text{s.t.} & \boldsymbol{g}(\boldsymbol{x}) \leqslant \boldsymbol{0}, \end{cases} \tag{1.9}$$

其中函数 $f: \Re^n \to \Re^1, \boldsymbol{g}: \Re^n \to \Re^p, \boldsymbol{x} \in \Re^n$ 是决策向量, 目标函数和约束函数中至少有一个是关于 $\boldsymbol{x}$ 的非线性函数. 目标函数和约束函数都是连续可微的 (偏导函数是连续的). 记 $\mathfrak{B} = \{\boldsymbol{x} \in \Re^n \mid \boldsymbol{g}(\boldsymbol{x}) \leqslant \boldsymbol{0}\}$ 为规划问题 (1.9) 的可行集. $\mathfrak{B}$ 中的元素是非线性规划问题 (1.9) 的可行解.

如果存在 $\hat{\boldsymbol{x}} \in \mathfrak{B}$ 的一个邻域 U 使得 $f(\hat{\boldsymbol{x}}) \leqslant f(\boldsymbol{y}), \forall \boldsymbol{y} \in U$, 则称 $\hat{\boldsymbol{x}}$ 是非线性规划问题 (1.9) 的一个局部最小点. 如果 $f(\bar{\boldsymbol{x}}) \leqslant f(\boldsymbol{z}), \forall \boldsymbol{z} \in \mathfrak{B}$, 则称 $\bar{\boldsymbol{x}}$ 是非线性规划问题 (1.9) 的一个全局最小点.

如果函数 $\varphi: \Re^n \to \Re^1$ 是可微的, $\hat{\boldsymbol{x}} \in \Re^n$ 是其局部最小点, 则

$$\nabla \varphi(\hat{\boldsymbol{x}}) = \boldsymbol{0}.$$

如果 φ 是凸的, 则 $\hat{\boldsymbol{x}} \in \Re^n$ 是全局最小点当且仅当

$$\nabla \varphi(\hat{\boldsymbol{x}}) = \boldsymbol{0}.$$

很多情况下只能得到问题的局部最优解和局部最优值, 甚至只能得到满足某些条件的解. 下面考虑一类特殊的数学规划问题 —— 凸规划问题, 它的局部最优解一定是整体最优解.

对于非线性规划问题 (1.9), 如果 $\mathfrak{B}$ 是凸集, 并且 f 是 $\mathfrak{B}$ 上的凸函数, 则称问题 (1.9) 为一个凸规划问题.

定理 1.13 凸规划的任意一个局部最优解都是其整体最优解.

1.2.3 Kuhn-Tucker 条件

令 $I(\hat{\boldsymbol{x}}) := \{i \mid g_i(\hat{\boldsymbol{x}}) = 0\}$. 称

$$\boldsymbol{z}^\mathrm{T} \nabla g_i(\hat{\boldsymbol{x}}) \leqslant 0, i \in I(\hat{\boldsymbol{x}}) \implies \boldsymbol{z}^\mathrm{T} \nabla f(\hat{\boldsymbol{x}}) \geqslant 0 \tag{1.10}$$

为 $\hat{\boldsymbol{x}}$ 处的正则性条件.

定理 1.14 设 $\hat{\boldsymbol{x}}$ 为非线性规划 (1.9) 的一个局部最优解, 如果 $\hat{\boldsymbol{x}}$ 处正则性条件 (1.10) 成立, 则存在 $\hat{\boldsymbol{u}} \geqslant \boldsymbol{0}$, 使得

$$\nabla f(\hat{\boldsymbol{x}}) + \sum_{i=1}^{m} \hat{u}_i \nabla g_i(\hat{\boldsymbol{x}}) = \boldsymbol{0},$$
$$\sum_{i=1}^{m} \hat{u}_i g_i(\hat{\boldsymbol{x}}) = 0. \tag{1.11}$$

称 (1.11) 为解 $\hat{\boldsymbol{x}}$ 处的 Kuhn-Tucker 条件.

定理 1.15 设函数 $f, g_i(i=1,\cdots,m)$ 是凸函数, 存在 $\tilde{\boldsymbol{x}} \in \mathfrak{B}$ 使得 $g_i(\tilde{\boldsymbol{x}}) < 0, \forall i$, 则 $\hat{\boldsymbol{x}}$ 为非线性规划 (1.9) 的一个全局最优解当且仅当 $\hat{\boldsymbol{x}}$ 处 Kuhn-Tucker 条件 (1.11) 成立.

定义非线性规划问题 (1.9) 的 Lagrange 函数
$$L(\boldsymbol{x}, \boldsymbol{u}) := f(\boldsymbol{x}) + \sum_{i=1}^{m} u_i g_i(\boldsymbol{x}).$$

令
$$\nabla_{\boldsymbol{x}} L(\boldsymbol{x}, \boldsymbol{u}) := \left(\frac{\partial L(\boldsymbol{x}, \boldsymbol{u})}{\partial x_1}, \cdots, \frac{\partial L(\boldsymbol{x}, \boldsymbol{u})}{\partial x_n} \right)^{\mathrm{T}},$$
$$\nabla_{\boldsymbol{u}} L(\boldsymbol{x}, \boldsymbol{u}) := \left(\frac{\partial L(\boldsymbol{x}, \boldsymbol{u})}{\partial u_1}, \cdots, \frac{\partial L(\boldsymbol{x}, \boldsymbol{u})}{\partial u_m} \right)^{\mathrm{T}},$$

Kuhn-Tucker 条件 (1.11) 可以写成
$$\begin{cases} \nabla_{\boldsymbol{x}} L(\hat{\boldsymbol{x}}, \hat{\boldsymbol{u}}) = \boldsymbol{0}, \\ \nabla_{\boldsymbol{u}} L(\hat{\boldsymbol{x}}, \hat{\boldsymbol{u}}) \leqslant \boldsymbol{0}, \\ \hat{\boldsymbol{u}}^{\mathrm{T}} \nabla_{\boldsymbol{u}} L(\hat{\boldsymbol{x}}, \hat{\boldsymbol{u}}) = 0, \\ \hat{\boldsymbol{u}} \geqslant \boldsymbol{0}. \end{cases} \tag{1.12}$$

定理 1.16 设非线性规划问题 (1.9) 中函数 $f, g_i(i=1,\cdots,m)$ 是凸函数, 则任意满足 Kuhn-Tucker 条件的点 $(\hat{\boldsymbol{x}}, \hat{\boldsymbol{u}})$ 是 Lagrange 函数的鞍点, 即满足 $\forall \boldsymbol{u} \geqslant \boldsymbol{0}$,
$$L(\hat{\boldsymbol{x}}, \boldsymbol{u}) \leqslant L(\hat{\boldsymbol{x}}, \hat{\boldsymbol{u}}) \leqslant L(\boldsymbol{x}, \hat{\boldsymbol{u}}), \quad \forall \boldsymbol{x} \in \Re^n.$$

此外, 由互补条件有
$$L(\hat{\boldsymbol{x}}, \hat{\boldsymbol{u}}) = f(\hat{\boldsymbol{x}}).$$

在很多情况下, 非线性规划中函数的凸性条件可以减弱为拟凸性或伪凸性等条件. 下面给出伪凸函数及拟凸函数的概念.

定义 1.5 设 $S \subset \Re^n$ 是非空凸集, $f: S \to \Re^1$ 是实值函数. 如果对任意的 $\boldsymbol{x}^1, \boldsymbol{x}^2 \in S$, 以及任意的 $\lambda \in (0,1)$, 不等式
$$f(\lambda \boldsymbol{x}^1 + (1-\lambda) \boldsymbol{x}^2) \leqslant \max\{f(\boldsymbol{x}^1), f(\boldsymbol{x}^2)\}$$

成立, 则称函数 f 是拟凸函数. 如果 $-f$ 是拟凸函数, 称 f 是拟凹函数.

定义 1.6 设 $S \subset \Re^n$ 是非空开集, 函数 $f : S \to \Re^1$ 在 S 上是可微的. 如果对任意的 $x^1, x^2 \in S$, 满足 $\nabla f(x^1)^{\mathrm{T}}(x^2 - x^1) \geqslant 0$, 都有 $f(x^2) \geqslant f(x^1)$, 则称函数 f 为伪凸函数. 如果 $-f$ 是伪凸函数, 则称 f 是伪凹函数.

1.2.4 Lagrange 对偶

现在介绍非线性规划的 Lagrange 对偶问题. 考虑非线性规划 (称为原问题)

$$\begin{cases} \min & f(x) \\ \text{s.t.} & g(x) \leqslant 0, \\ & h(x) = 0, \end{cases} \tag{1.13}$$

其中函数 $f : \Re^n \to \Re^1$, $x \in \Re^n$, g 和 h 分别是 p 维和 q 维的向量值函数, 其分量分别为 g_i 和 h_j, 且满足 $g_i, h_j : \Re^n \to \Re^1$. 原问题 (1.13) 的 Lagrange 对偶规划问题定义为

$$\begin{cases} \max & \theta(u, v) \\ \text{s.t.} & u \geqslant 0, \end{cases} \tag{1.14}$$

其中 $\theta(u, v) = \inf \left\{ f(x) + \sum_{i=1}^p u_i g_i(x) + \sum_{j=1}^q v_j h_j(x) \right\}$, $u = (u_1, \cdots, u_p)^{\mathrm{T}} \in \Re^p$, $v = (v_1, \cdots, v_q)^{\mathrm{T}} \in \Re^q$. u_i 和 v_j 分别称为关于不等式约束 $g_i(x) \leqslant 0$ 和等式约束 $h_j(x) = 0$ 的对偶变量.

关于非线性规划的对偶问题与原问题的关系, 有下面的定理.

定理 1.17 如果 x 是原问题 (1.13) 的可行解, (u, v) 是对偶问题 (1.14) 的可行解, 那么

$$\inf\{f(x) \mid g(x) \leqslant 0, h(x) = 0\} \geqslant \sup\{\theta(u, v) \mid u \geqslant 0\}.$$

上述结论称为弱对偶定理, 在一定的凸性条件以及约束下, 还有下面的强对偶定理.

定理 1.18 如果 $f : \Re^n \to \Re^1$, $g : \Re^n \to \Re^p$ 是凸函数, $h : \Re^n \to \Re^q$ 是线性的, 即 $h(x) = Ax + b$, 并且满足下面的约束: $0 \in \text{int}\{h(x)\}$, 存在 x^* 使得 $g(x^*) < 0$ 以及 $h(x^*) = 0$, 那么

$$\inf\{f(x) \mid g(x) \leqslant 0, h(x) = 0\} = \sup\{\theta(u, v) \mid u \geqslant 0\}.$$

进一步, 如果 $\inf\{f(x) \mid g(x) \leqslant 0, h(x) = 0\} < \infty$, 那么 $\sup\{\theta(u, v) \mid u \geqslant 0\}$ 可在 $(\bar{u}, \bar{v})$ 处达到, 其中 $\bar{u} \geqslant 0$. 如果 $\inf\{f(x) \mid g(x) \leqslant 0, h(x) = 0\} < \infty$ 且在 $\bar{x}$ 处达到, 那么 $\bar{u}^{\mathrm{T}} g(\bar{x}) = 0$.

1.3 概率约束规划

本节将简单介绍随机规划模型中联合概率约束和分离概率约束的处理方法.

考虑如下问题

$$\begin{cases} \min\limits_{\boldsymbol{x} \in X} & \mathrm{E}_{\boldsymbol{\xi}}[\boldsymbol{c}^{\mathrm{T}}(\boldsymbol{\xi})\boldsymbol{x}] \\ \text{s.t.} & \Pr(\{\boldsymbol{T}(\boldsymbol{\xi})\boldsymbol{x} \geqslant \boldsymbol{h}(\boldsymbol{\xi})\}) \geqslant \alpha, \end{cases} \quad (1.15)$$

其中 α 是预先给定的置信水平, $\boldsymbol{c}(\boldsymbol{\xi}), \boldsymbol{h}(\boldsymbol{\xi})$ 是随机向量, 而 $\boldsymbol{T}(\boldsymbol{\xi})$ 是随机矩阵, $\boldsymbol{\xi} = (\xi_1, \xi_2, \cdots, \xi_r)^{\mathrm{T}}$ 是具有已知概率分布的随机向量. $\mathrm{E}_{\boldsymbol{\xi}}$ 是关于随机向量 $\boldsymbol{\xi}$ 的数学期望.

对于随机线性规划问题 (1.15), 有下面一些结论.

定理 1.19 可行集

$$\mathfrak{B}(1) := \{\boldsymbol{x} | \Pr(\{\boldsymbol{\xi} | \boldsymbol{T}(\boldsymbol{\xi})\boldsymbol{x} \geqslant \boldsymbol{h}(\boldsymbol{\xi})\}) \geqslant 1\}$$

是凸的.

定理 1.20 设 $\boldsymbol{\xi}$ 具有有限离散分布 $\Pr(\boldsymbol{\xi} = \boldsymbol{\xi}^j) = p_j, j = 1, \cdots, r \ (p_j > 0, \forall j)$, 则对于 $\alpha > 1 - \min_{j \in \{1, \cdots, r\}} p_j$, 可行集

$$\mathfrak{B}(\alpha) := \{\boldsymbol{x} | \Pr(\{\boldsymbol{\xi} | \boldsymbol{T}(\boldsymbol{\xi})\boldsymbol{x} \geqslant \boldsymbol{h}(\boldsymbol{\xi})\}) \geqslant \alpha\}$$

是凸的.

1.3.1 联合概率约束

考虑随机线性规划问题

$$\begin{cases} \min & z = \boldsymbol{c}^{\mathrm{T}}\boldsymbol{x} \\ \text{s.t.} & \Pr(\{\boldsymbol{\xi} | \boldsymbol{T}\boldsymbol{x} \geqslant \boldsymbol{\xi}\}) \geqslant \alpha, \\ & \boldsymbol{D}\boldsymbol{x} = \boldsymbol{d}, \\ & \boldsymbol{x} \geqslant \boldsymbol{0}, \end{cases} \quad (1.16)$$

其中 $\boldsymbol{D}$ 和 $\boldsymbol{T}$ 是确定的矩阵, $\boldsymbol{d}$ 是确定的向量.

如果模型 (1.16) 中随机向量 $\boldsymbol{\xi}$ 的分布函数 F 是拟凹的, 则可行集 $\mathfrak{B}(\alpha)$ 是闭凸集. 如果 $\boldsymbol{\xi}$ 具有多维正态分布, 则 F 是对数凹的, 因此 (1.16) 是一个光滑的凸规划. 对于这种特殊的规划, 可以采用惩罚方法与割平面方法进行求解. 下面用变形后的简约梯度法求解此问题[34]. 记

$$G(\boldsymbol{x}) = \Pr(\{\boldsymbol{\xi} | \boldsymbol{T}\boldsymbol{x} \geqslant \boldsymbol{\xi}\}),$$

则模型 (1.16) 可写成

$$\begin{cases} \min & z = \boldsymbol{c}^{\mathrm{T}}\boldsymbol{x} \\ \text{s.t.} & G(\boldsymbol{x}) \geqslant \alpha, \\ & \boldsymbol{D}\boldsymbol{x} = \boldsymbol{d}, \\ & \boldsymbol{x} \geqslant \boldsymbol{0}. \end{cases} \quad (1.17)$$

设 $\boldsymbol{x}$ 是可行解，$\boldsymbol{D}$ 是行满秩的且可以写成分块矩阵形式 $\boldsymbol{D}=(\boldsymbol{B},\boldsymbol{N})$，其中 $\boldsymbol{B}$ 和 $\boldsymbol{N}$ 分别是基向量和非基向量构成的. 相应地，有 $\boldsymbol{x}^{\mathrm{T}}=(\boldsymbol{y}^{\mathrm{T}},\boldsymbol{z}^{\mathrm{T}})$，$\boldsymbol{c}^{\mathrm{T}}=(\boldsymbol{f}^{\mathrm{T}},\boldsymbol{g}^{\mathrm{T}})$ 和下降方向 $\boldsymbol{w}^{\mathrm{T}}=(\boldsymbol{u}^{\mathrm{T}},\boldsymbol{v}^{\mathrm{T}})$. 假设对于某个 $\varepsilon>0$，

$$y_j > \varepsilon, \quad \forall j,$$

即 $\boldsymbol{x}$ 是严格非退化的. 则搜索方向 $\boldsymbol{w}^{\mathrm{T}}=(\boldsymbol{u}^{\mathrm{T}},\boldsymbol{v}^{\mathrm{T}})$ 可由下面的规划问题确定：

$$\begin{cases} \max & \tau \\ \text{s.t.} & \boldsymbol{f}^{\mathrm{T}}\boldsymbol{u}+\boldsymbol{g}^{\mathrm{T}}\boldsymbol{v} \leqslant -\tau, \\ & \nabla_{\boldsymbol{y}}G(\boldsymbol{x})^{\mathrm{T}}\boldsymbol{u}+\nabla_{\boldsymbol{z}}G(\boldsymbol{x})^{\mathrm{T}}\boldsymbol{v} \geqslant \theta\tau \;\;(\text{如果}G(\boldsymbol{x})\leqslant\alpha+\varepsilon), \\ & \boldsymbol{B}\boldsymbol{u}+\boldsymbol{N}\boldsymbol{v} = \boldsymbol{0}, \\ & v_j \geqslant 0 \;\;(\text{如果}z_j\leqslant\varepsilon), \\ & \|\boldsymbol{v}\|_\infty \leqslant 1, \end{cases} \quad (1.18)$$

其中 $\theta>0$ 是一个固定参数，作为 G 的方向导数的一个权重，$\|\boldsymbol{v}\|_\infty=\max_j\{|v_j|\}$. 由 (1.18) 可得

$$\boldsymbol{u} = -\boldsymbol{B}^{-1}\boldsymbol{N}\boldsymbol{v}.$$

它使 (1.18) 变为

$$\begin{cases} \max & \tau \\ \text{s.t.} & \boldsymbol{r}^{\mathrm{T}}\boldsymbol{v} \leqslant -\tau, \\ & \boldsymbol{s}^{\mathrm{T}}\boldsymbol{v} \geqslant \theta\tau \;\;(\text{如果}G(\boldsymbol{x})\leqslant\alpha+\varepsilon), \\ & v_j \geqslant 0 \;\;(\text{如果}z_j\leqslant\varepsilon), \\ & \|\boldsymbol{v}\|_\infty \leqslant 1, \end{cases} \quad (1.19)$$

其中

$$\begin{aligned} \boldsymbol{r}^{\mathrm{T}} &= \boldsymbol{g}^{\mathrm{T}} - \boldsymbol{f}^{\mathrm{T}}\boldsymbol{B}^{-1}\boldsymbol{N}, \\ \boldsymbol{s}^{\mathrm{T}} &= \nabla_{\boldsymbol{z}}G(\boldsymbol{x})^{\mathrm{T}} - \nabla_{\boldsymbol{y}}G(\boldsymbol{x})^{\mathrm{T}}\boldsymbol{B}^{-1}\boldsymbol{N} \end{aligned} \quad (1.20)$$

是目标函数和概率约束函数的简约梯度. 由于可行集是非空和有界的，所以问题 (1.18) 和 (1.19) 都是可解的. 根据一个已知的解 $(\tau^*,\boldsymbol{u}^{*\mathrm{T}},\boldsymbol{v}^{*\mathrm{T}})^{\mathrm{T}}$，求解方法如下：

情形 1 当 $\tau^* = 0$ 时, 用 0 代替 ε, 求解 (1.19). 如果仍有 $\tau^* = 0$, 可行解 $x^T = (y^T, z^T)$ 是最优的. 否则, 从原来的 $\varepsilon > 0$ 开始, 执行情形 2 的步骤.

情形 2 当 $0 < \tau^* \leqslant \varepsilon$ 时,

    步骤 1 置 $\varepsilon := 0.5\varepsilon$.

    步骤 2 求解 (1.19). 如果仍有 $\tau^* \leqslant \varepsilon$, 转步骤 1; 否则, 转情形 3.

情形 3 当 $\tau^* > \varepsilon$ 时, 将 $w^{*T} = (u^{*T}, v^{*T})$ 作为搜索方向.

1.3.2 可分离概率约束

考虑带分离概率约束的随机线性规划问题

$$\begin{cases} \min_{x \in X} & \mathrm{E}_{\xi}[c^T(\xi)]x \\ \text{s.t.} & \Pr(\{\xi | T_i(\xi)x \geqslant h_i(\xi)\}) \geqslant \alpha_i, \ i = 1, 2, \cdots, m, \end{cases} \quad (1.21)$$

其中 $\alpha_i \in (0, 1], \forall i$ 是预先给定的置信水平, $T_i(\xi)$ 表示 $T(\xi)$ 的第 i 行. 如果 $T_i(\xi) \equiv T_i$, F_i 是 $h_i(\xi)$ 的分布函数, 则有

$$\{x | \Pr(\{\xi | T_i^T x \geqslant h_i(\xi)\}) \geqslant \alpha_i\} = \{x | T_i^T x \geqslant F_i^{-1}(\alpha_i)\}.$$

对于一般的情况, 记

$$\mathfrak{B}_i(\alpha_i) := \{x | \Pr(\{(t^T, h)^T \mid t^T x \geqslant h\}) \geqslant \alpha_i\},$$

其中 $(t^T, h)^T$ 是一个随机向量. 现在设 $(t^T, h)^T$ 具有联合正态分布, 期望为 $\mu \in \Re^{n+1}$, 协方差矩阵为 $(n+1) \times (n+1)$ 的矩阵 S. 对于固定的 x, 令 $\zeta(x) := x^T t - h$, 其期望为 $m_\zeta(x) = \sum_{j=1}^n \mu_j x_j - \mu_{n+1}$, 方差为 $\sigma_\zeta^2(x) = z(x)^T S z(x)$, 其中 $z(x) = (x_1, \cdots, x_n, -1)^T$. 因此可行集

$$\mathfrak{B}_i(\alpha_i) := \{x | - \Phi^{-1}(1 - \alpha_i)\sigma_\zeta(x) - m_\zeta(x) \leqslant 0\}.$$

因为 $m_\zeta(x)$ 关于 x 是线性仿射的, $\sigma_\zeta(x)$ 是标准差, 关于 x 是凸的, 因此

$$-\Phi^{-1}(1 - \alpha_i)\sigma_\zeta(x) - m_\zeta(x)$$

是凸的等价于 $\Phi^{-1}(1 - \alpha_i) \leqslant 0$, 等价于 $\alpha_i \geqslant 0.5$. 所以, 当 $\alpha_i \geqslant 0.5$ 时, 随机线性规划 (1.21) 可以转化为一个等价的确定凸规划

$$\begin{cases} \min_{x \in X} & \mathrm{E}_{\xi}[c^T(\xi)]x \\ \text{s.t.} & -\Phi^{-1}(1 - \alpha_i)\sigma_\zeta(x) - m_\zeta(x) \leqslant 0, \ i = 1, 2, \cdots, m. \end{cases} \quad (1.22)$$

1.4 本章小结

本章介绍了线性规划模型、非线性规划模型和随机规划模型中的一些基本概念和结论. 线性规划是运筹学的一个基本分支, 在现实经济活动中, 很多问题常常可以化成或近似地化成线性规划问题. 非线性规划的理论和方法在军事、经济、管理、生产等方面有广泛的应用. 概率论以随机变量为工具研究随机现象. 随着概率论的发展, 它被广泛地应用于优化问题中, 从而形成了随机规划这一重要研究领域. 求解随机规划没有一个像求解线性规划单纯形方法那样的通用算法. 对于不同的随机规划问题, 很多学者提出了各种不同的求解方法. 对于某些特殊形式的随机规划问题, 一种重要的处理方法就是将其转化为等价的线性规划或者非线性规划来进行求解. 本章简单介绍了随机规划模型中概率约束的处理方法. 读者可参阅文献 [3, 142, 143] 对线性规划理论作进一步的了解. 文献 [4, 112, 144] 可帮助读者进一步了解非线性规划理论. 关于随机规划更为详细的阐述可参见文献 [32–34,37,93,110].

第 2 章 静态平衡优化

本章介绍平衡理论的一些基本知识, 包括模糊随机变量、模糊随机向量和平衡机会测度的概念, 模糊随机变量可测性准则的可信性描述, 平衡机会测度的性质, 带有平衡机会约束的最大化乐观值、最大化悲观值和目标规划三种平衡机会规划模型. 对于特殊的平衡机会规划, 分别介绍联合分布和独立条件下的凸性定理.

2.1 模糊随机变量的可测性准则

2.1.1 模糊随机变量的定义

模糊随机变量最早是由 Kwakernaak[43, 44] 提出的, 后来很多学者通过模糊数又分别给出了不同的定义方式, 如 Puri 和 Ralescu[94], Kruse 和 Meyer[39] 等. Liu 和 Liu[74] 给出了模糊随机变量新的可测准则.

令 $\mathcal{F}_v$ 是一族定义在可信性空间 $(\Gamma, \mathcal{A}, \mathrm{Cr})$ 上的模糊变量. $\mathcal{F}_v$ 中的每个元素是一个模糊变量 a, 其可能性分布为 μ_a.

定义 2.1 ([74]) 假设 $(\Omega, \Sigma, \mathrm{Pr})$ 是一个概率空间. 一个模糊随机变量是一个映射 $\xi : \Omega \to \mathcal{F}_v$, 使得对 $\Re$ 中的任意闭子集 C,

$$\xi^*(C)(\omega) = \mathrm{Pos}\{\xi(\omega) \in C\} = \sup_{x \in C} \mu_{\xi(\omega)}(x) \tag{2.1}$$

是关于 ω 的一个可测函数 (也称 Σ-可测函数), 其中 $\mathrm{Pos}(A) = \min\{2\mathrm{Cr}(A), 1\}$, $\mu_{\xi(\omega)}$ 是模糊变量 $\xi(\omega)$ 的可能性分布函数. 为方便起见, 经常将模糊变量 $\xi(\omega)$ 记为 ξ_ω.

设 $\mathcal{F}_v^m$ 是一族 m 维的模糊向量, 其分量是定义在可信性空间 $(\Gamma, \mathcal{A}, \mathrm{Cr})$ 上的模糊变量. 现在给出模糊随机向量的概念.

定义 2.2 ([74]) 设 $(\Omega, \Sigma, \mathrm{Pr})$ 是一个概率空间. 一个模糊随机向量是一个映射 $\boldsymbol{\xi} = (\xi_1, \xi_2, \cdots, \xi_m)^\mathrm{T} : \Omega \to \mathcal{F}_v^m$, 使得对任意的 $\Re^m$ 的闭子集 C,

$$\boldsymbol{\xi}^*(C)(\omega) = \mathrm{Pos}\{\boldsymbol{\xi}_\omega \in C\} = \sup_{\boldsymbol{t} \in C} \mu_{\boldsymbol{\xi}_\omega}(\boldsymbol{t}) \tag{2.2}$$

是关于 ω 的可测函数, 其中 $\mu_{\boldsymbol{\xi}_\omega}$ 定义为

$$\mu_{\boldsymbol{\xi}_\omega}(\boldsymbol{t}) = \min_{1 \leqslant i \leqslant m} \mu_{\xi_{i,\omega}}(t_i), \quad \boldsymbol{t} = (t_1, t_2, \cdots, t_m)^\mathrm{T} \in \Re^m.$$

下面的定理通过可信性测度 Cr 给出了模糊随机向量的等价定义.

定理 2.1 ([80]) 一个从 Ω 到 $\mathcal{F}_v^n$ 的映射 $\boldsymbol{\xi}$ 是一个模糊随机向量当且仅当对每个闭子集 $F \subset \Re^n$, $\mathrm{Cr}\{\boldsymbol{\xi}_\omega \in F\}$ 都是 Σ-可测的.

证明 必要性：假定对每个 $\Re^n$ 的闭子集 F, $\mathrm{Pos}\{\boldsymbol{\xi}_\omega \in F\}$ 是 Σ-可测的. 由于 F^c 是一个开集, 它可表示为至多可数多个闭集 $\{F_n\}$ 的并, 因此

$$\mathrm{Cr}\{\boldsymbol{\xi}_\omega \in F\}$$
$$= \frac{1}{2}\left(1 + \mathrm{Pos}\{\boldsymbol{\xi}_\omega \in F\} - \mathrm{Pos}\{\boldsymbol{\xi}_\omega \in F^c\}\right)$$
$$= \frac{1}{2}\left(1 + \mathrm{Pos}\{\boldsymbol{\xi}_\omega \in F\} - \sup_{n \geq 1}\mathrm{Pos}\{\boldsymbol{\xi}_\omega \in F_n\}\right)$$

是 Σ-可测的.

充分性：假定对每个 $\Re^n$ 的闭子集 F, $\mathrm{Cr}\{\boldsymbol{\xi}_\omega \in F\}$ 是 Σ-可测的, 那么对每个 $\alpha \in (0, 1]$, 有

$$\{\omega \mid \mathrm{Pos}\{\boldsymbol{\xi}_\omega \in F\} \geq \alpha\}$$
$$= \left\{\mathrm{Cr}\{\boldsymbol{\xi}_\omega \in F\} \geq \frac{\alpha}{2}, \mathrm{Cr}\{\boldsymbol{\xi}_\omega \in F\} < \frac{1}{2}\right\} \cup \left\{1 \geq \alpha, \mathrm{Cr}\{\boldsymbol{\xi}_\omega \in F\} \geq \frac{1}{2}\right\}$$
$$= \left(\left\{\mathrm{Cr}\{\boldsymbol{\xi}_\omega \in F\} \geq \frac{\alpha}{2}\right\} \cap \left\{\mathrm{Cr}\{\boldsymbol{\xi}_\omega \in F\} < \frac{1}{2}\right\}\right) \cup \left\{\mathrm{Cr}\{\boldsymbol{\xi}_\omega \in F\} \geq \frac{1}{2}\right\}.$$

这说明 $\mathrm{Pos}\{\boldsymbol{\xi}_\omega \in F\}$ 是 Σ-可测的. □

由模糊随机变量及向量的定义, 容易验证如果 $\boldsymbol{\xi} = (\xi_1, \xi_2, \cdots, \xi_n)^\mathrm{T}$ 是一个模糊随机向量, 那么 $\xi_i (i = 1, 2, \cdots, n)$ 都是模糊随机变量 (参见 [54]). 但是反过来的结论不一定成立. 文献 [18] 讨论了在什么情况下, 当 $\xi_i (i = 1, 2, \cdots, n)$ 是模糊随机变量时, $\boldsymbol{\xi} = (\xi_1, \xi_2, \cdots, \xi_n)^\mathrm{T}$ 是一个模糊随机向量.

定理 2.2 ([18]) 设 $\boldsymbol{\xi} = (\xi_1, \xi_2, \cdots, \xi_n)^\mathrm{T}$ 是从 Ω 到 $\mathcal{F}_v^n$ 的一个上半连续的映射, 那么 $\boldsymbol{\xi}$ 是一个模糊随机向量当且仅当 $\xi_i (i = 1, 2, \cdots, n)$ 都是模糊随机变量.

证明 必要性：记 $\boldsymbol{\xi} = (\xi_1, \xi_2, \cdots, \xi_n)^\mathrm{T}$, 假设 $\boldsymbol{\xi}$ 是概率空间 $(\Omega, \Sigma, \mathrm{Pr})$ 上的模糊随机向量. 对 $\Re$ 的任意闭集 F, 集合 $F \times \Re^{n-1}$ 是 $\Re^n$ 的闭集. 因此, 有

$$\mathrm{Cr}\{\xi_{1,\omega} \in F\} = \mathrm{Cr}\{\xi_{1,\omega} \in F, \xi_{2,\omega} \in \Re, \cdots, \xi_{n,\omega} \in \Re\} = \mathrm{Cr}\{\boldsymbol{\xi}_\omega \in F \times \Re^{n-1}\}.$$

由此可知 $\mathrm{Cr}\{\xi_{1,\omega} \in F\}$ 是 ω 的可测函数. 所以, 根据定理 2.1, ξ_1 是模糊随机变量. 同理可证明 $\xi_2, \xi_3, \cdots, \xi_n$ 是模糊随机变量.

充分性：设 $B(\boldsymbol{t}; r) = \prod_{i=1}^n B(t_i; r)$, 其中 $\boldsymbol{t} = (t_1, \cdots, t_n)^\mathrm{T}, r > 0$, 并且 $B(t_i; r) = \{x_i \mid |x_i - t_i| < r\}, i = 1, 2, \cdots, n$, 那么, 对任意的 $\boldsymbol{t} \in B$, 有

$$\sup_{\alpha \in Q}\left[\alpha \wedge \mu_{\boldsymbol{\xi}^\alpha(\omega)}(\boldsymbol{t})\right] \leq \sup_{\alpha \in Q}\sup_{\boldsymbol{s} \in B}\left[\alpha \wedge \mu_{\boldsymbol{\xi}^\alpha(\omega)}(\boldsymbol{s})\right],$$

由此可得
$$\sup_{t\in B}\sup_{\alpha\in Q}\left[\alpha\wedge\mu_{\boldsymbol{\xi}^\alpha(\omega)}(t)\right]\leqslant\sup_{\alpha\in Q}\sup_{s\in B}\left[\alpha\wedge\mu_{\boldsymbol{\xi}^\alpha(\omega)}(s)\right]. \quad (2.3)$$

另一方面, 对任意的 $\alpha\in Q$, 有
$$\sup_{t\in B}\left[\alpha\wedge\mu_{\boldsymbol{\xi}^\alpha(\omega)}(t)\right]\leqslant\sup_{t\in B}\sup_{\beta\in Q}\left[\beta\wedge\mu_{\boldsymbol{\xi}^\beta(\omega)}(t)\right],$$

进而可推导出
$$\sup_{\alpha\in Q}\sup_{t\in B}\left[\alpha\wedge\mu_{\boldsymbol{\xi}^\alpha(\omega)}(t)\right]\leqslant\sup_{t\in B}\sup_{\beta\in Q}\left[\beta\wedge\mu_{\boldsymbol{\xi}^\beta(\omega)}(t)\right]. \quad (2.4)$$

结合 (2.3) 及 (2.4), 可得
$$\sup_{t\in B}\sup_{\alpha\in Q}\left[\alpha\wedge\mu_{\boldsymbol{\xi}^\alpha(\omega)}(t)\right]=\sup_{\alpha\in Q}\sup_{t\in B}\left[\alpha\wedge\mu_{\boldsymbol{\xi}^\alpha(\omega)}(t)\right].$$

由于 $[0,1]$ 是一个完全分配格, 则有
$$\sup_{t\in B}\left[\alpha\wedge\mu_{\boldsymbol{\xi}^\alpha(\omega)}(t)\right]=\bigvee_{t\in B}\left[\alpha\wedge\mu_{\boldsymbol{\xi}^\alpha(\omega)}(t)\right]$$
$$=\alpha\wedge\left[\bigvee_{t\in B}\mu_{\boldsymbol{\xi}^\alpha(\omega)}(t)\right]$$
$$=\alpha\wedge\sup_{t\in B}\mu_{\boldsymbol{\xi}^\alpha(\omega)}(t).$$

由此可知下式成立:
$$\sup_{\boldsymbol{x}\in B(\boldsymbol{t};r)}\sup_{\alpha\in Q}\left[\alpha\wedge\mu_{\boldsymbol{\xi}^\alpha(\omega)}(\boldsymbol{x})\right]=\sup_{\alpha\in Q}\left[\alpha\wedge\sup_{\boldsymbol{x}\in B(\boldsymbol{t};r)}\mu_{\boldsymbol{\xi}^\alpha(\omega)}(\boldsymbol{x})\right],$$

其中 Q 是 $[0,1]$ 中所有有理数集. 由此可得

$$\mathrm{Pos}\{\gamma\mid\boldsymbol{\xi}_\omega(\gamma)\in B(\boldsymbol{t};r)\}$$
$$=\sup_{\boldsymbol{x}\in B(\boldsymbol{t};r)}\sup_{\alpha\in Q}\left[\alpha\wedge\mu_{\boldsymbol{\xi}^\alpha(\omega)}(\boldsymbol{x})\right]$$
$$=\sup_{\alpha\in Q}\left[\alpha\wedge\sup_{\boldsymbol{x}\in B(\boldsymbol{t};r)}\mu_{\boldsymbol{\xi}^\alpha(\omega)}(\boldsymbol{x})\right]$$
$$=\sup_{\alpha\in Q}\left[\alpha\wedge I_{\{\omega'\in\Omega|\boldsymbol{\xi}^\alpha(\omega')\cap B(\boldsymbol{t};r)\neq\varnothing\}}(\omega)\right]$$
$$=\sup_{\alpha\in Q}\left[\alpha\wedge I_{\bigcap_{i=1}^n\{\omega'\in\Omega|\xi_i^\alpha(\omega')\cap B(t_i;r)\neq\varnothing\}}(\omega)\right]$$
$$=\sup_{\alpha\in Q}\left[\alpha\wedge\prod_{i=1}^n I_{\{\omega'\in\Omega|\xi_i^\alpha(\omega')\cap B(t_i;r)\neq\varnothing\}}(\omega)\right],$$

其中 $\boldsymbol{\xi}^\alpha(\omega') = \prod_{i=1}^n \xi_i^\alpha(\omega')$ 是模糊向量 $\boldsymbol{\xi}_{\omega'}$ 的 α-截集,$\xi_i^\alpha(\omega')(i=1,2,\cdots,n)$ 分别是模糊变量 $\xi_{i,\omega'}$ 的 α-截集,即 I_A 是集合 A 的特征函数.

由于 $\xi_i(i=1,2,\cdots,n)$ 是模糊随机变量,根据文献 [18],它们的 α-截集 ξ_i^α,$\alpha \in Q(i=1,2,\cdots,n)$ 都是从 Ω 到 $\Re$ 的随机集,由此可知以下特征函数

$$I_{\{\omega' \in \Omega | \xi_i^\alpha(\omega') \cap B(t_i;r) \neq \varnothing\}}, \quad \alpha \in Q, \quad i=1,2,\cdots,n$$

都是 Σ-可测的. 于是 $\prod_{i=1}^n I_{\{\omega' \in \Omega | \xi_i^\alpha(\omega') \cap B(t_i;r) \neq \varnothing\}}$,$\alpha \in Q$ 也是 Σ-可测的. 因为 Q 是一个可数集,所以对 $\Re^n$ 中任意的开球 $B(\boldsymbol{t};r)$,$\text{Pos}\{\gamma \mid \boldsymbol{\xi}_\omega(\gamma) \in B(\boldsymbol{t};r)\}$ 是 Σ-可测的. 根据 [18],$\boldsymbol{\xi}$ 是一个模糊随机向量. □

在实际问题中,有三种常见的模糊随机变量:三角模糊随机变量、梯形模糊随机变量和正态模糊随机变量. 它们的定义如下:

称 ξ 为一个三角模糊随机变量,如果对每个 ω,ξ_ω 都是一个三角模糊变量,记为 $(r_1(\omega), r_2(\omega), r_3(\omega))$,其中 r_i 是定义在概率空间 Ω 上的随机变量.

称 ξ 为一个梯形模糊随机变量,如果对每个 ω,ξ_ω 都是一个梯形模糊变量,记为 $(r_1(\omega), r_2(\omega), r_3(\omega), r_4(\omega))$,其中 r_i 是定义在概率空间 Ω 上的随机变量.

称 ξ 为一个正态模糊随机变量,如果对每个 ω,ξ_ω 是一个正态模糊变量,其可能性分布为

$$\mu(r) = \exp\left(-\left(\frac{r-c(\omega)}{w(\omega)}\right)^2\right),$$

其中 $c(\omega)$ 和 $w(\omega)$ 是定义在概率空间 Ω 上的随机变量.

定理 2.3 ([74]) 设 $\boldsymbol{\xi}$ 是一个 n 维的模糊随机向量. 如果 $\boldsymbol{f}$ 是一个从 $\Re^n$ 到 $\Re^m$ 的连续函数,那么 $\boldsymbol{f}(\boldsymbol{\xi})$ 是一个 m 维的模糊随机向量.

证明 对任意 $\Re^m$ 的闭子集 C,由 $\boldsymbol{f}$ 的连续性可知 $\boldsymbol{f}^{-1}(C)$ 也是 $\Re^n$ 的一个闭子集. 于是,对每个 $\omega \in \Omega$,有

$$\boldsymbol{f}(\boldsymbol{\xi})^*(C)(\omega) = \sup_{\boldsymbol{f}(\boldsymbol{t}) \in C} \mu_{\boldsymbol{\xi}(\omega)}(\boldsymbol{t}) = \sup_{\boldsymbol{t} \in \boldsymbol{f}^{-1}(C)} \mu_{\boldsymbol{\xi}(\omega)}(\boldsymbol{t}) = \boldsymbol{\xi}^*\left(\boldsymbol{f}^{-1}(C)\right)(\omega).$$

因此,$\boldsymbol{f}(\boldsymbol{\xi})^*(C)(\omega)$ 是关于 ω 的可测函数. □

下面通过可信性来探讨模糊随机向量的可测性准则. 应用这些可测性准则,就可以解决上面所提出的模糊随机向量和模糊随机变量之间的关系这一问题.

对任意的 $\boldsymbol{t} = (t_1, t_2, \cdots, t_n)^\text{T} \in \Re^n$,模糊向量 $\boldsymbol{X}$ 的可能性分布定义为

$$\mu_{\boldsymbol{X}}(\boldsymbol{t}) = \text{Pos}\{\gamma \mid \boldsymbol{X}(\gamma) = \boldsymbol{t}\} = \min_{1 \leqslant i \leqslant n} \text{Pos}\{\gamma \mid X_i(\gamma) = t_i\}, \tag{2.5}$$

即假设 $\boldsymbol{X}$ 的各分量 $X_i(i=1,2,\cdots,n)$ 是相互独立的.

2.1.2 可测性准则的可信性描述

上一小节给出了模糊随机向量的可信性定义. 事实上, 对于模糊随机向量的可测性准则也可以用可信性测度来描述. 本节将讨论这个问题.

命题 2.1 ([80]) 设 $\boldsymbol{\xi}$ 是一个从 Ω 到 $\mathcal{F}_v^n$ 的映射, 那么对每个闭子集 $F \subset \Re^n$, $\mathrm{Cr}\{\gamma \mid \boldsymbol{\xi}_\omega(\gamma) \in F\}$ 是 Σ-可测的当且仅当对每个开集 $G \subset \Re^n$, $\mathrm{Cr}\{\gamma \mid \boldsymbol{\xi}_\omega(\gamma) \in G\}$ 是 Σ-可测的.

证明 由等式
$$\mathrm{Cr}\{\boldsymbol{\xi}_\omega \in F\} = 1 - \mathrm{Cr}\{\boldsymbol{\xi}_\omega \in F^c\}$$
及
$$\mathrm{Cr}\{\boldsymbol{\xi}_\omega \in G\} = 1 - \mathrm{Cr}\{\boldsymbol{\xi}_\omega \in G^c\}$$
可知命题成立. □

命题 2.2 ([80]) 设 $\boldsymbol{\xi}$ 是一个从 Ω 到 $\mathcal{F}_v^n$ 的映射, 使得对每个开集 $G \subset \Re^n$, $\mathrm{Cr}\{\boldsymbol{\xi}_\omega \in G\}$ 是 Σ-可测的, 那么对每个开球 $B(\boldsymbol{t};r)$ ($\boldsymbol{t} \in \Re^n, r > 0$), $\mathrm{Cr}\{\boldsymbol{\xi}_\omega \in B(\boldsymbol{t};r)\}$ 是 Σ-可测的.

当 $\boldsymbol{\xi}$ 是一个从 Ω 到 $\mathcal{F}_v^n$ 的一个上半连续的映射时, 上述命题的逆命题也是成立的.

证明 由于 $\Re^n$ 中的每个开球 $B(\boldsymbol{t};r)$ 都是 $\Re^n$ 的一个开子集, 命题的第一部分是显然成立的, 所以只需证明命题的第二部分.

假定对每个开球 $B(\boldsymbol{t};r)$, $\mathrm{Cr}\{\boldsymbol{\xi}_\omega \in B(\boldsymbol{t};r)\}$ 是 Σ-可测的. 对每个 $\alpha \in (0,1]$, 事件
$$\{\omega \mid \mathrm{Pos}\{\boldsymbol{\xi}_\omega \in B(\boldsymbol{t};r)\} \geqslant \alpha\}$$
可表示为如下形式:
$$\{\mathrm{Cr}\{\boldsymbol{\xi}_\omega \in B(\boldsymbol{t};r)\} \geqslant \alpha/2, \mathrm{Cr}\{\boldsymbol{\xi}_\omega \in B(\boldsymbol{t};r)\} < 1/2\} \cup \{\mathrm{Cr}\{\boldsymbol{\xi}_\omega \in B(\boldsymbol{t};r)\} \geqslant 1/2\}.$$

这说明 $\mathrm{Pos}\{\boldsymbol{\xi}_\omega \in B(\boldsymbol{t};r)\}$ 是 Σ-可测的.

由于空间 $\Re^n$ 具有以下可数基
$$\mathcal{B} = \{B(\boldsymbol{x};r) \mid \boldsymbol{x} \text{ 取有理数坐标值, 且 } r > 0 \text{ 是有理数}\},$$
而且每个 $\Re^n$ 中的开集可表示为至多可数个开球的并, 于是有
$$\mathrm{Pos}\{\gamma \mid \boldsymbol{\xi}_\omega(\gamma) \in G\} = \sup_{i,j} \mathrm{Pos}\{\gamma \mid \boldsymbol{\xi}_\omega(\gamma) \in B(\boldsymbol{x}_i;r_j)\},$$

其中对每个 i, $\boldsymbol{x}_i \in \Re^n$ 取有理数坐标值, 并且对每个 j, $r_j > 0$ 是有理数. $\mathrm{Pos}\{\boldsymbol{\xi}_\omega \in G\}$ 的可测性得到证明.

2.1 模糊随机变量的可测性准则

现在证明对每个 $\Re^n$ 的紧子集 K, $\text{Pos}\{\boldsymbol{\xi}_\omega \in K\}$ 是 Σ-可测的. 设 K 是 $\Re^n$ 的任意紧子集. 对每个整数 k, 如果记

$$G_k = \left\{ \boldsymbol{t} \in \Re^n \,\middle|\, d(\boldsymbol{t}, K) < \frac{1}{k} \right\},$$

那么 G_k 是 $\Re^n$ 的有界开子集, 使得

$$K = \bigcap_{k=1}^{\infty} G_k, \quad \bar{G}_{k+1} \subset G_k, \quad k = 1, 2, \cdots,$$

其中 $\bar{G}_k$ 是开集 G_k 的闭包. 由此, 对每个 $\omega \in \Omega$, 可得

$$\text{Pos}\{\gamma \mid \boldsymbol{\xi}_\omega(\gamma) \in K\} \leqslant \inf_{k \geqslant 1} \text{Pos}\{\gamma \mid \boldsymbol{\xi}_\omega(\gamma) \in G_k\}.$$

现在证明, 对每个 $\omega \in \Omega$,

$$\text{Pos}\{\gamma \mid \boldsymbol{\xi}_\omega(\gamma) \in K\} = \inf_{k \geqslant 1} \text{Pos}\{\gamma \mid \boldsymbol{\xi}_\omega(\gamma) \in G_k\}.$$

假定存在某个 $\omega_0 \in \Omega$, 使得

$$\text{Pos}\{\gamma \mid \boldsymbol{\xi}_{\omega_0}(\gamma) \in K\} < \inf_{k \geqslant 1} \text{Pos}\{\gamma \mid \boldsymbol{\xi}_{\omega_0}(\gamma) \in G_k\}.$$

由于模糊向量 $\boldsymbol{\xi}_{\omega_0}$ 是上半连续的, 必存在某个 $\boldsymbol{t}_0 \in K$, 使得

$$\mu_{\boldsymbol{\xi}_{\omega_0}}(\boldsymbol{t}_0) = \text{Pos}\{\gamma \mid \boldsymbol{\xi}_{\omega_0}(\gamma) \in K\} < \inf_{k \geqslant 1} \text{Pos}\{\gamma \mid \boldsymbol{\xi}_{\omega_0}(\gamma) \in G_k\}.$$

因此, 对每个整数 k, 有

$$\mu_{\boldsymbol{\xi}_{\omega_0}}(\boldsymbol{t}_0) < \text{Pos}\{\gamma \mid \boldsymbol{\xi}_{\omega_0}(\gamma) \in \bar{G}_k\}.$$

注意到 $\bar{G}_k$ 是 $\Re^n$ 的紧子集, 由 $\boldsymbol{\xi}_{\omega_0}$ 的上半连续性, 必存在某个 $\boldsymbol{t}_k \in \bar{G}_k$, 使得

$$\mu_{\boldsymbol{\xi}_{\omega_0}}(\boldsymbol{t}_k) = \text{Pos}\{\gamma \mid \boldsymbol{\xi}_{\omega_0}(\gamma) \in \bar{G}_k\}.$$

又由于 $\{\boldsymbol{t}_k\}$ 是有界序列, 必存在某收敛子列 $\{\boldsymbol{t}_{k_i}\}$, 使得当 $i \to \infty$ 时, $\boldsymbol{t}_{k_i} \to \bar{\boldsymbol{t}}$. 所以

$$\mu_{\boldsymbol{\xi}_{\omega_0}}(\bar{\boldsymbol{t}}) = \limsup_{i \to \infty} \mu_{\boldsymbol{\xi}_{\omega_0}}(\boldsymbol{t}_{k_i}) \geqslant \inf_{k \geqslant 1} \text{Pos}\{\gamma \mid \boldsymbol{\xi}_{\omega_0}(\gamma) \in \bar{G}_k\} > \mu_{\boldsymbol{\xi}_{\omega_0}}(\boldsymbol{t}_0).$$

然而, 由

$$d(\boldsymbol{t}_{k_i}, K) < \frac{1}{k_i},$$

可得 $\bar{t} \in K$, 这与 $\mu_{\boldsymbol{\xi}_{\omega_0}}(t_0) = \mathrm{Pos}\{\gamma \mid \boldsymbol{\xi}_{\omega_0}(\gamma) \in K\}$ 相矛盾. 因此, 有

$$\mathrm{Pos}\{\gamma \mid \boldsymbol{\xi}_\omega(\gamma) \in K\} = \inf_{k \geqslant 1} \mathrm{Pos}\{\boldsymbol{\xi}_\omega \in G_k\}.$$

由此可知 $\mathrm{Pos}\{\boldsymbol{\xi}_\omega \in K\}$ 是 Σ-可测的.

进一步, 由于对每个闭子集 $F \subset \Re^n$, 有 $F = \bigcup_{n=1}^\infty K_n$, 其中 $\{K_n\}$ 是 $\Re^n$ 的一列紧子集, 于是

$$\mathrm{Pos}\{\gamma \mid \boldsymbol{\xi}_\omega(\gamma) \in F\} = \mathrm{Pos}\left\{\boldsymbol{\xi}_\omega \in \bigcup_{n=1}^\infty K_n\right\} = \sup_{n \geqslant 1} \mathrm{Pos}\{\boldsymbol{\xi}_\omega \in K_n\}.$$

由此可知 $\mathrm{Pos}\{\gamma \mid \boldsymbol{\xi}_\omega(\gamma) \in F\}$ 也是 Σ-可测的.

最后, 由等式

$$\mathrm{Cr}\{\boldsymbol{\xi}_\omega \in G\} = \frac{1}{2}\left(1 + \mathrm{Pos}\{\boldsymbol{\xi}_\omega \in G\} - \mathrm{Pos}\{\boldsymbol{\xi}_\omega \in G^c\}\right)$$

可推出 $\mathrm{Cr}\{\boldsymbol{\xi}_\omega \in G\}$ 是 Σ-可测的. □

命题 2.3([80]) 设 $\boldsymbol{\xi}$ 是一个从 Ω 到 usc-$\mathcal{F}_v^n$ 的映射, 使得对每个开子集 $G \subset \Re^n$, $\mathrm{Cr}\{\boldsymbol{\xi}_\omega \in G\}$ 是 Σ-可测的, 那么对每个 $\Re^n$ 的紧子集 K, $\mathrm{Cr}\{\gamma \mid \boldsymbol{\xi}_\omega(\gamma) \in K\}$ 是 Σ-可测的.

证明 假定对 $\Re^n$ 的每个开子集 G, $\mathrm{Cr}\{\boldsymbol{\xi}_\omega \in G\}$ 是可测的. 对每个 $\alpha \in (0,1]$, 事件 $\{\omega \mid \mathrm{Pos}\{\boldsymbol{\xi}_\omega \in G\} \geqslant \alpha\}$ 可表示为

$$(\{\mathrm{Cr}\{\boldsymbol{\xi}_\omega \in G\} \geqslant \alpha/2\} \cap \{\mathrm{Cr}\{\boldsymbol{\xi}_\omega \in G\} < 1/2\}) \cup \{\mathrm{Cr}\{\boldsymbol{\xi}_\omega \in G\} \geqslant 1/2\}.$$

由此可得 $\mathrm{Pos}\{\boldsymbol{\xi}_\omega \in G\}$ 是 Σ-可测的.

根据已知条件可知, 对 $\Re^n$ 的每个紧子集 K, $\mathrm{Pos}\{\boldsymbol{\xi}_\omega \in K\}$ 是 Σ-可测的.

注意到 K^c 是一个开集, 由等式

$$\mathrm{Cr}\{\boldsymbol{\xi}_\omega \in K\} = \frac{1}{2}\left(1 + \mathrm{Pos}\{\boldsymbol{\xi}_\omega \in K\} - \mathrm{Pos}\{\boldsymbol{\xi}_\omega \in K^c\}\right)$$

可知 $\mathrm{Cr}\{\gamma \mid \boldsymbol{\xi}_\omega(\gamma) \in K\}$ 是 Σ-可测的. □

命题 2.4([80]) 设 $\boldsymbol{\xi}$ 是一个从 Ω 到 $\mathcal{F}_v^n$ 的映射, 使得对每一个紧集 $K \subset \Re^n$, $\mathrm{Cr}\{\gamma \mid \boldsymbol{\xi}_\omega(\gamma) \in K\}$ 是 Σ-可测的, 那么对每个闭集 $F \subset \Re^n$, $\mathrm{Cr}\{\gamma \mid \boldsymbol{\xi}_\omega(\gamma) \in F\}$ 是 Σ-可测的.

证明 假定对每个 $\Re^n$ 的紧子集 K, $\mathrm{Cr}\{\boldsymbol{\xi}_\omega \in K\}$ 是 Σ-可测的. 对每个 $\alpha \in (0,1]$, 事件 $\{\omega \mid \mathrm{Pos}\{\boldsymbol{\xi}_\omega \in K\} \geqslant \alpha\}$ 可表示为

$$(\{\mathrm{Cr}\{\boldsymbol{\xi}_\omega \in K\} \geqslant \alpha/2\} \cap \{\mathrm{Cr}\{\boldsymbol{\xi}_\omega \in K\} < 1/2\}) \cup \{\mathrm{Cr}\{\boldsymbol{\xi}_\omega \in K\} \geqslant 1/2\}.$$

因此 $\text{Pos}\{\boldsymbol{\xi}_\omega \in K\}$ 是 Σ-可测的.

另一方面, 由于每个闭子集 $F \subset \Re^n$ 都可表示为至多可数个紧集 $\{K_n\}$ 的并, 于是

$$\text{Pos}\{\gamma \mid \boldsymbol{\xi}_\omega(\gamma) \in F\} = \text{Pos}\left\{\boldsymbol{\xi}_\omega \in \bigcup_{n=1}^{\infty} K_n\right\} = \sup_{n \geqslant 1} \text{Pos}\{\boldsymbol{\xi}_\omega \in K_n\},$$

这说明 $\text{Pos}\{\gamma \mid \boldsymbol{\xi}_\omega(\gamma) \in F\}$ 是 Σ-可测的. 再由命题 2.1 可知, $\text{Cr}\{\gamma \mid \boldsymbol{\xi}_\omega(\gamma) \in F\}$ 是可测的. □

命题 2.5 ([80]) 设 $\boldsymbol{\xi}$ 是一个从 Ω 到 $\mathcal{F}_v^n$ 的映射, 使得对于每一个紧子集 $K \subset \Re^n$, $\text{Cr}\{\boldsymbol{\xi}_\omega \in K\}$ 是 Σ-可测的, 那么 $\Re^n$ 中的每个闭球 $\bar{B}(t;r)$ $(t \in \Re^n, r > 0)$, $\text{Cr}\{\boldsymbol{\xi}_\omega \in \bar{B}(t;r)\}$ 是 Σ-可测的.

当 $\boldsymbol{\xi}$ 是一个从 Ω 到 usc-$\mathcal{F}_v^n$ 的映射时, 上述命题的逆命题也是成立的.

证明 由于 $\Re^n$ 中的每个闭球 $\bar{B}(t;r)$ 都是 $\Re^n$ 的紧子集, 命题的第一部分是显然成立的, 所以只需证明第二部分.

假定对每个闭球 $\bar{B}(t;r)$ $(t \in \Re^n, r > 0)$, $\text{Cr}\{\boldsymbol{\xi}_\omega \in \bar{B}(t;r)\}$ 是 Σ-可测的. 由于对每个 $\alpha \in (0,1]$, 事件 $\{\omega \mid \text{Pos}\{\boldsymbol{\xi}_\omega \in \bar{B}(t;r)\} \geqslant \alpha\}$ 可表示为

$$\left(\left\{\text{Cr}\{\boldsymbol{\xi}_\omega \in \bar{B}(t;r)\} \geqslant \frac{\alpha}{2}\right\} \cap \left\{\text{Cr}\{\boldsymbol{\xi}_\omega \in \bar{B}(t;r)\} < \frac{1}{2}\right\}\right) \cup \left\{\text{Cr}\{\boldsymbol{\xi}_\omega \in \bar{B}(t;r)\} \geqslant \frac{1}{2}\right\},$$

所以 $\text{Pos}\{\boldsymbol{\xi}_\omega \in \bar{B}(t;r)\}$ 是 Σ-可测的.

现在证明

$$\text{Pos}\{\boldsymbol{\xi}_\omega \in \bar{B}(t;r)\} = \text{Pos}\{\boldsymbol{\xi}_\omega \in B(t;r)\}.$$

由 Pos 的单调性, 只需证明

$$\text{Pos}\{\boldsymbol{\xi}_\omega \in \bar{B}(t;r)\} \leqslant \text{Pos}\{\boldsymbol{\xi}_\omega \in B(t;r)\}.$$

对每个 $\omega \in \Omega$, 由 $\boldsymbol{\xi}_\omega$ 的上半连续性知, 必存在某个 $t_\omega \in \bar{B}(t;r)$, 使得

$$\mu_{\boldsymbol{\xi}_\omega}(t_\omega) = \text{Pos}\{\boldsymbol{\xi}_\omega \in \bar{B}(t;r)\}.$$

如果 $t_\omega \in B(t;r)$, 那么

$$\mu_{\boldsymbol{\xi}_\omega}(t_\omega) = \text{Pos}\{\boldsymbol{\xi}_\omega \in B(t;r)\}.$$

否则, 必存在一个序列 $\{t_n\} \in B(t;r)$, 使得当 $n \to \infty$ 时, 有 $\mu_{\boldsymbol{\xi}_\omega}(t_n) \to \mu_{\boldsymbol{\xi}_\omega}(t_\omega)$. 于是

$$\text{Pos}\{\boldsymbol{\xi}_\omega \in B(t;r)\} \geqslant \lim_{n \to \infty} \mu_{\boldsymbol{\xi}_\omega}(t_n) = \mu_{\boldsymbol{\xi}_\omega}(t_\omega) = \text{Pos}\{\boldsymbol{\xi}_\omega \in \bar{B}(t;r)\}.$$

等式
$$\text{Pos}\{\boldsymbol{\xi}_\omega \in \bar{B}(\boldsymbol{t};r)\} = \text{Pos}\{\boldsymbol{\xi}_\omega \in B(\boldsymbol{t};r)\}$$
成立. 由此说明 $\text{Pos}\{\boldsymbol{\xi}_\omega \in B(\boldsymbol{t};r)\}$ 也是 Σ-可测的.

由命题 2.2 的证明知, 对 $\Re^n$ 的每个开子集 G, $\text{Pos}\{\boldsymbol{\xi}_\omega \in G\}$ 是 Σ-可测的, 并且对每个 $\Re^n$ 的紧子集 K, $\text{Pos}\{\boldsymbol{\xi}_\omega \in K\}$ 是 Σ-可测的. 所以
$$\text{Cr}\{\boldsymbol{\xi}_\omega \in K\} = \frac{1}{2}\left(1 + \text{Pos}\{\boldsymbol{\xi}_\omega \in K\} - \text{Pos}\{\boldsymbol{\xi}_\omega \in K^c\}\right)$$
对每个 $\Re^n$ 的紧子集是 Σ-可测的. $\square$

命题 2.6([80]) 设 $\boldsymbol{\xi}$ 是一个从 Ω 到 usc-$\mathcal{F}_v^n$ 的映射, 使得对每个紧子集 $K \subset \Re^n$, $\text{Cr}\{\gamma \mid \boldsymbol{\xi}_\omega(\gamma) \in K\}$ 是 Σ-可测的, 那么, 对每个 $\alpha \in (0,1]$, $\boldsymbol{\xi}^\alpha$ 是从 Ω 到 $\Re^n$ 的随机集.

证明 假定对每个 $\Re^n$ 的紧子集 K, $\text{Cr}\{\gamma \mid \boldsymbol{\xi}_\omega(\gamma) \in K\}$ 是 Σ-可测的, 那么, 由命题 2.4 的证明知, 对 $\Re^n$ 的每个紧子集 K, $\text{Pos}\{\gamma \mid \boldsymbol{\xi}_\omega(\gamma) \in K\}$ 是 Σ-可测的. 因为对每个 $\omega \in \Omega$, $\boldsymbol{\xi}_\omega$ 是上半连续的, 所以 $\boldsymbol{\xi}^\alpha(\omega)$ 是 $\Re^n$ 中的闭集. 因此, 对每个 $\Re^n$ 的紧子集 K 及 $\alpha \in (0,1]$, 等式
$$\{\omega \mid \boldsymbol{\xi}^\alpha(\omega) \cap K \neq \varnothing\} = \{\omega \mid \text{Pos}\{\gamma \mid \boldsymbol{\xi}_\omega(\gamma) \in K\} \geqslant \alpha\}$$
成立. 由此, 对每个 $\Re^n$ 的紧子集 K, 有
$$\{\omega \mid \boldsymbol{\xi}^\alpha(\omega) \cap K \neq \varnothing\} \in \Sigma.$$
进一步, 对每个 $\Re^n$ 的闭子集 F, 有 $F = \bigcup_{n=1}^\infty K_n$, 其中 K_n 是 $\Re^n$ 的紧子集. 于是
$$\{\omega \mid \boldsymbol{\xi}^\alpha(\omega) \cap F \neq \varnothing\} = \bigcup_{n=1}^\infty \{\omega \mid \boldsymbol{\xi}^\alpha(\omega) \cap K_n \neq \varnothing\}$$
是 Σ-可测的. 这说明 $\boldsymbol{\xi}^\alpha$ 是一个随机集. $\square$

命题 2.7([80]) 设 $(\Omega, \Sigma, \text{Pr})$ 是一个完备概率空间, 并且 $\boldsymbol{\xi}$ 是一个从 Ω 到 usc-$\mathcal{F}_v^n$ 的映射. 如果对每个 $\alpha \in (0,1]$, $\boldsymbol{\xi}^\alpha$ 是一个从 Ω 到 $\Re^n$ 的随机集, 那么对每个 Borel 子集 $B \subset \Re^n$, $\text{Cr}\{\gamma \mid \boldsymbol{\xi}_\omega(\gamma) \in B\}$ 是 Σ-可测的.

证明 设 B 是 $\Re^n$ 的一个 Borel 子集. 由可能性测度的定义, 有
$$\text{Pos}\{\gamma \mid \boldsymbol{\xi}_\omega(\gamma) \in B\} = \sup_{\boldsymbol{t} \in B} \mu_{\boldsymbol{\xi}_\omega}(\boldsymbol{t}).$$
对每个 $\omega \in \Omega$, 由 Zadeh 分解定理, 得到
$$\mu_{\boldsymbol{\xi}_\omega}(\boldsymbol{t}) = \sup_{\alpha \in Q}\left[\alpha \wedge \mu_{\boldsymbol{\xi}^\alpha(\omega)}(\boldsymbol{t})\right],$$

其中 Q 是 $[0,1]$ 中的有理数集, $\boldsymbol{\xi}^\alpha(\omega)$ 是模糊向量 $\boldsymbol{\xi}_\omega$ 的 α-截集.

于是, 有下面的结论:

$$\begin{aligned}
&\operatorname{Pos}\{\gamma \mid \boldsymbol{\xi}_\omega(\gamma) \in B\} \\
&= \sup_{\boldsymbol{t} \in B} \sup_{\alpha \in Q} \left[\alpha \wedge \mu_{\boldsymbol{\xi}^\alpha(\omega)}(\boldsymbol{t})\right] \\
&= \sup_{\alpha \in Q} \left[\alpha \wedge \sup_{\boldsymbol{t} \in B} \mu_{\boldsymbol{\xi}^\alpha(\omega)}(\boldsymbol{t})\right] \\
&= \sup_{\alpha \in Q} \left[\alpha \wedge I_{\{\omega' \in \Omega \mid \boldsymbol{\xi}^\alpha(\omega') \cap B \neq \varnothing\}}(\omega)\right],
\end{aligned}$$

其中 I_A 是集合 A 的特征函数. 注意到 $\boldsymbol{\xi}^\alpha, \alpha \in Q$ 都是随机集, 由 $(\Omega, \Sigma, \operatorname{Pr})$ 的完备性, 可知

$$\{\omega' \in \Omega \mid \boldsymbol{\xi}^\alpha(\omega') \cap B \neq \varnothing\}, \quad \alpha \in Q$$

属于 Σ (参见 [38]). 这等价于它们的特征函数

$$I_{\{\omega' \in \Omega \mid \boldsymbol{\xi}^\alpha(\omega') \cap B \neq \varnothing\}}, \quad \alpha \in Q$$

都是 Σ-可测的. 由此可得 $\operatorname{Pos}\{\boldsymbol{\xi}_\omega \in B\}$ 是 Σ-可测的.

注意到 B^c 也是 $\Re^n$ 的一个 Borel 子集, 由上述的证明, 可知 $\operatorname{Pos}\{\boldsymbol{\xi}_\omega \in B^c\}$ 是 Σ-可测的. 因此

$$\operatorname{Cr}\{\boldsymbol{\xi}_\omega \in B\} = \frac{1}{2}\left(1 + \operatorname{Pos}\{\boldsymbol{\xi}_\omega \in B\} - \operatorname{Pos}\{\boldsymbol{\xi}_\omega \in B^c\}\right)$$

是 Σ-可测的. $\square$

命题 2.8 ([80]) 设 $\boldsymbol{\xi}$ 是一个从 Ω 到 $\mathcal{F}_v^n$ 的映射, 使得对每个 Borel 子集 $B \subset \Re^n$, $\operatorname{Cr}\{\boldsymbol{\xi}_\omega \in B\}$ 都是 Σ-可测的, 那么对每个闭子集 $F \subset \Re^n$ (开子集 $G \subset \Re^n$), $\operatorname{Cr}\{\boldsymbol{\xi}_\omega \in F\}$ ($\operatorname{Cr}\{\boldsymbol{\xi}_\omega \in G\}$) 是 Σ-可测的.

证明 由于 $\Re^n$ 中所有的闭集和开集都属于 $\mathcal{B}(\Re^n)$, 所以命题显然成立. $\square$

总结以上命题, 就可得出下面的结论.

定理 2.4 ([80]) 设 $(\Omega, \Sigma, \operatorname{Pr})$ 是一个完备概率空间, 并且 $\boldsymbol{\xi}$ 是一个从 Ω 到 usc-$\mathcal{F}_v^n$ 的映射. 以下的七个命题是等价的:

(a) 对每个闭子集 $F \subset \Re^n$, $\operatorname{Cr}\{\boldsymbol{\xi}_\omega \in F\}$ 是 Σ-可测的.

(b) 对每个开子集 $G \subset \Re^n$, $\operatorname{Cr}\{\boldsymbol{\xi}_\omega \in G\}$ 是 Σ-可测的.

(c) 对 $\Re^n$ 中的每个开球 $B(\boldsymbol{t};r)$, $\operatorname{Cr}\{\boldsymbol{\xi}_\omega \in B(\boldsymbol{t};r)\}$ 是 Σ-可测的.

(d) 对每个紧集 $K \subset \Re^n$, $\operatorname{Cr}\{\boldsymbol{\xi}_\omega \in K\}$ 是 Σ-可测的.

(e) 对 $\Re^n$ 中的每个闭球 $\bar{B}(\boldsymbol{t};r)$, $\operatorname{Cr}\{\boldsymbol{\xi}_\omega \in \bar{B}(\boldsymbol{t};r)\}$ 是 Σ-可测的.

(f) 对每个 $\alpha \in (0,1]$, $\boldsymbol{\xi}^\alpha$ 是一个从 Ω 到 $\Re^n$ 的随机集.

(g) 对每个 Borel 子集 $B \subset \Re^n$, $\operatorname{Cr}\{\gamma \mid \boldsymbol{\xi}_\omega(\gamma) \in B\}$ 是 Σ-可测的.

证明 (a)$\Longleftrightarrow$(b): 由命题 2.1 证得; (b)$\Longleftrightarrow$(c): 由命题 2.2 证得; (b)$\Longrightarrow$(d): 由命题 2.3 证得; (d)$\Longrightarrow$(a): 由命题 2.4 证得; (d)$\Longleftrightarrow$(e): 由命题 2.5 证得; (d)$\Longrightarrow$(f): 由命题 2.6 证得; (f)$\Longrightarrow$(g): 由命题 2.7 证得; 最后 (g)$\Longrightarrow$(a): 由命题 2.8 证得. □

2.2 平衡机会

假设 $\boldsymbol{\xi} = (\xi_1, \xi_2, \cdots, \xi_m)^T$ 是定义在 Ω 上的模糊随机向量, f_j $(j = 1, 2, \cdots, q)$ 是定义在 $\Re^m$ 上的实值连续函数. 考虑如下的模糊随机事件:

$$f_j(\boldsymbol{\xi}) \leqslant 0, \quad j = 1, 2, \cdots, q. \tag{2.6}$$

对于每一个固定的 $\omega \in \Omega$, $\boldsymbol{\xi}(\omega)$ 是一个模糊变量, 且模糊随机事件 (2.6) 变成模糊事件

$$f_j(\boldsymbol{\xi}(\omega)) \leqslant 0, \quad j = 1, 2, \cdots, q, \tag{2.7}$$

其可信性、可能性和必要性分别为

$$\text{Cr}\{f_j(\boldsymbol{\xi}(\omega)) \leqslant 0, j = 1, 2, \cdots, q\}, \tag{2.8}$$

$$\text{Pos}\{f_j(\boldsymbol{\xi}(\omega)) \leqslant 0, j = 1, 2, \cdots, q\}, \tag{2.9}$$

$$\text{Nec}\{f_j(\boldsymbol{\xi}(\omega)) \leqslant 0, j = 1, 2, \cdots, q\}, \tag{2.10}$$

它们都是 ω 的可测函数 [71].

2.2.1 平衡机会的定义

使用 Sugeno 积分 [111] 来度量模糊随机事件 (2.6) 的发生程度, 定义三个新的指标, 称为平衡机会.

定义 2.3 ([71]) 令 $\boldsymbol{\xi} = (\xi_1, \xi_2, \cdots, \xi_m)^T$ 是一个模糊随机向量, 且对于 $j = 1, 2, \cdots, q$, $f_j : \Re^m \to \Re$ 是一个实值连续函数, 则模糊随机事件 (2.6) 的平衡机会, 记作 $\text{Ch}^{\mathcal{C}}$, 定义为可信性函数 (2.8) 关于概率的 Sugeno 积分, 即

$$\text{Ch}^{\mathcal{C}}\{f_j(\boldsymbol{\xi}) \leqslant 0, j = 1, 2, \cdots, q\}$$
$$= \sup_{\alpha \in [0,1]} \left[\alpha \wedge \Pr\left\{ \omega \in \Omega \middle| \text{Cr}\left\{ \begin{array}{l} f_j(\boldsymbol{\xi}(\omega)) \leqslant 0, \\ j = 1, 2, \cdots, q \end{array} \right\} \geqslant \alpha \right\} \right]. \tag{2.11}$$

模糊随机事件 (2.6) 的平衡机会也可定义为可能性函数 (2.9) 关于概率的 Sugeno 积分, 即

$$\text{Ch}^{\mathcal{P}}\{f_j(\boldsymbol{\xi}) \leqslant 0, j = 1, 2, \cdots, q\}$$
$$= \sup_{\alpha \in [0,1]} \left[\alpha \wedge \Pr\left\{ \omega \in \Omega \middle| \text{Pos}\left\{ \begin{array}{l} f_j(\boldsymbol{\xi}(\omega)) \leqslant 0, \\ j = 1, 2, \cdots, q \end{array} \right\} \geqslant \alpha \right\} \right], \tag{2.12}$$

2.2 平衡机会

或者定义为必要性函数 (2.10) 关于概率的 Sugeno 积分, 即

$$\mathrm{Ch}^{\mathcal{N}}\{f_j(\boldsymbol{\xi})\leqslant 0, j=1,2,\cdots,q\}$$
$$=\sup_{\alpha\in[0,1]}\left[\alpha\wedge\mathrm{Pr}\left\{\omega\in\Omega\middle|\mathrm{Nec}\left\{\begin{array}{l}f_j(\boldsymbol{\xi}(\omega))\leqslant 0,\\ j=1,2,\cdots,q\end{array}\right\}\geqslant\alpha\right\}\right]. \quad (2.13)$$

令

$$F(\alpha)=\mathrm{Pr}\left\{\omega\in\Omega\middle|\mathrm{Cr}\left\{\begin{array}{l}f_j(\boldsymbol{\xi}(\omega))\leqslant 0,\\ j=1,2,\cdots,q\end{array}\right\}\geqslant\alpha\right\},$$

则 $F(\alpha)$ 是关于 α 的左连续非增函数, 且对任意给定的 α, $F(\alpha)$ 表示如下随机事件:

$$\left\{\omega\in\Omega\middle|\mathrm{Cr}\left\{\begin{array}{l}f_j(\boldsymbol{\xi}(\omega))\leqslant 0,\\ j=1,2,\cdots,q\end{array}\right\}\geqslant\alpha\right\}$$

发生的概率. 因此平衡机会 (2.11) 既度量了模糊随机事件 (2.6) 发生的最大可信性, 同时也度量了其发生的最大概率.

一般地, 如果 $F(\alpha+)\leqslant\alpha\leqslant F(\alpha)$, 则 α 恰是平衡机会 (2.13) 的值, 即它是模糊随机事件 (2.6) 发生的机会. 特别地, 如果 $F(\alpha)=\alpha$, 即 α 是 $F(\alpha)$ 的固定点, 则 α 是平衡机会 (2.11) 的值.

注 2.1([71]) 如果模糊随机向量 $\boldsymbol{\xi}$ 退化为随机向量, 则由表达式 (2.11)—(2.13) 定义的平衡机会退化为随机事件的概率

$$\mathrm{Pr}\{f_j(\boldsymbol{\xi})\leqslant 0, j=1,2,\cdots,q\}.$$

所以, 随机事件的概率是模糊随机事件平衡机会的一个特例.

注 2.2 ([71]) 如果模糊随机向量 $\boldsymbol{\xi}$ 退化为模糊向量, 则由表达式 (2.11)—(2.13) 定义的平衡机会分别成为下面模糊事件的机会

$$\mathrm{Cr}\{f_j(\boldsymbol{\xi})\leqslant 0, j=1,2,\cdots,q\},$$

$$\mathrm{Pos}\{f_j(\boldsymbol{\xi})\leqslant 0, j=1,2,\cdots,q\},$$

$$\mathrm{Nec}\{f_j(\boldsymbol{\xi})\leqslant 0, j=1,2,\cdots,q\}.$$

换句话说, 模糊事件的机会是模糊随机事件平衡机会的一个特例.

下面的命题给出的结论可用于检验决策的可行性.

命题 2.9 ([71]) 平衡机会具有下面的基本性质:

$$\mathrm{Ch}^{\mathcal{C}}\left\{\begin{array}{l}f_j(\boldsymbol{\xi})\leqslant 0,\\ j=1,2,\cdots,q\end{array}\right\}\geqslant\alpha\iff\mathrm{Pr}\left\{\omega\in\Omega\left|\mathrm{Cr}\left\{\begin{array}{l}f_j(\boldsymbol{\xi}(\omega))\leqslant 0,\\ j=1,2,\cdots,q\end{array}\right\}\geqslant\alpha\right.\right\}\geqslant\alpha;$$

$$\mathrm{Ch}^{\mathcal{P}}\left\{\begin{array}{l}f_j(\boldsymbol{\xi})\leqslant 0,\\ j=1,2,\cdots,q\end{array}\right\}\geqslant\alpha\iff\mathrm{Pr}\left\{\omega\in\Omega\left|\mathrm{Pos}\left\{\begin{array}{l}f_j(\boldsymbol{\xi}(\omega))\leqslant 0,\\ j=1,2,\cdots,q\end{array}\right\}\geqslant\alpha\right.\right\}\geqslant\alpha;$$

$$\mathrm{Ch}^{\mathcal{N}}\left\{\begin{array}{l}f_j(\boldsymbol{\xi})\leqslant 0,\\ j=1,2,\cdots,q\end{array}\right\}\geqslant\alpha\iff\mathrm{Pr}\left\{\omega\in\Omega\left|\mathrm{Nec}\left\{\begin{array}{l}f_j(\boldsymbol{\xi}(\omega))\leqslant 0,\\ j=1,2,\cdots,q\end{array}\right\}\geqslant\alpha\right.\right\}\geqslant\alpha.$$

证明 根据定义 2.3 和概率的连续性易证. □

2.2.2 平衡机会的推广

为推广模糊随机事件平衡机会的概念, 改写 (2.11)—(2.13) 定义的平衡机会为如下的等价形式:

$$\mathrm{Ch}^{\mathcal{C}}\{f_j(\boldsymbol{\xi})\leqslant 0, j=1,2,\cdots,q\}$$
$$=\sup_{(\alpha,\beta)\in[0,1]^2}\left\{\alpha\wedge\beta\left|\mathrm{Pr}\left\{\omega\in\Omega\left|\mathrm{Cr}\left\{\begin{array}{l}f_j(\boldsymbol{\xi}(\omega))\leqslant 0,\\ j=1,2,\cdots,q\end{array}\right\}\geqslant\alpha\right.\right\}\geqslant\beta\right.\right\}, \quad (2.14)$$

其中参数 α 和 β 分别表示可信性和概率;

$$\mathrm{Ch}^{\mathcal{P}}\{f_j(\boldsymbol{\xi})\leqslant 0, j=1,2,\cdots,q\}$$
$$=\sup_{(\alpha,\beta)\in[0,1]^2}\left\{\alpha\wedge\beta\left|\mathrm{Pr}\left\{\omega\in\Omega\left|\mathrm{Pos}\left\{\begin{array}{l}f_j(\boldsymbol{\xi}(\omega))\leqslant 0,\\ j=1,2,\cdots,q\end{array}\right\}\geqslant\alpha\right.\right\}\geqslant\beta\right.\right\}, \quad (2.15)$$

其中参数 α 和 β 分别表示可能性和概率;

$$\mathrm{Ch}^{\mathcal{N}}\{f_j(\boldsymbol{\xi})\leqslant 0, j=1,2,\cdots,q\}$$
$$=\sup_{(\alpha,\beta)\in[0,1]^2}\left\{\alpha\wedge\beta\left|\mathrm{Pr}\left\{\omega\in\Omega\left|\mathrm{Nec}\left\{\begin{array}{l}f_j(\boldsymbol{\xi}(\omega))\leqslant 0,\\ j=1,2,\cdots,q\end{array}\right\}\geqslant\alpha\right.\right\}\geqslant\beta\right.\right\}, \quad (2.16)$$

其中参数 α 和 β 分别表示必要性和概率.

在表达式 (2.14)—(2.16) 中, 用 min-max 算子定义模糊随机事件的平衡机会. 实际上, 使用三角模 $\top$, (2.6) 式刻画的模糊随机事件的平衡机会可以通过使用广义 Sugeno 积分作如下推广[71]:

$$\mathrm{Ch}^{\mathcal{C}}_{\top}\{f_j(\boldsymbol{\xi})\leqslant 0, j=1,2,\cdots,q\}$$
$$=\sup_{(\alpha,\beta)\in[0,1]^2}\left\{\top(\alpha,\beta)\left|\mathrm{Pr}\left\{\omega\in\Omega\left|\mathrm{Cr}\left\{\begin{array}{l}f_j(\boldsymbol{\xi}(\omega))\leqslant 0,\\ j=1,2,\cdots,q\end{array}\right\}\geqslant\alpha\right.\right\}\geqslant\beta\right.\right\}, \quad (2.17)$$

$$\begin{aligned}&\mathrm{Ch}_T^{\mathcal{P}}\{f_j(\boldsymbol{\xi})\leqslant 0, j=1,2,\cdots,q\}\\&=\sup_{(\alpha,\beta)\in[0,1]^2}\left\{\top(\alpha,\beta)\bigg|\mathrm{Pr}\left\{\omega\in\Omega\bigg|\mathrm{Pos}\left\{\begin{array}{l}f_j(\boldsymbol{\xi}(\omega))\leqslant 0,\\ j=1,2,\cdots,q\end{array}\right\}\geqslant\alpha\right\}\geqslant\beta\right\},\quad (2.18)\end{aligned}$$

$$\begin{aligned}&\mathrm{Ch}_T^{\mathcal{N}}\{f_j(\boldsymbol{\xi})\leqslant 0, j=1,2,\cdots,q\}\\&=\sup_{(\alpha,\beta)\in[0,1]^2}\left\{\top(\alpha,\beta)\bigg|\mathrm{Pr}\left\{\omega\in\Omega\bigg|\mathrm{Nec}\left\{\begin{array}{l}f_j(\boldsymbol{\xi}(\omega))\leqslant 0,\\ j=1,2,\cdots,q\end{array}\right\}\geqslant\alpha\right\}\geqslant\beta\right\},\quad (2.19)\end{aligned}$$

其中 $\top:[0,1]\times[0,1]\to[0,1]$ 是一个三角模. 在 (2.17)—(2.19) 中, $\top(\alpha,\beta)=\alpha\wedge\beta$. 实际中, 根据决策者建模不确定性的标准, 也可以使用其他的三角模, 如 $\top_1(\alpha,\beta)=\alpha\beta$, $\top_2(\alpha,\beta)=\max\{0,\alpha+\beta-1\}$, $\top_3(\alpha,\beta)=\alpha\beta/[1+(1-\alpha)(1-\beta)]$ 或者 $\top_4(\alpha,\beta)=\alpha\beta/(\alpha+\beta-\alpha\beta)$.

2.3 平衡机会规划模型

考虑如下"模糊随机规划"问题

$$\begin{cases}\max\ f(\boldsymbol{x},\boldsymbol{\xi})\\ \text{s.t.}\ g_j(\boldsymbol{x},\boldsymbol{\xi})\leqslant 0,\quad j=1,2,\cdots,q,\\ \boldsymbol{x}\in D\end{cases}\quad (2.20)$$

的目标和约束, 其中 $\boldsymbol{x}$ 是一个 n 维决策向量, $\boldsymbol{\xi}$ 是 m 维模糊随机向量, D 是一个固定的集合, 通常由有限个包含 $\boldsymbol{x}$ 的函数的不等式确定, f 和 g_j 是 $n+m$ 维实值连续函数. 因此, 对于每个给定的决策向量 $\boldsymbol{x}$, 在知道模糊随机向量 $\boldsymbol{\xi}$ 的实现值之前, 最大化目标函数 $f(\boldsymbol{x},\boldsymbol{\xi})$ 是没有意义的, 而且也不能判断决策 $\boldsymbol{x}$ 是否可行. 因此问题 (2.20) 中的目标和约束在数学上没有得到很好的定义.

为了给出一个具有数学意义的模糊随机规划, 下面考虑如何处理问题 (2.20) 的约束和目标. 通过所定义的平衡机会建立一类模糊随机规划, 用于对模糊随机决策问题进行建模 [71].

2.3.1 处理约束

问题 (2.20) 中的模糊随机约束 $g_j(\boldsymbol{x},\boldsymbol{\xi})\leqslant 0$ $(j=1,2,\cdots,q)$ 数学意义不明确. 因此, 可以用平衡机会约束代替问题 (2.20) 中的约束, 就像随机规划中的概率约束. 更确切地说, 如果置信水平不小于 α, 决策者感到满意, 则有平衡机会约束

$$\mathrm{Ch}\{g_j(\boldsymbol{x},\boldsymbol{\xi})\leqslant 0, j=1,2,\cdots,q\}\geqslant\alpha,\quad (2.21)$$

并称其为联合机会约束 [71].

有时决策者可以采用下列分离的机会约束

$$\text{Ch}\{g_j(\boldsymbol{x},\boldsymbol{\xi})\leqslant 0\}\geqslant \alpha_j, \quad j=1,2,\cdots,q, \tag{2.22}$$

其中 α_j 是对应于第 j 个约束的给定的置信水平, $j=1,2,\cdots,q$.

2.3.2 处理单个目标函数

类似于随机规划中的风险值方法 [37] 和模糊规划中的分位点法 [30, 53], 基于不同的思想, 有两种方法来衡量问题 (2.20) 中的模糊随机收益函数 $f(\boldsymbol{x},\boldsymbol{\xi})$.

第一种称为乐观值方法, 乐观值定义为 [71]

$$f_{\max}(\boldsymbol{x}) = \max\{\overline{f} \mid \text{Ch}\{f(\boldsymbol{x},\boldsymbol{\xi})\geqslant \overline{f}\}\geqslant \beta\}, \tag{2.23}$$

其中 β 是给定的置信水平, $f_{\max}(\boldsymbol{x})$ 称为对应于给定决策 $\boldsymbol{x}$ 的收益函数 $f(\boldsymbol{x},\boldsymbol{\xi})$ 的 β-乐观值.

第二种称为悲观值方法, 悲观值定义为 [71]

$$f_{\min}(\boldsymbol{x}) = \min\{\overline{f} \mid \text{Ch}\{f(\boldsymbol{x},\boldsymbol{\xi})\leqslant \overline{f}\}\geqslant \beta\}, \tag{2.24}$$

其中 β 是给定的置信水平, $f_{\min}(\boldsymbol{x})$ 称为对应于给定决策 $\boldsymbol{x}$ 的收益函数 $f(\boldsymbol{x},\boldsymbol{\xi})$ 的 β-悲观值.

因此, 如果一个决策者希望在一些平衡机会约束下最大化模糊随机收益函数的 β-乐观值, 那么可使用下面带有平衡机会约束的 max-max 模糊随机规划模型 [71]:

$$\begin{cases} \max_{\boldsymbol{x}} \text{-} \max_{\overline{f}} \ \overline{f} \\ \text{s.t.} \quad \text{Ch}\{f(\boldsymbol{x},\boldsymbol{\xi})\geqslant \overline{f}\}\geqslant \beta, \\ \quad\quad \text{Ch}\{g_j(\boldsymbol{x},\boldsymbol{\xi})\leqslant 0\}\geqslant \alpha_j, \quad j=1,2,\cdots,q, \\ \quad\quad \boldsymbol{x}\in D, \end{cases} \tag{2.25}$$

其中 α_j 是给定的对应于第 j $(j=1,2,\cdots,q)$ 个约束的置信水平, β 是给定的对应于收益函数 $f(\boldsymbol{x},\boldsymbol{\xi})$ 的置信水平, $\max \overline{f}$ 是收益函数的 β-乐观值.

类似地, 如果决策制定者在一些平衡机会约束下想要最大化模糊随机收益函数的 β-悲观值, 则可以使用下面带有平衡机会约束的 max-min 模糊随机规划模型 [71]:

$$\begin{cases} \max_{\boldsymbol{x}} \text{-} \min_{\overline{f}} \ \overline{f} \\ \text{s.t.} \quad \text{Ch}\{f(\boldsymbol{x},\boldsymbol{\xi})\leqslant \overline{f}\}\geqslant \beta, \\ \quad\quad \text{Ch}\{g_j(\boldsymbol{x},\boldsymbol{\xi})\leqslant 0\}\geqslant \alpha_j, \quad j=1,2,\cdots,q, \\ \quad\quad \boldsymbol{x}\in D, \end{cases} \tag{2.26}$$

其中 $\min \overline{f}$ 是收益函数 $f(\boldsymbol{x},\boldsymbol{\xi})$ 的 β-悲观值.

2.3.3 处理多个目标函数

多准则数学规划是解决多目标决策问题的一门重要的学科. 在多准则决策过程中, 决策制定者起着关键作用, 负责从所有方案 (解) 中选择最佳解决方案 (最佳折中解). 众所周知, 目标规划是解决多准则数学规划问题的技术之一. 在目标规划中, 决策者提供关于各种准则的预期水平 (目标) 的信息. 在求解目标规划问题之前, 决策者提供准则的排序. 目标规划方法的核心思想是根据给定的优先级顺序找到尽可能接近指定目标值的最优解. 如果目标通过分配数值权重进行排序, 则目标规划问题的总目标是最小化偏差变量的加权和.

在确定的目标规划中, 目标约束通常表示为
$$f_i(\boldsymbol{x}) + d_i^- - d_i^+ = b_i.$$

假设目标形如 $f_i(\boldsymbol{x},\boldsymbol{\xi})$, 其中 $\boldsymbol{\xi}$ 是一个模糊随机向量, 则目标约束的表达式
$$f_i(\boldsymbol{x},\boldsymbol{\xi}) + d_i^- - d_i^+ = b_i \tag{2.27}$$

没有意义. 类似于随机目标规划和模糊目标规划的思想[53], 可以将表达式 (2.27) 写成下面的目标机会约束:
$$\text{Ch}\left\{f_i(\boldsymbol{x},\boldsymbol{\xi}) - b_i \leqslant d_i^+\right\} \geqslant \beta_i^+, \quad \text{Ch}\left\{b_i - f_i(\boldsymbol{x},\boldsymbol{\xi}) \leqslant d_i^-\right\} \geqslant \beta_i^-,$$

其中 β_i^+ 和 β_i^- 是给定的置信水平, d_i^+ 是对应于 b_i 的 β_i^+-乐观正偏差变量, 定义为
$$d_i^+ = \min\left\{d \vee 0 \mid \text{Ch}\{f_i(\boldsymbol{x},\boldsymbol{\xi}) - b_i \leqslant d\} \geqslant \beta_i^+\right\},$$

而 d_i^- 是对应于 b_i 的 β_i^--乐观负偏差变量, 定义为
$$d_i^- = \min\left\{d \vee 0 \mid \text{Ch}\{b_i - f_i(\boldsymbol{x},\boldsymbol{\xi}) \leqslant d\} \geqslant \beta_i^-\right\}.$$

根据上述讨论, 可以将一个具有平衡机会约束的一般模糊随机目标规划模型构建成如下形式[71]:
$$\begin{cases} \min\limits_{\boldsymbol{x}} \sum\limits_{k=1}^{K} P_k \sum\limits_{i=1}^{p} (w_{ik}^+ d_i^+ + w_{ik}^- d_i^-) \\ \text{s.t.} \quad \text{Ch}\left\{f_i(\boldsymbol{x},\boldsymbol{\xi}) - b_i \leqslant d_i^+\right\} \geqslant \beta_i^+, \quad i=1,2,\cdots,p, \\ \quad\quad \text{Ch}\left\{b_i - f_i(\boldsymbol{x},\boldsymbol{\xi}) \leqslant d_i^-\right\} \geqslant \beta_i^-, \quad i=1,2,\cdots,p, \\ \quad\quad \text{Ch}\left\{g_j(\boldsymbol{x},\boldsymbol{\xi}) \leqslant 0\right\} \geqslant \alpha_j, \quad j=1,2,\cdots,q, \\ \quad\quad d_i^-, d_i^+ \geqslant 0, \quad i=1,2,\cdots,p, \\ \quad\quad \boldsymbol{x} \in D, \end{cases} \tag{2.28}$$

其中, K 是模型中优先级的个数; P_k 是第 k 个优先级, $P_k \gg P_{k+1}$; w_{ik}^+ 表示在优先级 P_k 中 d_i^+ 的权重; w_{ik}^- 表示在优先级 P_k 中 d_i^- 的权重; β_i^+ 表示第 i 个正偏差变量的目标约束的给定置信水平; β_i^- 表示第 i 个负偏差变量的目标约束的给定置信水平; d_i^+ 是 β_i^+-乐观正偏差变量, 代表超过第 i 个目标 f_i 的最小值; d_i^- 是 β_i^--乐观负偏差变量, 代表比第 i 个目标 f_i 低的最小值; $\boldsymbol{x}$ 是决策向量; b_i 是第 i 个目标 f_i 的目标或预期水平; α_j 表示第 j 个实际约束的给定置信水平; D 表示一个确定集, 通常由包含决策向量 $\boldsymbol{x}$ 的有限多个不等式确定.

2.4 平衡机会规划的凸性

2.4.1 联合分布下的凸性定理

如果一个数学规划的目标函数和可行域都是凸的, 则称为凸规划. 随机规划的凸性是一个重要的问题, 得到了广泛的研究[93]. 本小节考虑 2.3 节中模糊随机规划问题的如下几个重要特例, 并讨论其凸性.

$$\begin{cases} \min_{\boldsymbol{x}} \min_{\overline{f}} \ \overline{f} \\ \text{s.t.} \quad \text{Ch}\{\boldsymbol{c}^{\text{T}}\boldsymbol{x} \leqslant \overline{f}\} \geqslant \beta, \\ \qquad \text{Ch}\{\boldsymbol{A}_j^{\text{T}}\boldsymbol{x} \geqslant \xi_j\} \geqslant \alpha_j, \quad j=1,2,\cdots,q, \\ \qquad x_i \geqslant 0, \quad i=1,2,\cdots,n \end{cases} \qquad (2.29)$$

或者

$$\begin{cases} \min_{\boldsymbol{x}} \min_{\overline{f}} \ \overline{f} \\ \text{s.t.} \quad \text{Ch}\{\boldsymbol{c}^{\text{T}}\boldsymbol{x} \leqslant \overline{f}\} \geqslant \beta, \\ \qquad \text{Ch}\{\boldsymbol{A}\boldsymbol{x} \geqslant \boldsymbol{\xi}\} \geqslant \alpha, \\ \qquad x_i \geqslant 0, \quad i=1,2,\cdots,n, \end{cases} \qquad (2.30)$$

其中, $\boldsymbol{c}$ 是一个 n 维向量, $\boldsymbol{A}$ 是一个 $q\times n$ 矩阵, $\boldsymbol{A}_j$ 是 $\boldsymbol{A}$ 的第 j 行; $\boldsymbol{\xi}=(\xi_1,\xi_2,\cdots,\xi_q)^{\text{T}}$ 是一个模糊随机向量; $\alpha, \alpha_j(j=1,2,\cdots,q)$ 和 β 是给定的置信水平.

定理 2.5 ([71]) 令 $F_\beta(\boldsymbol{x}) = \min\{\overline{f} \mid \text{Ch}\{\boldsymbol{c}^{\text{T}}\boldsymbol{x} \leqslant \overline{f}\} \geqslant \beta\}$. 假定 $\boldsymbol{c}=(c_1,c_2,\cdots,c_n)^{\text{T}}$ 是一个模糊随机向量, 定义为 $c_i(\omega) = (r_i(\omega) - \overline{c}_i, r_i(\omega), r_i(\omega) + \overline{c}_i)$, 其中 r_i 具有正态分布, 且对于 $i=1,2,\cdots,n, \overline{c}_i$ 是正数. 如果 $\beta > 1/2$, 则 $F_\beta(\boldsymbol{x})$ 关于 $\boldsymbol{x}$ 是一个凸函数.

证明 只证明 $\text{Ch} = \text{Ch}^{\mathcal{N}}$ 情形下的结论, 其余类似可证. 根据命题 2.9, 有

$$\mathrm{Ch}^{\mathcal{N}}\left\{\boldsymbol{c}^{\mathrm{T}}\boldsymbol{x} \leqslant \overline{f}\right\} \geqslant \beta$$
$$\Longleftrightarrow \mathrm{Pr}\left\{\omega \in \Omega \mid \mathrm{Nec}\left\{\boldsymbol{c}(\omega)^{\mathrm{T}}\boldsymbol{x} \leqslant \overline{f}\right\} \geqslant \beta\right\} \geqslant \beta$$
$$\Longleftrightarrow \mathrm{Pr}\left\{\sum_{i=1}^{n} x_i r_i + \beta \sum_{i=1}^{n} x_i \overline{c}_i \leqslant \overline{f}\right\} \geqslant \beta$$
$$\Longleftrightarrow \mathrm{Pr}\left\{\sum_{i=1}^{n} x_i (r_i + \beta \overline{c}_i) \leqslant \overline{f}\right\} \geqslant \beta.$$

这表明

$$F_\beta(\boldsymbol{x}) = \min\left\{\overline{f}\,\middle|\, \mathrm{Pr}\left\{\sum_{i=1}^{n} x_i(r_i + \beta\overline{c}_i) \leqslant \overline{f}\right\} \geqslant \beta\right\} = \sum_{i=1}^{n} a_i x_i + f_*\sqrt{\boldsymbol{x}^{\mathrm{T}}\boldsymbol{D}\boldsymbol{x}},$$

其中 f_* 满足

$$\beta = \frac{1}{\sqrt{2\pi}} \int_{-\infty}^{f_*} \exp\left(-\frac{1}{2}t^2\right) \mathrm{d}t, \quad a_i = \mathrm{E}[r_i + \beta\overline{c}_i], \quad i = 1, 2, \cdots, n,$$

$\boldsymbol{D} = (\sigma_{ij})$ 是协方差矩阵, 且 $\sigma_{ij} = \mathrm{E}\left[(r_i - \mathrm{E}[r_i])(r_j - \mathrm{E}[r_j])\right]$.

根据 [110], $\sqrt{\boldsymbol{x}^{\mathrm{T}}\boldsymbol{D}\boldsymbol{x}}$ 是一个凸函数. 此外, 由 $\beta > 1/2$, 可知 $f_* > 0$. 因此, $F_\beta(\boldsymbol{x})$ 也是一个凸函数. □

定理 2.6 ([71]) 考虑模糊随机线性规划问题 (2.29). 设 $\boldsymbol{c}$ 是定理 2.5 中定义的模糊随机向量, $\boldsymbol{A}$ 是一个 $q \times n$ 常数矩阵, 且 ξ_j 是三角模糊随机变量, 其定义为 $\xi_j(\omega) = (X_j(\omega) - b_j, X_j(\omega), X_j(\omega) + b_j)$, 其中 $X_j(j = 1, 2, \cdots, q)$ 是概率分布任意的随机变量. 如果 $\beta > 1/2$ 且 $X_j(j = 1, 2, \cdots, q)$ 的分布函数 F_j 是拟凹的, 则问题 (2.29) 是一个凸规划.

证明 当 $\alpha_j \leqslant 1/2$ 时, 关于 $\mathrm{Ch}^{\mathcal{C}}$ 的结论可以转化为关于 $\mathrm{Ch}^{\mathcal{P}}$ 的结论. 当 $\alpha_j > 1/2$ 时, 关于 $\mathrm{Ch}^{\mathcal{C}}$ 的结论可以转化为关于 $\mathrm{Ch}^{\mathcal{N}}$ 的结论. 下面只证明关于 $\mathrm{Ch}^{\mathcal{P}}$ 的结论. 根据定理 2.5, 可知目标函数是凸的. 下面证明可行集也是凸的.

记

$$D_j = \left\{\boldsymbol{x}\,\middle|\, \mathrm{Ch}^{\mathcal{P}}\left\{\boldsymbol{A}_j^{\mathrm{T}}\boldsymbol{x} \geqslant \xi_j\right\} \geqslant \alpha_j\right\}.$$

只需证明 $D_j(j = 1, 2, \cdots, q)$ 是凸集.

根据命题 2.9, 有

$$\mathrm{Ch}^{\mathcal{P}}\left\{\boldsymbol{A}_j^{\mathrm{T}}\boldsymbol{x} \geqslant \xi_j\right\} \geqslant \alpha_j$$

$$\iff \Pr\left\{\omega \in \Omega \,\middle|\, \text{Pos}\{\boldsymbol{A}_j^\text{T}\boldsymbol{x} \geqslant \xi_j(\omega)\} \geqslant \alpha_j\right\} \geqslant \alpha_j$$

$$\iff \Pr\left\{\omega \in \Omega \,\middle|\, \boldsymbol{A}_j^\text{T}\boldsymbol{x} \geqslant X_j(\omega) - (1-\alpha_j)b_j\right\} \geqslant \alpha_j$$

$$\iff \Pr\left\{\omega \in \Omega \,\middle|\, \boldsymbol{A}_j^\text{T}\boldsymbol{x} + (1-\alpha_j)b_j \geqslant X_j(\omega)\right\} \geqslant \alpha_j$$

$$\iff F_j(\boldsymbol{A}_j^\text{T}\boldsymbol{x} + (1-\alpha_j)b_j) \geqslant \alpha_j.$$

现在令 $\boldsymbol{x}_1$ 和 $\boldsymbol{x}_2$ 是 D_j 中的任意两个点, 且 $\lambda \in [0,1]$. 由 F_j 的拟凹性, 可知

$$F_j\left[\boldsymbol{A}_j^\text{T}(\lambda\boldsymbol{x}_1 + (1-\lambda)\boldsymbol{x}_2) + (1-\alpha_j)b_j\right]$$

$$= F_j\left[\lambda(\boldsymbol{A}_j^\text{T}\boldsymbol{x}_1 + (1-\alpha_j)b_j) + (1-\lambda)(\boldsymbol{A}_j^\text{T}\boldsymbol{x}_2 + (1-\alpha_j)b_j)\right]$$

$$\geqslant \min\left\{F_j(\boldsymbol{A}_j^\text{T}\boldsymbol{x}_1 + (1-\alpha_j)b_j), F_j(\boldsymbol{A}_j^\text{T}\boldsymbol{x}_2 + (1-\alpha_j)b_j)\right\}$$

$$\geqslant \alpha_j.$$

所以 $\lambda\boldsymbol{x}_1 + (1-\lambda)\boldsymbol{x}_2 \in D_j$. □

定理 2.7 ([71]) 考虑模糊随机线性规划问题 (2.30). 令 c 是定理 2.5 中定义的模糊随机向量, $\boldsymbol{A}$ 是一个秩为 q 的 $q \times n$ 常数矩阵, 且 ξ_j 是三角模糊随机变量, 定义为 $\xi_j(\omega) = (X_j(\omega) - b_j, X_j(\omega), X_j(\omega) + b_j)$, 其中 $\boldsymbol{X} = (X_1, X_2, \cdots, X_q)^\text{T}$ 是一个概率分布任意的随机向量. 如果 $\boldsymbol{X}$ 的分布函数 F 是拟凹的, 且以下条件都成立:

(i) $\beta > 1/2$ 时, $\text{Ch} = \text{Ch}^{\mathcal{N}}$;

(ii) $\beta > 1/2$ 且 $\alpha > 1/2$ 时, $\text{Ch} = \text{Ch}^{\mathcal{C}}$,

则问题 (2.30) 是一个凸规划.

证明 当 $\alpha > 1/2$ 时, 结论 (ii) 可转化为 (i). 因此只需证明结论 (i). 根据定理 2.5, 可知目标函数是凸的.

令

$$D = \left\{\boldsymbol{x} \,\middle|\, \text{Ch}^{\mathcal{N}}\{\boldsymbol{Ax} \geqslant \boldsymbol{\xi}\} \geqslant \alpha\right\}.$$

下面证明 D 是凸的.

根据命题 2.9, 有

$$\text{Ch}^{\mathcal{N}}\{\boldsymbol{Ax} \geqslant \boldsymbol{\xi}\} \geqslant \alpha$$

$$\iff \Pr\left\{\omega \in \Omega \,\middle|\, \text{Nec}\{\boldsymbol{Ax} \geqslant \boldsymbol{\xi}(\omega)\} \geqslant \alpha\right\} \geqslant \alpha$$

2.4 平衡机会规划的凸性

$$\iff \Pr\left\{\omega\in\Omega\Big|\mathrm{Nec}\left\{\boldsymbol{A}_j^\mathrm{T}\boldsymbol{x}\geqslant\xi_j(\omega)\right\}\geqslant\alpha, j=1,2,\cdots,q\right\}\geqslant\alpha$$

$$\iff \Pr\left\{\omega\in\Omega\Big|\boldsymbol{A}_j^\mathrm{T}\boldsymbol{x}-\alpha b_j\geqslant X_j(\omega), j=1,2,\cdots,q\right\}\geqslant\alpha$$

$$\iff F(\boldsymbol{A}_1^\mathrm{T}\boldsymbol{x}-\alpha b_1,\cdots,\boldsymbol{A}_q^\mathrm{T}\boldsymbol{x}-\alpha b_q)\geqslant\alpha.$$

由于 F 是拟凹的, 其余证明类似于定理 2.6 的证明. □

考虑问题 (2.29), 假设其中的 $\boldsymbol{\xi}$ 和 $\boldsymbol{A}$ 是模糊随机向量和矩阵. 因为 $\mathrm{Ch}\{\boldsymbol{A}_j^\mathrm{T}\boldsymbol{x}\geqslant\xi_j\}\geqslant\alpha_j$ 可以转化为 $\mathrm{Ch}\{\boldsymbol{A}_j^\mathrm{T}\boldsymbol{x}\leqslant 0\}\geqslant\alpha_j$, 所以考虑下面的模糊随机线性规划模型就足够了,

$$\begin{cases}\min\limits_{\boldsymbol{x}}\min\limits_{\overline{f}}\ \overline{f}\\ \text{s.t.}\quad \mathrm{Ch}\left\{\boldsymbol{c}^\mathrm{T}\boldsymbol{x}\leqslant\overline{f}\right\}\geqslant\beta,\\ \qquad \mathrm{Ch}\left\{\boldsymbol{A}_j^\mathrm{T}\boldsymbol{x}\leqslant 0\right\}\geqslant\alpha_j,\quad j=1,2,\cdots,q,\\ \qquad x_i\geqslant 0,\quad i=1,2,\cdots,n.\end{cases} \quad (2.31)$$

定理 2.8 ([71]) 考虑模糊随机线性规划问题 (2.31). 令 $\boldsymbol{c}$ 是定理 2.5 中定义的模糊随机向量, $\boldsymbol{A}$ 是一个 $q\times n$ 模糊随机矩阵, 其行 $\boldsymbol{A}_j=(\xi_{j1},\xi_{j2},\cdots,\xi_{jn})^\mathrm{T}(j=1,2,\cdots,q)$ 是模糊随机向量. 假设 ξ_{jk} 是模糊随机变量, 定义为 $\xi_{jk}(\omega)=(X_{jk}(\omega)-a_{jk},X_{jk}(\omega),X_{jk}(\omega)+a_{jk})$, 其中 a_{jk} 是正数. 如果随机向量 $\boldsymbol{X}_j=(X_{j1},X_{j2},\cdots,X_{jn})^\mathrm{T}(j=1,2,\cdots,q)$ 具有联合正态分布, 则在 $\beta>1/2$ 且 $\alpha_j>1/2(j=1,2,\cdots,q)$ 的条件下, 问题 (2.31) 是一个凸规划.

证明 只证明有关 $\mathrm{Ch}^\mathcal{P}$ 的结论, 其余类似可证. 根据定理 2.5, 可知目标函数是凸的.

记

$$D_j=\left\{\boldsymbol{x}\Big|\mathrm{Ch}^\mathcal{P}\left\{\boldsymbol{A}_j^\mathrm{T}\boldsymbol{x}\leqslant 0\right\}\geqslant\alpha_j\right\},\quad j=1,2,\cdots,q.$$

现在证明 D_j 是一个凸集.

实际上, 根据命题 2.9, 有

$$\mathrm{Ch}^\mathcal{P}\left\{\boldsymbol{A}_j^\mathrm{T}\boldsymbol{x}\leqslant 0\right\}\geqslant\alpha_j$$

$$\iff \Pr\left\{\omega\in\Omega\Big|\mathrm{Pos}\left\{\boldsymbol{A}_j^\mathrm{T}(\omega)\boldsymbol{x}\leqslant 0\right\}\geqslant\alpha_j\right\}\geqslant\alpha_j$$

$$\iff \Pr\left\{\sum_{k=1}^n X_{jk}x_k-(1-\alpha_j)\sum_{k=1}^n a_{jk}x_k\leqslant 0\right\}\geqslant\alpha_j.$$

如果记 $\boldsymbol{Y}_j=(X_{j1}-(1-\alpha_j)a_{j1},\cdots,X_{jn}-(1-\alpha_j)a_{jn})^\mathrm{T}$, 则 $\boldsymbol{Y}_j$ 也是正态随机向量. 由于 $\alpha_j>1/2$, 对正态随机向量 $\boldsymbol{Y}_j$ 应用文献 [93] 中定理 10.4.1 的推论, 可知满足不等式

$$\Pr\left\{\boldsymbol{Y}_j^\mathrm{T}\boldsymbol{x}\leqslant 0\right\}\geqslant\alpha_j$$

的 x 构成的集合是凸的, 这表明 $D_j(j=1,2,\cdots,q)$ 是凸集. □

到现在为止, 已经得到了一些有关模糊随机线性规划问题的凸性定理. 这些结果提供了将原始的模糊随机线性规划问题转化为等价的随机凸规划问题的方法. 这两个问题有相同的最优解, 可以应用随机凸规划的求解方法进行求解.

2.4.2 独立条件下的凸性定理

令 $\mathcal{F}_v^n$ 是一个定义在可信性空间 $(\Gamma, \mathcal{A}, \mathrm{Cr})$ 上的模糊向量集. $\mathcal{F}_v^n$ 的每一个元素 $\boldsymbol{X}=(X_1, X_2, \cdots, X_n)^{\mathrm{T}}$ 由一个可能性分布 $\mu_{\boldsymbol{X}}$ 刻画,

$$\mu_{\boldsymbol{X}}(t_1, t_2, \cdots, t_n) = \min_{1 \leqslant i \leqslant n} \mu_{X_i}(t_i),$$

其中 $\mu_{X_i}(t_i)(i=1,2,\cdots,n)$ 是模糊变量 X_i 的可能性分布, 即 $\boldsymbol{X}$ 的分量 $X_i(i=1,2,\cdots,n)$ 是相互独立的模糊变量 [66].

利用文献 [66] 中独立模糊向量的性质讨论下面模糊随机规划问题的凸性.

$$\begin{cases} \min_{\boldsymbol{x}} \min_{\bar{f}} \bar{f} \\ \text{s.t.} \quad \mathrm{Ch}\{\boldsymbol{c}^{\mathrm{T}} \boldsymbol{x} \leqslant \bar{f}\} \geqslant \beta, \\ \qquad \mathrm{Ch}\{\boldsymbol{A}\boldsymbol{x} \geqslant \boldsymbol{\xi}\} \geqslant \alpha, \\ \qquad x_i \geqslant 0, \quad i=1,2,\cdots,n, \end{cases} \tag{2.32}$$

其中, $\boldsymbol{c} \in \Re^n$, $\boldsymbol{A}$ 是一个 $q \times n$ 的矩阵, $\boldsymbol{\xi}=(\xi_1, \xi_2, \cdots, \xi_q)^{\mathrm{T}}$ 是一个模糊随机向量, α 和 β 是给定的置信水平, Ch 是 [71] 中定义的平衡机会: 对 $\Re^n$ 的任意的 Borel 子集 B, 都有

$$\mathrm{Ch}\{\boldsymbol{\xi} \in B\} = \sup_{\alpha \in (0,1)} [\alpha \wedge \Pr\{\omega \mid \mathrm{Cr}\{\boldsymbol{\xi}(\omega) \in B\} \geqslant \alpha\}]. \tag{2.33}$$

定理 2.9 ([66]) 考虑模糊随机规划问题 (2.32). 假设 $\boldsymbol{c}$, $\boldsymbol{A}$ 和 $\boldsymbol{\xi}$ 满足下面的条件:

(i) $\boldsymbol{c}=(c_1, c_2, \cdots, c_n)^{\mathrm{T}}$ 是一个模糊随机向量, 定义为 $c_i(\omega)=(r_i(\omega)-\bar{c}_i, r_i(\omega), r_i(\omega)+\bar{c}_i)$, 其中 $r_i, i=1,2,\cdots,n$ 是正态分布随机变量;

(ii) $\boldsymbol{A}$ 是一个 $q \times n$ 常数矩阵, 秩为 q;

(iii) $\boldsymbol{\xi}=(\xi_1, \xi_2, \cdots, \xi_q)^{\mathrm{T}}$ 是模糊随机向量, 定义为 $\xi_j(\omega)=(X_j(\omega)-b_j, X_j(\omega), X_j(\omega)+b_j)$, 使得对每一个 ω, $\xi_j(\omega)(j=1,2,\cdots,q)$ 是相互独立的模糊变量, 随机向量 $\boldsymbol{X}=(X_1, X_2, \cdots, X_q)^{\mathrm{T}}$ 的概率分布函数 F 是拟凹的.

所以, 当 $\beta \geqslant 1/2$ 时, 问题 (2.32) 是一个凸规划.

证明 根据 [71], 目标函数是凸的. 如果记

$$D=\{\boldsymbol{x} \mid \mathrm{Ch}\{\boldsymbol{A}\boldsymbol{x} \geqslant \boldsymbol{\xi}\} \geqslant \alpha\},$$

2.4 平衡机会规划的凸性

则 D 是 $\Re^n$ 的凸子集.

实际上, 用 $A_j(j=1,2,\cdots,q)$ 表示 A 的第 j 行. 根据文献 [66], 可得

$$\text{Ch}\{Ax \geqslant \xi\} \geqslant \alpha$$
$$\Longleftrightarrow \Pr\{\omega \in \Omega \mid \text{Cr}\{Ax \geqslant \xi(\omega)\} \geqslant \alpha\} \geqslant \alpha$$
$$\Longleftrightarrow \Pr\left\{\omega \in \Omega \Big| \min_{1 \leqslant j \leqslant q} \text{Cr}\left\{A_j^{\text{T}}x \geqslant \xi_j(\omega)\right\} \geqslant \alpha\right\} \geqslant \alpha$$
$$\Longleftrightarrow \Pr\left\{\omega \in \Omega \Big| \text{Cr}\left\{A_j^{\text{T}}x \geqslant \xi_j(\omega)\right\} \geqslant \alpha, j=1,2,\cdots,q\right\} \geqslant \alpha$$
$$\Longleftrightarrow \Pr\left\{\omega \in \Omega \Big| X_j(\omega) \leqslant A_j^{\text{T}}x + (1-2\alpha)b_j, j=1,2,\cdots,q\right\} \geqslant \alpha$$
$$\Longleftrightarrow F(A_1^{\text{T}}x + (1-2\alpha)b_1, \cdots, A_q^{\text{T}}x + (1-2\alpha)b_q) \geqslant \alpha.$$

令 $x_1, x_2 \in D$, $\lambda \in [0,1]$ 且 $\alpha' = 1-2\alpha$. 由 F 的拟凹性, 有

$$F(A_1^{\text{T}}(\lambda x_1 + (1-\lambda)x_2) + \alpha' b_1, \cdots, A_q^{\text{T}}(\lambda x_1 + (1-\lambda)x_2) + \alpha' b_q)$$
$$= F(\lambda(A_1^{\text{T}}x_1 + \alpha' b_1) + (1-\lambda)(A_1^{\text{T}}x_2 + \alpha' b_1), \cdots,$$
$$\lambda(A_q^{\text{T}}x_1 + \alpha' b_q) + (1-\lambda)(A_q^{\text{T}}x_2 + \alpha' b_q))$$
$$\geqslant \min\left\{F(A_1^{\text{T}}x_1 + \alpha' b_1, \cdots, A_q^{\text{T}}x_1 + \alpha' b_q), F(A_1^{\text{T}}x_2 + \alpha' b_1, \cdots, A_q^{\text{T}}x_2 + \alpha' b_q)\right\}$$
$$\geqslant \alpha.$$

因此 $\lambda x_1 + (1-\lambda)x_2 \in D$. □

注 2.3 ([66]) 上述定理的证明中, 用模糊变量 $\xi_j(\omega)(j=1,2,\cdots,q)$ 的独立性得到了下面的等式

$$\text{Cr}\{Ax \geqslant \xi(\omega)\} = \min_{1 \leqslant j \leqslant q} \text{Cr}\left\{A_j^{\text{T}}x \geqslant \xi_j(\omega)\right\}.$$

这对于保证问题 (2.32) 的凸性是很重要的. 一般地, 如果模糊变量 $\xi_j(\omega)(j=1, 2,\cdots,q)$ 不相互独立, 上述等式不成立.

现在考虑问题 (2.32), 假设其中的 ξ 和 A 为模糊随机向量. 附加约束 $x_{n+1} = 1$, $Ax \geqslant \xi$ 可以写成

$$(-A, \xi)\begin{pmatrix} x \\ x_{n+1} \end{pmatrix} \leqslant 0.$$

考虑模糊随机线性规划问题

$$\begin{cases} \min_{x} \min_{\bar{f}} \bar{f} \\ \text{s.t.} \quad \text{Ch}\{c^{\text{T}}x \leqslant \bar{f}\} \geqslant \beta, \\ \quad\quad \text{Ch}\{Ax \leqslant 0\} \geqslant \alpha, \\ \quad\quad x_i \geqslant 0, \quad i=1,2,\cdots,n \end{cases} \quad (2.34)$$

即可.

定理 2.10 ([66]) 考虑模糊随机规划问题 (2.34). 假设 c 和 A 满足下面的条件:

(i) $c = (c_1, c_2, \cdots, c_n)^{\mathrm{T}}$ 是一个模糊随机向量, 定义为 $c_i(\omega) = (r_i(\omega) - \bar{c}_i, r_i(\omega), r_i(\omega) + \bar{c}_i)$, 其中 $r_i(i = 1, 2, \cdots, n)$ 是正态分布随机变量;

(ii) A 是一个 $q \times n$ 模糊随机矩阵, 其行 $A_j = (\xi_{j1}, \xi_{j2}, \cdots, \xi_{jn})^{\mathrm{T}}(j = 1, 2, \cdots, q)$ 是模糊随机向量, 使得对每个 ω, $A_j(\omega)(j = 1, 2, \cdots, q)$ 是相互独立的模糊向量;

(iii) 对于每一个 j, k, 模糊随机变量 ξ_{jk} 定义为 $\xi_{jk}(\omega) = (X_{jk}(\omega) - a_{jk}, X_{jk}(\omega), X_{jk}(\omega) + a_{jk})$, 使得随机向量 $X_j = (X_{j1}, X_{j2}, \cdots, X_{jn})^{\mathrm{T}}(j = 1, 2, \cdots, q)$ 有一个联合正态分布,

则当 $\alpha \geqslant 1/2$ 且 $\beta \geqslant 1/2$ 时, 问题 (2.34) 是一个凸规划.

证明 根据 [71], 目标函数是凸的. 如果记

$$D = \{x \mid \mathrm{Ch}\{Ax \leqslant 0\} \geqslant \alpha\}.$$

只需证明 D 是 $\Re^n$ 的凸子集.

令 A_j 是 A 的第 $j(j = 1, 2, \cdots, q)$ 行. 根据 [66], 有

$$\begin{aligned}
&\mathrm{Ch}\{Ax \leqslant 0\} \geqslant \alpha \\
\Longleftrightarrow &\Pr\left\{\omega \in \Omega \,\middle|\, \mathrm{Cr}\{A(\omega)x \leqslant 0\} \geqslant \alpha\right\} \geqslant \alpha \\
\Longleftrightarrow &\Pr\left\{\omega \in \Omega \,\middle|\, \min_{1 \leqslant j \leqslant q} \mathrm{Cr}\{A_j^{\mathrm{T}}(\omega)x \leqslant 0\} \geqslant \alpha\right\} \geqslant \alpha \\
\Longleftrightarrow &\Pr\left\{\omega \in \Omega \,\middle|\, \mathrm{Cr}\{A_j^{\mathrm{T}}(\omega)x \leqslant 0\} \geqslant \alpha, j = 1, 2, \cdots, q\right\} \geqslant \alpha \\
\Longleftrightarrow &\Pr\left\{\sum_{k=1}^{n} X_{jk}x_k - (1 - 2\alpha)\sum_{k=1}^{n} a_{jk}x_k \leqslant 0, j = 1, 2, \cdots, q\right\} \geqslant \alpha \\
\Longleftrightarrow &\Pr\left\{Y_j^{\mathrm{T}} x \leqslant 0, j = 1, 2, \cdots, q\right\} \geqslant \alpha,
\end{aligned}$$

其中 $Y_j = (X_{j1} - (1 - 2\alpha)a_{j1}, \cdots, X_{jn} - (1 - 2\alpha)a_{jn})^{\mathrm{T}}, j = 1, 2, \cdots, q$.

如果记 $Y = (Y_1^{\mathrm{T}}, Y_2^{\mathrm{T}}, \cdots, Y_q^{\mathrm{T}})^{\mathrm{T}}$, 根据定理的假设条件, 可知 Y 是一个正态随机向量. 由于 $\alpha \geqslant 1/2$, 且 $Y_j^{\mathrm{T}} x \leqslant 0 (j = 1, 2, \cdots, q)$ 可写作

$$\begin{pmatrix} Y_1^{\mathrm{T}}, & \cdots, & Y_q^{\mathrm{T}} \end{pmatrix} \begin{pmatrix} x \\ \vdots \\ x \end{pmatrix} \leqslant 0,$$

根据文献 [93], 满足不等式

$$\Pr\left\{\boldsymbol{Y}_j^{\mathrm{T}}\boldsymbol{x} \leqslant 0, j=1,2,\cdots,q\right\} \geqslant \alpha$$

的 x 构成的集合是凸集. □

2.5 本章小结

本章主要介绍了平衡理论的一些基本知识. 首先介绍了模糊随机变量可测性的可信性描述 [80]. 模糊随机变量的可测性准则也可以通过可能性测度刻画 [18]. 其次介绍了通过模糊积分定义的三类平衡机会测度, 主要结论来自文献 [71]. 最后介绍了文献 [71] 中在平衡机会约束下的最大化乐观值、最大化悲观值和目标规划三种平衡机会规划模型, 以及特殊的平衡机会规划模型的等价凸规划形式. 随机模糊变量的概念以及相关知识已被应用于很多实际决策问题的建模, 包括有价证券选择问题 [25, 26, 82]、冗余优化问题 [12,78,118−120]、更新过程 [50, 117]、数据包络分析 [97, 98]、设备选址 [121, 137]、枢纽中心选址分配问题 [125]、库存问题 [84, 113, 123]、风险模型 [29]、无线传感器网络 [83] 等.

第3章 平衡期望值算子与收敛性

本章的内容分两部分. 第一部分主要介绍模糊随机变量序列的收敛性问题. 定义一些模糊随机变量序列的收敛概念, 介绍各种收敛的准则以及收敛模式之间的关系, 最后介绍模糊随机变量的平衡期望值算子以及控制收敛定理. 第二部分主要介绍随机模糊变量序列的收敛性问题, 包括随机模糊变量及其三类平衡机会的定义、平衡测度的性质、一些随机模糊变量序列的收敛概念、各种收敛模式的性质以及各种收敛模式间的强弱关系. 此外还介绍随机模糊变量的平衡均值和平衡分位点的概念、单调收敛定理和控制收敛定理. 最后介绍模糊随机变量的一种逼近方法.

3.1 第一类平衡期望值算子

本节介绍模糊随机变量的收敛模式, 包括一致收敛、几乎一致收敛、几乎必然收敛、依平衡测度收敛、依平衡分布收敛、依平衡分位点收敛.

3.1.1 模糊随机变量的收敛模式

现在回顾模糊随机变量序列的三个收敛概念.

定义 3.1 ([76]) 令 $\{\xi_n\}$ 是一列模糊随机变量. 如果

$$\lim_{n\to\infty} \sup_{(\omega,\gamma)\in\Omega\times\Gamma} |\xi_{n,\omega}(\gamma) - \xi_\omega(\gamma)| = 0,$$

则称序列 $\{\xi_n\}$ 在 $\Omega\times\Gamma$ 上一致收敛到模糊随机变量 ξ, 记作 $\xi_n \xrightarrow{u.} \xi$.

定义 3.2 ([76]) 令 $\{\xi_n\}$ 是一列模糊随机变量. 如果存在两个非增序列 $\{E_m\} \subset \Sigma$, $\{F_m\} \subset \mathcal{A}$ 且 $\lim_m \Pr(E_m) = \lim_m \mathrm{Cr}(F_m) = 0$, 使得对每一个 $m = 1, 2, \cdots$, 在 $\Omega\backslash E_m \times \Gamma\backslash F_m$ 上有 $\xi_n \xrightarrow{u.} \xi$, 则称序列 $\{\xi_n\}$ 几乎一致收敛到模糊随机变量 ξ, 记作 $\xi_n \xrightarrow{a.u.} \xi$.

定义 3.3 ([76]) 令 $\{\xi_n\}$ 是一列模糊随机变量. 如果存在 $E \in \Sigma, F \in \mathcal{A}$ 且 $\Pr(E) = \mathrm{Cr}(F) = 0$, 使得对每一个 $(\omega,\gamma) \in \Omega\backslash E \times \Gamma\backslash F$, 有

$$\lim_{n\to\infty} \xi_{n,\omega}(\gamma) \to \xi_\omega(\gamma),$$

称序列 $\{\xi_n\}$ 几乎必然收敛到模糊随机变量 ξ, 记作 $\xi_n \xrightarrow{a.s.} \xi$.

3.1 第一类平衡期望值算子

下面利用平衡机会测度引入几个收敛概念. 平衡机会测度采用如下形式定义:

$$\mathrm{Ch}^e\{\xi \in A\} = \sup_{\alpha \in [0,1]} \left[\alpha \wedge \mathrm{Pr}\{\omega \in \Omega \mid \mathrm{Cr}\{\gamma \in \Gamma \mid \xi_\omega(\gamma) \in A\} \geqslant \alpha\}\right],$$

其中 A 为 Borel 可测集. 令 ξ 是定义在概率空间上的模糊随机变量. ξ 的平衡分布函数定义为

$$G_\xi^e(t) = \mathrm{Ch}^e\{\xi \geqslant t\}, \quad t \in \Re.$$

显然, G_ξ^e 是一个非增的 $[0,1]$-值函数.

令 $\{F_n\}$ 和 F 是非增实值函数. 如果对所有 F 的连续点 t 都有 $F_n(t) \to F(t)$, 则称序列 $\{F_n\}$ 弱收敛到 F, 记作 $F_n \xrightarrow{w} F$.

就关于平衡测度的收敛模式而言, 有下面的定义.

定义 3.4 ([77]) 令 $\{\xi_n\}$ 是一列模糊随机变量. 如果对每一个 $\varepsilon > 0$,

$$\lim_{n \to \infty} \mathrm{Ch}^e\{|\xi_n - \xi| \geqslant \varepsilon\} = 0,$$

则称序列 $\{\xi_n\}$ 依平衡测度收敛到模糊随机变量 ξ, 记作 $\xi_n \xrightarrow{\mathrm{Ch}^e} \xi$.

定义 3.5 ([77]) 令 $G_{\xi_n}^e$ 是模糊随机变量 ξ_n 的平衡分布函数, G_ξ^e 是模糊随机变量 ξ 的平衡分布函数. 如果 $G_{\xi_n}^e \xrightarrow{w} G_\xi^e$, 则称序列 $\{\xi_n\}$ 依平衡分布收敛到模糊随机变量 ξ, 记作 $\xi_n \xrightarrow{e.d.} \xi$.

下面的引理讨论几乎一致收敛的准则.

引理 3.1 ([77]) 令 $\{\xi_n\}$ 和 ξ 是模糊随机变量, Ch^e 是平衡测度. 如果 $\xi_n \xrightarrow{a.u.} \xi$, 则对于每一个 $\varepsilon > 0$, 有

$$\lim_{m \to \infty} \mathrm{Ch}^e \left(\bigcup_{n=m}^{\infty} \{|\xi_n - \xi| \geqslant \varepsilon\} \right) = 0. \tag{3.1}$$

反之, 如果 ω 是一个有限的离散型随机变量, 则由等式 (3.1) 可知 $\xi_n \xrightarrow{a.u.} \xi$.

证明 如果 $\xi_n \xrightarrow{a.u.} \xi$, 则易证极限

$$\xi_{n,\omega} \xrightarrow{a.u.} \xi_\omega$$

关于 ω 几乎必然成立. 因此, 有

$$\limsup_{n \to \infty} \mathrm{Cr} \left(\bigcup_{n=m}^{\infty} \{\gamma \mid |\xi_{n,\omega}(\gamma) - \xi_\omega(\gamma)| \geqslant \varepsilon\} \right) \xlongequal{a.s.} 0.$$

最后, 根据模糊积分的控制收敛定理, 得到

$$\lim_{m \to \infty} \mathrm{Ch}^e \left(\bigcup_{n=m}^{\infty} \{|\xi_n - \xi| \geqslant \varepsilon\} \right) = 0.$$

反之, 如果等式 (3.1) 成立, 则有

$$\operatorname{Cr}\left(\bigcup_{n=m}^{\infty}\{|\xi_{n,\omega}-\xi_\omega|\geqslant\varepsilon\}\right)\xrightarrow{\Pr}0.$$

根据 Riesz 定理, 存在 $\{\operatorname{Cr}(\bigcup_{n=m}^{\infty}\{|\xi_{n,\omega}-\xi_\omega|\geqslant\varepsilon\})\}$ 的一个几乎必然收敛的子序列. 由 $\{\operatorname{Cr}(\bigcup_{n=m}^{\infty}\{|\xi_{n,\omega}-\xi_\omega|\geqslant\varepsilon\})\}$ 的单调性, 有

$$\lim_{m\to\infty}\operatorname{Cr}\left(\bigcup_{n=m}^{\infty}\{|\xi_{n,\omega}-\xi_\omega|\geqslant\varepsilon\}\right)\xlongequal{a.s.}0.$$

由于 ω 是一个有限的离散型随机变量, 根据 [76] 中的命题 1, 有 $\xi_n\xrightarrow{a.u.}\xi$. □

在下面的引理中给出几乎必然收敛的准则.

引理 3.2 ([77]) 令 $\{\xi_n\}$ 和 ξ 是模糊随机变量, Ch^e 是平衡测度, 则 $\xi_n\xrightarrow{a.s.}\xi$ 当且仅当对每一个 $\varepsilon>0$,

$$\operatorname{Ch}^e\left(\bigcap_{m=1}^{\infty}\bigcup_{n=m}^{\infty}\{|\xi_n-\xi|\geqslant\varepsilon\}\right)=0. \tag{3.2}$$

证明 首先, 易验证 $\xi_n\xrightarrow{a.s.}\xi$ 当且仅当极限

$$\xi_{n,\omega}\xrightarrow{a.s.}\xi_\omega$$

关于 ω 几乎必然成立, 即, 存在 $E\in\Sigma$ 且 $\Pr(E)=0$, 使得对每个 $\omega\in\Omega\backslash E$, 有

$$\xi_{n,\omega}\xrightarrow{a.s.}\xi_\omega.$$

因此, 对每个 $\varepsilon>0$,

$$\operatorname{Cr}\left(\bigcap_{m=1}^{\infty}\bigcup_{n=m}^{\infty}\{\gamma\in\Gamma\mid|\xi_{n,\omega}(\gamma)-\xi_\omega(\gamma)|\geqslant\varepsilon\}\right)=0,\quad\omega\in\Omega\backslash E.$$

根据模糊积分的性质, 上式等价于

$$\operatorname{Ch}^e\left(\bigcap_{m=1}^{\infty}\bigcup_{n=m}^{\infty}\{|\xi_n-\xi|\geqslant\varepsilon\}\right)=0. \qquad\square$$

现在处理依平衡测度收敛的准则.

引理 3.3 ([77]) 令 $\{\xi_n\}$ 和 ξ 是模糊随机变量, Ch^e 是平衡测度, 则 $\xi_n\xrightarrow{\operatorname{Ch}^e}\xi$ 当且仅当对每一个 $\varepsilon>0$,

$$\operatorname{Cr}\{\gamma\mid|\xi_{n,\omega}(\gamma)-\xi_\omega(\gamma)|\geqslant\varepsilon\}\xrightarrow{\Pr}0.$$

证明 假设 $\xi_n \xrightarrow{\text{Ch}^e} \xi$，则对每一个 $\varepsilon > 0$ 和 $\alpha \in (0, 1]$，有

$$0 \leqslant \alpha \wedge \Pr\{\omega \mid \text{Cr}\{|\xi_{n,\omega}(\gamma) - \xi_\omega(\gamma)| \geqslant \varepsilon\} \geqslant \alpha\} \leqslant \text{Ch}^e\{|\xi_n - \xi| \geqslant \varepsilon\}.$$

因此，

$$\text{Cr}\{\gamma \mid |\xi_{n,\omega}(\gamma) - \xi_\omega(\gamma)| \geqslant \varepsilon\} \xrightarrow{\text{Pr}} 0.$$

另一方面，如果

$$\text{Cr}\{\gamma \mid |\xi_{n,\omega}(\gamma) - \xi_\omega(\gamma)| \geqslant \varepsilon\} \xrightarrow{\text{Pr}} 0,$$

则对每一个 $\alpha \in (0, 1]$，有

$$\lim_{n \to \infty} \Pr\{\omega \mid \text{Cr}\{|\xi_{n,\omega}(\gamma) - \xi_\omega(\gamma)| \geqslant \varepsilon\} \geqslant \alpha\} = 0.$$

最后，根据模糊积分的性质，得到

$$\lim_{n \to \infty} \text{Ch}^e\{|\xi_n - \xi| \geqslant \varepsilon\} = 0. \qquad \square$$

命题 3.1 ([77]) 令 $\{\xi_n\}$ 和 ξ 是模糊随机变量，Ch^e 是平衡测度. 如果 $\xi_{n,\omega} \xrightarrow{\text{Cr}} \xi_\omega$ 关于 ω 几乎必然成立，则 $\xi_n \xrightarrow{\text{Ch}^e} \xi$.

证明 假设 $\xi_{n,\omega} \xrightarrow{\text{Cr}} \xi_\omega$ 关于 ω 几乎必然成立，则对每一个 $\varepsilon > 0$，极限

$$\lim_{n \to \infty} \text{Cr}\{\gamma \mid |\xi_{n,\omega}(\gamma) - \xi_\omega(\gamma)| \geqslant \varepsilon\} = 0$$

以概率 1 成立. 由于几乎必然收敛比依概率收敛强，则

$$\text{Cr}\{\gamma \mid |\xi_{n,\omega}(\gamma) - \xi_\omega(\gamma)| \geqslant \varepsilon\} \xrightarrow{\text{Pr}} 0.$$

根据引理 3.3，由上式可得 $\xi_n \xrightarrow{\text{Ch}^e} \xi$. $\qquad \square$

下面的定理比较几乎一致收敛和几乎必然收敛.

定理 3.1 ([77]) 令 $\{\xi_n\}$ 和 ξ 是模糊随机变量. 如果 $\xi_n \xrightarrow{a.u.} \xi$，则 $\xi_n \xrightarrow{a.s.} \xi$.

证明 假设 $\xi_n \xrightarrow{a.u.} \xi$. 根据引理 3.1，有

$$\lim_{m \to \infty} \text{Ch}^e \left(\bigcup_{n=m}^{\infty} \{|\xi_n - \xi| \geqslant \varepsilon\} \right) = 0.$$

利用平衡测度的单调性可得到

$$\text{Ch}^e \left(\bigcap_{m=1}^{\infty} \bigcup_{n=m}^{\infty} \{|\xi_n - \xi| \geqslant \varepsilon\} \right) \leqslant \text{Ch}^e \left(\bigcup_{n=m}^{\infty} \{|\xi_n - \xi| \geqslant \varepsilon\} \right),$$

进一步, 有
$$\mathrm{Ch}^e\left(\bigcap_{m=1}^{\infty}\bigcup_{n=m}^{\infty}\{|\xi_n-\xi|\geqslant\varepsilon\}\right)=0.$$

由引理 3.2 可得 $\xi_n \xrightarrow{a.s.} \xi$. □

下面的定理讨论几乎必然收敛和依平衡测度收敛之间的关系.

定理 3.2([77])　令 $\{\xi_n\}$ 和 ξ 是模糊随机变量, Ch^e 是平衡测度. 如果 $\xi_n \xrightarrow{a.u.} \xi$, 则 $\xi_n \xrightarrow{\mathrm{Ch}^e} \xi$. 反之, 如果 ω 是有限的离散型随机变量, 则由 $\xi_n \xrightarrow{\mathrm{Ch}^e} \xi$ 可推导出 $\xi_n \xrightarrow{a.u.} \xi$.

证明　假定 $\xi_n \xrightarrow{a.u.} \xi$. 根据引理 3.1, 有
$$\lim_{m\to\infty}\mathrm{Ch}^e\left(\bigcup_{n=m}^{\infty}\{|\xi_n-\xi|\geqslant\varepsilon\}\right)=0.$$

根据下面的不等式
$$\mathrm{Ch}^e\{|\xi_m-\xi|\geqslant\varepsilon\}\leqslant\mathrm{Ch}^e\left(\bigcup_{n=m}^{\infty}\{|\xi_n-\xi|\geqslant\varepsilon\}\right),$$

可得
$$\lim_{m\to\infty}\mathrm{Ch}^e\{|\xi_m-\xi|\geqslant\varepsilon\}=0,$$

即, $\xi_n \xrightarrow{\mathrm{Ch}^e} \xi$.

假设 ω 是一个离散型随机变量, 具有如下分布:
$$\omega \sim \begin{pmatrix} \omega_1 & \omega_2 & \cdots & \omega_N \\ p_1 & p_2 & \cdots & p_N \end{pmatrix},$$

其中 $p_i>0$ 且 $\sum_{i=1}^N p_i = 1$. 因为
$$\mathrm{Cr}\{|\xi_{n,\omega_i}(\gamma)-\xi_{\omega_i}(\gamma)|\geqslant\varepsilon\}\wedge p_i \leqslant \mathrm{Ch}^e\{|\xi_n-\xi|\geqslant\varepsilon\},$$

由 $\xi_n \xrightarrow{\mathrm{Ch}^e} \xi$ 可推导出
$$\xi_{n,\omega_i} \xrightarrow{\mathrm{Cr}} \xi_{\omega_i}, \quad i=1,2,\cdots,N.$$

所以对每一个正整数 $k=1,2,\cdots$ 和 $i=1,2,\cdots,N$, 有
$$\lim_{n\to\infty}\mathrm{Cr}\{\gamma\in\Gamma\mid|\xi_{n,\omega_i}(\gamma)-\xi_{\omega_i}(\gamma)|\geqslant 1/k\}=0.$$

因此, 对每一个 m, 存在 N_{km}, 使得对于 $i=1,2,\cdots,N$, 只要 $n\geqslant N_{km}$, 便有
$$\mathrm{Cr}\{\gamma\in\Gamma\mid|\xi_{n,\omega_i}(\gamma)-\xi_{\omega_i}(\gamma)|\geqslant 1/k\}<1/2m.$$

令
$$E_m = \bigcup_{i=1}^{N} \bigcup_{k=1}^{\infty} \bigcup_{n \geqslant N_{km}} \{\gamma \in \Gamma \mid |\xi_{n,\omega_i}(\gamma) - \xi_{\omega_i}(\gamma)| \geqslant 1/k\},$$
则有
$$\mathrm{Cr}(E_m) \leqslant \sup_i \sup_k \sup_{n \geqslant N_{km}} \mathrm{Pos}\{\gamma \mid |\xi_{n,\omega_i}(\gamma) - \xi_{\omega_i}(\gamma)| \geqslant 1/k\} < 1/m.$$

易证 $\{\xi_{n,\omega_i}\}$ 在每一个 $\Gamma\backslash E_m$ 上一致收敛到 ξ_{ω_i}. 所以, $\xi_n \xrightarrow{a.u.} \xi$. □

根据定理 3.1 和定理 3.2, 得到了依平衡测度收敛与几乎一致收敛的关系.

定理 3.3 ([77]) 令 $\{\xi_n\}$ 和 ξ 是模糊随机变量, Ch^e 是平衡测度. 如果 ω 是一个离散型随机变量, 则由 $\xi_n \xrightarrow{\mathrm{Ch}^e} \xi$ 可推导出 $\xi_n \xrightarrow{a.s.} \xi$.

最后, 下面的定理描述依平衡测度收敛与依平衡分布收敛之间的关系.

定理 3.4 ([77]) 令 $\{\xi_n\}$ 和 ξ 是模糊随机变量, Ch^e 是平衡测度. 如果 $\xi_n \xrightarrow{\mathrm{Ch}^e} \xi$, 则 $\xi_n \xrightarrow{e.d.} \xi$.

证明 对于每一个 $\omega \in \Omega$, 令 $G_{n,\omega}$ 和 G_ω 分别是 $\xi_{n,\omega}$ 和 ξ_ω 的可信性分布函数. 则对于每一个 $t \in \Re, \varepsilon > 0$ 和整数 n, 有

$$\mathrm{Cr}\{\xi_{n,\omega} \geqslant t\}$$
$$\leqslant \mathrm{Cr}\{\xi_{n,\omega} \geqslant t, |\xi_{n,\omega} - \xi_\omega| < \varepsilon\} + \mathrm{Cr}\{\xi_{n,\omega} \geqslant t, |\xi_{n,\omega} - \xi_\omega| \geqslant \varepsilon\}$$
$$\leqslant \mathrm{Cr}\{\xi_\omega \geqslant t - \varepsilon\} + \mathrm{Cr}\{|\xi_{n,\omega} - \xi_\omega| \geqslant \varepsilon\}.$$

更确切地说,
$$G_{n,\omega}(t) \leqslant G_\omega(t - \varepsilon) + \mathrm{Cr}\{|\xi_{n,\omega} - \xi_\omega| \geqslant \varepsilon\}.$$

令 $n \to \infty$, 则 $\varepsilon \to 0$, 有
$$\limsup_{n \to \infty} G_{n,\omega}(t) \leqslant G_\omega(t - 0).$$

另一方面, 根据下面的不等式

$$\mathrm{Cr}\{\xi_\omega \geqslant t + \varepsilon\}$$
$$\leqslant \mathrm{Cr}\{\xi_\omega \geqslant t + \varepsilon, |\xi_{n,\omega} - \xi_\omega| < \varepsilon\} + \mathrm{Cr}\{\xi_\omega \geqslant t + \varepsilon, |\xi_{n,\omega} - \xi_\omega| \geqslant \varepsilon\}$$
$$\leqslant \mathrm{Cr}\{\xi_{n,\omega} \geqslant t\} + \mathrm{Cr}\{|\xi_{n,\omega} - \xi_\omega| \geqslant \varepsilon\},$$

有
$$G_\omega(t + \varepsilon) \leqslant G_{n,\omega}(t) + \mathrm{Cr}\{|\xi_{n,\omega} - \xi_\omega| \geqslant \varepsilon\}$$

和
$$\liminf_{n \to \infty} G_{n,\omega}(t) \geqslant G_\omega(t + 0).$$

因此, $G_{n,\omega} \xrightarrow{w.} G_\omega$ 关于 ω 几乎必然成立. 利用模糊积分的控制收敛定理, 有 $G_n^e \xrightarrow{w.} G^e$, 即 $\xi_n \xrightarrow{e.d.} \xi$. □

3.1.2 控制收敛定理

在平衡理论中, 模糊随机变量的平衡期望值的定义如下.

定义 3.6 ([77]) 如果 ξ 是一个模糊随机变量, 则 ξ 的平衡期望值定义为

$$E^e[\xi] = \int_0^\infty \mathrm{Ch}^e\{\xi \geqslant r\}\mathrm{d}r - \int_{-\infty}^0 \mathrm{Ch}^e\{\xi \leqslant r\}\mathrm{d}r, \tag{3.3}$$

其中的两个积分至少有一个是有限的.

令 $f : I \to \bar{\Re} = \Re \cup \{\pm\infty\}$ 是区间 $I \subset \bar{\Re}$ 上的一个非增函数, 且区间 $J = [\inf_{x \in I} f(x), \sup_{x \in I} f(x)] \subset \bar{\Re}$. 如果

$$a \vee \sup\{x \mid f(x) > y\} \leqslant \check{f}(y) \leqslant a \vee \sup\{x \mid f(x) \geqslant y\},$$

其中 $a = \inf I$, 则称映射 $\check{f} : J \to \bar{I}$ 为 f 的伪逆函数. 容易验证, 函数 $\check{f}$ 是非增的, 且除去一个包含至多可数个元素的集合 (简单记作 e.c.), 其伪逆 $(\check{f})^{\check{}}$ 等于 f, 即

$$(\check{f})^{\check{}} \xlongequal{e.c.} f. \tag{3.4}$$

f 和 $\check{f}$ 的反常 Riemann 积分有下面的关系 [15]:

(i) 对于一个非增函数 $f : \bar{\Re}_+ \to \bar{\Re}_+$ 和 f 的伪逆 $\check{f}$, 有

$$\int_0^\infty f(x)\mathrm{d}x = \int_0^\infty \check{f}(y)\mathrm{d}y. \tag{3.5}$$

(ii) 对于一个非增函数 $f : [0, b] \to \bar{\Re}, 0 < b < \infty$ 和 f 的伪逆 $\check{f}$, 有

$$\int_0^b f(x)\mathrm{d}x = \int_0^\infty \check{f}(x)\mathrm{d}x + \int_{-\infty}^0 (\check{f}(y) - b)\mathrm{d}y. \tag{3.6}$$

下面定义模糊随机变量的平衡分位点函数.

定义 3.7 ([77]) 令 ξ 是模糊随机变量, 其平衡分布函数为 G_ξ^e, 则 ξ 的平衡分位点函数定义为

$$\mathrm{Var}_\alpha^e(\xi) = \sup\{t \mid G_\xi^e(t) \geqslant \alpha\}, \quad \alpha \in [0, 1]. \tag{3.7}$$

平衡分布函数 G_ξ^e 是非增的, 其平衡分位点函数 $\mathrm{Var}_\alpha^e(\xi)$ 关于 α 也是非增的, 它是 G_ξ^e 的伪逆函数 [77].

下面的引理给出了模糊随机变量平衡期望值的等价表示.

引理 3.4 ([77]) 如果 ξ 是模糊随机变量, 则其平衡期望值等价于下面的平衡分位点 $\text{Var}_\alpha^e(\xi)$ 的积分:
$$\mathrm{E}^e[\xi] = \int_0^1 \text{Var}_\alpha^e(\xi)\mathrm{d}\alpha.$$

证明 在等式 (3.6) 中, 令 $f(\alpha) = \text{Var}_\alpha^e(\xi)$ 且 $b = 1$. 由等式 (3.4), 有
$$\check{f} \stackrel{e.c.}{=\!=\!=} G_\xi^e.$$

因此, 根据平衡测度的对偶性, 可得到
$$\int_0^1 \text{Var}_\alpha^e(\xi)\mathrm{d}\alpha = \int_0^\infty G_\xi^e(t)\mathrm{d}t + \int_{-\infty}^0 (G_\xi^e(t) - 1)\mathrm{d}t = \mathrm{E}^e[\xi]. \qquad \square$$

定义 3.8 ([77]) 令 $\{\xi_n\}$ 和 ξ 是模糊随机变量, 且它们的平衡分位点函数分别为 $\{\text{Var}_\alpha^e(\xi_n)\}$ 和 $\text{Var}_\alpha^e(\xi)$. 如果 $\text{Var}_\alpha^e(\xi_n) \xrightarrow{w.} \text{Var}_\alpha^e(\xi)$, 则称序列 $\{\xi_n\}$ 依平衡分位点收敛到 ξ, 记作 $\xi_n \xrightarrow{e.f.} \xi$.

对于模糊随机变量序列, 有以下的依平衡分布收敛和依平衡分位点收敛之间的关系.

引理 3.5 ([77]) 令 $\{\xi_n\}$ 和 ξ 是模糊随机变量, 则 $\xi_n \xrightarrow{e.d.} \xi$ 等价于 $\xi_n \xrightarrow{e.f.} \xi$.

证明 先证明充分性. 假设 $\xi_n \xrightarrow{e.d.} \xi$, 下面证明 $\xi_n \xrightarrow{e.f.} \xi$.

实际上, 假设 $\alpha \in (0,1)$ 满足: 存在至多一个值 t 使 $G_\xi^e(t) = \alpha$. 记 $z = \text{Var}_\alpha^e(\xi)$. 一方面, 当 $t < z$ 时, 有 $G_\xi^e(t) > \alpha$. 所以, 当 $t < z$ 是 G_ξ^e 的一个连续点时, 对于 $n \geqslant N_t$ (某个正数), $G_{\xi_n}^e(t) > \alpha$. 因此, 当 $t < z$ 是 G_ξ^e 的一个连续点时, $\text{Var}_\alpha^e(\xi_n) \geqslant t$. 所以
$$\liminf_{n\to\infty} \text{Var}_\alpha^e(\xi_n) \geqslant t.$$

由存在一个收敛到 z 的 G_ξ^e 的连续点的增序列 $\{t_n\}$, 可知
$$\liminf_{n\to\infty} \text{Var}_\alpha^e(\xi_n) \geqslant z.$$

另一方面, 当 $t > z$ 时, 有 $G_\xi^e(t) < \alpha$. 所以, 当 $t > z$ 是 G_ξ^e 的一个连续点时, 对于 $n \geqslant N_t'$ (某一正数), 有 $G_{\xi_n}^e(t) < \alpha$. 因此, 当 $t > z$ 是 G_ξ^e 的一个连续点时, 有 $\text{Var}_\alpha^e(\xi_n) \leqslant t$. 所以
$$\limsup_{n\to\infty} \text{Var}_\alpha^e(\xi_n) \leqslant t.$$

由于存在一个收敛到 z 的连续点的减序列 $\{t_n\}$, 则有
$$\limsup_{n\to\infty} \text{Var}_\alpha^e(\xi_n) \leqslant z.$$

所以, 除去可数无限多个 α, 即除去那些有多个 t 的值使 $G_\xi^e(t) = \alpha$ 的 α, 有 $\mathrm{Var}_\alpha^e(\xi_n) \to \mathrm{Var}_\alpha^e(\xi)$. 这些 α 与 G_ξ^e 的平坦点的高度相对应, 平坦点的高度 α 恰是 $\mathrm{Var}_\alpha^e(\xi_n)$ 的不连续点. 换句话说, $\xi_n \xrightarrow{e.f.} \xi$.

因为 G_ξ^e 是分位函数 $\mathrm{Var}_\alpha^e(\xi)$ 的伪逆函数, 所以必要性的证明与充分性的证明类似. □

对于可积模糊随机变量序列, 得到如下的一般收敛定理.

定理 3.5 ([77]) 令 $\{\xi_n\}$ 是一列模糊随机变量, η 和 ζ 是可积模糊随机变量, 满足
$$G_\eta^e \stackrel{e.c.}{\leqslant} G_{\xi_n}^e \stackrel{e.c.}{\leqslant} G_\zeta^e.$$
如果 $\xi_n \xrightarrow{e.d.} \xi$ 或者 $\xi_n \xrightarrow{\mathrm{Ch}^e} \xi$, 则有
$$\lim_{n\to\infty} \mathrm{E}^e[\xi_n] = \mathrm{E}^e[\xi].$$

证明 由引理 3.4, 对于 $n = 1, 2, \cdots$, 有
$$\mathrm{E}^e[\xi] = \int_0^1 \mathrm{Var}_\alpha^e(\xi) \mathrm{d}\alpha, \quad \mathrm{E}^e[\xi_n] = \int_0^1 \mathrm{Var}_\alpha^e(\xi_n) \mathrm{d}\alpha.$$
由于 $G_\eta^e \stackrel{e.c.}{\leqslant} G_{\xi_n}^e \stackrel{e.c.}{\leqslant} G_\zeta^e$, 由分位函数的定义, 可推导出
$$\mathrm{Var}_\alpha^e(\eta) \stackrel{e.c.}{\leqslant} \mathrm{Var}_\alpha^e(\xi_n) \stackrel{e.c.}{\leqslant} \mathrm{Var}_\alpha^e(\zeta), \quad n = 1, 2, \cdots.$$
假设 $\xi_n \xrightarrow{e.d.} \xi$, 根据引理 3.5, 有
$$\xi_n \xrightarrow{e.f.} \xi,$$
即 $\mathrm{Var}_\alpha^e(\xi_n) \xrightarrow{w.} \mathrm{Var}_\alpha^e(\xi)$. 因为 η 和 ζ 可积, 也就是说,
$$\mathrm{E}^e[\eta] = \int_0^1 \mathrm{Var}_\alpha^e(\eta) \mathrm{d}\alpha, \quad \mathrm{E}^e[\zeta] = \int_0^1 \mathrm{Var}_\alpha^e(\zeta) \mathrm{d}\alpha$$
是有限的, 由 Lebesgue 控制收敛定理, 得
$$\lim_{n\to\infty} \int_0^1 \mathrm{Var}_\alpha^e(\xi_n) \mathrm{d}\alpha = \int_0^1 \mathrm{Var}_\alpha^e(\xi) \mathrm{d}\alpha,$$
即
$$\lim_{n\to\infty} \mathrm{E}^e[\xi_n] = \mathrm{E}^e[\xi].$$
另一方面, 如果 $\xi_n \xrightarrow{\mathrm{Ch}^e} \xi$, 则根据定理 3.4 可推导出
$$\xi_n \xrightarrow{e.d.} \xi.$$
因此, 也有定理的结果. □

定义 3.9 ([77]) 如果存在一个正数 a 使得
$$G_{\xi}^{e}(-a) = 1 \quad \text{且} \quad G_{\xi}^{e}(a) = 0,$$
则称模糊随机变量 ξ 关于平衡测度是本质有界的.

如果存在一个正数 a, 使得对每一个 $k = 1, 2, \cdots$, 都有 $G_{\xi_k}^{e}(-a) = 1$ 且 $G_{\xi_k}^{e}(a) = 0$, 则称模糊随机变量序列 $\{\xi_k\}$ 关于平衡测度是一致本质有界的.

对于本质有界的模糊随机变量, 有下面的结论.

定理 3.6 ([77]) 令 $\{\xi_n\}$ 和 ξ 是模糊随机变量. 如果 $\{\xi_n\}$ 是一致本质有界的, 且 $\xi_n \xrightarrow{e.d.} \xi$ 或者 $\xi_n \xrightarrow{\text{Ch}^e} \xi$, 则有
$$\lim_{n\to\infty} \mathrm{E}^e[\xi_n] = \mathrm{E}^e[\xi].$$

证明 因为 $\{\xi_n\}$ 是一致本质有界的模糊随机变量序列, 所以存在一个正数 a, 使得对任意的 n,
$$\mathrm{Ch}^e\{\xi_n \geqslant -a\} = 1 \quad \text{且} \quad \mathrm{Ch}^e\{\xi_n \geqslant a\} = 0.$$
由平衡机会 Ch^e 的自对偶性, 对任意的 n, 有
$$\mathrm{Ch}^e\{\xi_n < -a\} = 0 \quad \text{且} \quad \mathrm{Ch}^e\{\xi_n < a\} = 1.$$
由平衡机会的定义, 对任意的 n, 等式
$$\mathrm{Cr}\{\xi_{n,\omega} \geqslant a\} = \mathrm{Cr}\{\xi_{n,\omega} < -a\} = 0$$
关于 ω 几乎必然成立.

令 $\eta = -a$, 且 $\zeta = a$, 则 $G_{\eta}^{e} \leqslant G_{\xi_n}^{e} \leqslant G_{\zeta}^{e}$.

实际上, 对每一个 $t \in \Re$, 由 Cr 的次可加性, 不等式
$$\mathrm{Cr}\{\xi_{n,\omega} \geqslant t\} \leqslant \mathrm{Cr}\{\xi_{n,\omega} \geqslant t, \xi_{n,\omega} \geqslant \zeta_\omega\} + \mathrm{Cr}\{\xi_{n,\omega} \geqslant t, \xi_{n,\omega} < \zeta_\omega\} \leqslant \mathrm{Cr}\{\zeta_\omega \geqslant t\}$$
关于 ω 几乎必然成立. 由平衡机会的单调性, 得
$$\mathrm{Ch}^e\{\xi_n \geqslant t\} \leqslant \mathrm{Ch}^e\{\zeta \geqslant t\},$$
即 $G_{\xi_n}^e \leqslant G_{\zeta}^e$. 类似地, 由
$$\mathrm{Cr}\{\eta_\omega \geqslant t\} \leqslant \mathrm{Cr}\{\eta_\omega \geqslant t, \xi_{n,\omega} \geqslant \eta_\omega\} + \mathrm{Cr}\{\eta_\omega \geqslant t, \xi_{n,\omega} < \eta_\omega\} \leqslant \mathrm{Cr}\{\xi_{n,\omega} \geqslant t\},$$
得到 $G_\eta^e \leqslant G_{\xi_n}^e$. 根据定理 3.5 得
$$\lim_{n\to\infty} \mathrm{E}^e[\xi_n] = \mathrm{E}^e[\xi]. \qquad \square$$

3.2 第二类平衡期望值算子

本节介绍随机模糊变量的收敛性问题.

3.2.1 平衡机会的性质

定义 3.10 ([53]) 设 $(\Gamma, \mathcal{A}, \mathrm{Cr})$ 是一个可信性空间. 如果对于 $\Re$ 的任意 Borel 子集 B, 概率函数

$$\xi^*(B)(\gamma) = \Pr\{\omega \in \Omega \mid \xi_\gamma(\omega) \in B\} \tag{3.8}$$

关于 γ 可测, 则称映射 $\xi: \Gamma \to \mathcal{R}_v$ 为一个随机模糊变量, 其中 $\mathcal{R}_v$ 是定义在概率空间 $(\Omega, \Sigma, \Pr)$ 上的随机变量的集合.

随机模糊变量也可以采用下面的等价定义.

定义 3.11 ([53]) 设 $(\Gamma, \mathcal{A}, \mathrm{Cr})$ 是一个可信性空间, $(\Omega, \Sigma, \Pr)$ 是一个概率空间. 如果 ξ 是定义在 $\Gamma \times \Omega$ 上的一个映射, 且对每一个固定的 $\gamma \in \Gamma$, ω 的函数 $\xi(\gamma, \omega)$ 是定义在概率空间 $(\Omega, \Sigma, \Pr)$ 上的一个随机变量, 则称 ξ 是一个随机模糊变量.

因此, 随机模糊变量是取值为随机变量的模糊变量. 随机模糊变量是模糊变量的一个自然推广.

例 3.1 ([72]) 假设 ξ 是一个随机模糊变量. 如果对于每一个 $\gamma \in \Gamma$, $\xi(\gamma)$ 是一个均匀分布的随机变量, 即 $\xi(\gamma) \sim \mathcal{U}[X(\gamma), Y(\gamma)]$, 其中 X 和 Y 是定义在空间 Γ 上且满足 $X \leqslant Y$ 的模糊变量, 则称随机模糊变量 ξ 是服从均匀分布的, 记作 $\xi \sim \mathcal{U}[X, Y]$; 称随机模糊变量 ξ 的模糊性由模糊向量 (X, Y) 刻画.

例 3.2 ([72]) 假设 ξ 是一个随机模糊变量. 如果对于每一个 $\gamma \in \Gamma$, $\xi(\gamma)$ 是一个正态分布的随机变量, 即 $\xi(\gamma) \sim \mathcal{N}(X(\gamma), Y(\gamma))$, 其中 X 和 Y 是定义在空间 Γ 上且满足 $Y > 0$ 的模糊变量, 则称随机模糊变量 ξ 是服从正态分布的, 记作 $\xi \sim \mathcal{N}(X, Y)$; 称随机模糊变量 ξ 的模糊性由模糊向量 (X, Y) 刻画.

例 3.3 ([72]) 假设 ξ 是一个随机模糊变量. 如果对于每一个 $\gamma \in \Gamma$, $\xi(\gamma)$ 是一个指数分布的随机变量, 其密度函数定义为

$$f_{\xi(\gamma)}(t) = \begin{cases} 0, & t < 0, \\ X(\gamma)\exp(-X(\gamma)t), & t \geqslant 0, \end{cases}$$

其中 X 是定义在空间 Γ 上且满足 $X > 0$ 的模糊变量, 则称随机模糊变量 ξ 是服从指数分布的, 记作 $\xi \sim \mathcal{EXP}(X)$; 称随机模糊变量 ξ 的模糊性由模糊变量 X 刻画.

一般地, 假设 ξ 是一个随机模糊变量/向量. 如果对于每一个 $\gamma \in \Gamma$, 随机变量/向量 $\xi(\gamma)$ 的分布由参数 $X(\gamma)$ 确定, 则称 ξ 的模糊性由模糊变量/向量 X 刻画 [72].

3.2 第二类平衡期望值算子

如果 $\xi_1,\xi_2,\cdots,\xi_n$ 是定义在空间 Γ 上的随机模糊变量, 则 $\boldsymbol{\xi}=(\xi_1,\xi_2,\cdots,\xi_n)^\mathrm{T}$ 是定义在空间 Γ 上的一个随机模糊向量.

假设 $\boldsymbol{\xi}=(\xi_1,\xi_2,\cdots,\xi_n)^\mathrm{T}$ 是一个随机模糊向量, f 是定义在空间 $\Re^n$ 上的连续函数. 由于对每一个 $\gamma\in\Gamma$, $f(\boldsymbol{\xi}(\gamma))$ 是一个随机变量, 因此 $f(\boldsymbol{\xi})$ 是一个随机模糊变量 [74].

不确定均值为 $\boldsymbol{\mu}$, 协方差为 $\boldsymbol{\Sigma}$ 的多维正态分布 $\mathcal{N}(\boldsymbol{\mu},\boldsymbol{\Sigma})$ 是随机模糊向量的一个例子. 这种情况下, $\boldsymbol{\mu}$ 和 $\boldsymbol{\Sigma}$ 的元素为可能性分布已知的模糊变量.

设 $\boldsymbol{\xi}=(\xi_1,\xi_2,\cdots,\xi_m)^\mathrm{T}$ 是定义在空间 Γ 上的一个随机模糊向量. 考虑一个随机模糊事件

$$f_j(\boldsymbol{\xi})\leqslant 0,\quad j=1,2,\cdots,q, \tag{3.9}$$

其中 $f_j(j=1,2,\cdots,q)$ 是定义在 $\Re^m$ 上的连续函数. 对于每一个 $\gamma\in\Gamma$, 得到下面的随机事件

$$f_j(\boldsymbol{\xi}(\gamma))\leqslant 0,\quad j=1,2,\cdots,q,$$

其概率为

$$\Pr\{f_j(\boldsymbol{\xi}(\gamma))\leqslant 0,\ j=1,2,\cdots,q\}. \tag{3.10}$$

此概率函数是定义在可能性空间 Γ 上的模糊变量.

下面介绍随机模糊事件的一个纯量值机会测度 [70].

定义 3.12 ([70]) 设 $\boldsymbol{\xi}=(\xi_1,\xi_2,\cdots,\xi_m)^\mathrm{T}$ 是一个随机模糊向量, $f_j:\mathcal{R}^m\to\mathcal{R}(j=1,2,\cdots,q)$ 是连续函数, 则随机模糊事件 (3.9) 的平衡机会, 记作 Ch_E^C, 定义为

$$\begin{aligned}&\mathrm{Ch}_E^C\{f_j(\boldsymbol{\xi})\leqslant 0,\ j=1,2,\cdots,q\}\\ &=\sup_{(\alpha,\beta)\in[0,1]^2}\left\{\alpha\wedge\beta\bigg|\mathrm{Cr}\left\{\gamma\in\Gamma\bigg|\Pr\left\{\begin{array}{l}f_j(\boldsymbol{\xi}(\gamma))\leqslant 0,\\ j=1,2,\cdots,q\end{array}\right\}\geqslant\alpha\right\}\geqslant\beta\right\}.\end{aligned} \tag{3.11}$$

平衡机会也可以定义为

$$\begin{aligned}&\mathrm{Ch}_E^P\{f_j(\boldsymbol{\xi})\leqslant 0,\ j=1,2,\cdots,q\}\\ &=\sup_{(\alpha,\beta)\in[0,1]^2}\left\{\alpha\wedge\beta\bigg|\mathrm{Pos}\left\{\gamma\in\Gamma\bigg|\Pr\left\{\begin{array}{l}f_j(\boldsymbol{\xi}(\gamma))\leqslant 0,\\ j=1,2,\cdots,q\end{array}\right\}\geqslant\alpha\right\}\geqslant\beta\right\}\end{aligned} \tag{3.12}$$

或者

$$\begin{aligned}&\mathrm{Ch}_E^N\{f_j(\boldsymbol{\xi})\leqslant 0,\ j=1,2,\cdots,q\}\\ &=\sup_{(\alpha,\beta)\in[0,1]^2}\left\{\alpha\wedge\beta\bigg|\mathrm{Nec}\left\{\gamma\in\Gamma\bigg|\Pr\left\{\begin{array}{l}f_j(\boldsymbol{\xi}(\gamma))\leqslant 0,\\ j=1,2,\cdots,q\end{array}\right\}\geqslant\alpha\right\}\geqslant\beta\right\}.\end{aligned} \tag{3.13}$$

表达式 (3.11)—(3.13) 也可写成下面的形式 [70]:

$$\mathrm{Ch}_E^C\{f_j(\boldsymbol{\xi}) \leqslant 0,\ j = 1, 2, \cdots, q\}$$

$$= \sup_{\alpha \in [0,1]} \left[\alpha \wedge \mathrm{Cr}\left\{\gamma \in \Gamma \middle| \Pr\left\{\begin{array}{l} f_j(\boldsymbol{\xi}(\gamma)) \leqslant 0, \\ j = 1, 2, \cdots, q \end{array}\right\} \geqslant \alpha\right\}\right], \quad (3.14)$$

$$\mathrm{Ch}_E^P\{f_j(\boldsymbol{\xi}) \leqslant 0,\ j = 1, 2, \cdots, q\}$$

$$= \sup_{\alpha \in [0,1]} \left[\alpha \wedge \mathrm{Pos}\left\{\gamma \in \Gamma \middle| \Pr\left\{\begin{array}{l} f_j(\boldsymbol{\xi}(\gamma)) \leqslant 0, \\ j = 1, 2, \cdots, q \end{array}\right\} \geqslant \alpha\right\}\right], \quad (3.15)$$

$$\mathrm{Ch}_E^N\{f_j(\boldsymbol{\xi}) \leqslant 0,\ j = 1, 2, \cdots, q\}$$

$$= \sup_{\alpha \in [0,1]} \left[\alpha \wedge \mathrm{Nec}\left\{\gamma \in \Gamma \middle| \Pr\left\{\begin{array}{l} f_j(\boldsymbol{\xi}(\gamma)) \leqslant 0, \\ j = 1, 2, \cdots, q \end{array}\right\} \geqslant \alpha\right\}\right]. \quad (3.16)$$

它们分别是概率函数 (3.10) 关于可信性、可能性和必要性的 Sugeno 积分.

注 3.1 ([70])　如果随机模糊向量 $\boldsymbol{\xi}$ 退化为一个随机向量, 则表达式 (3.11)—(3.13) 定义的平衡机会简化为随机事件 $\{f_j(\boldsymbol{\xi}) \leqslant 0,\ j = 1, 2, \cdots, q\}$ 的概率

$$\Pr\{f_j(\boldsymbol{\xi}) \leqslant 0,\ j = 1, 2, \cdots, q\}.$$

注 3.2 ([70])　如果随机模糊向量 $\boldsymbol{\xi}$ 退化为一个模糊向量, 则表达式 (3.11)—(3.13) 定义的平衡机会分别简化为模糊事件 $\{f_j(\boldsymbol{\xi}) \leqslant 0,\ j = 1, 2, \cdots, q\}$ 的可信性、可能性和必要性

$$\mathrm{Cr}\{f_j(\boldsymbol{\xi}) \leqslant 0,\ j = 1, 2, \cdots, q\},$$
$$\mathrm{Pos}\{f_j(\boldsymbol{\xi}) \leqslant 0,\ j = 1, 2, \cdots, q\},$$
$$\mathrm{Nec}\{f_j(\boldsymbol{\xi}) \leqslant 0,\ j = 1, 2, \cdots, q\}.$$

注 3.3 ([70])　也可用广义 Sugeno 积分对平衡机会作如下定义:

$$\mathrm{Ch}_E^C\{f_j(\boldsymbol{\xi}) \leqslant 0,\ j = 1, 2, \cdots, q\}$$

$$= \sup_{(\alpha,\beta) \in [0,1]^2} \{\top(\alpha,\beta) \mid \mathrm{Cr}\{\gamma \in \Gamma | \Pr\{f_j(\boldsymbol{\xi}(\gamma)) \leqslant 0,\ j = 1, 2, \cdots, q\} \geqslant \alpha\} \geqslant \beta\},$$

$$\mathrm{Ch}_E^P\{f_j(\boldsymbol{\xi}) \leqslant 0,\ j = 1, 2, \cdots, q\}$$

$$= \sup_{(\alpha,\beta) \in [0,1]^2} \{\top(\alpha,\beta) \mid \mathrm{Pos}\{\gamma \in \Gamma | \Pr\{f_j(\boldsymbol{\xi}(\gamma)) \leqslant 0,\ j = 1, 2, \cdots, q\} \geqslant \alpha\} \geqslant \beta\},$$

3.2 第二类平衡期望值算子

$\mathrm{Ch}_E^N\{f_j(\boldsymbol{\xi}) \leqslant 0,\ j=1,2,\cdots,q\}$

$= \sup\limits_{(\alpha,\beta)\in[0,1]^2} \{\top(\alpha,\beta) \mid \mathrm{Nec}\{\gamma \in \Gamma \mid \Pr\{f_j(\boldsymbol{\xi}(\gamma)) \leqslant 0,\ j=1,2,\cdots,q\} \geqslant \alpha\} \geqslant \beta\}$,

其中 $\top : [0,1] \times [0,1] \to [0,1]$ 是三角模. 在定义 3.12 中 $\top(\alpha,\beta) = \alpha \wedge \beta$. 也可以使用其他的三角模.

下面的引理经常用于检验决策变量的可行性.

引理 3.6 ([70]) 如果概率函数 $\Pr\{f_j(\boldsymbol{\xi}(\gamma)) \leqslant 0, j=1,2,\cdots,q\}$ 是上半连续的模糊变量, 则

$\mathrm{Ch}_E^P\{f_j(\boldsymbol{\xi}) \leqslant 0,\ j=1,2,\cdots,q\} \geqslant \alpha$

$\iff \mathrm{Pos}\{\gamma \in \Gamma \mid \Pr\{f_j(\boldsymbol{\xi}(\gamma)) \leqslant 0,\ j=1,2,\cdots,q\} \geqslant \alpha\} \geqslant \alpha,$ (3.17)

$\mathrm{Ch}_E^N\{f_j(\boldsymbol{\xi}) \leqslant 0,\ j=1,2,\cdots,q\} \geqslant \alpha$

$\iff \mathrm{Nec}\{\gamma \in \Gamma \mid \Pr\{f_j(\boldsymbol{\xi}(\gamma)) \leqslant 0,\ j=1,2,\cdots,q\} \geqslant \alpha\} \geqslant \alpha,$ (3.18)

$\mathrm{Ch}_E^C\{f_j(\boldsymbol{\xi}) \leqslant 0,\ j=1,2,\cdots,q\} \geqslant \alpha$

$\iff \mathrm{Cr}\{\gamma \in \Gamma \mid \Pr\{f_j(\boldsymbol{\xi}(\gamma)) \leqslant 0,\ j=1,2,\cdots,q\} \geqslant \alpha\} \geqslant \alpha.$ (3.19)

证明 只证明第一个结论, 其他结论的证明类似.

根据定义 3.12, 充分性显然, 下面证明必要性.

假设不等式

$$\mathrm{Ch}_E^P\{f_j(\boldsymbol{\xi}) \leqslant 0, j=1,2,\cdots,q\} \geqslant \alpha$$

成立, 则对于任意的正整数 n, 有

$$\mathrm{Pos}\left\{\gamma \in \Gamma \,\bigg|\, \Pr\{f_j(\boldsymbol{\xi}(\gamma)) \leqslant 0,\ j=1,2,\cdots,q\} \geqslant \alpha - \frac{1}{n}\right\} \geqslant \alpha - \frac{1}{n}.$$

根据模糊变量 $\Pr\{f_j(\boldsymbol{\xi}(\gamma)) \leqslant 0, j=1,2,\cdots,q\}$ 的上半连续可知

$$\mathrm{Pos}\{\gamma \in \Gamma \mid \Pr\{f_j(\boldsymbol{\xi}(\gamma)) \leqslant 0,\ j=1,2,\cdots,q\} \geqslant \alpha\} \geqslant \alpha. \qquad \Box$$

下面的引理经常用于计算平衡机会测度.

引理 3.7 ([70]) 如果概率函数 $\Pr\{f_j(\boldsymbol{\xi}(\gamma)) \leqslant 0, j=1,2,\cdots,q\}$ 是上半连续的模糊变量, 则

$\mathrm{Ch}_E^P\{f_j(\boldsymbol{\xi}) \leqslant 0, j=1,2,\cdots,q\} = \alpha$

$\iff \mathrm{Pos}\left\{\gamma \in \Gamma \,\bigg|\, \Pr\left\{\begin{array}{l} f_j(\boldsymbol{\xi}(\gamma)) \leqslant 0, \\ j=1,2,\cdots,q \end{array}\right\} \geqslant \alpha\right\} \geqslant \alpha$

$\geqslant \mathrm{Pos}\left\{\gamma \in \Gamma \,\bigg|\, \Pr\left\{\begin{array}{l} f_j(\boldsymbol{\xi}(\gamma)) \leqslant 0, \\ j=1,2,\cdots,q \end{array}\right\} > \alpha\right\},$

$$\mathrm{Ch}_E^N\{f_j(\boldsymbol{\xi}) \leqslant 0, j = 1, 2, \cdots, q\} = \alpha$$

$$\Longleftrightarrow \mathrm{Nec}\left\{\gamma \in \Gamma \left| \mathrm{Pr}\left\{\begin{array}{l} f_j(\boldsymbol{\xi}(\gamma)) \leqslant 0, \\ j = 1, 2, \cdots, q \end{array}\right\} \geqslant \alpha\right.\right\} \geqslant \alpha$$

$$\geqslant \mathrm{Nec}\left\{\gamma \in \Gamma \left| \mathrm{Pr}\left\{\begin{array}{l} f_j(\boldsymbol{\xi}(\gamma)) \leqslant 0, \\ j = 1, 2, \cdots, q \end{array}\right\} > \alpha\right.\right\},$$

$$\mathrm{Ch}_E^C\{f_j(\boldsymbol{\xi}) \leqslant 0, j = 1, 2, \cdots, q\} = \alpha$$

$$\Longleftrightarrow \mathrm{Cr}\left\{\gamma \in \Gamma \left| \mathrm{Pr}\left\{\begin{array}{l} f_j(\boldsymbol{\xi}(\gamma)) \leqslant 0, \\ j = 1, 2, \cdots, q \end{array}\right\} \geqslant \alpha\right.\right\} \geqslant \alpha$$

$$\geqslant \mathrm{Cr}\left\{\gamma \in \Gamma \left| \mathrm{Pr}\left\{\begin{array}{l} f_j(\boldsymbol{\xi}(\gamma)) \leqslant 0, \\ j = 1, 2, \cdots, q \end{array}\right\} > \alpha\right.\right\}.$$

证明 只证明第二个结论, 其他结论的证明类似.

充分性: 根据定义 3.12, 可以验证不等式

$$\mathrm{Ch}_E^N\{f_j(\boldsymbol{\xi}) \leqslant 0, j = 1, 2, \cdots, q\} \geqslant \alpha$$

的正确性. 另一方面, 对于任意的整数 n, 由

$$\mathrm{Nec}\left\{\gamma \in \Gamma \left| \mathrm{Pr}\{f_j(\boldsymbol{\xi}(\gamma)) \leqslant 0, j = 1, 2, \cdots, q\} > \frac{\alpha+1}{n}\right.\right\} \leqslant \alpha$$

可得

$$\mathrm{Ch}_E^N\{f_j(\boldsymbol{\xi}) \leqslant 0, j = 1, 2, \cdots, q\}$$

$$\leqslant \frac{\alpha+1}{n} \vee \mathrm{Nec}\left\{\gamma \in \Gamma \left| \mathrm{Pr}\left\{\begin{array}{l} f_j(\boldsymbol{\xi}(\gamma)) \leqslant 0, \\ j = 1, 2, \cdots, q \end{array}\right\} > \frac{\alpha+1}{n}\right.\right\}.$$

$$\leqslant \frac{\alpha+1}{n}.$$

令 $n \to \infty$, 可得

$$\mathrm{Ch}_E^N\{f_j(\boldsymbol{\xi}) \leqslant 0, j = 1, 2, \cdots, q\} \leqslant \alpha.$$

充分性得证.

必要性: 假设 $\mathrm{Ch}_E^N\{f_j(\boldsymbol{\xi}) \leqslant 0, j = 1, 2, \cdots, q\} = \alpha$, 由引理 3.6 可知

$$\mathrm{Nec}\{\gamma \in \Gamma | \mathrm{Pr}\{f_j(\boldsymbol{\xi}(\gamma)) \leqslant 0, j = 1, 2, \cdots, q\} \geqslant \alpha\} \geqslant \alpha.$$

另一方面, 为了根据模糊变量 $\mathrm{Pr}\{f_j(\boldsymbol{\xi}(\gamma)) \leqslant 0, j = 1, 2, \cdots, q\}$ 的上半连续性证明

$$\mathrm{Nec}\{\gamma \in \Gamma | \mathrm{Pr}\{f_j(\boldsymbol{\xi}(\gamma)) \leqslant 0, j = 1, 2, \cdots, q\} > \alpha\} \leqslant \alpha,$$

只需证明对任意的 $\delta > \alpha$,

$$\text{Nec}\{\gamma \in \Gamma | \Pr\{f_j(\boldsymbol{\xi}(\gamma)) \leqslant 0, j = 1, 2, \cdots, q\} > \delta\} \leqslant \alpha.$$

如果存在 $\delta_1 > \alpha$ 使得

$$\text{Nec}\{\gamma \in \Gamma | \Pr\{f_j(\boldsymbol{\xi}(\gamma)) \leqslant 0, j = 1, 2, \cdots, q\} > \delta_1\} > \alpha,$$

令

$$\delta_2 = \text{Nec}\{\gamma \in \Gamma | \Pr\{f_j(\boldsymbol{\xi}(\gamma)) \leqslant 0, j = 1, 2, \cdots, q\} > \delta_1\}$$

且 $\delta_0 = \min\{\delta_1, \delta_2\}$, 则

$$\text{Ch}_E^N\{f_j(\boldsymbol{\xi}) \leqslant 0, j = 1, 2, \cdots, q\}$$
$$\geqslant \delta_0 \wedge \text{Nec}\{\gamma \in \Gamma | \Pr\{f_j(\boldsymbol{\xi}(\gamma)) \leqslant 0, j = 1, 2, \cdots, q\} > \delta_0\}$$
$$> \alpha,$$

矛盾. 必要性得证. □

定理 3.7 ([70]) 三种平衡机会测度关于 min-max 算子可以表示为对称的形式:

$$\text{Ch}_E^P\{f_j(\boldsymbol{\xi}) \leqslant 0, j = 1, 2, \cdots, q\}$$
$$= \inf_{(\alpha,\beta) \in [0,1]^2}\{\alpha \vee \beta \mid \text{Pos}\{\gamma \in \Gamma | \Pr\{f_j(\boldsymbol{\xi}(\gamma)) \leqslant 0, j = 1, 2, \cdots, q\} \geqslant \alpha\} \leqslant \beta\},$$

$$\text{Ch}_E^N\{f_j(\boldsymbol{\xi}) \leqslant 0, j = 1, 2, \cdots, q\}$$
$$= \inf_{(\alpha,\beta) \in [0,1]^2}\{\alpha \vee \beta \mid \text{Nec}\{\gamma \in \Gamma | \Pr\{f_j(\boldsymbol{\xi}(\gamma)) \leqslant 0, j = 1, 2, \cdots, q\} \geqslant \alpha\} \leqslant \beta\},$$

$$\text{Ch}_E^C\{f_j(\boldsymbol{\xi}) \leqslant 0, j = 1, 2, \cdots, q\}$$
$$= \inf_{(\alpha,\beta) \in [0,1]^2}\{\alpha \vee \beta \mid \text{Cr}\{\gamma \in \Gamma | \Pr\{f_j(\boldsymbol{\xi}(\gamma)) \leqslant 0, j = 1, 2, \cdots, q\} \geqslant \alpha\} \leqslant \beta\}.$$

证明 只证明第三个结论, 其他结论的证明类似.

一方面, 对于每一个 $\alpha \in [0,1]$, 有

$$\text{Ch}_E^C\{f_j(\boldsymbol{\xi}) \leqslant 0, j = 1, 2, \cdots, q\}$$
$$\leqslant \alpha \vee \text{Cr}\{\gamma \in \Gamma | \Pr\{f_j(\boldsymbol{\xi}(\gamma)) \leqslant 0, j = 1, 2, \cdots, q\} \geqslant \alpha\}.$$

进一步有

$$\text{Ch}_E^C\{f_j(\boldsymbol{\xi}) \leqslant 0, j = 1, 2, \cdots, q\}$$
$$\leqslant \inf_{(\alpha,\beta) \in [0,1]^2}[\alpha \vee \beta \mid \text{Cr}\{\gamma \in \Gamma | \Pr\{f_j(\boldsymbol{\xi}(\gamma)) \leqslant 0, j = 1, 2, \cdots, q\} \geqslant \alpha\} \leqslant \beta].$$

另一方面，假设 $\mathrm{Ch}_E^C\{f_j(\boldsymbol{\xi}) \leqslant 0,\ j=1,2,\cdots,q\} = \delta$. 由引理 3.7 的证明可知，对于任意的 $\rho < \delta$ 和 $\lambda > \delta$，有

$$\mathrm{Cr}\{\gamma \in \Gamma | \mathrm{Pr}\{f_j(\boldsymbol{\xi}(\gamma)) \leqslant 0,\ j=1,2,\cdots,q\} \geqslant \rho\} \geqslant \delta$$

$$\geqslant \mathrm{Cr}\{\gamma \in \Gamma | \mathrm{Pr}\{f_j(\boldsymbol{\xi}(\gamma)) \leqslant 0,\ j=1,2,\cdots,q\} > \lambda\}.$$

所以

$$\inf_{(\alpha,\beta)\in[0,1]^2}[\alpha \vee \beta\ |\ \mathrm{Cr}\{\gamma \in \Gamma | \mathrm{Pr}\{f_j(\boldsymbol{\xi}(\gamma)) \leqslant 0,\ j=1,2,\cdots,q\} \geqslant \alpha\} \leqslant \beta]$$

$$= \inf_{(\alpha,\beta)\in[0,\delta]\times[0,1]}[\alpha \vee \beta\ |\ \mathrm{Cr}\{\gamma \in \Gamma | \mathrm{Pr}\{f_j(\boldsymbol{\xi}(\gamma)) \leqslant 0,\ j=1,2,\cdots,q\} \geqslant \alpha\} \leqslant \beta]$$

$$\wedge \inf_{(\alpha,\beta)\in(\delta,1]\times[0,1]}[\alpha \vee \beta\ |\ \mathrm{Cr}\{\gamma \in \Gamma | \mathrm{Pr}\{f_j(\boldsymbol{\xi}(\gamma)) \leqslant 0,\ j=1,2,\cdots,q\} \geqslant \alpha\} \leqslant \beta]$$

$$= \inf_{\alpha\in(0,\delta]}(\alpha \vee \mathrm{Cr}\{\gamma \in \Gamma | \mathrm{Pr}\{f_j(\boldsymbol{\xi}(\gamma)) \leqslant 0,\ j=1,2,\cdots,q\} \geqslant \alpha\})$$

$$\wedge \inf_{\alpha\in(\delta,1]}(\alpha \vee \mathrm{Cr}\{\gamma \in \Gamma | \mathrm{Pr}\{f_j(\boldsymbol{\xi}(\gamma)) \leqslant 0,\ j=1,2,\cdots,q\} > \alpha\})$$

$$\leqslant (\delta \vee \mathrm{Cr}\{\gamma \in \Gamma | \mathrm{Pr}\{f_j(\boldsymbol{\xi}(\gamma)) \leqslant 0,\ j=1,2,\cdots,q\} \geqslant \delta\}) \wedge \delta$$

$$= \mathrm{Ch}_E^C\{f_j(\boldsymbol{\xi}) \leqslant 0,\ j=1,2,\cdots,q\}. \qquad \square$$

定理 3.8 ([70]) 三种平衡机会测度具有如下的对偶关系：

(i) $\mathrm{Ch}_E^P\{f_j(\boldsymbol{\xi}) \leqslant 0,\ j=1,2,\cdots,q\} = 1 - \mathrm{Ch}_E^N\{f_j(\boldsymbol{\xi}) > 0,\ \exists j \in \{1,2,\cdots,q\}\}$;

(ii) $\mathrm{Ch}_E^C\{f_j(\boldsymbol{\xi}) \leqslant 0,\ j=1,2,\cdots,q\} = 1 - \mathrm{Ch}_E^C\{f_j(\boldsymbol{\xi}) > 0,\ \exists j \in \{1,2,\cdots,q\}\}$.

证明 只证明第一个结论，第二个结论的证明类似.

$$1 - \mathrm{Ch}_E^N\{f_j(\boldsymbol{\xi}) > 0,\ \exists j \in \{1,2,\cdots,q\}\}$$

$$= 1 - \sup_{(\alpha,\beta)\in[0,1]^2}\{\alpha \wedge \beta\ |\ \mathrm{Nec}\{\gamma \in \Gamma | \mathrm{Pr}\{f_j(\boldsymbol{\xi}(\gamma)) > 0,\ \exists j \in \{1,2,\cdots,q\}\} > \alpha\} \geqslant \beta\}$$

$$= 1 - \sup_{(\alpha,\beta)\in[0,1]^2}\{\alpha \wedge \beta\ |\ \mathrm{Nec}\{\gamma \in \Gamma | 1 - \mathrm{Pr}\{f_j(\boldsymbol{\xi}(\gamma)) \leqslant 0,\ j=1,2,\cdots,q\} > \alpha\} \geqslant \beta\}$$

$$= 1 - \sup_{(\alpha,\beta)\in[0,1]^2}\{\alpha \wedge \beta\ |\ \mathrm{Nec}\{\gamma \in \Gamma | \mathrm{Pr}\{f_j(\boldsymbol{\xi}(\gamma)) \leqslant 0,\ j=1,2,\cdots,q\} < 1-\alpha\} \geqslant \beta\}$$

$$= \inf_{(\alpha,\beta)\in[0,1]^2}\{(1-\alpha) \vee (1-\beta)\ |\ \mathrm{Pos}\{\gamma \in \Gamma | \mathrm{Pr}\{f_j(\boldsymbol{\xi}(\gamma)) \leqslant 0,\ j=1,2,\cdots,q\} \geqslant 1-\alpha\} \leqslant 1-\beta\}$$

$$= \inf_{(\alpha',\beta')\in[0,1]^2}\{\alpha' \vee \beta'\ |\ \mathrm{Pos}\{\gamma \in \Gamma | \mathrm{Pr}\{f_j(\boldsymbol{\xi}(\gamma)) \leqslant 0,\ j=1,2,\cdots,q\} \geqslant \alpha'\} \leqslant \beta'\}$$

$$= \mathrm{Ch}_E^P\{f_j(\boldsymbol{\xi}) \leqslant 0,\ j=1,2,\cdots,q\}. \qquad \square$$

3.2.2 收敛准则

在平衡理论中, 有如下的随机模糊变量的收敛模式.

定义 3.13 ([63]) 设 $\{\xi_n\}$ 为一随机模糊变量序列, ξ 为一随机模糊变量. 如果存在 $E \in \mathcal{A}, F \in \Sigma, \mathrm{Cr}(E) = \mathrm{Pr}(F) = 0$, 使得对每个 $(\gamma, \omega) \in \Gamma \backslash E \times \Omega \backslash F$, 都有 $\lim_{n\to\infty} \xi_{n,\gamma}(\omega) \to \xi_\gamma(\omega)$, 则称随机模糊变量序列 $\{\xi_n\}$ 几乎必然收敛到随机模糊变量 ξ, 记作 $\xi_n \xrightarrow{a.s.} \xi$.

定义 3.14 ([63]) 设 $\{\xi_n\}$ 为一随机模糊变量序列, ξ 为一随机模糊变量. 如果

$$\lim_{n\to\infty} \sup_{(\gamma,\omega)\in\Gamma\times\Omega} |\xi_{n,\gamma}(\omega) - \xi_\gamma(\omega)| = 0,$$

则称随机模糊变量序列 $\{\xi_n\}$ 在 $\Gamma \times \Omega$ 上一致收敛到随机模糊变量 ξ, 记作 $\xi_n \xrightarrow{u.} \xi$.

定义 3.15 ([63]) 设 $\{\xi_n\}$ 为一随机模糊变量序列, ξ 为一随机模糊变量. 如果存在两个非增集列 $\{E_m\} \subset \mathcal{A}, \{F_m\} \subset \Sigma, \lim_m \mathrm{Cr}(E_m) = \lim_m \mathrm{Pr}(F_m) = 0$, 使得对每个 m, 在 $\Gamma \backslash F_m \times \Omega \backslash E_m$ 上都有 $\xi_n \xrightarrow{u.} \xi$, 则称随机模糊变量序列 $\{\xi_n\}$ 几乎一致收敛到随机模糊变量 ξ, 记作 $\xi_n \xrightarrow{a.u.} \xi$.

设 ξ 是一个定义在可信性空间 $(\Gamma, \mathcal{A}, \mathrm{Cr})$ 上的随机模糊变量. 定义 $G_\xi(t) = \mathrm{Ch}\{\xi \geq t\}, t \in \Re$ 为 ξ 的平衡分布. 显然 G_ξ 是一个非增的 $[0,1]$-值函数.

设 $\{F_n\}$ 和 F 是非增的实值函数. 如果对于 F 的所有连续点 t, 都有 $F_n(t) \to F(t)$, 则称序列 $\{F_n\}$ 弱收敛于 F, 记作 $F_n \xrightarrow{w.} F$.

本节采用如下平衡机会测度的定义:

$$\mathrm{Ch}\{\boldsymbol{\xi} \in A\} = \sup_{\alpha \in [0,1]} \left[\alpha \wedge \mathrm{Cr}\left\{\gamma \in \Gamma \mid \mathrm{Pr}\{\omega | \boldsymbol{\xi}_\gamma(\omega) \in A\} \geq \alpha\right\}\right],$$

其中 A 为一 Borel 可测集.

关于平衡测度的收敛模式, 有下面的定义.

定义 3.16 ([81]) 设 $\{\xi_n\}$ 为一随机模糊变量序列. 如果对于任意的 $\varepsilon > 0$, 都有

$$\lim_{n\to\infty} \mathrm{Ch}\{|\xi_n - \xi| \geq \varepsilon\} = 0,$$

则称序列 $\{\xi_n\}$ 依平衡测度 Ch 收敛到随机模糊变量 ξ, 记作 $\xi_n \xrightarrow{\mathrm{Ch}} \xi$.

定义 3.17 ([81]) 设 G_{ξ_n} 是随机模糊变量 ξ_n 的平衡分布, G_ξ 是随机模糊变量 ξ 的平衡分布. 如果 $G_{\xi_n} \xrightarrow{w.} G_\xi$, 则称序列 $\{\xi_n\}$ 依平衡分布收敛到 ξ, 记作 $\xi_n \xrightarrow{e.d.} \xi$.

下面的命题给出几乎必然收敛的性质.

命题 3.2 ([81]) 设 $\{\xi_n\}$ 和 ξ 都是随机模糊变量, Ch 是平衡测度, 则 $\xi_n \xrightarrow{a.s.} \xi$ 的充要条件为: 对任意的 $\varepsilon > 0$, 都有

$$\mathrm{Ch}\left(\bigcap_{m=1}^{\infty} \bigcup_{n=m}^{\infty} \{|\xi_n - \xi| \geq \varepsilon\}\right) = 0. \tag{3.20}$$

证明 极限 $\xi_n \xrightarrow{a.s.} \xi$ 成立的充要条件为极限 $\xi_{n,\gamma} \xrightarrow{a.s.} \xi_\gamma$ 以可信性 1 成立, 即

$$\mathrm{Cr}\left\{\gamma \mid \xi_{n,\gamma} \xrightarrow{a.s.} \xi_\gamma\right\} = 1.$$

所以, 存在 $E \in \mathcal{A}$, $\mathrm{Cr}(E) = 0$, 使得对任意的 $\gamma \in \Gamma \backslash E$, 有

$$\xi_{n,\gamma} \xrightarrow{a.s.} \xi_\gamma.$$

因此, 对任意的 $\varepsilon > 0$, 等式

$$\Pr\left(\bigcap_{m=1}^{\infty} \bigcup_{n=m}^{\infty} \{\omega \in \Omega \mid |\xi_{n,\gamma}(\omega) - \xi_\gamma(\omega)| \geqslant \varepsilon\}\right) = 0$$

以可信性 1 成立, 根据平衡测度的性质, 这等价于

$$\mathrm{Ch}\left(\bigcap_{m=1}^{\infty} \bigcup_{n=m}^{\infty} \{|\xi_n - \xi| \geqslant \varepsilon\}\right) = 0. \qquad \square$$

下面的命题给出几乎一致收敛的性质.

命题 3.3([81]) 设 $\{\xi_n\}$ 和 ξ 都是随机模糊变量, Ch 是平衡测度. 如果 $\xi_n \xrightarrow{a.u.} \xi$, 则对任意的 $\varepsilon > 0$, 下面的极限

$$\lim_{m \to \infty} \Pr\left(\bigcup_{n=m}^{\infty} \{\omega \mid |\xi_{n,\gamma}(\omega) - \xi_\gamma(\omega)| \geqslant \varepsilon\}\right) = 0 \qquad (3.21)$$

以可信性 1 成立. 反之, 如果 γ 是一个取有限个值的离散模糊变量, 则由 (3.21) 可得 $\xi_n \xrightarrow{a.u.} \xi$.

证明 如果 $\xi_n \xrightarrow{a.u.} \xi$, 则存在两个非增序列 $\{E_m\} \subset \mathcal{A}$, $\{F_m\} \subset \Sigma$, $\lim_m \mathrm{Cr}(E_m) = \lim_m \Pr(F_m) = 0$, 使得对每个 m, 在 $\Gamma \backslash E_m \times \Omega \backslash F_m$ 上有 $\xi_n \xrightarrow{u.} \xi$.

记 $E = \bigcap_{m=1}^{\infty} E_m$. 因此 $\mathrm{Cr}(E) = 0$, 且对每个 $\gamma \in \Gamma \backslash E$, 存在一个正整数 m_γ 使得 $\gamma \in \Gamma \backslash E_{m_\gamma}$. 由于 $\{E_m\}$ 是非增的, 当 $m \geqslant m_\gamma$ 时, 有 $\gamma \in \Gamma \backslash E_m$. 所以, 存在 $\{F_m\}$ 的一个子列 $\{F_m, m \geqslant m_\gamma\}$, 使得对任意的 $m_\gamma, m_\gamma + 1, \cdots$, 序列 $\{\xi_{n,\gamma}\}$ 在 F_m 上一致收敛到 ξ_γ. 因此, $\xi_{n,\gamma} \xrightarrow{a.u.} \xi_\gamma$ 以可信性 1 成立.

下面证明 $\xi_{n,\gamma} \xrightarrow{a.u.} \xi_\gamma$ 以可信性 1 成立能推出 (3.21).

事实上, 对于任意的 $\delta > 0$, 存在 $F_\gamma \in \Sigma$, $\Pr(F_\gamma) < \delta$, 使得 $\{\xi_{n,\gamma}\}$ 在 $\Omega \backslash F_\gamma$ 上一致收敛到 ξ_γ. 因此, 对于每一个 $\varepsilon > 0$, 存在一个正整数 $m(\varepsilon, \gamma)$, 使得对所有的 $\omega \in \Omega \backslash F_\gamma$, 当 $n \geqslant m$ 时, 有

$$|\xi_{n,\gamma}(\omega) - \xi_\gamma(\omega)| < \varepsilon.$$

3.2 第二类平衡期望值算子

所以, 有
$$\Omega \backslash F_\gamma \subset \bigcap_{n=m}^{\infty} \{\omega \in \Omega \mid |\xi_{n,\gamma}(\omega) - \xi_\gamma(\omega)| < \varepsilon\}$$

或
$$\bigcup_{n=m}^{\infty} \{\omega \in \Omega \mid |\xi_{n,\gamma}(\omega) - \xi_\gamma(\omega)| \geqslant \varepsilon\} \subset F_\gamma,$$

由此可得
$$\Pr\left(\bigcup_{n=m}^{\infty} \{\omega \in \Omega \mid |\xi_{n,\gamma}(\omega) - \xi_\gamma(\omega)| \geqslant \varepsilon\}\right) \leqslant \Pr(F_\gamma) < \delta.$$

令 $\delta \to 0$, 则
$$\lim_{m \to \infty} \Pr\left(\bigcup_{n=m}^{\infty} \{\omega \in \Omega \mid |\xi_{n,\gamma}(\omega) - \xi_\gamma(\omega)| \geqslant \varepsilon\}\right) = 0,$$

从而 (3.21) 成立.

反过来, 假设 (3.21) 成立, 证明 $\xi_n \xrightarrow{a.u.} \xi$. 根据假设条件, 假定 γ 有可能性分布
$$\gamma \sim \begin{pmatrix} \gamma_1 & \gamma_2 & \cdots & \gamma_N \\ p_1 & p_2 & \cdots & p_N \end{pmatrix},$$

其中 $p_i > 0$ 且 $\max_{i=1}^{N} p_i = 1$. 对每一个 $i = 1, 2, \cdots, N$, 有
$$\lim_{m \to \infty} \Pr\left(\bigcup_{n=m}^{\infty} \{\omega \in \Omega \mid |\xi_{n,\gamma_i}(\omega) - \xi_{\gamma_i}(\omega)| \geqslant \varepsilon\}\right) = 0.$$

那么, 对任意的 $\delta \in (0,1)$, 以及每一个 $k = 1, 2, \cdots$, 存在一个正整数 m_k, 使得对 $i = 1, 2, \cdots, N$, 有
$$\Pr\left(\bigcup_{n=m_k}^{\infty} \{\omega \in \Omega \mid |\xi_{n,\gamma_i}(\omega) - \xi_{\gamma_i}(\omega)| \geqslant 1/k\}\right) < \delta/2^{k+i}.$$

令
$$F = \bigcup_{i=1}^{N} \bigcup_{k=1}^{\infty} \bigcup_{n=m_k}^{\infty} \{\omega \in \Omega \mid |\xi_{n,\gamma_i}(\omega) - \xi_{\gamma_i}(\omega)| \geqslant 1/k\},$$

则
$$\Pr(F) = \Pr\left(\bigcup_{i=1}^{N} \bigcup_{k=1}^{\infty} \bigcup_{n=m_k}^{\infty} \{\omega \mid |\xi_{n,\gamma_i}(\omega) - \xi_{\gamma_i}(\omega)| \geqslant 1/k\}\right)$$
$$\leqslant \sum_{i=1}^{N} \sum_{k=1}^{\infty} \Pr\left(\bigcup_{n=m_k}^{\infty} \{\omega \mid |\xi_{n,\gamma_i}(\omega) - \xi_{\gamma_i}(\omega)| \geqslant 1/k\}\right) < \delta.$$

此外, 对任意的 k, 当 $n \geqslant m_k$ 时, 有

$$\sup_{1 \leqslant i \leqslant N} \sup_{\omega \in \Omega \backslash F} |\xi_{n,\gamma_i}(\omega) - \xi_{\gamma_i}(\omega)| < 1/k,$$

这说明 $\xi_n \xrightarrow{a.u.} \xi$. □

下面的命题给出了依平衡测度收敛的性质.

命题 3.4 ([81]) 设 $\{\xi_n\}$ 与 ξ 是随机模糊变量, Ch 是平衡测度, 则 $\xi_n \xrightarrow{\text{Ch}} \xi$ 等价于对每个 $\varepsilon > 0$, $\Pr\{\omega \mid |\xi_{n,\gamma}(\omega) - \xi_\gamma(\omega)| \geqslant \varepsilon\} \xrightarrow{\text{Cr}} 0$.

证明 假设 $\xi_n \xrightarrow{\text{Ch}} \xi$, 则对每个 $\eta > 0$, 有

$$\text{Ch}\{|\xi_n - \xi| \geqslant \varepsilon\} \geqslant \eta \wedge \text{Cr}\{\gamma \mid \Pr\{|\xi_{n,\gamma}(\omega) - \xi_\gamma(\omega)| \geqslant \varepsilon\} \geqslant \eta\}.$$

所以, 极限 $\Pr\{\omega \mid |\xi_{n,\gamma}(\omega) - \xi_\gamma(\omega)| \geqslant \varepsilon\} \xrightarrow{\text{Cr}} 0$ 成立, 这等价于

$$\Pr\{\omega \mid |\xi_{n,\gamma}(\omega) - \xi_\gamma(\omega)| \geqslant \varepsilon\} \xrightarrow{a.u.} 0.$$

对任意的 $\delta > 0$, 存在 $E_\delta \in \mathcal{A}$, $\text{Cr}(E_\delta) < \delta$, 使得在 $\Gamma \backslash E_\delta$ 上, 有

$$\Pr\{\omega \mid |\xi_{n,\gamma}(\omega) - \xi_\gamma(\omega)| \geqslant \varepsilon\} \xrightarrow{u.} 0.$$

所以, 存在正整数 N_δ, 使得对任意的 $\gamma \in \Gamma \backslash E_\delta$, 当 $n \geqslant N_\delta$ 时, 有

$$\Pr\{\omega \mid |\xi_{n,\gamma}(\omega) - \xi_\gamma(\omega)| \geqslant \varepsilon\} < \delta.$$

因此, 当 $n \geqslant N_\delta$ 且 $\alpha \geqslant \delta$ 时, 有 $\text{Cr}\{\gamma \in \Gamma \backslash E_\delta \mid \Pr\{\omega \mid |\xi_{n,\gamma}(\omega) - \xi_\gamma(\omega)| \geqslant \varepsilon\} \geqslant \alpha\} = 0$. 根据可信性测度的次可加性, 有

$$\sup_{\alpha \in (0,\delta)} [\alpha \wedge \text{Cr}\{\gamma \mid \Pr\{\omega \mid |\xi_{n,\gamma}(\omega) - \xi_\gamma(\omega)| \geqslant \varepsilon\} \geqslant \alpha\}] \leqslant \delta,$$

且

$$\sup_{\alpha \in (\delta,1]} [\alpha \wedge \text{Cr}\{\gamma \mid \Pr\{\omega \mid |\xi_{n,\gamma}(\omega) - \xi_\gamma(\omega)| \geqslant \varepsilon\} \geqslant \alpha\}]$$
$$\leqslant \sup_{\alpha \in (\delta,1]} [\alpha \wedge (\delta + \text{Cr}\{\gamma \in \Gamma \backslash E_\delta \mid \Pr\{\omega \mid |\xi_{n,\gamma}(\omega) - \xi_\gamma(\omega)| \geqslant \varepsilon\} \geqslant \alpha\})]$$
$$= \sup_{\alpha \in (\delta,1]} [\alpha \wedge (\delta + 0)] = \delta.$$

根据平衡测度的定义, 有 $\text{Ch}\{|\xi_n - \xi| \geqslant \varepsilon\} \leqslant \delta$. 由 δ 的任意性, 结论得证. □

接下来比较平衡理论中随机模糊变量的收敛模式. 下面的定理比较了几乎一致收敛和几乎必然收敛.

定理 3.9 ([81])　假设 $\{\xi_n\}$ 和 ξ 是随机模糊变量. 如果 $\xi_n \xrightarrow{a.u.} \xi$, 则 $\xi_n \xrightarrow{a.s.} \xi$.

证明　假设 $\xi_n \xrightarrow{a.u.} \xi$. 根据命题 3.3, 极限

$$\lim_{m \to \infty} \Pr\left(\bigcup_{n=m}^{\infty} \{\omega \in \Omega \mid |\xi_{n,\gamma}(\omega) - \xi_\gamma(\omega)| \geqslant \varepsilon\}\right) = 0$$

以可信性 1 成立. 由概率的上半连续性, 等式

$$\Pr\left(\bigcap_{m=1}^{\infty}\bigcup_{n=m}^{\infty} \{\omega \in \Omega \mid |\xi_{n,\gamma}(\omega) - \xi_\gamma(\omega)| \geqslant \varepsilon\}\right) = 0$$

以可信性 1 成立, 由此得

$$\mathrm{Ch}\left(\bigcap_{m=1}^{\infty}\bigcup_{n=m}^{\infty} \{|\xi_n - \xi| \geqslant \varepsilon\}\right) = 0.$$

根据命题 3.2 可得 $\xi_n \xrightarrow{a.s.} \xi$. □

下面的定理比较了几乎一致收敛和依平衡测度收敛.

定理 3.10 ([81])　假设 $\{\xi_n\}$ 和 ξ 是随机模糊变量. 如果 $\xi_n \xrightarrow{a.u.} \xi$, 则 $\xi_n \xrightarrow{\mathrm{Ch}} \xi$.

证明　如果 $\xi_n \xrightarrow{a.u.} \xi$, 则对于任意给定的 $\delta > 0$, 存在 $E \in \mathcal{A}$ 和 $F \in \Sigma$, 且 $\mathrm{Cr}(E) < \delta$, $\Pr(F) < \delta$, 使得 $\{\xi_n\}$ 在 $\Gamma\backslash E \times \Omega\backslash F$ 上一致收敛到 ξ. 对于任意给定的 $\varepsilon > 0$, 存在正整数 N, 使得对每个 $(\gamma, \omega) \in \Gamma\backslash E \times \Omega\backslash F$, 当 $n \geqslant N$ 时, 都有 $|\xi_{n,\gamma}(\omega) - \xi_\gamma(\omega)| < \varepsilon$. 因此, 当 $n \geqslant N$ 时, 有

$$\sup_{\alpha \in (0,\delta]} [\alpha \wedge \mathrm{Cr}\{\gamma \mid \Pr\{\omega \mid |\xi_{n,\gamma}(\omega) - \xi_\gamma(\omega)| \geqslant \varepsilon\} \geqslant \alpha\}] \leqslant \delta,$$

且

$$\begin{aligned}
&\sup_{\alpha \in (\delta,1]} [\alpha \wedge \mathrm{Cr}\{\gamma \mid \Pr\{\omega \mid |\xi_{n,\gamma}(\omega) - \xi_\gamma(\omega)| \geqslant \varepsilon\} \geqslant \alpha\}] \\
&\leqslant \sup_{\alpha \in (\delta,1]} [\alpha \wedge (\delta + \mathrm{Cr}\{\gamma \in \Gamma\backslash E \mid \Pr\{\omega \mid |\xi_{n,\gamma}(\omega) - \xi_\gamma(\omega)| \geqslant \varepsilon\} \geqslant \alpha\})] \\
&= \sup_{\alpha \in (\delta,1]} [\alpha \wedge (\delta + \mathrm{Cr}\{\gamma \in \Gamma\backslash E \mid \Pr\{\omega \in F \mid |\xi_{n,\gamma}(\omega) - \xi_\gamma(\omega)| \geqslant \varepsilon\} \geqslant \alpha\})] \\
&= \sup_{\alpha \in (\delta,1]} [\alpha \wedge (\delta + 0)] = \delta.
\end{aligned}$$

把这些不等式结合起来可知, 当 $n \geqslant N$ 时, $\mathrm{Ch}\{|\xi_n - \xi| \geqslant \varepsilon\} \leqslant \delta$. 由 δ 的任意性, 有 $\xi_n \xrightarrow{\mathrm{Ch}} \xi$. □

下面的定理比较了依平衡测度收敛和几乎必然收敛.

定理 3.11 ([81])　假设 γ 是一个取有限个值的离散型模糊变量, Ch 是平衡测度. 如果 $\xi_n \xrightarrow{\mathrm{Ch}} \xi$, 则存在 $\{\xi_n\}$ 的子列 $\{\xi_{n_k}\}$ 使得 $\xi_{n_k} \xrightarrow{a.s.} \xi$.

证明 假设 γ 具有下面的可能性分布

$$\gamma \sim \begin{pmatrix} \gamma_1 & \gamma_2 & \cdots & \gamma_N \\ p_1 & p_2 & \cdots & p_N \end{pmatrix},$$

其中 $p_i > 0$ 且 $\max_{i=1,\cdots,N} p_i = 1$. 令 $\xi_n \xrightarrow{\text{Ch}} \xi$, 根据命题 3.4, 对任意的 $\varepsilon > 0$, 有

$$\Pr\{\omega \mid |\xi_{n,\gamma}(\omega) - \xi_\gamma(\omega)| \geqslant \varepsilon\} \xrightarrow{\text{Cr}} 0.$$

由于依可信性测度收敛必定几乎必然收敛 [54], 因此

$$\Pr\{\omega \mid |\xi_{n,\gamma_i}(\omega) - \xi_{\gamma_i}(\omega)| \geqslant \varepsilon\} \to 0, \quad i = 1, 2, \cdots, N.$$

也就是说, 对于 $i = 1, 2, \cdots, N$, 极限 $\xi_{n,\gamma_i} \xrightarrow{\Pr} \xi_{\gamma_i}$ 成立. 根据 Riesz 定理 [105], 存在 $\{\xi_n\}$ 的子列 $\{\xi_{n_k}\}$, 使得对每个 $\omega \in \Omega$ 和 $i = 1, 2, \cdots, N$, $\xi_{n_k,\gamma_i}(\omega) \to \xi_{\gamma_i}(\omega)$. □

下面比较依平衡测度收敛和依平衡分布收敛.

定理 3.12 ([81]) 假设 $\{\xi_n\}$ 和 ξ 是随机模糊变量, Ch 是平衡测度. 如果 γ 是取有限个值的模糊变量, 则由 $\xi_n \xrightarrow{\text{Ch}} \xi$ 可得 $\xi_n \xrightarrow{e.d.} \xi$.

证明 对于每一个 $\gamma \in \Gamma$, 假设 $G_{n,\gamma}$ 与 G_γ 分别是 $\xi_{n,\gamma}$ 与 ξ_γ 的概率分布函数, 则对于每一个 $t \in \Re, \varepsilon > 0$ 和整数 n, 有

$$\Pr\{\xi_{n,\gamma} \geqslant t\} \leqslant \Pr\{\xi_{n,\gamma} \geqslant t, |\xi_{n,\gamma} - \xi_\gamma| < \varepsilon\} + \Pr\{\xi_{n,\gamma} \geqslant t, |\xi_{n,\gamma} - \xi_\gamma| \geqslant \varepsilon\}$$

$$\leqslant \Pr\{\xi_\gamma \geqslant t - \varepsilon\} + \Pr\{|\xi_{n,\gamma} - \xi_\gamma| \geqslant \varepsilon\}.$$

所以, $G_{n,\gamma}(t) \leqslant G_\gamma(t-\varepsilon) + \Pr\{|\xi_{n,\gamma} - \xi_\gamma| \geqslant \varepsilon\}$. 根据定理 3.11 的证明, 先令 $n \to \infty$, 再令 $\varepsilon \to 0$, 可得

$$\limsup_{n \to \infty} G_{n,\gamma}(t) \leqslant G_\gamma(t-0).$$

另一方面, 根据不等式

$$\Pr\{\xi_\gamma \geqslant t+\varepsilon\} \leqslant \Pr\{\xi_\gamma \geqslant t+\varepsilon, |\xi_{n,\gamma} - \xi_\gamma| < \varepsilon\} + \Pr\{\xi_\gamma \geqslant t+\varepsilon, |\xi_{n,\gamma} - \xi_\gamma| \geqslant \varepsilon\}$$

$$\leqslant \Pr\{\xi_{n,\gamma} \geqslant t\} + \Pr\{|\xi_{n,\gamma} - \xi_\gamma| \geqslant \varepsilon\},$$

有 $G_\gamma(t+\varepsilon) \leqslant G_{n,\gamma}(t) + \Pr\{|\xi_{n,\gamma} - \xi_\gamma| \geqslant \varepsilon\}$, 且

$$\liminf_{n \to \infty} G_{n,\gamma}(t) \geqslant G_\gamma(t+0).$$

所以, $G_{n,\gamma} \xrightarrow{w.} G_\gamma$ 关于 γ 是一致的. 根据平衡测度的性质, 可知 $G_n \xrightarrow{w.} G$, 即 $\xi_n \xrightarrow{e.d.} \xi$. □

3.2.3 可积序列的收敛定理

下面先引入随机模糊变量的平衡均值算子.

定义 3.18 ([81]) 令 ξ 是一个随机模糊变量, Ch 是平衡测度, 则 ξ 的平衡均值定义为

$$\mathrm{E}[\xi] = \int_0^\infty \mathrm{Ch}\{\xi \geqslant r\} \mathrm{d}r - \int_{-\infty}^0 \mathrm{Ch}\{\xi \leqslant r\} \mathrm{d}r, \quad (3.22)$$

其中两个积分中至少有一个是有限的.

接下来定义随机模糊变量的平衡分位点函数.

定义 3.19 ([81]) 令 ξ 是一个随机模糊变量, 其平衡分布为 G_ξ, 则 ξ 的平衡分位点函数定义如下:

$$\mathrm{Var}_\alpha(\xi) = \sup\{t \mid G_\xi(t) \geqslant \alpha\}, \quad \alpha \in (0,1]. \quad (3.23)$$

平衡分布 $G_\xi(t)$ 关于 t 是非增的. 因此, 平衡分位点函数 $\mathrm{Var}_\alpha(\xi)$ 关于 α 也是非增的, 且它是 $G_\xi(t)$ 的伪逆函数.

当 γ 具有连续的可能性分布时, ξ 的平衡分位点函数可以等价地表示为

$$\mathrm{Var}_\alpha(\xi) = \sup\{t \mid \mathrm{Cr}\{\gamma \in \Gamma \mid \mathrm{Pr}\{\omega \in \Omega \mid \xi_\gamma(\omega) \geqslant t\} \geqslant \alpha\} \geqslant \alpha\}, \quad \alpha \in (0,1]. \quad (3.24)$$

定义 3.20 ([81]) 假设 $\{\xi_n\}$ 和 ξ 是随机模糊变量, 其平衡分位点函数分别为 $\{\mathrm{Var}_\alpha(\xi_n)\}$ 和 $\mathrm{Var}_\alpha(\xi)$. 如果 $\mathrm{Var}_\alpha(\xi_n) \xrightarrow{w} \mathrm{Var}_\alpha(\xi)$, 则称序列 $\{\xi_n\}$ 依平衡分位点收敛到 ξ, 记作 $\xi_n \xrightarrow{e.f.} \xi$.

对于单调增的随机模糊变量序列, 有下面的收敛结果.

定理 3.13 ([81])(单调收敛定理) 假设 $\{\xi_n\}$ 是一个随机模糊变量序列, 满足对任意的 $n \geqslant 1$, $\xi_n \leqslant \xi_{n+1}$ 几乎必然成立, 并且 $\mathrm{E}[\xi_1] > -\infty$. 如果 $\xi_n \xrightarrow{e.d.} \xi$, 其中 $\xi = \lim_{n\to\infty} \xi_n$, 则 $\lim_{n\to\infty} \mathrm{E}[\xi_n] = \mathrm{E}[\lim_{n\to\infty} \xi_n]$.

证明 首先, 由平衡分布和平衡分位点函数的积分关系, 有

$$\mathrm{E}[\xi] = \int_0^1 \mathrm{Var}_\alpha(\xi) \mathrm{d}\alpha, \quad \mathrm{E}[\xi_n] = \int_0^1 \mathrm{Var}_\alpha(\xi_n) \mathrm{d}\alpha,$$

其中 $n = 1, 2, \cdots$. 由定理的假设, 有 $G_{\xi_n} \overset{e.c.}{\leqslant} G_{\xi_{n+1}}$. 由此可得

$$\mathrm{Var}_\alpha(\xi_n) \overset{e.c.}{\leqslant} \mathrm{Var}_\alpha(\xi_{n+1}), \quad n = 1, 2, \cdots.$$

接下来证明由 $\xi_n \xrightarrow{e.d.} \xi$ 可推得 $\xi_n \xrightarrow{e.f.} \xi$. 假设 $\alpha \in (0,1)$ 满足条件: 至多存在一个值 t 使得 $G_\xi(t) = \alpha$. 记 $z = \mathrm{Var}_\alpha(\xi)$.

一方面, 当 $t < z$ 时, 有 $G_\xi(t) > \alpha$. 所以, 当 $t < z$ 是 G_ξ 的一个连续点时, 对于 $n \geqslant N_t$ (某个正整数), 都有 $G_{\xi_n}(t) > \alpha$. 因此, 只需 $t < z$ 是 G_ξ 的一个连续点,

即有 $\operatorname{Var}_\alpha(\xi_n) \geqslant t$. 于是, $\liminf_{n\to\infty} \operatorname{Var}_\alpha(\xi_n) \geqslant t$. 由于存在 G_ξ 的一个递增的连续点序列 $\{t_n\}$, 此序列收敛于 z, 则有

$$\liminf_{n\to\infty} \operatorname{Var}_\alpha(\xi_n) \geqslant z.$$

另一方面, 当 $t > z$ 时, 有 $G_\xi(t) < \alpha$. 于是, 当 $t > z$ 是 G_ξ 的一个连续点时, 对于 $n \geqslant N'_t$ (某个正整数), 都有 $G_{\xi_n}(t) < \alpha$. 所以, 当 $t > z$ 是 G_ξ 的一个连续点时, 有 $\operatorname{Var}_\alpha(\xi_n) \leqslant t$. 因此, $\limsup_{n\to\infty} \operatorname{Var}_\alpha(\xi_n) \leqslant t$. 由于存在 G_ξ 的一个递减的连续点序列 $\{t_n\}$, 此序列收敛于 z, 则有

$$\limsup_{n\to\infty} \operatorname{Var}_\alpha(\xi_n) \leqslant z.$$

综上所述, 除去至多可数多个 α, $\operatorname{Var}_\alpha(\xi_n) \to \operatorname{Var}_\alpha(\xi)$ 成立. 所除去的那些 α 满足: 存在多个 t 使得 $G_\xi(t) = \alpha$. 这些 α 恰是 $\operatorname{Var}_\alpha(\xi_n)$ 的不连续点. 更确切地说, $\xi_n \xrightarrow{e.f.} \xi$. 因此, $\operatorname{Var}_\alpha(\xi_n) \xrightarrow{w.} \operatorname{Var}_\alpha(\xi)$. 根据单调收敛定理有

$$\lim_{n\to\infty} \int_0^1 \operatorname{Var}_\alpha(\xi_n) d\alpha = \int_0^1 \operatorname{Var}_\alpha(\xi) d\alpha.$$

所以, $\lim_{n\to\infty} \mathrm{E}[\xi_n] = \mathrm{E}[\xi]$. □

类似地, 对于单调减的随机模糊变量序列, 有如下定理.

定理 3.14 ([81])(单调收敛定理) 假设 $\{\xi_n\}$ 是一个随机模糊变量序列, 满足条件: 对于任意的 $n \geqslant 1$, $\xi_n \geqslant \xi_{n+1}$ 几乎必然成立, 并且 $\mathrm{E}[\xi_1] < \infty$. 如果 $\xi_n \xrightarrow{e.d.} \xi$, 其中 $\xi = \lim_{n\to\infty} \xi_n$, 则有 $\lim_{n\to\infty} \mathrm{E}[\xi_n] = \mathrm{E}[\lim_{n\to\infty} \xi_n]$.

证明 证明过程与定理 3.13 的证明类似. □

对于可积的随机模糊变量序列, 有下面一般的控制收敛定理.

定理 3.15 ([81]) 假设 $\{\xi_n\}$ 是一个随机模糊变量序列, η 和 ζ 是可积的随机模糊变量, 使得 $\eta \leqslant \xi_n \leqslant \zeta$ 几乎必然成立. 如果 $\xi_n \xrightarrow{e.d.} \xi$, 则 $\lim_{n\to\infty} \mathrm{E}[\xi_n] = \mathrm{E}[\xi]$.

证明 证明过程与定理 3.13 的证明类似. □

定理 3.16 ([81]) 假设 $\{\xi_n\}$ 是一个随机模糊变量序列, η 和 ζ 是可积的随机模糊变量, 使得 $\eta \leqslant \xi_n \leqslant \zeta$ 几乎必然成立. 如果 γ 是一个取有限个值的离散型模糊变量, 并且 $\xi_n \xrightarrow{\mathrm{Ch}} \xi$, 则 $\lim_{n\to\infty} \mathrm{E}[\xi_n] = \mathrm{E}[\xi]$.

证明 由于 γ 是一个取有限个值的离散型模糊变量, 并且 $\xi_n \xrightarrow{\mathrm{Ch}} \xi$, 由定理 3.12 可得 $\xi_n \xrightarrow{e.d.} \xi$. 根据定理 3.13, 可得定理结论. □

定义 3.21([81]) 设 ξ 是随机模糊变量, 如果存在一个正数 a, 使得 $G_\xi(-a) = 1$ 且 $G_\xi(a) = 0$, 则称 ξ 关于平衡测度 Ch 本质有界. 设 $\{\xi_k\}$ 是随机模糊变量序列, 如果存在一个正数 a, 使得对每一个 k, 都有 $G_{\xi_k}(-a) = 1$ 以及 $G_{\xi_k}(a) = 0$, 则称随机模糊变量序列 $\{\xi_k\}$ 关于平衡测度 Ch 一致本质有界.

对于本质有界的随机模糊变量, 有下面的结果.

定理 3.17([81])　假设 $\{\xi_n\}$ 和 ξ 是一致本质有界的随机模糊变量. 如果 $\xi_n \xrightarrow{e.d.} \xi$, 则 $\lim_{n\to\infty} \mathrm{E}[\xi_n] = \mathrm{E}[\xi]$.

证明　根据定理的假设条件, $\{\xi_n\}$ 是一致本质有界的随机模糊变量, 即存在一个正数 a, 使得对任意的 n, 有 $\mathrm{Ch}\{\xi_n \geqslant -a\} = 1$ 以及 $\mathrm{Ch}\{\xi_n > a\} = 0$.

根据平衡测度 Ch 的自对偶性, 对任意的 n, 有

$$\mathrm{Ch}\{\xi_n < -a\} = 0 \quad \text{且} \quad \mathrm{Ch}\{\xi_n \leqslant a\} = 1.$$

由平衡测度的定义, 对任意的 n, 下面的等式

$$\mathrm{Cr}\{\xi_{n,\gamma} > a\} = \mathrm{Cr}\{\xi_{n,\gamma} < -a\} = 0$$

关于 γ 几乎必然成立. 如果记 $\eta = -a$, 以及 $\zeta = a$, 则 $\eta \leqslant \xi_n \leqslant \zeta$ 几乎必然成立.

由 Pr 的次可加性, 对每一个 $t \in \Re$, 不等式

$$\mathrm{Pr}\{\xi_{n,\gamma} \geqslant t\} \leqslant \mathrm{Pr}\{\xi_{n,\gamma} \geqslant t, \xi_{n,\gamma} \geqslant \zeta_\gamma\} + \mathrm{Pr}\{\xi_{n,\gamma} \geqslant t, \xi_{n,\gamma} < \zeta_\gamma\} \leqslant \mathrm{Pr}\{\zeta_\gamma \geqslant t\}$$

关于 γ 几乎必然成立. 根据平衡测度的单调性, 有

$$\mathrm{Ch}\{\xi_n \geqslant t\} \leqslant \mathrm{Ch}\{\zeta \geqslant t\},$$

即 $G_{\xi_n} \leqslant G_\zeta$. 类似地, 由

$$\mathrm{Pr}\{\eta_\gamma \geqslant t\} \leqslant \mathrm{Pr}\{\eta_\gamma \geqslant t, \xi_{n,\gamma} \geqslant \eta_\gamma\} + \mathrm{Pr}\{\eta_\gamma \geqslant t, \xi_{n,\gamma} < \eta_\gamma\} \leqslant \mathrm{Pr}\{\xi_{n,\gamma} \geqslant t\},$$

有 $G_\eta \leqslant G_{\xi_n}$. 由定理 3.15 可得 $\lim_{n\to\infty} \mathrm{E}^e[\xi_n] = \mathrm{E}^e[\xi]$. □

定理 3.18([81])　假设 $\{\xi_n\}$ 和 ξ 是一致本质有界的随机模糊变量. 如果 γ 是一个取有限个值的离散型模糊变量, 并且 $\xi_n \xrightarrow{\mathrm{Ch}} \xi$, 则有 $\lim_{n\to\infty} \mathrm{E}[\xi_n] = \mathrm{E}[\xi]$.

证明　定理的结论可综合定理 3.12 和定理 3.15 来证明. □

3.3　模糊随机变量的逼近方法

设 $\boldsymbol{\xi} = (\xi_1, \cdots, \xi_r)^\mathrm{T}$ 是一个连续型的模糊随机向量, 即对每个 $\omega \in \Omega$, $\boldsymbol{\xi}_\omega$ 是一个连续的模糊向量, 且有下面的无限支撑

$$\Xi = \prod_{i=1}^{r} [a_i, b_i],$$

其中 $[a_i, b_i]$ 是 ξ_i 的支撑, $i = 1, 2, \cdots, r$. 现在介绍一种方法, 通过一列支撑有限的本原模糊随机向量 $\{\boldsymbol{\zeta}_m\}$ 来逼近支撑无限的 $\boldsymbol{\xi}$ [57, 58].

对每个整数 m, $\boldsymbol{\zeta}_m = (\zeta_{m,1}, \zeta_{m,2}, \cdots, \zeta_{m,r})^{\mathrm{T}}$ 由如下方法构造.

首先, 对每个 $i \in \{1, 2, \cdots, r\}$, 定义 $\zeta_{m,i} = g_{m,i}(\xi_i)$, $m = 1, 2, \cdots$, 其中函数 $g_{m,i}$ 按如下方式定义

$$g_{m,i}(u_i) = \begin{cases} a_i, & u_i \in \left[a_i, a_i + \dfrac{1}{m}\right), \\ \sup\left\{\dfrac{k}{m}\bigg| k_i \in Z, \mathrm{s.t.} \ \dfrac{k_i}{m} \leqslant u_i\right\}, & u_i \in \left[a_i + \dfrac{1}{m}, b_i\right], \end{cases}$$

这里 Z 是整数集. 因为 $g_{m,i}$ 都是 Borel 可测函数, 所以, 对每个 m, $\boldsymbol{\zeta}_m$ 是一个模糊随机向量.

由 $\zeta_{m,i}$ 的定义, 当模糊随机变量 ξ_i 在其无限支撑 $[a_i, b_i]$ 里取值时, 对 $k_i = [ma_i] + 1, \cdots, K_i$, $\zeta_{m,i}$ 取 a_i 和 k_i/m (这里 $[r]$ 是实数 r 的取整, $K_i = mb_i - 1$ 或 $[mb_i]$ 依 mb_i 是否为整数而定).

另外, 对每个 k_i, 当 ξ_i 在 $[k_i/m, (k_i+1)/m)$ 中取值时, 模糊随机变量 $\zeta_{m,i}$ 只取 k_i/m. 因此, 对每个 $(\omega, \gamma) \in \Omega \times \Gamma$, 有

$$\xi_{i,\omega}(\gamma) - \dfrac{1}{m} < \zeta_{m,i,\omega}(\gamma) \leqslant \xi_{i,\omega}(\gamma), \quad i = 1, 2, \cdots, r$$

或

$$|\zeta_{m,i,\omega}(\gamma) - \xi_{i,\omega}(\gamma)| < \dfrac{1}{m}.$$

从而对任意的 $(\omega, \gamma) \in \Omega \times \Gamma$, 有

$$\|\boldsymbol{\zeta}_{m,\omega}(\gamma) - \boldsymbol{\xi}_\omega(\gamma)\| = \sqrt{\sum_{i=1}^{r}(\zeta_{m,i,\omega}(\gamma) - \xi_{i,\omega}(\gamma))^2} \leqslant \dfrac{\sqrt{r}}{m}. \tag{3.25}$$

因此, 支撑有限的本原模糊随机向量序列 $\{\boldsymbol{\zeta}_m\}$ 一致收敛到 $\boldsymbol{\xi}$.

称支撑有限的本原模糊随机向量序列 $\{\boldsymbol{\zeta}_m\}$ 是 $\boldsymbol{\xi}$ 的离散化.

3.4 本章小结

3.1 节介绍了模糊随机变量的收敛模式. 首先介绍了模糊随机变量序列的几个收敛性概念, 包括一致收敛、几乎一致收敛、几乎必然收敛、依平衡测度收敛、依平衡分布收敛和依平衡分位点收敛. 然后介绍了收敛模式的收敛准则. 在收敛准则的基础上, 建立了收敛模式之间的收敛关系. 在一定条件下, 几乎一致收敛较几乎必然收敛强, 依平衡测度收敛强于几乎必然收敛、几乎一致收敛和依平衡分布收敛, 依平衡分布收敛与依平衡分位点收敛等价. 用模糊随机变量关于平衡测度的积分

3.4 本章小结

定义了第一类平衡期望值算子 (定义 3.6), 并建立了可积模糊随机变量序列的控制收敛定理和有界收敛定理. 有关文献可参见 [76, 77].

3.2 节首先介绍了一些随机模糊变量序列收敛的概念, 包括几乎必然收敛、一致收敛、几乎一致收敛、依平衡测度收敛和依平衡分布收敛. 然后介绍了随机模糊变量的收敛模式的性质以及这几种收敛模式间的关系: 一致收敛较几乎一致收敛更强, 几乎一致收敛较依平衡测度收敛更强, 在一定条件下, 依平衡测度收敛强于几乎必然收敛, 依平衡测度收敛比依平衡分布收敛强. 对于可积的随机模糊变量序列, 介绍了单调收敛定理和控制收敛定理. 这些内容来自文献 [63, 70, 74, 81].

3.3 节介绍了模糊随机变量的一种逼近方法, 有关文献可参见 [57, 58]. 此方法可用于模糊随机变量期望值的模拟, 以及平衡机会和乐观值的模拟. 本节介绍的这些收敛结果可用于平衡优化模型的近似及求解.

关于模糊随机变量和随机模糊变量双重不确定变量的理论研究具体可参见文献 [11, 52, 60, 65, 73-75, 81, 122, 141]. 在文献中, 对双重不确定环境下实际优化问题建模时, 模糊随机变量和随机模糊变量经常用于刻画模型中的不确定参数, 如动态细胞形成问题 [5]、项目时间–成本权衡问题 [35]、选址分配问题 [137]、油棕榈果分级问题 [88]、有价证券选择问题 [116]、运输问题 [89]、轴辐式网络优化 [131] 和更新过程问题 [28] 中, 均采用模糊随机变量刻画不确定参数, 在更新理论 [49]、可靠性分析 [64]、不可修复系统 [67]、可修复相干系统 [68]、旅行商问题 [85, 86]、生产与劳动力分配问题 [138]、输电线路检修计划 [20] 和有价证券选择 [95] 等文献中, 研究者在描述不确定参数时均采用了随机模糊变量. 文献 [101] 研究供应链系统的生产分配问题, 同时采用了这两种双重不确定变量刻画模型中的参数.

第4章 平衡有价证券选择问题

投资者对证券进行投资时,需要根据证券的收益情况,决定对哪些证券进行投资,以及在每种证券上的投资比例. 通常收益率难以事先确定,不确定的未来收益导致了投资的风险. 人们进行投资,实际上是在不确定的收益和风险中进行选择. 根据马科维茨关于有价证券选择问题的开创性工作 [87],投资者应该权衡风险和收益来决定资金分配比例. 众多学者对有价证券选择问题进行了研究,提出了多种基于报酬与风险权衡分析的投资组合优化模型和选择方法. 本章介绍两类有价证券选择问题的建模方法. 4.1 节介绍了当收益率用概率分布刻画时,有价证券选择问题的一类随机优化方法 [9]. 4.2 节介绍了将概率分布和可能性分布结合用于描述不确定的收益率时,有价证券选择问题的一类平衡优化方法 [114].

4.1 具有随机 VaR 约束的优化方法

本节考虑风险管理者给定风险值 (VaR),为某一个具体的投资周期建立一个证券投资组合模型. 也就是说,所得到的最优投资组合的最大预期损失应该在给定置信水平下不超过 VaR. 使用 VaR 作为风险度量可以清楚地解释投资者最小化下行风险的行为. 可以根据 VaR 取值确定风险规避程度.

4.1.1 投资组合选择问题和下行风险约束

假设投资者在周期 T 进行投资的初始资金量为 $W(0)$,希望投资方案满足预先设定的 VaR 值. VaR 值可以由风险管理部门等机构设定,或者由投资者依据个人对风险的规避态度设定. 资金 $W(0)$ 与借入 ($B>0$) 或贷出 ($B<0$) 的资金 B 一起用于投资. 假设投资者在周期 T 借贷的利率是 r_f. 有 n 个可选证券,$\gamma(i)$ 表示在风险证券 i 上的投资比例,其和为 1. 令 $P(i,t)$ 为证券 i 在时刻 t 的价格 (当前决策时刻 $t=0$). 等式 (4.1) 中的投资组合初始值满足预算约束:

$$W(0) + B = \sum_{i=1}^{n} \gamma(i) P(i,0). \tag{4.1}$$

因此,管理者或投资者需要确定投资比例 $\gamma(i)$,即选择证券组合,确定借入或贷出金额,并在组合中分配资金以获得最终财富的最大预期水平. 将理想的 VaR 水

4.1 具有随机 VaR 约束的优化方法

平记作 VaR*, 为证券投资组合 p 建立如下的下行风险约束:

$$\Pr\{W(0) - W(T,p) \geqslant \text{VaR}^*\} \leqslant 1 - c, \tag{4.2}$$

其中 Pr 表示概率测度. (4.2) 等价于

$$\Pr\{W(T,p) \leqslant W(0) - \text{VaR}^*\} \leqslant 1 - c. \tag{4.3}$$

由于 VaR 是投资期 T 内最严重的损失, 可以通过置信水平 c 进行预测, 投资者的风险厌恶水平既反映在 VaR 的水平上, 又反映在与其相关的置信水平上.

4.1.2 最优投资组合

投资者感兴趣的是在投资期末财富最大化. 令 $r(p)$ 为周期 T 中投资组合 p 的平均收益率. 假设证券 i 包含在风险证券组合 p 中, 投资比例为 $\gamma(i,p)$. 在投资期末, 组合 p 的平均财富为

$$E_0[W(T,p)] = (W(0) + B)(1 + r(p)) - B(1 + r_f). \tag{4.4}$$

使 (4.5) 中的 $S(p)$ 最大的证券投资组合 p', 也使得平均财富 $E_0[W(T,p)]$ 最大. (4.5) 中的 $q(c,p)$ 是 $(1-c)$ 分位点.

$$\max_{p} S(p) = \frac{r(p) - r_f}{W(0)r_f - W(0)q(c,p)}. \tag{4.5}$$

尽管初始资金在 $S(p)$ 的分母中, 但它不会影响最优证券投资组合的选择, 因为它只是最大化函数中的一个常数因子. 因此, 证券分配过程与资金无关. 在分母中具有初始资金方便进行解释. $S(p)$ 等于投资组合 p 的平均风险溢价与风险之比, 其中, 与无风险率比较而言, 风险由投资组合 p 的最大平均损失反映, 发生的概率为 $1-c$. 对于一个给定的置信水平, 由于收益分布负的分位数乘以初始资金是与投资组合相关的 VaR, 因此投资者面对的风险 φ, 即 (4.5) 的分母为

$$\varphi(c,p) = W(0)r_f - \text{VaR}(c,p), \tag{4.6}$$

其中 VaR(c,p) 表示投资组合 p 的 VaR.

这种风险度量适合表示投资者以无风险利率为参考的投资行为. 事实上, 风险的度量被看作一种可能的遗憾度度量. 如果投资者能接受较大潜在风险导致的遗憾度, 他们会因此仅仅接受较大的收益. 因此, 优化风险回报率 $S(p)$ 可以表示为

$$\max_{p} S(p) = \frac{r(p) - r_f}{\varphi(c,p)}. \tag{4.7}$$

因此, $S(p)$ 是类似 Sharpe 比率 (参见 [103]) 的评价投资组合绩效的度量指标. 实际上, 假设投资组合收益服从正态分布, 无风险利率为零, $S(p)$ 简化为 Sharpe 比率的倍数. 在这种情况下, VaR 表示为预期收益标准偏差的倍数, 使用两个指标得到相同的最优投资组合.

使 (4.7) 中的 $S(p)$ 最大化的最优投资组合的选择与初始资金量无关. 它也独立于给定的 VaR 值, 因为不同投资组合的风险度量 φ 取决于投资组合的 VaR, 而不是给定的 VaR. 投资者首先分配风险证券, 然后投资组合的 VaR 与给定的 VaR 的差别程度将反映借入或贷出的金额. 因为给定的 VaR 水平反映投资者风险规避程度, 所以满足 VaR 约束的借贷额可以确定, 借入的金额为 [9]

$$B = \frac{W(0)(\text{VaR}^* - \text{VaR}(c, p'))}{\varphi'(c, p')}. \tag{4.8}$$

4.2 概率–可信性平衡风险准则

本节介绍双重不确定系统中投资组合问题的平衡优化方法 [114]. 首先, 用随机模糊变量刻画收益率. 目标是最大化总的期望收益率. 用一个满足平衡风险值 (ERV) 约束的随机模糊期望值 (EV) 模型描述投资组合问题, 称此模型为 EV-ERV 模型. 在适当的假设条件下, EV-ERV 模型是一个凸规划问题. 进一步地, 对于可能性分布是三角的、梯形的和正态的情形, EV-ERV 模型可以转化为等价的确定凸规划模型. 为了表明此平衡优化方法的有效性, 进行了一些数值实验. 实验结果表明, 此平衡优化方法可有效求解收益率带有双重不确定性的投资组合优化问题.

4.2.1 平衡风险值

对于随机模糊变量, 带有可信性水平 β 和概率水平 α 的平衡风险值 (ERV) 由定义 4.1 给出.

定义 4.1 ([114]) 如果 ξ 是一个随机模糊变量, 则 ξ 的平衡风险值定义为

$$\text{VaR}_{(\alpha,\beta)}(\xi) = \sup\{z | \text{Cr}\{\gamma | \Pr\{\omega | \xi_\gamma(\omega) \geqslant z\} \geqslant \alpha\} \geqslant \beta\}, \tag{4.9}$$

其中 α, β 是预先给定的信任水平, 它们在区间 $(0, 1]$ 内取值.

在 (4.9) 中, 参数 α 和 β 意义不同, 参数 α 表示概率水平, 而参数 β 表示可信性水平.

如果随机模糊变量 ξ 退化为随机变量, 则平衡风险值 (4.9) 退化为

$$\xi_{\sup}(\alpha) = \sup\{z | \Pr\{\omega | \xi(\omega) \geqslant z\} \geqslant \alpha\},$$

4.2 概率–可信性平衡风险准则

它是随机变量 ξ 的 α-乐观值. 另一方面, 如果随机模糊变量 ξ 退化为模糊变量, 则平衡风险值 (4.9) 退化为

$$\xi_{\sup}(\beta) = \sup\{z | \mathrm{Cr}\{\gamma | \xi(\gamma) \geqslant z\} \geqslant \beta\},$$

它是模糊变量 ξ 的 β-乐观值. 因此, 随机模糊变量的平衡风险值是随机变量乐观值和模糊变量乐观值的自然推广.

4.2.2 平衡优化模型的建立

一个理性的投资者追求利润的最大化与风险的最小化. 但是在实际投资过程中, 收益增加, 投资者必然要承受更大的风险, 较低的风险对应的回报也较少. 也就是说, 投资者需要进行收益和风险之间的权衡. 假设投资者有 n 个可选的风险资产. 投资回报率指的是净收入与初始资金的比值. 用随机模糊变量 η_i 表示风险资产 $i(i = 1, 2, \cdots, n)$ 的收益率, 则 $\boldsymbol{\eta} = (\eta_1, \eta_2, \cdots, \eta_n)^\mathrm{T}$ 是收益率向量. 当资产的收益率由联合正态分布 $\mathcal{N}(\boldsymbol{\mu}, \boldsymbol{\Sigma})$ 刻画时, 参数 $\boldsymbol{\mu}$ 用来刻画平均收益率向量, 参数 $\boldsymbol{\Sigma}$ 用来刻画资产收益率间的关系. 由于缺少历史数据, 通常不能精确确定参数 $\boldsymbol{\mu}$ 和 $\boldsymbol{\Sigma}$, 需要专家对这些参数进行估计. 根据评估结果, 本节将 $\boldsymbol{\mu}$ 和 $\boldsymbol{\Sigma}$ 的元素表示为可能性分布已知的模糊变量.

设 x_i 是在风险资产 i 上的投资比例, $\boldsymbol{x} = (x_1, x_2, \cdots, x_n)^\mathrm{T}$ 是投资比例向量, 满足 $\sum_{i=1}^n x_i = 1$, 其中 $x_i \geqslant 0$, $i = 1, 2, \cdots, n$. 称向量 $\boldsymbol{x} = (x_1, x_2, \cdots, x_n)^\mathrm{T}$ 为一个投资组合. 所以 $\boldsymbol{\eta}^\mathrm{T} \boldsymbol{x}$ 是持有期的收益率. 将 $\mathrm{E}[\boldsymbol{\eta}^\mathrm{T} \boldsymbol{x}]$ 作为目标函数. 基于随机模糊变量期望值的定义 [72], 目标函数可由下式计算

$$\mathrm{E}[\boldsymbol{\eta}^\mathrm{T} \boldsymbol{x}] = \int_0^{+\infty} \mathrm{Cr}\{\gamma \in \Gamma | \mathrm{E}_\omega[\boldsymbol{\eta}_\gamma^\mathrm{T} \boldsymbol{x}] \geqslant r\} \mathrm{d}r - \int_{-\infty}^0 \mathrm{Cr}\{\gamma \in \Gamma | \mathrm{E}_\omega[\boldsymbol{\eta}_\gamma^\mathrm{T} \boldsymbol{x}] \leqslant r\} \mathrm{d}r. \quad (4.10)$$

将 ERV 作为度量投资风险的指标. 基于随机模糊变量平衡风险值的定义 [114], 投资组合 $\boldsymbol{x}$ 的风险为

$$\mathrm{VaR}_{(\alpha, \beta)}(\boldsymbol{\eta}^\mathrm{T} \boldsymbol{x}) = \sup\{z | \mathrm{Cr}\{\gamma | \mathrm{Pr}\{\omega | \boldsymbol{\eta}_\gamma^\mathrm{T}(\omega) \boldsymbol{x} \geqslant z\} \geqslant \alpha\} \geqslant \beta\}, \quad (4.11)$$

其中 $\alpha, \beta \in [0, 1]$ 是预先给定的信任水平.

基于上述记号, 如果投资者希望最大化平均收益率, 则可以将双重不确定决策系统中的投资优化问题建立为如下的 EV-ERV 模型:

$$\begin{cases} \max & \mathrm{E}[\boldsymbol{\eta}^\mathrm{T} \boldsymbol{x}] \\ \mathrm{s.t.} & \mathrm{VaR}_{(\alpha, \beta)}(\boldsymbol{\eta}^\mathrm{T} \boldsymbol{x}) \geqslant \kappa, \\ & \sum_{i=1}^n x_i = 1, \\ & x_i \geqslant 0, \quad i = 1, 2, \cdots, n, \end{cases} \quad (4.12)$$

其中 κ 是预先给定的 ERV 水平.

引入一个新的变量 z, EV-ERV 模型 (4.12) 可以等价地表示为

$$\begin{cases} \max & \mathrm{E}[\boldsymbol{\eta}^{\mathrm{T}}\boldsymbol{x}] \\ \text{s.t.} & \mathrm{Cr}\{\gamma|\mathrm{Pr}\{\boldsymbol{\eta}_{\gamma}^{\mathrm{T}}\boldsymbol{x} \geqslant z\} \geqslant \alpha\} \geqslant \beta, \\ & z \geqslant \kappa, \\ & \sum_{i=1}^{n} x_i = 1, \\ & x_i \geqslant 0, \quad i = 1, 2, \cdots, n. \end{cases} \qquad (4.13)$$

4.2.3 平衡优化模型的分析

本节讨论平衡投资组合优化模型 (4.13) 中目标函数和约束的性质, 以便设计求解模型的有效方法.

1. 计算期望收益率

因为收益率由随机模糊向量 $\boldsymbol{\eta}$ 表示, 对于任意给定的 $\gamma \in \Gamma$, $\boldsymbol{\eta}_{\gamma}$ 是随机向量 $(\eta_{1,\gamma}, \eta_{2,\gamma}, \cdots, \eta_{n,\gamma})^{\mathrm{T}}$. 所以, 期望的收益率用下面的公式进行计算

$$\mathrm{E}[\boldsymbol{\eta}^{\mathrm{T}}\boldsymbol{x}] = \mathrm{E}_{\gamma}[\mathrm{E}_{\omega}[\boldsymbol{\eta}_{\gamma}^{\mathrm{T}}\boldsymbol{x}]] = \mathrm{E}_{\gamma}\left[\sum_{i=1}^{n} x_i \mathrm{E}_{\omega}[\eta_{i,\gamma}]\right]. \qquad (4.14)$$

由随机模糊变量期望值算子的定义 [72] 得到等式 (4.14) 中的第一个等号, 根据随机变量期望值算子的线性可知第二个等号成立. 注意到 $\sum_{i=1}^{n} x_i \mathrm{E}_{\omega}[\eta_{i,\gamma}]$ 是模糊变量 $\mathrm{E}_{\omega}[\eta_{i,\gamma}], i=1,2,\cdots,n$ 的线性组合. 为了进一步计算 $\mathrm{E}_{\gamma}[\sum_{i=1}^{n} x_i \mathrm{E}_{\omega}[\eta_{i,\gamma}]]$, 要求模糊变量 $\mathrm{E}_{\omega}[\eta_{i,\gamma}](i=1,2,\cdots,n)$ 满足独立性条件或同单调条件. 下面分别讨论这两种情况.

情形 I: 独立情形.

根据文献 [66], 模糊变量的期望值算子具有独立线性的性质. 由这一性质, 如果 $\mathrm{E}_{\omega}[\eta_{1,\gamma}], \mathrm{E}_{\omega}[\eta_{2,\gamma}], \cdots, \mathrm{E}_{\omega}[\eta_{n,\gamma}]$ 是相互独立的, 则有

$$\mathrm{E}_{\gamma}\left[\sum_{i=1}^{n} x_i \mathrm{E}_{\omega}[\eta_{i,\gamma}]\right] = \sum_{i=1}^{n} x_i \mathrm{E}_{\gamma}[\mathrm{E}_{\omega}[\eta_{i,\gamma}]] = \sum_{i=1}^{n} x_i \mathrm{E}[\xi_i].$$

情形 II: 同单调情形.

根据文献 [69] 中的定理 1, 模糊变量的期望值算子具有同单调性. 由这一性质, 如果 $\mathrm{E}_{\omega}[\eta_{1,\gamma}], \mathrm{E}_{\omega}[\eta_{2,\gamma}], \cdots, \mathrm{E}_{\omega}[\eta_{n,\gamma}]$ 是同单调的, 则有

$$\mathrm{E}_{\gamma}\left[\sum_{i=1}^{n} x_i \mathrm{E}_{\omega}[\eta_{i,\gamma}]\right] = \sum_{i=1}^{n} x_i \mathrm{E}_{\gamma}[\mathrm{E}_{\omega}[\eta_{i,\gamma}]] = \sum_{i=1}^{n} x_i \mathrm{E}[\xi_i].$$

4.2 概率-可信性平衡风险准则

在上述两种情形下, 模糊变量的期望值算子具有线性性, $\mathrm{E}[\boldsymbol{\eta}^{\mathrm{T}}\boldsymbol{x}] = \sum_{i=1}^{n} x_i \mathrm{E}[\eta_i]$. 对于一般的情形, 可以利用模糊变量 $\mathrm{E}_\omega[\eta_{i,\gamma}], i = 1, 2, \cdots, n$ 的可能性分布, 通过模糊模拟或逼近方法 [72, 81] 计算 $\mathrm{E}_\gamma[\sum_{i=1}^{n} x_i \mathrm{E}_\omega[\eta_{i,\gamma}]]$.

2. 处理平衡风险值

本节将处理模型 (4.13) 中的概率约束

$$\Pr\{\boldsymbol{\eta}_\gamma^{\mathrm{T}} \boldsymbol{x} \geqslant z\} \geqslant \alpha,$$

其中模糊参数 $\gamma \in \Gamma$ 是预先给定的.

假设随机向量 $\boldsymbol{\eta}_\gamma$ 服从多元正态分布 $\mathcal{N}(\boldsymbol{\mu}_\gamma, \boldsymbol{\Sigma}_\gamma)$, 其中协方差矩阵 $\boldsymbol{\Sigma}_\gamma$ 是半正定对称的. 因此, 存在一个下三角非奇异矩阵 $\boldsymbol{D}_\gamma$, $\boldsymbol{\mu}_\gamma \in \Re^n$ 和一个由独立标准正态随机变量为分量的随机向量 $\boldsymbol{\xi}$, 使得 $\boldsymbol{\eta}_\gamma = \boldsymbol{D}_\gamma \boldsymbol{\xi} + \boldsymbol{\mu}_\gamma$. 所以, $\mathrm{E}_\omega[\boldsymbol{\eta}_\gamma] = \boldsymbol{\mu}_\gamma$ 且 $\boldsymbol{\Sigma}_\gamma = \boldsymbol{D}_\gamma \boldsymbol{D}_\gamma^{\mathrm{T}}$. 如果 $\boldsymbol{\Sigma}_\gamma$ 是正定的, 则多元正态分布是非退化的, 这种情况对应 $\boldsymbol{D}_\gamma$ 是行满秩的. 否则分布是退化的或奇异的. 多元正态分布是由期望值向量 $\boldsymbol{\mu}_\gamma$ 和协方差矩阵 $\boldsymbol{\Sigma}_\gamma$ 唯一确定的.

如果多元正态分布是非退化的, 则它是绝对连续的. 因此有如下结论:

$$\boldsymbol{\eta}_\gamma^{\mathrm{T}} \boldsymbol{x} \sim \mathcal{N}(\boldsymbol{\mu}_\gamma^{\mathrm{T}} \boldsymbol{x}, \boldsymbol{x}^{\mathrm{T}} \boldsymbol{D}_\gamma \boldsymbol{D}_\gamma^{\mathrm{T}} \boldsymbol{x}).$$

设 $G(\boldsymbol{x}) = \Pr\{\boldsymbol{\eta}_\gamma^{\mathrm{T}} \boldsymbol{x} \geqslant z\}$. 如果 $\sqrt{\boldsymbol{x}^{\mathrm{T}} \boldsymbol{D}_\gamma \boldsymbol{D}_\gamma^{\mathrm{T}} \boldsymbol{x}} > 0$, 通过标准化, $G(\boldsymbol{x})$ 有下面的等价表示:

$$\Pr\{\boldsymbol{\eta}_\gamma^{\mathrm{T}} \boldsymbol{x} \geqslant z\} = \Pr\left\{\frac{\boldsymbol{\eta}_\gamma^{\mathrm{T}} \boldsymbol{x} - \boldsymbol{\mu}_\gamma^{\mathrm{T}} \boldsymbol{x}}{\sqrt{\boldsymbol{x}^{\mathrm{T}} \boldsymbol{D}_\gamma \boldsymbol{D}_\gamma^{\mathrm{T}} \boldsymbol{x}}} \geqslant \frac{z - \boldsymbol{\mu}_\gamma^{\mathrm{T}} \boldsymbol{x}}{\sqrt{\boldsymbol{x}^{\mathrm{T}} \boldsymbol{D}_\gamma \boldsymbol{D}_\gamma^{\mathrm{T}} \boldsymbol{x}}}\right\} = \Phi\left(\frac{\boldsymbol{\mu}_\gamma^{\mathrm{T}} \boldsymbol{x} - z}{\sqrt{\boldsymbol{x}^{\mathrm{T}} \boldsymbol{D}_\gamma \boldsymbol{D}_\gamma^{\mathrm{T}} \boldsymbol{x}}}\right).$$

综合考虑 $G(\boldsymbol{x})$ 的各种情况, 得到下面的分析表达式:

$$G(\boldsymbol{x}) = \begin{cases} 1, & \boldsymbol{x}^{\mathrm{T}} \boldsymbol{D}_\gamma \boldsymbol{D}_\gamma^{\mathrm{T}} \boldsymbol{x} = 0, \boldsymbol{\mu}_\gamma^{\mathrm{T}} \boldsymbol{x} \geqslant z, \\ 0, & \boldsymbol{x}^{\mathrm{T}} \boldsymbol{D}_\gamma \boldsymbol{D}_\gamma^{\mathrm{T}} \boldsymbol{x} = 0, \boldsymbol{\mu}_\gamma^{\mathrm{T}} \boldsymbol{x} < z, \\ \Phi\left(\dfrac{\boldsymbol{\mu}_\gamma^{\mathrm{T}} \boldsymbol{x} - z}{\sqrt{\boldsymbol{x}^{\mathrm{T}} \boldsymbol{D}_\gamma \boldsymbol{D}_\gamma^{\mathrm{T}} \boldsymbol{x}}}\right), & \boldsymbol{x}^{\mathrm{T}} \boldsymbol{D}_\gamma \boldsymbol{D}_\gamma^{\mathrm{T}} \boldsymbol{x} \neq 0. \end{cases} \quad (4.15)$$

对于任意给定的 $\gamma \in \Gamma$, 如果 $\boldsymbol{x}^{\mathrm{T}} \boldsymbol{D}_\gamma \boldsymbol{D}_\gamma^{\mathrm{T}} \boldsymbol{x} \neq 0$, 则有

$$G(\boldsymbol{x}) \geqslant \alpha \Longleftrightarrow \Phi\left(\frac{\boldsymbol{\mu}_\gamma^{\mathrm{T}} \boldsymbol{x} - z}{\sqrt{\boldsymbol{x}^{\mathrm{T}} \boldsymbol{D}_\gamma \boldsymbol{D}_\gamma^{\mathrm{T}} \boldsymbol{x}}}\right) \geqslant \alpha \Longleftrightarrow \frac{\boldsymbol{\mu}_\gamma^{\mathrm{T}} \boldsymbol{x} - z}{\sqrt{\boldsymbol{x}^{\mathrm{T}} \boldsymbol{D}_\gamma \boldsymbol{D}_\gamma^{\mathrm{T}} \boldsymbol{x}}} \geqslant \Phi^{-1}(\alpha)$$

$$\Longleftrightarrow \boldsymbol{\mu}_\gamma^{\mathrm{T}} \boldsymbol{x} \geqslant \Phi^{-1}(\alpha) \sqrt{\boldsymbol{x}^{\mathrm{T}} \boldsymbol{D}_\gamma \boldsymbol{D}_\gamma^{\mathrm{T}} \boldsymbol{x}} + z. \quad (4.16)$$

由上面的分析，如果 $\mathrm{E}_\omega[\eta_{1,\gamma}], \mathrm{E}_\omega[\eta_{2,\gamma}], \cdots, \mathrm{E}_\omega[\eta_{n,\gamma}]$ 是同单调的或相互独立的，则模型 (4.13) 可以转化为下面的可信性规划问题：

$$\begin{cases} \max \quad \sum_{i=1}^{n} x_i \mathrm{E}[\mu_i] \\ \text{s.t.} \quad \mathrm{Cr}\left\{\gamma \middle| \boldsymbol{\mu}_\gamma^\mathrm{T} \boldsymbol{x} \geqslant \Phi^{-1}(\alpha)\sqrt{\boldsymbol{x}^\mathrm{T} \boldsymbol{D}_\gamma \boldsymbol{D}_\gamma^\mathrm{T} \boldsymbol{x}} + z\right\} \geqslant \beta, \\ \qquad z \geqslant \kappa, \\ \qquad \sum_{i=1}^{n} x_i = 1, \\ \qquad x_i \geqslant 0, \quad i=1,2,\cdots,n. \end{cases} \quad (4.17)$$

3. 可行域的凸性

上一小节已经处理了概率风险，本小节将给出可信性约束的等价表示，并且讨论可行域的凸性。

设 $\mathcal{C} = \{\boldsymbol{x} | \mathrm{Cr}\{\boldsymbol{\mu}^\mathrm{T} \boldsymbol{x} \geqslant \Phi^{-1}(\alpha)\sqrt{\boldsymbol{x}^\mathrm{T} \boldsymbol{D} \boldsymbol{D}^\mathrm{T} \boldsymbol{x}} + z\} \geqslant \beta\}$。在现实的投资组合问题中，很小的信任水平是没有意义的，下面考虑 α, β 在区间 $[0.5,1]$ 内取值的情况。

定理 4.1 假设 $\boldsymbol{\eta} \sim \mathcal{N}(\boldsymbol{\mu}, \boldsymbol{\Sigma})$，其中 $\boldsymbol{\Sigma}$ 是确定的矩阵，$\mu_i, i=1,2,\cdots,n$ 是相互独立的模糊变量，并且 $\boldsymbol{\mu}^\mathrm{T}\boldsymbol{x}$ 是连续的。在 $\alpha,\beta \geqslant 0.5$ 的情况下，有下面的结论：

(i) $\mathrm{Cr}\{\boldsymbol{\mu}^\mathrm{T}\boldsymbol{x} \geqslant \Phi^{-1}(\alpha)\sqrt{\boldsymbol{x}^\mathrm{T}\boldsymbol{D}\boldsymbol{D}^\mathrm{T}\boldsymbol{x}} + z\} \geqslant \beta \iff \Phi^{-1}(\alpha)\sqrt{\boldsymbol{x}^\mathrm{T}\boldsymbol{D}\boldsymbol{D}^\mathrm{T}\boldsymbol{x}} + z - (\boldsymbol{\mu}^\mathrm{T}\boldsymbol{x})_{\sup}(\beta) \leqslant 0$。

(ii) $\mathcal{C} = \{\boldsymbol{x} | \mathrm{Cr}\{\boldsymbol{\mu}^\mathrm{T}\boldsymbol{x} \geqslant \Phi^{-1}(\alpha)\sqrt{\boldsymbol{x}^\mathrm{T}\boldsymbol{D}\boldsymbol{D}^\mathrm{T}\boldsymbol{x}} + z\} \geqslant \beta\}$ 是凸集。

证明 首先证明 (i) 的必要性。由模糊变量乐观值的定义，$\boldsymbol{\mu}^\mathrm{T}\boldsymbol{x}$ 的乐观值为

$$(\boldsymbol{\mu}^\mathrm{T}\boldsymbol{x})_{\sup}(\beta) \geqslant \Phi^{-1}(\alpha)\sqrt{\boldsymbol{x}^\mathrm{T}\boldsymbol{D}\boldsymbol{D}^\mathrm{T}\boldsymbol{x}} + z,$$

由此得

$$\Phi^{-1}(\alpha)\sqrt{\boldsymbol{x}^\mathrm{T}\boldsymbol{D}\boldsymbol{D}^\mathrm{T}\boldsymbol{x}} + z - (\boldsymbol{\mu}^\mathrm{T}\boldsymbol{x})_{\sup}(\beta) \leqslant 0.$$

(i) 的必要性成立。

接下来证明 (i) 的充分性。根据乐观值的定义，可信性约束

$$\mathrm{Cr}\{\boldsymbol{\mu}^\mathrm{T}\boldsymbol{x} \geqslant (\boldsymbol{\mu}^\mathrm{T}\boldsymbol{x})_{\sup}(\beta)\} \geqslant \beta$$

成立。因为

$$(\boldsymbol{\mu}^\mathrm{T}\boldsymbol{x})_{\sup}(\beta) \geqslant \Phi^{-1}(\alpha)\sqrt{\boldsymbol{x}^\mathrm{T}\boldsymbol{D}\boldsymbol{D}^\mathrm{T}\boldsymbol{x}} + z$$

等价于

$$\Phi^{-1}(\alpha)\sqrt{\boldsymbol{x}^\mathrm{T}\boldsymbol{D}\boldsymbol{D}^\mathrm{T}\boldsymbol{x}} + z - (\boldsymbol{\mu}^\mathrm{T}\boldsymbol{x})_{\sup}(\beta) \leqslant 0,$$

4.2 概率–可信性平衡风险准则

又由于 $\boldsymbol{\mu}^{\mathrm{T}}\boldsymbol{x}$ 的连续性, 可得到

$$\mathrm{Cr}\{\boldsymbol{\mu}^{\mathrm{T}}\boldsymbol{x} \geqslant \Phi^{-1}(\alpha)\sqrt{\boldsymbol{x}^{\mathrm{T}}\boldsymbol{D}\boldsymbol{D}^{\mathrm{T}}\boldsymbol{x}} + z\} \geqslant \beta.$$

充分性得证.

下面证明结论 (ii).

根据乐观值的性质, 等式 $(\boldsymbol{\mu}^{\mathrm{T}}\boldsymbol{x})_{\sup}(\beta) = \sum_{i=1}^{n} x_i\mu_{i,\sup}(\beta)$ 成立. 根据 (i), 集合 $\mathcal{C}$ 等价于

$$\left\{\boldsymbol{x} \left| \Phi^{-1}(\alpha)\sqrt{\boldsymbol{x}^{\mathrm{T}}\boldsymbol{D}\boldsymbol{D}^{\mathrm{T}}\boldsymbol{x}} + z - \sum_{i=1}^{n} x_i\mu_{i,\sup}(\beta) \leqslant 0 \right.\right\}.$$

对于 $\alpha \geqslant 0.5$, $\Phi^{-1}(\alpha) \geqslant 0$, $\sqrt{\boldsymbol{x}^{\mathrm{T}}\boldsymbol{D}\boldsymbol{D}^{\mathrm{T}}\boldsymbol{x}}$ 关于 $\boldsymbol{x}$ 是一个凸函数, 且 $\sum_{i=1}^{n} x_i\mu_{i,\sup}(\beta)$ 关于 x_i 是线性函数. 根据凸函数的性质, 可知

$$\left\{\boldsymbol{x} \left| \Phi^{-1}(\alpha)\sqrt{\boldsymbol{x}^{\mathrm{T}}\boldsymbol{D}\boldsymbol{D}^{\mathrm{T}}\boldsymbol{x}} + z - \sum_{i=1}^{n} x_i\mu_{i,\sup}(\beta) \leqslant 0 \right.\right\}$$

是凸集. 结论 (ii) 得证. □

基于上述分析, 下面的定理给出了模型 (4.17) 的确定等价模型.

定理 4.2 假设 $\boldsymbol{\eta} \sim \mathcal{N}(\boldsymbol{\mu}, \boldsymbol{\Sigma})$, 其中 $\boldsymbol{\Sigma}$ 是一个确定的矩阵, $\mu_i (i = 1, 2, \cdots, n)$ 是相互独立的模糊变量, 而且 $\boldsymbol{\mu}^{\mathrm{T}}\boldsymbol{x}$ 是连续的. 则在 $\alpha, \beta \geqslant 0.5$ 时, EV-ERV 模型 (4.17) 等价于下面的确定规划问题:

$$\begin{cases} \max & \sum_{i=1}^{n} x_i \mathrm{E}[\mu_i] \\ \text{s.t.} & \Phi^{-1}(\alpha)\sqrt{\boldsymbol{x}^{\mathrm{T}}\boldsymbol{D}\boldsymbol{D}^{\mathrm{T}}\boldsymbol{x}} + z - \sum_{i=1}^{n} x_i\mu_{i,\sup}(\beta) \leqslant 0, \\ & z \geqslant \kappa, \\ & \sum_{i=1}^{n} x_i = 1, \\ & x_i \geqslant 0, \quad i = 1, 2, \cdots, n. \end{cases} \quad (4.18)$$

根据定理 4.1 和定理 4.2, 可以得到下面的结论.

定理 4.3 假设 $\boldsymbol{\eta} \sim \mathcal{N}(\boldsymbol{\mu}, \boldsymbol{\Sigma})$, 其中 $\boldsymbol{\Sigma}$ 是一个确定的矩阵, $\mu_i (i = 1, 2, \cdots, n)$ 是相互独立的模糊变量, 而且 $\boldsymbol{\mu}^{\mathrm{T}}\boldsymbol{x}$ 是连续的. 则在 $\alpha, \beta \geqslant 0.5$ 时, 模型 (4.18) 是一个凸规划问题.

证明 在 $\alpha, \beta \geqslant 0.5$ 时, 由定理 4.1, 可知 $\mathcal{C} = \{\boldsymbol{x} | \mathrm{Cr}\{\boldsymbol{\mu}^{\mathrm{T}}\boldsymbol{x} \geqslant \Phi^{-1}(\alpha)\sqrt{\boldsymbol{x}^{\mathrm{T}}\boldsymbol{D}\boldsymbol{D}^{\mathrm{T}}\boldsymbol{x}} + z\} \geqslant \beta\}$ 是一个凸集, 即可行域是凸的. 由于目标函数是线性的, 从而模型 (4.18) 是一个凸规划问题. □

4.2.4 等价确定凸规划模型

在本小节,给定模糊参数 $\mu_i(i=1,2,\cdots,n)$ 的可能性分布, 以便找到 $\mathrm{E}[\mu_i]$ 和 $\mu_{i,\sup}(\beta)$ 的解析表达式. 下面分别考虑模糊参数 $\mu_i, i=1,2,\cdots,n$ 由梯形、三角和正态模糊变量刻画三种情况.

情形 I: 梯形模糊变量.

设 $\boldsymbol{\eta} \sim \mathcal{N}(\boldsymbol{\mu}, \boldsymbol{\Sigma})$, $\mu_i = (r_i^{(1)}, r_i^{(2)}, r_i^{(3)}, r_i^{(4)})$ $(i=1,2,\cdots,n)$ 是相互独立的梯形模糊变量. 根据 [69], $\boldsymbol{\mu}^\mathrm{T}\boldsymbol{x}$ 的期望收益为

$$\mathrm{E}[\boldsymbol{\mu}^\mathrm{T}\boldsymbol{x}] = \frac{1}{4}\left(\sum_{i=1}^n r_i^{(1)} x_i + \sum_{i=1}^n r_i^{(2)} x_i + \sum_{i=1}^n r_i^{(3)} x_i + \sum_{i=1}^n r_i^{(4)} x_i\right).$$

$\boldsymbol{\mu}^\mathrm{T}\boldsymbol{x}$ 的乐观值为

$$\sum_{i=1}^n x_i \mu_{i,\sup}(\beta) = 2(1-\beta)\sum_{i=1}^n r_i^{(2)} x_i + (2\beta-1)\sum_{i=1}^n r_i^{(1)} x_i,$$

其中 $\beta \geqslant 0.5$.

因此, 对于任意给定的 $\alpha, \beta \geqslant 0.5$, 由定理 4.2, 模型 (4.18) 等价于下面的确定凸规划模型:

$$\begin{cases} \max & \dfrac{1}{4}\left(\sum_{i=1}^n r_i^{(1)} x_i + \sum_{i=1}^n r_i^{(2)} x_i + \sum_{i=1}^n r_i^{(3)} x_i + \sum_{i=1}^n r_i^{(4)} x_i\right) \\ \text{s.t.} & \Phi^{-1}(\alpha)\sqrt{\boldsymbol{x}^\mathrm{T} \boldsymbol{D}\boldsymbol{D}^\mathrm{T} \boldsymbol{x}} + z - 2(1-\beta)\sum_{i=1}^n r_i^{(2)} x_i - (2\beta-1)\sum_{i=1}^n r_i^{(1)} x_i \leqslant 0, \\ & z \geqslant \kappa, \\ & \sum_{i=1}^n x_i = 1, \\ & x_i \geqslant 0, \quad i=1,2,\cdots,n. \end{cases}$$

(4.19)

情形 II: 三角模糊变量.

由于三角模糊变量是梯形模糊变量的特例, 所以有下面关于三角模糊变量的结论.

设 $\boldsymbol{\eta} \sim \mathcal{N}(\boldsymbol{\mu}, \boldsymbol{\Sigma})$, $\mu_i = (r_i^{(1)}, r_i^{(2)}, r_i^{(3)})(i=1,2,\cdots,n)$ 是相互独立的三角模糊变量. 根据模型 (4.19), 对于任意给定的 $\alpha, \beta \geqslant 0.5$, 模型 (4.18) 的等价确定凸规划模型为

$$\begin{cases} \max & \dfrac{1}{4}\left(\sum_{i=1}^{n} r_i^{(1)} x_i + 2\sum_{i=1}^{n} r_i^{(2)} x_i + \sum_{i=1}^{n} r_i^{(3)} x_i\right) \\ \text{s.t.} & \Phi^{-1}(\alpha)\sqrt{\boldsymbol{x}^{\mathrm{T}}\boldsymbol{D}\boldsymbol{D}^{\mathrm{T}}\boldsymbol{x}} + z - 2(1-\beta)\sum_{i=1}^{n} r_i^{(2)} x_i \\ & -(2\beta-1)\sum_{i=1}^{n} r_i^{(1)} x_i \leqslant 0, \\ & z \geqslant \kappa, \\ & \sum_{i=1}^{n} x_i = 1, \\ & x_i \geqslant 0, \quad i = 1, 2, \cdots, n. \end{cases} \quad (4.20)$$

情形III: 正态模糊变量.

设 $\boldsymbol{\eta} \sim \mathcal{N}(\boldsymbol{\mu}, \boldsymbol{\Sigma})$, $\mu_i = n(m_i, \sigma_i)(i=1,2,\cdots,n)$ 是相互独立的正态模糊变量. 根据 [69], $\boldsymbol{\mu}^{\mathrm{T}}\boldsymbol{x}$ 的期望收益为 $\mathrm{E}[\boldsymbol{\mu}^{\mathrm{T}}\boldsymbol{x}] = \sum_{i=1}^{n} m_i x_i$. $\boldsymbol{\mu}^{\mathrm{T}}\boldsymbol{x}$ 的乐观值为

$$\sum_{i=1}^{n} x_i \mu_{i,\sup}(\beta) = \sum_{i=1}^{n} m_i x_i + \sqrt{-2\ln 2(1-\beta)}\sum_{i=1}^{n} x_i^2 \sigma_i,$$

其中 $\beta \geqslant 0.5$.

因而, 根据定理 4.2, 对于任意给定的参数 $\alpha, \beta \geqslant 0.5$, 模型 (4.17) 的等价确定凸规划模型为

$$\begin{cases} \max & \sum_{i=1}^{n} m_i x_i \\ \text{s.t.} & \Phi^{-1}(\alpha)\sqrt{\boldsymbol{x}^{\mathrm{T}}\boldsymbol{D}\boldsymbol{D}^{\mathrm{T}}\boldsymbol{x}} + z - \sum_{i=1}^{n} m_i x_i \\ & -\sqrt{-2\ln 2(1-\beta)}\sum_{i=1}^{n} x_i^2 \sigma_i \leqslant 0, \\ & z \geqslant \kappa, \\ & \sum_{i=1}^{n} x_i = 1, \\ & x_i \geqslant 0, \quad i = 1, 2, \cdots, n. \end{cases} \quad (4.21)$$

4.2.5 数值实验和比较研究

在这一小节中，将通过一些数值实验说明所提出的平衡优化方法的可行性和有效性. 首先描述所考虑的投资组合问题.

1. 问题描述

假设某投资者有 20 个可选的风险资产. 在这个投资组合问题中，收益率具有双重不确定性，用随机模糊变量表示. 假设预先给定的信任水平 α, β 在区间 $[0.5, 1]$ 内取值.

设 $\boldsymbol{\eta} = (\eta_1, \eta_2, \cdots, \eta_{20})^T \sim \mathcal{N}(\boldsymbol{\mu}, \boldsymbol{\Sigma})$，且 $\mu_i = (r_i^{(1)}, r_i^{(2)}, r_i^{(3)}, r_i^{(4)})$ ($i = 1, 2, \cdots, 20$) 是相互独立的梯形模糊变量. 表 4.1 列出了 $\mu_i (i = 1, 2, \cdots, 20)$ 的可能性分布, 协方差矩阵 $\boldsymbol{\Sigma} = (\sigma_{ij})_{20 \times 20}$ 表示为 $10^{-2}(\boldsymbol{\Sigma}_1\ \boldsymbol{\Sigma}_2\ \boldsymbol{\Sigma}_3\ \boldsymbol{\Sigma}_4)$，其中子块 $\boldsymbol{\Sigma}_1, \boldsymbol{\Sigma}_2, \boldsymbol{\Sigma}_3$ 和 $\boldsymbol{\Sigma}_4$ 的定义为

$$\boldsymbol{\Sigma}_1 = \begin{pmatrix} 0.6198 & 0.1155 & 0.1096 & -0.0685 & 0.0038 \\ 0.1155 & 0.5989 & -0.0937 & 0.0757 & 0.0531 \\ 0.1096 & -0.0937 & 0.6824 & 0.0215 & 0.0389 \\ -0.0685 & 0.0757 & 0.0215 & 0.6481 & 0.0718 \\ 0.0038 & 0.0531 & 0.0389 & 0.0718 & 0.6583 \\ 0.1222 & 0.1086 & -0.0539 & 0.0130 & -0.1011 \\ 0.0049 & -0.0041 & -0.0004 & 0.1047 & -0.0604 \\ -0.0770 & 0.0598 & 0.0912 & -0.0651 & -0.0524 \\ 0.0319 & 0.1067 & -0.0550 & -0.0494 & -0.0097 \\ -0.0368 & 0.0351 & -0.0010 & -0.0673 & 0.0441 \\ 0.0536 & -0.0566 & 0.0058 & -0.0055 & -0.0926 \\ 0.0596 & -0.0767 & 0.0744 & -0.0118 & -0.0230 \\ 0.0506 & -0.1416 & -0.1521 & 0.0506 & 0.0718 \\ 0.0278 & 0.0399 & -0.1190 & 0.1091 & -0.0933 \\ 0.1505 & -0.0353 & 0.0332 & -0.0742 & -0.0080 \\ 0.0356 & -0.0105 & 0.0371 & -0.0214 & 0.0032 \\ 0.0969 & -0.0331 & -0.1452 & 0.0123 & 0.0205 \\ -0.0039 & -0.0670 & -0.0077 & -0.0698 & -0.0421 \\ -0.0289 & -0.0619 & 0.0332 & -0.0900 & -0.0145 \\ 0.0825 & 0.0193 & 0.0145 & 0.0466 & 0.1161 \end{pmatrix},$$

4.2 概率-可信性平衡风险准则

$$\Sigma_2 = \begin{pmatrix} 0.1222 & 0.0049 & -0.0770 & 0.0319 & -0.0368 \\ 0.1086 & -0.0041 & 0.0598 & 0.1067 & 0.0351 \\ -0.0539 & -0.0004 & 0.0912 & -0.0550 & -0.0010 \\ 0.0130 & 0.1047 & -0.0651 & -0.0494 & -0.0673 \\ -0.1011 & -0.0604 & -0.0524 & -0.0097 & 0.0441 \\ 0.5062 & 0.0014 & -0.0576 & -0.0785 & -0.0182 \\ 0.0014 & 0.5376 & -0.0959 & -0.0997 & -0.0202 \\ -0.0576 & -0.0959 & 0.7562 & 0.0317 & -0.0862 \\ -0.0785 & -0.0997 & 0.0317 & 0.5243 & -0.0096 \\ -0.0182 & -0.0202 & -0.0862 & -0.0096 & 0.8199 \\ 0.1329 & -0.1258 & -0.0200 & -0.1145 & 0.1264 \\ -0.0668 & -0.1022 & -0.1742 & 0.0360 & -0.0647 \\ -0.0597 & -0.0279 & -0.0599 & 0.1710 & 0.0026 \\ -0.0491 & -0.0045 & 0.0752 & -0.0981 & 0.0230 \\ -0.0379 & 0.0743 & 0.0630 & 0.0547 & 0.1186 \\ -0.1460 & -0.0696 & -0.0514 & 0.0008 & -0.0655 \\ -0.0958 & 0.0567 & 0.0483 & -0.0491 & -0.0479 \\ -0.0514 & 0.1034 & 0.0345 & 0.0241 & 0.0215 \\ -0.0699 & -0.1032 & -0.0703 & -0.0612 & 0.0326 \\ 0.1231 & -0.0721 & 0.0214 & 0.0432 & 0.0527 \end{pmatrix},$$

$$\Sigma_3 = \begin{pmatrix} 0.0536 & 0.0596 & 0.0506 & 0.0278 & 0.1505 \\ -0.0566 & -0.0767 & -0.1416 & 0.0399 & -0.0353 \\ 0.0058 & 0.0744 & -0.1521 & -0.1190 & 0.0332 \\ -0.0055 & -0.0118 & 0.0506 & 0.1091 & -0.0742 \\ -0.0926 & -0.0230 & 0.0718 & -0.0933 & -0.0080 \\ 0.1329 & -0.0668 & -0.0597 & -0.0491 & -0.0379 \\ -0.1258 & -0.1022 & -0.0279 & -0.0045 & 0.0743 \\ -0.0200 & -0.1742 & -0.0599 & 0.0752 & 0.0630 \\ -0.1145 & 0.0360 & 0.1710 & -0.0981 & 0.0547 \\ 0.1264 & -0.0647 & 0.0026 & 0.0230 & 0.1186 \\ 0.4256 & -0.0703 & -0.0141 & -0.0424 & -0.1122 \\ -0.0703 & 0.6835 & -0.0655 & 0.0812 & -0.0195 \\ -0.0141 & -0.0655 & 0.5884 & 0.0405 & 0.0640 \\ -0.0424 & 0.0812 & 0.0405 & 0.7222 & 0.0276 \\ -0.1122 & -0.0195 & 0.0640 & 0.0276 & 0.6265 \\ 0.0907 & -0.0830 & 0.0214 & 0.0692 & -0.0079 \\ 0.0171 & 0.0498 & -0.1060 & -0.0715 & 0.0838 \\ 0.0920 & 0.0173 & 0.0359 & -0.0177 & -0.0921 \\ 0.0471 & -0.0454 & -0.0390 & 0.1222 & -0.0681 \\ 0.0074 & 0.0768 & -0.0281 & 0.0913 & -0.0301 \end{pmatrix},$$

和

$$\Sigma_4 = \begin{pmatrix} 0.0356 & 0.0969 & -0.0039 & -0.0289 & 0.0825 \\ -0.0105 & -0.0331 & -0.0670 & -0.0619 & 0.0193 \\ 0.0371 & -0.1452 & -0.0077 & 0.0332 & 0.0145 \\ -0.0214 & 0.0123 & -0.0698 & -0.0900 & 0.0466 \\ 0.0032 & 0.0205 & -0.0421 & -0.0145 & 0.1161 \\ -0.1460 & -0.0958 & -0.0514 & -0.0699 & 0.1231 \\ -0.0696 & 0.0567 & 0.1034 & -0.1032 & -0.0721 \\ -0.0514 & 0.0483 & 0.0345 & -0.0703 & 0.0214 \\ 0.0008 & -0.0491 & 0.0241 & -0.0612 & 0.0432 \\ -0.0655 & -0.0479 & 0.0215 & 0.0326 & 0.0527 \\ 0.0907 & 0.0171 & 0.0920 & 0.0471 & 0.0074 \\ -0.0830 & 0.0498 & 0.0173 & -0.0454 & 0.0768 \\ 0.0214 & -0.1060 & 0.0359 & -0.0390 & -0.0281 \\ 0.0692 & -0.0715 & -0.0177 & 0.1222 & 0.0913 \\ -0.0079 & 0.0838 & -0.0921 & -0.0681 & -0.0301 \\ 0.7695 & -0.0283 & 0.0249 & -0.0601 & 0.0567 \\ -0.0283 & 0.7537 & 0.0280 & 0.0667 & 0.0550 \\ 0.0249 & 0.0280 & 0.7757 & -0.1008 & 0.0996 \\ -0.0601 & 0.0667 & -0.1008 & 0.5766 & -0.0101 \\ 0.0567 & 0.0550 & 0.0996 & -0.0101 & 0.5674 \end{pmatrix}.$$

表 4.1 梯形模糊参数 μ_i 的分布

可选的风险资产	可能性分布
1	$\mu_1 = (0.005, 0.036, 0.038, 0.048)$
2	$\mu_2 = (0.006, 0.037, 0.038, 0.045)$
3	$\mu_3 = (0.007, 0.039, 0.040, 0.047)$
4	$\mu_4 = (0.004, 0.038, 0.040, 0.051)$
5	$\mu_5 = (0.005, 0.037, 0.039, 0.045)$
6	$\mu_6 = (0.006, 0.041, 0.042, 0.049)$
7	$\mu_7 = (0.004, 0.036, 0.039, 0.048)$
8	$\mu_8 = (0.005, 0.038, 0.039, 0.045)$
9	$\mu_9 = (0.006, 0.038, 0.040, 0.046)$
10	$\mu_{10} = (0.005, 0.038, 0.040, 0.046)$
11	$\mu_{11} = (0.004, 0.036, 0.039, 0.047)$
12	$\mu_{12} = (0.005, 0.037, 0.0385, 0.0445)$
13	$\mu_{13} = (0.006, 0.039, 0.0405, 0.0465)$
14	$\mu_{14} = (0.004, 0.038, 0.041, 0.050)$
15	$\mu_{15} = (0.004, 0.037, 0.0392, 0.0448)$
16	$\mu_{16} = (0.005, 0.041, 0.0425, 0.0485)$
17	$\mu_{17} = (0.004, 0.036, 0.040, 0.047)$
18	$\mu_{18} = (0.004, 0.038, 0.0385, 0.0455)$
19	$\mu_{19} = (0.005, 0.038, 0.0395, 0.0465)$
20	$\mu_{20} = (0.004, 0.038, 0.0395, 0.0464)$

4.2 概率–可信性平衡风险准则

在这种情形下, 模型 (4.19) 可写成下面的确定凸规划模型:

$$\begin{cases} \max & 0.03175x_1 + 0.0315x_2 + 0.03325x_3 + 0.03325x_4 + 0.0315x_5 \\ & + 0.0345x_6 + 0.03175x_7 + 0.03175x_8 + 0.0325x_9 + 0.03225x_{10} \\ & + 0.0315x_{11} + 0.03125x_{12} + 0.033x_{13} + 0.03325x_{14} + 0.03125x_{15} \\ & + 0.03425x_{16} + 0.03175x_{17} + 0.0315x_{18} + 0.03225x_{19} + 0.031975x_{20} \\ \text{s.t.} & 10^{-1}\Phi^{-1}(\alpha)\left(\sum_{i=1}^{20}\sum_{j=1}^{20}\sigma_{ij}x_ix_j\right)^{\frac{1}{2}} + z \\ & -2(1-\beta)V_2(x) - (2\beta-1)V_1(x) \leqslant 0, \\ & z \geqslant \kappa, \\ & \sum_{i=1}^{20} x_i = 1, \\ & x_i \geqslant 0, \quad i = 1, 2, \cdots, 20. \end{cases} \quad (4.22)$$

模型 (4.22) 的目标函数中 x_i 的系数是梯形模糊变量 μ_i 的期望值, ERV 约束中的 σ_{ij} 是矩阵 Σ 中第 i 行第 j 列的元素, ERV 约束中函数 $V_1(\boldsymbol{x})$ 和 $V_2(\boldsymbol{x})$ 的解析表达式如下所示:

$$V_1(\boldsymbol{x}) = \sum_{i=1}^{20} r_i^{(1)} x_i = 0.005x_1 + 0.006x_2 + 0.007x_3 + 0.004x_4 + 0.005x_5$$
$$+ 0.006x_6 + 0.004x_7 + 0.005x_8 + 0.006x_9 + 0.005x_{10}$$
$$+ 0.004x_{11} + 0.005x_{12} + 0.006x_{13} + 0.004x_{14} + 0.004x_{15}$$
$$+ 0.005x_{16} + 0.004x_{17} + 0.004x_{18} + 0.005x_{19} + 0.004x_{20},$$
$$V_2(\boldsymbol{x}) = \sum_{i=1}^{20} r_i^{(2)} x_i = 0.036x_1 + 0.037x_2 + 0.039x_3 + 0.038x_4 + 0.037x_5$$
$$+ 0.041x_6 + 0.036x_7 + 0.038x_8 + 0.038x_9 + 0.038x_{10}$$
$$+ 0.036x_{11} + 0.037x_{12} + 0.039x_{13} + 0.038x_{14} + 0.037x_{15}$$
$$+ 0.041x_{16} + 0.036x_{17} + 0.038x_{18} + 0.038x_{19} + 0.038x_{20}.$$

2. 计算结果

首先, 令信任水平 $\alpha = 0.8$, $\beta = 0.8$, 且预先给定 ERV 的值为 $\kappa = 0.006$, 用 LINGO 8.0 软件求解模型 (4.22). 经过 31 次迭代, 得到在 20 个风险资产上分散的投资比例, 如表 4.2 所示. 由于模型 (4.22) 的凸性, 所得到的投资方案是全局最优的, 相应的最优目标值为 0.03293.

表 4.2 $\alpha = 0.8, \beta = 0.8$ 且 $\kappa = 0.006$ 时的计算结果

决策变量	x_1	x_2	x_3	x_4	x_5
	x_6	x_7	x_8	x_9	x_{10}
	x_{11}	x_{12}	x_{13}	x_{14}	x_{15}
	x_{16}	x_{17}	x_{18}	x_{19}	x_{20}
投资比例	0	0	0.06599	0.03981	0.03508
	0.19412	0.07107	0.06188	0.07594	0.04273
	0	0.05974	0.07214	0.02827	0
	0.11136	0.04525	0.00917	0.08748	0

其次, 考虑到投资者对风险的态度可能不同, 在参数 α, β 和 κ 的不同值下求解模型 (4.22), 得到表 4.3 中所示的计算结果. 从表 4.3 中可以观察到 EV-ERV 模型的参数对于解质量的影响. 计算结果表明, 当改变参数 α, β 和 κ 的值时, 投资比例和目标值也随之发生了改变. 如果固定参数 α, β 和 κ 中的两个, 则目标值关于第三个参数是减的. 例如, 当 $\alpha = 0.8$ 且 $\kappa = 0.006$ 时, 对应于 $\beta = 0.75, 0.79, 0.82$, 目标值分别为 EV= 0.03329, 0.03302, 0.03261. 此外, z 的值总是等于 κ 的值, 即 ERV 是可达的且等于 κ, 计算结果与理论分析一致.

表 4.3 平衡优化模型在参数不同值下的最优解

参数			投资比例					目标值
α	β	κ	x_1	x_2	x_3	x_4	x_5	
			x_6	x_7	x_8	x_9	x_{10}	
			x_{11}	x_{12}	x_{13}	x_{14}	x_{15}	
			x_{16}	x_{17}	x_{18}	x_{19}	x_{20}	EV
0.78	0.8	0.006	0	0	0.08332	0.04127	0.02539	
			0.21540	0.05473	0.04693	0.07931	0.03955	
			0	0.04148	0.07848	0.04074	0	
			0.12020	0.05187	0.00402	0.07731	0	0.03308
0.8	0.8	0.006	0	0	0.06599	0.03981	0.03508	
			0.19412	0.07107	0.06188	0.07594	0.04273	
			0	0.05974	0.07214	0.02827	0	
			0.11136	0.04525	0.00917	0.08748	0	0.03293
0.82	0.8	0.006	0	0.01039	0.04343	0.03564	0.04671	
			0.16033	0.09309	0.08176	0.06673	0.04612	
			0.00108	0.08616	0.06753	0.00916	0	
			0.09753	0.03613	0.01668	0.10153	0	0.03271
0.8	0.75	0.006	0	0	0.10802	0.04491	0.01061	
			0.24738	0.02916	0.02402	0.08360	0.03457	
			0	0.01334	0.08674	0.05983	0	
			0.13391	0.06153	0	0.06240	0	0.03329

4.2 概率–可信性平衡风险准则

续表

参数			投资比例					目标值
α	β	κ	x_1	x_2	x_3	x_4	x_5	
			x_6	x_7	x_8	x_9	x_{10}	
			x_{11}	x_{12}	x_{13}	x_{14}	x_{15}	
			x_{16}	x_{17}	x_{18}	x_{19}	x_{20}	EV
0.8	0.79	0.006	0	0	0.07626	0.04095	0.02916	
			0.20703	0.06120	0.05276	0.07790	0.04081	
			0	0.04857	0.07578	0.03599	0	
			0.11685	0.04931	0.06131	0.08131	0	0.03302
0.8	0.82	0.006	0	0.01762	0.03796	0.03247	0.05033	
			0.14456	0.09980	0.08373	0.06536	0.04170	
			0.01818	0.09175	0.06540	0.00562	0.00613	
			0.08971	0.03125	0.01620	0.10224	0	0.03261
0.78	0.78	0.006	0	0	0.10076	0.04330	0.01526	
			0.23748	0.03741	0.03131	0.08249	0.03619	
			0	0.02234	0.08461	0.05375	0	
			0.12957	0.05859	0	0.06693	0	0.03323
0.78	0.78	0.008	0	0	0.07275	0.04044	0.03112	
			0.20291	0.06426	0.05606	0.07705	0.04148	
			0	0.05253	0.07474	0.03300	0	
			0.11520	0.04764	0.00727	0.08355	0	0.03299
0.78	0.78	0.009	0	0	0.05231	0.03833	0.04272	
			0.17766	0.08354	0.07411	0.07299	0.04528	
			0	0.07457	0.06753	0.01768	0	
			0.10462	0.03948	0.01339	0.09579	0	0.03282

最后, 数值实验表明了平衡优化模型中 ERV 和 EV 之间的关系. 为此, 令置信水平 $\alpha = 0.7$ 且 $\beta = 0.8$. 计算结果如图 4.1 所示. 从中观察到线下方的所有点满足

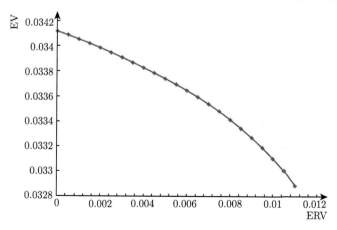

图 4.1 当 $\alpha = 0.7$ 且 $\beta = 0.8$ 时 ERV 和 EV 之间的关系

问题的约束, 称它们为可行解. 对于给定的 α 和 β, 线上的点是最优解. 线下方的区域为有效覆盖.

3. 与随机优化方法比较

在本小节中, 将随机优化方法与所提出的平衡优化方法进行比较. 为此, 仍采用前面给出的数据, 只将表 4.1 中的梯形模糊变量用其期望值代替. 因此, 每一个资产的收益率由随机变量刻画. 此时, 随机模糊收益向量 $\boldsymbol{\eta}$ 退化为一个随机收益向量 $\boldsymbol{\eta} \sim \mathcal{N}(\boldsymbol{\mu}, \boldsymbol{\Sigma})$, 其中 $\boldsymbol{\mu}, \boldsymbol{\Sigma}$ 是确定的向量和正定矩阵. 也就是将收益率 $\eta_i (i=1,2,\cdots,20)$ 看作正态随机变量, 收益率之间的关系用协方差矩阵 $\boldsymbol{\Sigma}$ 刻画.

经过计算, 期望收益率向量为

$$\boldsymbol{\mu} = (0.03175, 0.0315, 0.03325, 0.03325, 0.0315, 0.0345, 0.03175,$$
$$0.03175, 0.0325, 0.03225, 0.0315, 0.03125, 0.033, 0.03325,$$
$$0.03125, 0.03425, 0.03175, 0.0315, 0.03225, 0.031975)^{\mathrm{T}}.$$

目标函数 $\mathrm{E}[\boldsymbol{\eta}^{\mathrm{T}}\boldsymbol{x}] = \sum_{i=1}^{n} x_i \mu_i$, ERV 约束可以表示为

$$\Phi^{-1}(\alpha)\sqrt{\boldsymbol{x}^{\mathrm{T}}\boldsymbol{\Sigma}\boldsymbol{x}} + z - \boldsymbol{\mu}^{\mathrm{T}}\boldsymbol{x} \leqslant 0.$$

因此, 随机投资组合优化问题等价于下面的凸规划模型:

$$\begin{cases}
\max \quad 0.03175x_1 + 0.0315x_2 + 0.03325x_3 + 0.03325x_4 + 0.0315x_5 + 0.0345x_6 \\
\qquad +0.03175x_7 + 0.03175x_8 + 0.0325x_9 + 0.03225x_{10} + 0.0315x_{11} \\
\qquad +0.03125x_{12} + 0.033x_{13} + 0.03325x_{14} + 0.03125x_{15} + 0.03425x_{16} \\
\qquad +0.03175x_{17} + 0.0315x_{18} + 0.03225x_{19} + 0.031975x_{20} \\
\text{s.t.} \quad 10^{-1}\Phi^{-1}(\alpha)\left(\sum_{i=1}^{20}\sum_{j=1}^{20}\sigma_{ij}x_i x_j\right)^{\frac{1}{2}} + z - (0.03175x_1 + 0.0315x_2 \\
\qquad +0.03325x_3 + 0.03325x_4 + 0.0315x_5 + 0.0345x_6 + 0.03175x_7 \\
\qquad +0.03175x_8 + 0.0325x_9 + 0.03225x_{10} + 0.0315x_{11} + 0.03125x_{12} \\
\qquad +0.033x_{13} + 0.03325x_{14} + 0.03125x_{15} + 0.03425x_{16} + 0.03175x_{17} \\
\qquad +0.0315x_{18} + 0.03225x_{19} + 0.031975x_{20}) \leqslant 0, \\
z \geqslant \kappa, \\
\sum_{i=1}^{20} x_i = 1, \\
x_i \geqslant 0, \quad i=1,2,\cdots,20.
\end{cases} \quad (4.23)$$

4.2 概率–可信性平衡风险准则

令 $\alpha = 0.8$, 且预先给定 ERV 的值 $\kappa = 0.006$, 用 LINGO 软件求解模型 (4.23). 得到的最优投资组合列于表 4.4 中, 此时最优目标值为 0.03398.

表 4.4 $\alpha = 0.8$ 且 $\kappa = 0.006$ 时的计算结果

决策变量	x_1	x_2	x_3	x_4	x_5
	x_6	x_7	x_8	x_9	x_{10}
	x_{11}	x_{12}	x_{13}	x_{14}	x_{15}
	x_{16}	x_{17}	x_{18}	x_{19}	x_{20}
投资比例	0	0	0.11689	0.04596	0
	0.41539	0	0	0.01806	0
	0	0	0.08538	0.07634	0
	0.24198	0	0	0	0

为了确定模型参数对解质量的影响, 在参数 α 和 κ 的不同取值下求解随机模型 (4.23). 表 4.5 列出了最优投资解. 从中可以看到参数 α 和 κ 取不同值下, 求解结果也随之不同. 如果令 $\kappa = 0.006$, 则目标函数值关于信任水平 α 是减的. 给定参数 α, 目标函数值关于参数 κ 也是减的.

表 4.5 随机模型在参数不同取值下的最优解

参数		投资比例					目标值
α	κ	x_1	x_2	x_3	x_4	x_5	
		x_6	x_7	x_8	x_9	x_{10}	
		x_{11}	x_{12}	x_{13}	x_{14}	x_{15}	
		x_{16}	x_{17}	x_{18}	x_{19}	x_{20}	EV
0.78	0.006	0	0	0.09906	0.03658	0	
		0.46099	0	0	0	0	
		0	0	0.06700	0.06212	0	
		0.27424	0	0	0	0	0.03408
0.8	0.006	0	0	0.11689	0.04596	0	
		0.41539	0	0	0.01806	0	
		0	0	0.08538	0.07634	0	
		0.24198	0	0	0	0	0.03398
0.82	0.006	0	0	0.12286	0.04955	0	
		0.37902	0	0	0.04157	0	
		0	0	0.08867	0.08131	0	
		0.21614	0.01161	0	0.00927	0	0.03386
0.78	0.008	0	0	0.11519	0.04488	0	
		0.42154	0	0	0.01284	0	
		0	0	0.08459	0.07455	0	
		0.24641	0	0	0	0	0.03399

续表

参数		投资比例					目标值
α	κ	x_1	x_2	x_3	x_4	x_5	
		x_6	x_7	x_8	x_9	x_{10}	
		x_{11}	x_{12}	x_{13}	x_{14}	x_{15}	
		x_{16}	x_{17}	x_{18}	x_{19}	x_{20}	EV
0.78	0.009	0	0	0.12044	0.04822	0	
		0.40256	0	0	0.02893	0	
		0	0	0.08701	0.08010	0	
		0.23274	0	0	0	0	0.03394

现在比较表 4.2 和表 4.4 中的计算结果. 在相同的模型参数取值下, 平衡优化方法和随机优化方法给出了不同的投资方案. 平衡优化方法选择 15 个风险资产进行投资, 而随机优化方法选择 7 个风险资产进行投资. 此外, 对于同一风险资产, 两种方法给出的投资比例也是不同的. 例如, 对于第 3 个风险资产, 平衡优化方法给出的投资比例为 0.06599, 而随机优化方法给出的投资比例为 0.11689. 从分散投资的角度看, 平衡优化方法优于经典的随机优化方法.

通过进一步比较表 4.3 和表 4.5 中的计算结果, 发现平衡优化方法和随机优化方法给出了不同的风险资产组合和不同的最优收益率. 例如, 考虑概率水平 $\alpha = 0.82$, 可信性水平 $\beta = 0.8$ 和 $\kappa = 0.006$ 的情形. 平衡方法给出了下面的最优投资比例

$$x = (0, 0.01039, 0.04343, 0.03564, 0.04671, 0.16033, 0.09309,$$
$$0.08176, 0.06673, 0.04612, 0.00108, 0.08616, 0.06753,$$
$$0.00916, 0, 0.09753, 0.03613, 0.01668, 0.10153, 0)^{\mathrm{T}},$$

其目标值为 0.03271. 随机方法只选择 9 个风险资产: 3, 4, 6, 9, 13, 14, 16, 17, 19, 相应的投资比例分别为 0.12286, 0.04955, 0.37902, 0.04157, 0.08867, 0.08131, 0.21614, 0.01161 和 0.00927. 随机方法给出的最优收益率为 0.03386.

在模型参数的相同取值下, 表 4.5 中的最优目标值比表 4.3 中的大. 例如, 当 $\alpha = 0.78$, $\beta = 0.8$ 和 $\kappa = 0.006$ 时, 平衡优化方法给出的最优值为 0.03308, 而随机方法给出的最优值为 0.03408. 这是因为当随机模糊收益率退化为随机收益率时, 放松了可信性约束, 可以得到更高的期望收益率. 然而, 平衡优化方法的优越性在于投资的分散性.

最后指出, 在当今的金融市场中投资者经常面临混合不确定环境. 此时, 投资者不能忽视模糊不确定性对解质量的影响. 计算结果支持了这一结论. 例如, 当概率水平 $\alpha = 0.78$ 且 $\kappa = 0.006$ 时, 随机模型 (4.23) 给出的最优投资方案为 $x^* =$

$(0,0,0.09906,0.03658,0,0.46099,0,0,0,0,0,0.06700,0.06212,0,0.27424,0,0,0)^{\mathrm{T}}$. 然而, 当概率水平 $\alpha = 0.78$, 可信性水平 $\beta = 0.78$ 且 $\kappa = 0.006$ 时, x^* 却不是平衡优化模型 (4.22) 的可行解. 为了保持 x^* 是模型 (4.22) 的可行解, 不得不将参数 κ 的值由 0.006 减小到 -0.00717. 由 κ 的定义, 对应于 -0.00717 的最优解是没有实际意义的.

因此, 从计算结果来看, 平衡优化方法对于解决双重不确定环境下的实际投资组合问题是有效的.

4.3 本章小结

本章先介绍了一类随机投资组合优化模型. 在最大的平均损失满足预先设置的 VaR 水平约束下, 最大化期望的收益. 对于随机性和模糊性共存的双重不确定环境下的投资组合问题, 本章介绍了基于概率和可信性测度, 利用平衡风险准则的一类平衡投资组合优化模型, 其中收益率用概率分布和可能性分布刻画. 所建立的平衡框架为描述实际的投资组合问题提供了一个优化方法. 当不确定收益率的随机性服从正态分布时, 所建立的平衡投资组合模型可转化为一个等价的可信性投资组合优化模型. 对可信性投资组合优化模型凸性的讨论有助于寻找全局最优解. 进一步, 当不确定收益率的模糊性服从梯形、三角和正态分布时, 可信性投资组合优化模型可转化为其确定的等价凸规划. 本章最后通过一个投资组合问题比较平衡优化方法和传统的随机优化方法. 计算结果表明两种优化方法都给出了分散投资方案. 然而, 就分散程度而言, 平衡最优解更好. 也就是说, 当不确定收益率具有模糊性时, 平衡最优解通常比用随机方法求得的最优解更分散. 因此, 对具有双重不确定收益率的实际投资组合问题建模时, 当收益率的精确概率分布无法获得时, 所构建的平衡优化模型提供一个有效方法.

第 5 章 单阶段平衡枢纽选址问题

在现实生活中,枢纽选址问题出现在多种应用领域,包括旅客航线设计[108]、快递包裹投递[40]、铁路工程[16]、通信系统[45] 等. 在这些系统中使用枢纽设施作为分拣、转运和合并点. 枢纽选址问题的正式研究开始于 O'Kelly[91] 的工作. 有关枢纽选址问题近期的研究,感兴趣的读者可以参阅 [1, 8]. 枢纽选址问题中存在一些随机不确定信息,很多文献对其进行了广泛的研究. 在实际的枢纽选址问题中,有时随机性和模糊性并存. 本章将分别介绍离散运输时间情形的随机枢纽选址模型[129] 和连续运输时间情形的概率–可信性平衡枢纽选址模型[125].

5.1 离散随机时间情形的关键值方法

本节考虑一个随机 p-枢纽中心选址问题[129],其中的运输时间由离散随机向量刻画. 问题的目标是最小化整个运输时间的有效时间点. 对于 Poisson 运输时间,应用相应概率分布函数的分位点,模型等价于一个确定的规划. 对于一般的离散分布的运输时间,所建立的模型等价于一个确定的混合整数线性规划问题. 可以应用分枝定界法等经典的优化算法对此确定的规划问题进行求解. 最后,用一个数值例子表明所建立模型的实用性和求解方法的有效性.

5.1.1 问题的提出

随机 p-枢纽中心选址问题是在一个网络中确定 p 个枢纽的位置,并将非枢纽节点分配到枢纽节点,对于给定的服务水平 β,使得任意起讫点 (O-D) 之间的最大运输时间最小化. 服务水平 β 接近于 1,例如,0.95 是一个合理的假设. 为了对此问题建模,采用下面的记号:

$N = \{1, 2, \cdots, n\}$:网络中的节点集合;

T_{ij}:表示由节点 i 到节点 j 的运输时间的随机变量;

α:枢纽间运输时间的折扣系数;

p:需选择的枢纽个数.

对于每一对 $i, k \in N$,引入下面的 0-1 决策变量

$$X_{ik} = \begin{cases} 1, & \text{如果节点 } i \text{ 被指派给节点 } k, \\ 0, & \text{否则.} \end{cases}$$

当 $i=k$ 时, 变量 X_{kk} 表示是否在节点 k 处建立枢纽. 引入 0-1 决策变量 X_{iklj} 表示从节点 i 先经枢纽 k 再经枢纽 l 到节点 j 的一条路径, 其定义如下:

$$X_{iklj} = \begin{cases} 1, & \text{如果存在从节点 } i \text{ 先经枢纽 } k \text{ 再经枢纽 } l \text{ 到节点 } j \text{ 的一条路径}, \\ 0, & \text{否则}. \end{cases}$$

目标函数包括下面的运输时间: 从节点 i 先经枢纽 k 再经枢纽 l 到节点 j 的有效路径上的运输时间 T_{ijkm} 为

$$(T_{ik} + \alpha T_{kl} + T_{lj})X_{iklj}, \quad \forall i, k, l, j \in N.$$

给定一个服务水平 $\beta \in (0,1)$, 目标是最小化总的随机时间的 β-有效时间点, 其定义如下:

$$\min\{\varphi | \Pr\{(T_{ik} + \alpha T_{kl} + T_{lj})X_{iklj} \leqslant \varphi\} \geqslant \beta, \forall i, k, l, j \in N\}.$$

下面的约束条件 (5.1) 确保了当且仅当节点 i 和 j 被分别指派给枢纽 k 和 l, 即 $X_{ik} = X_{jl} = 1$ 时, 路径 $i \to k \to l \to j$ 是网络中的一条有效路径,

$$X_{iklj} \geqslant X_{ik} + X_{jl} - 1, \quad \forall i, k, l, j \in N, \tag{5.1}$$

其中 $X_{iklj} \in \{0,1\}$. 约束条件 (5.2) 确保在网络中恰好建立 p 个枢纽,

$$\sum_{k \in N} X_{kk} = p. \tag{5.2}$$

约束条件 (5.3) 表明只允许给开放的枢纽分配非枢纽节点,

$$X_{ik} \leqslant X_{kk}. \tag{5.3}$$

约束条件 (5.4) 表明了单指派规则

$$\sum_{k \in N} X_{ik} = 1, \tag{5.4}$$

其中 $X_{ik} \in \{0,1\}$.

基于上面的分析, 使用上面引入的记号, 提出了一个关键值方法建模 p-枢纽中心问题, 建立如下的随机规划模型:

$$\begin{cases} \min & \min\{\varphi|\Pr\{(T_{ik}+\alpha T_{kl}+T_{lj})X_{iklj} \leqslant \varphi\} \geqslant \beta, \forall i,k,l,j \in N\} \\ \text{s.t.} & X_{iklj} \geqslant X_{ik}+X_{jl}-1, \quad \forall i,k,l,j \in N, \\ & \sum_{k\in N} X_{kk} = p, \\ & X_{ik} \leqslant X_{kk}, \quad \forall i,k \in N, \\ & \sum_{k\in N} X_{ik} = 1, \quad \forall i \in N, \\ & X_{ik} \in \{0,1\}, \quad \forall i,k \in N, \\ & X_{iklj} \in \{0,1\}, \quad \forall i,k,l,j \in N. \end{cases} \quad (5.5)$$

现在假设运输时间 T_{ik}, T_{kl} 和 T_{lj} 是随机变量, 为表述简单, 定义

$$f(X_{iklj}, \boldsymbol{\xi}_{iklj}) = (T_{ik}+\alpha T_{kl}+T_{lj})X_{iklj}, \quad \forall i,k,l,j \in N, \quad (5.6)$$

其中 $\boldsymbol{\xi}_{iklj} = (T_{ik}, T_{kl}, T_{lj})$ 是一个支撑有限的随机向量.

为了计算模型 (5.5) 中的目标函数, 需要计算下面的关键值函数:

$$C: X_{iklj} \to \min\{\varphi|\Pr\{f(X_{iklj}, \boldsymbol{\xi}_{iklj}) \leqslant \varphi\} \geqslant \beta, \forall i,k,l,j \in N\}, \quad (5.7)$$

其中 β 是一个预先给定的概率服务水平.

如果关键值函数可以转化为它的确定形式, 就能得到模型的确定等价形式. 然而, 在一般情况下, 通常无法得到模型的确定等价形式. 处理一般情况用随机模拟[99]更方便.

为了计算关键值函数 $C(X_{iklj})$, 对于 $n=1,2,\cdots,N_{iklj}$, 从概率空间 $(\Omega, \Sigma, \Pr)$ 中产生 ω_{iklj}^n 和随机样本 $\boldsymbol{\xi}_{iklj}^n = \boldsymbol{\xi}(\omega_{iklj}^n)$. 这等价于, 对于 $n=1,2,\cdots,N_{iklj}$, 根据 $\boldsymbol{\xi}_{iklj}$ 的概率分布产生随机样本 $\boldsymbol{\xi}_{iklj}^n$. 对于 $n=1,2,\cdots,N_{iklj}$, 定义随机变量

$$h(X_{iklj}, \boldsymbol{\xi}_{iklj}) = \begin{cases} 1, & \text{如果} f(X_{iklj}, \boldsymbol{\xi}_{iklj}) \leqslant \varphi, \\ 0, & \text{否则}, \end{cases} \quad (5.8)$$

对于所有的 n, 满足 $\mathrm{E}[h(X_{iklj}, \boldsymbol{\xi}_{iklj})] = \beta$. 应用强大数定律, 当 $N \to \infty$ 时, 在几乎必然意义下, 得到

$$\frac{1}{N_{iklj}} \sum_{n=1}^{N_{iklj}} h(X_{iklj}, \boldsymbol{\xi}_{iklj}) \to \beta.$$

注意到 $\sum_{n=1}^{N_{iklj}} h(X_{iklj}, \boldsymbol{\xi}_{iklj})$ 是满足 $f(X_{iklj}, \boldsymbol{\xi}_{iklj}^n) \leqslant \varphi, n=1,2,\cdots,N_{iklj}$ 的 $\boldsymbol{\xi}_{iklj}^n$ 的个数. 因此, φ 是 $\{f(X_{iklj}, \boldsymbol{\xi}_{iklj}^k) \leqslant \varphi, k=1,2,\cdots,N_{iklj}\}$ 中第 N'_{iklj} 个最小的元素, 其中 N'_{iklj} 是 βN_{iklj} 的整数部分.

5.1 离散随机时间情形的关键值方法

对于问题 (5.5), 通过引入一个新的辅助变量 φ, 得到下面的等价形式:

$$\begin{cases} \min \quad \varphi \\ \text{s.t.} \quad \Pr\{(T_{ik} + \alpha T_{kl} + T_{lj})X_{iklj} \leqslant \varphi\} \geqslant \beta, \quad \forall i,k,l,j \in N, \\ \quad X_{iklj} \geqslant X_{ik} + X_{jl} - 1, \quad \forall i,k,l,j \in N, \\ \quad \sum_{k \in N} X_{kk} = p, \\ \quad X_{ik} \leqslant X_{kk}, \quad \forall i,k \in N, \\ \quad \sum_{k \in N} X_{ik} = 1, \quad \forall i \in N, \\ \quad X_{ik} \in \{0,1\}, \quad \forall i,k \in N, \\ \quad X_{iklj} \in \{0,1\}, \quad \forall i,k,l,j \in N. \end{cases} \quad (5.9)$$

对于问题 (5.9) 的每个固定的可行解, 考虑约束中的最小 φ, 使得

$$\min\{\varphi | \Pr\{f(X_{iklj}, \boldsymbol{\xi}_{iklj}) \leqslant \varphi\} \geqslant \beta, \forall i,k,l,j \in N\},$$

由此得到 (5.9) 与 (5.5) 的等价性.

问题 (5.9) 显然属于概率约束规划问题[33]. 传统的求解方法需要将概率约束转化为各自的确定等价形式. 这种转化通常很难做到, 只有在特殊情况下才是可行的. 下面, 在随机运输时间服从离散分布的情况下, 讨论问题 (5.9) 的等价形式.

5.1.2 等价混合整数规划

先考虑运输时间 T_{ik}, T_{kl} 和 T_{lj} 分别是参数为 λ_{ik}, λ_{kl} 和 λ_{lj} 的相互独立的 Poisson 随机变量的情况. 众所周知, 有限多个独立 Poisson 随机变量之和也是一个 Poisson 随机变量. 因此, 问题 (5.9) 中在有效路径 $i \to k \to l \to j$ 上的总运输时间也可以用一个 Poisson 随机变量来刻画, 其均值为 $(\lambda_{ik} + \alpha\lambda_{kl} + \lambda_{lj})X_{iklj}$.

考虑下面的服务水平约束

$$\Pr\{(f(X_{iklj}, \boldsymbol{\xi}_{iklj}) \leqslant \varphi\} \geqslant \beta, \quad \forall i,k,l,j \in N, \quad (5.10)$$

其中 $\beta \in (0,1)$. 根据 Poisson 概率分布, 服务水平约束 (5.10) 可以重写为

$$\sum_{k \leqslant \varphi} \Pr\{\boldsymbol{\xi}_{iklj} = k\} \geqslant \beta, \quad \forall i,k,l,j \in N, \quad (5.11)$$

等价于

$$\sum_{k=0}^{\varphi} e^{-(\lambda_{ik}+\alpha\lambda_{kl}+\lambda_{lj})X_{iklj}} \frac{((\lambda_{ik}+\alpha\lambda_{kl}+\lambda_{lj})X_{iklj})^k}{k!} \geqslant \beta, \quad \forall i,k,l,j \in N. \quad (5.12)$$

因此，可以将服务水平约束 (5.10) 表示为

$$Q^-_{\xi_{iklj}}(\beta)X_{iklj} \leqslant \varphi, \quad \forall i,k,l,j \in N, \tag{5.13}$$

其中 $Q^-_{\xi_{iklj}}(\beta)$ 代表 ξ_{iklj} 的概率分布函数的 β-分位数组成的闭区间的左端点.

因此，具有 Poisson 运输时间的问题 (5.9) 转化为带约束 (5.13) 的确定规划问题，可以用径向启发式算法进行求解[106].

接下来考虑运输时间 T_{ik}, T_{kl} 和 T_{lj} 是一般的离散随机变量的情况. 为简单计，用 $\boldsymbol{\xi}_{iklj} = (T_{ik}, T_{kl}, T_{lj})$ 表示具有如下概率分布的离散型随机向量：

$$\begin{pmatrix} (\hat{T}^1_{ik}, \hat{T}^1_{kl}, \hat{T}^1_{lj}) & \cdots & (\hat{T}^{N_{iklj}}_{ik}, \hat{T}^{N_{iklj}}_{kl}, \hat{T}^{N_{iklj}}_{lj}) \\ p^1_{iklj} & \cdots & p^{N_{iklj}}_{iklj} \end{pmatrix}, \tag{5.14}$$

其中 $p^n_{iklj} > 0, n=1,2,\cdots,N_{iklj}$, 且 $\sum_{n=1}^{N_{iklj}} p^n_{iklj} = 1, \forall i,k,l,j \in N$.

在这种情况下，考虑下面的服务水平约束

$$\Pr\{f(X_{iklj}, \boldsymbol{\xi}_{iklj}) \leqslant \varphi\} \geqslant \beta, \quad \forall i,k,l,j \in N, \tag{5.15}$$

其中 $\beta \in (0,1)$.

通过引入一个 "足够大的" 常数 M, 得到

$$(\hat{T}^n_{ik} + \alpha\hat{T}^n_{kl} + \hat{T}^n_{lj})X_{iklj} - M \leqslant \varphi, \quad \forall i,k,l,j \in N, \quad n=1,2,\cdots,N_{iklj}. \tag{5.16}$$

下面引入一个二元变量为分量构成的向量 z_{iklj}. 如果相应的约束必须满足，则分量 $z^n_{iklj}, n=1,2,\cdots,N_{iklj}$ 取值为 0, 否则取值为 1.

因此，随机 p-枢纽中心问题 (5.9) 可以转化成下面等价的混合整数规划模型

$$\begin{cases} \min \varphi \\ \text{s.t. } (\hat{T}^n_{ik} + \alpha\hat{T}^n_{kl} + \hat{T}^n_{lj})X_{iklj} - M \cdot z^n_{iklj} \leqslant \varphi, \\ \quad \forall i,k,l,j \in N, \quad n=1,2,\cdots,N_{iklj}, \\ \sum_{n=1}^{N_{iklj}} p^n_{iklj} z^n_{iklj} \leqslant 1-\beta, \quad \forall i,k,l,j \in N, \\ X_{iklj} \geqslant X_{ik} + X_{jl} - 1, \quad \forall i,k,l,j \in N, \\ \sum_{k \in N} X_{kk} = p, \\ X_{ik} \leqslant X_{kk}, \quad \forall i,k \in N, \\ \sum_{k \in N} X_{ik} = 1, \quad \forall i \in N, \\ X_{ik} \in \{0,1\}, \quad \forall i,k \in N, \\ X_{iklj} \in \{0,1\}, \quad \forall i,k,l,j \in N, \\ z^n_{iklj} \in \{0,1\}, \quad \forall i,k,l,j \in N, \quad n=1,2,\cdots,N_{iklj}, \end{cases} \tag{5.17}$$

其中约束 $\sum_{n=1}^{N_{iklj}} p_{iklj}^n z_{iklj}^n \leqslant 1-\beta, \forall i,k,l,j \in N$ 确保了随机服务水平约束不成立的概率小于 $1-\beta$。

5.1.3 分枝定界法

问题 (5.17) 是一个具有二元变量的混合整数线性规划问题，一种可能求解方法是分枝定界法 [112]，这是一种系统地考察离散变量所有可能组合的求解方法。求解过程描述如下：

考虑混合整数规划问题 (5.17) 的松弛问题

$$\begin{cases} \min \varphi \\ \text{s.t.} \ (\hat{T}_{ik}^n + \alpha \hat{T}_{kl}^n + \hat{T}_{lj}^n) X_{iklj} - M \cdot z_{iklj}^n \leqslant \varphi, \\ \qquad \forall i,k,l,j \in N, \quad n=1,2,\cdots,N_{iklj}, \\ \sum_{n=1}^{N_{iklj}} p_{iklj}^n z_{iklj}^n \leqslant 1-\beta, \quad \forall i,k,l,j \in N, \\ X_{iklj} \geqslant X_{ik} + X_{jl} - 1, \quad \forall i,k,l,j \in N, \\ \sum_{k \in N} X_{kk} = p, \\ X_{ik} \leqslant X_{kk}, \quad \forall i,k \in N, \\ \sum_{k \in N} X_{ik} = 1, \quad \forall i \in N, \\ 0 \leqslant X_{ik} \leqslant 1, \quad \forall i,k \in N, \\ 0 \leqslant X_{iklj} \leqslant 1, \quad \forall i,k,l,j \in N, \\ 0 \leqslant z_{iklj}^n \leqslant 1, \quad \forall i,k,l,j \in N, \quad n=1,2,\cdots,N_{iklj}. \end{cases} \quad (5.18)$$

设 P 表示来自原混合整数规划的一组优化问题。最初，P 只包括连续的放松。当接近解时，P 将包括添加整数限制约束的问题。令 p_0 表示松弛问题 (5.18)。

分枝定界方法求解问题的过程包括以下几个步骤 (参见 [112])：

步骤 1 令活点集合 $:= \{O\}$ ("O" 代表原问题，下面的正整数 "k" 代表子问题 (P_k))，上界 $U := +\infty$，当前最好的整数解 $:= \varnothing$;

步骤 2 若活点集合 $= \varnothing$，则转向步骤 7，否则，选择一个分枝点 $k \in$ 活点集合，从活点集合中去掉点 k;

步骤 3 解点 k 对应的松弛 LP 问题，若此问题无解，转回步骤 2;

步骤 4 若点 k 对应的松弛 LP 问题的最优值 $z_k \geqslant U$，则点 k 被剪枝，转回步骤 2;

步骤 5 若点 k 对应的松弛 LP 问题的最优解 x^k 满足整数要求，则当前最好的解 $:= x^k$，上界 $U = z_k$。转回步骤 2;

步骤 6 若点 k 对应的松弛 LP 问题的最优解 x^k 不满足整数要求, 按 x^k 某个非整数分量生成点 k 的两个后代点, 令这两个后代点为活点, 并加入到活点集合中, 转回步骤 2;

步骤 7 若当前最好的整数解 $= \varnothing$, $U = +\infty$, 则原 ILP 问题无解, 否则, 当前最好的整数解就是原 ILP 问题的最优解, U 就是最优值, 计算停止.

下一小节将考虑一个具体的应用, 并使用 LINGO 来求解这个问题.

5.1.4 数值试验

本节给出一个随机 p-枢纽中心问题的应用实例, 其中只考虑运输时间是离散随机变量的情形. 假设某一个地区有六个城市, 从城市 i 到城市 j 的运输时间 T_{ij} 如表 5.1 所示, 运输时间是对称的且相互独立的随机变量, 各城市的位置如图 5.1

表 5.1 从城市 i 到城市 j 的运输时间 T_{ij}

T_{ij}	1	2	3	4	5	6
1	0	$\begin{pmatrix} 13 & 15 & 16 \\ 0.1 & 0.6 & 0.3 \end{pmatrix}$	$\begin{pmatrix} 18 & 21 & 23 \\ 0.1 & 0.7 & 0.2 \end{pmatrix}$	$\begin{pmatrix} 8 & 10 & 12 \\ 0.1 & 0.8 & 0.1 \end{pmatrix}$	$\begin{pmatrix} 16 & 17 & 18 \\ 0.2 & 0.6 & 0.2 \end{pmatrix}$	$\begin{pmatrix} 14 & 16 & 17 \\ 0.1 & 0.8 & 0.1 \end{pmatrix}$
2		0	$\begin{pmatrix} 8 & 9 & 10 \\ 0.3 & 0.6 & 0.1 \end{pmatrix}$	$\begin{pmatrix} 11 & 12 & 13 \\ 0.1 & 0.8 & 0.1 \end{pmatrix}$	$\begin{pmatrix} 10 & 11 & 12 \\ 0.2 & 0.7 & 0.1 \end{pmatrix}$	$\begin{pmatrix} 15 & 17 & 19 \\ 0.1 & 0.8 & 0.1 \end{pmatrix}$
3			0	$\begin{pmatrix} 14 & 15 & 17 \\ 0.2 & 0.7 & 0.1 \end{pmatrix}$	$\begin{pmatrix} 7 & 9 & 10 \\ 0.1 & 0.8 & 0.1 \end{pmatrix}$	$\begin{pmatrix} 13 & 15 & 16 \\ 0.1 & 0.8 & 0.1 \end{pmatrix}$
4				0	$\begin{pmatrix} 6 & 8 & 10 \\ 0.1 & 0.8 & 0.1 \end{pmatrix}$	$\begin{pmatrix} 6 & 7 & 8 \\ 0.2 & 0.7 & 0.1 \end{pmatrix}$
5					0	$\begin{pmatrix} 5 & 6 & 7 \\ 0.1 & 0.8 & 0.1 \end{pmatrix}$
6						0

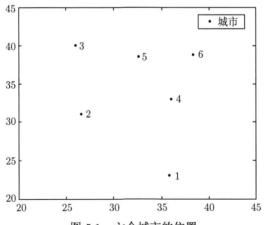

图 5.1 六个城市的位置

5.2 概率–可信性平衡优化方法

所示. 假设运输时间 T_{ij} 只有三个取值: 乐观到达时间、平均到达时间和悲观到达时间. 显然, 平均到达时间的概率比其他两个值要大得多.

试验分别考虑了 $p = 2, 3$ 和服务水平参数 $\beta = 0.80, 0.90$ 和 0.95 的情况. 在给定服务水平参数 β 的基础上, 采用 LINGO 8.0 软件求解等价的数学规划模型. 为了说明参数对求解结果有效性的影响, 比较了不同参数 β 的值所对应的解, 计算结果见表 5.2.

表 5.2 不同参数下的计算结果

p	β	目标值	CPU 时间/s
2	0.80	23.600000	301
2	0.90	23.600000	291
2	0.95	23.900000	239
3	0.80	20.500000	211
3	0.90	21.600000	359
3	0.95	21.900000	212

图 5.2 描绘了一个有效的路径 $1 \to 4 \to 5 \to 3$, 从中可以发现, p-枢纽中心的最佳位置往往会形成一定的结构, 其中一个枢纽位于该地区的中心 (图 5.2). 网络中服务水平参数 β 增加时, 最大运输时间变长.

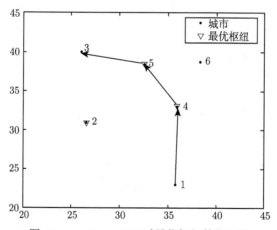

图 5.2 $p=3, \beta=0.80$ 时最优枢纽的位置图

5.2 概率–可信性平衡优化方法

对于 p-枢纽中心问题 (pHCP), 常常在随机和模糊双重不确定性的环境下制定有关枢纽选址及路径设计的决策. 本节建立三个平衡优化模型[125], 在模型中用

概率分布和可信性分布刻画不确定的运输时间. 所建立的 pHCP 是确定枢纽设施和需求节点的位置, 以最大限度地提高不确定运输时间的平衡服务水平. 首先, 处理平衡服务水平, 并将它们简化为等价的概率约束. 根据等价的随机规划模型的结构特点, 设计一个基于参数分解的混合禁忌搜索 (PD-HTS) 算法, 它包含参数分解 (PD), 样本平均近似 (SAA) 和禁忌搜索 (TS) 算法. 其次, 我们使用澳大利亚邮政 (AP) 和随机生成 (RG) 的数据集进行一些数值实验来验证所设计的求解方法的有效性. 实验结果表明, PD-HTS 算法具有比基于参数分解的混合遗传算法 (PD-HGA) 更好的性能.

5.2.1 问题描述

本节研究的 pHCP 包括枢纽选址和流量分配 (一般称之为选址分配决策). 决策者首先在一个网络中确定 p 个枢纽的位置, 然后在每个 O-D 对之间分配流量, 实现优化服务性能的目的. 服务性能可以通过运输时间来量化. 图 5.3 表明了上述决策过程. 对于一个包括像易腐烂或时间敏感的物品的枢纽网络, pHCP 是非常重要的, 其中最大的运输时间代表了可以给所有客户提供服务的最佳时间. 显然, 在实际应用中, 运输时间不能被认为是确定的, 因为它们的值可能因交通状况、气候条件、陆地类型和道路类型而异. 在这一考虑下, 试图优化运输时间不确定的 pHCP, 其中的不确定运输时间用概率和可信性分布来刻画.

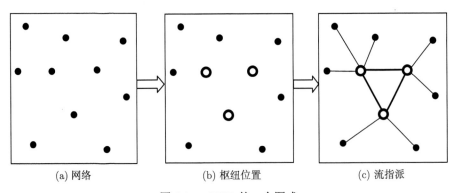

(a) 网络　　　　　　(b) 枢纽位置　　　　　　(c) 流指派

图 5.3　pHCP 的一个图式

以下是 pHCP 的主要特点和假设:

(A1) 无容量限制.

(A2) 要选址的枢纽的数目 p 是预先确定的.

(A3) 每个初始节点和目标节点只与某一个枢纽连接.

(A4) 不允许非枢纽节点之间直接连接.

(A5) 每个初始节点和目标节点之间的连接至多经过两个枢纽.

(A6) 运输时间具有双重不确定性, 用可信性分布和概率分布已知的模糊随机变量来表示. 假设 $(\Omega, \Sigma, \Pr)$ 是一个概率空间, 其中 Ω 是非空集合, Σ 是 Ω 子集 (称为事件) 的一个 σ-代数, $\Pr$ 是一个概率测度. 不失一般性, 假设运输时间 T_{ik}, T_{km} 和 T_{mj} 是模糊随机变量. 对每一个 $\omega \in \Omega$, $i,k,m,j \in N$, $T_{ik,\omega}$, $T_{km,\omega}$ 和 $T_{mj,\omega}$ 是相互独立的模糊变量.

注 5.1 (A5) 在枢纽选址问题的研究中是非常普遍和基本的, 该假设已在文献 [1] 和 [7] 中使用. 在一些应用领域每条线路两个枢纽的限制是很自然的需要. 例如, 当邮局收到一封信时, 对这封信的处理取决于它被发送的地址: 如果地址在此邮局负责的区域内, 则把它直接发送给收件人, 否则它被送到发送地址所在的邮局. 也就是说, 在一个国家内部邮寄信件时不得超过两个邮局. 为了反映这类实际要求, 假设从初始节点到目标节点的路线可以经过至多两个枢纽.

此外, 所研究的 pHCP 还需要以下参数和决策变量.

$N = \{1, 2, \cdots, n\}$: 网络中节点的集合;

$\overline{Z}$: 预先给定的临界值;

p: 需要选址的枢纽个数.

对于每一组 $i, k \in N$, 定义下面的二元决策变量:

$$X_{ik} = \begin{cases} 1, & \text{如果节点 } i \text{ 与枢纽 } k \text{ 连接,} \\ 0, & \text{否则.} \end{cases}$$

当 $i = k$ 时, 变量 X_{kk} 表示是否选择节点 k 作为枢纽.

定义二元决策变量 X_{ikmj}, 表示网络中从节点 i 先经过枢纽 k 再经过枢纽 m 到节点 j 的路径, 即

$$X_{ikmj} = \begin{cases} 1, & \text{如果存在从节点 } i \text{ 先经过枢纽 } k \text{ 再经过枢纽 } m \text{ 到节点 } j \text{ 的路径,} \\ 0, & \text{否则.} \end{cases}$$

5.2.2 平衡优化问题的形成

在实际的 pHCP 中, 由于时间上的一些实际困难, 决策者可能希望在概率–可信性、概率–可能性和概率–必要性意义下以最大的平衡服务水平达到他们的目标. 在建立的 pHCP 中, 由于时间的限制, 一个决策者可能希望最大化总的不确定运输时间不超过给定阈值的平衡服务水平. 使用三角模 $\top$, 建立一个如下形式的概率–可信性服务水平最大化 pHCP 平衡优化模型:

$$\begin{cases} \max & \top(\alpha,\beta) & (5.19.\text{a}) \\ \text{s.t.} & \Pr\{\omega\in\Omega\mid \text{Cr}\{(T_{ik,\omega}+dT_{km,\omega}+T_{mj,\omega})X_{ikmj}\leqslant \overline{Z}\}\geqslant \alpha\} \\ & \geqslant \beta, \quad \forall i,k,m,j\in N, & (5.19.\text{b}) \\ & X_{ikmj}\geqslant X_{ik}+X_{jm}-1, \quad \forall i,k,m,j\in N, & (5.19.\text{c}) \\ & \sum_{k\in N}X_{ik}=1, \quad \forall i\in N, & (5.19.\text{d}) \\ & X_{ik}\leqslant X_{kk}, \quad \forall i,k\in N, & (5.19.\text{e}) \\ & \sum_{k\in N}X_{kk}=p, & (5.19.\text{f}) \\ & X_{ik}\in\{0,1\}, \quad \forall i,k\in N, & (5.19.\text{g}) \\ & X_{ikmj}\in\{0,1\}, \quad \forall i,k,m,j\in N, & (5.19.\text{h}) \end{cases}$$
(5.19)

其中 $\top:[0,1]\times[0,1]\to[0,1]$ 是一个三角模. 在不确定性的实际建模过程中, 不同的决策者可以使用不同的三角模, 例如 $\top_1(\alpha,\beta)=\alpha\wedge\beta$, $\top_2(\alpha,\beta)=\alpha\beta$, $\top_3(\alpha,\beta)=\alpha\beta/[1+(1-\alpha)(1-\beta)]$ 或者 $\top_4(\alpha,\beta)=\alpha\beta/[\alpha+\beta-\alpha\beta]$. 参数 d 是枢纽弧 (枢纽节点间的连接) 上的运输时间折扣系数. 由于枢纽设备压缩时间、枢纽设备 k 和 m 间运输时间比原始时间小, 因此 $0<d<1$. 这一假设经常出现在枢纽选址文献中 [1, 7].

目标函数 (5.19.a) 与第一组概率约束条件 (5.19.b) 的目的是最大化平衡服务水平, 即网络中所有路径的模糊随机时间小于给定阈值 $\overline{Z}$. 第二组约束条件 (5.19.c) 确保路径 $i\to k\to m\to j$ 是网络中的一个有效路径的充要条件是节点 i 和 j 分别与枢纽 k 和 m 相连. 第三组约束条件 (5.19.d) 确保节点到枢纽是单指派的. 第四组约束条件 (5.19.e) 表明只允许给枢纽分配节点. 第五组约束条件 (5.19.f) 是枢纽总数为 p 的限制. 最后, 第六组约束条件 (5.19.g) 和第七组束条件 (5.19.h) 是 0-1 变量约束.

注 5.2 如果模糊随机运输时间 T_{ik}, T_{km} 和 T_{mj} 分别退化成模糊变量 ζ_{ik}, ζ_{km} 和 ζ_{mj}, 则模型 (5.19) 成为下面的可信性水平最大化模型 [127]:

$$\begin{cases} \max & \alpha \\ \text{s.t.} & \text{Cr}\{(\zeta_{ik}+d\zeta_{km}+\zeta_{mj})X_{ikmj}\leqslant \overline{Z}\}\geqslant \alpha, \quad \forall i,k,m,j\in N, \\ & (5.19.\text{c}), (5.19.\text{d}), (5.19.\text{e}), (5.19.\text{f}), (5.19.\text{g}), (5.19.\text{h}). \end{cases}$$
(5.20)

模型 (5.20) 的目标是最大化模糊运输时间不超过预先设定的网络中所有路径可以接受的有效时间点的可信性. 因此, 模型 (5.19) 是模糊环境下可信性水平最大化模型的一个推广.

另一方面, 如果给定可靠性水平 α, 则决策者希望最小化网络上最长路径持续

5.2 概率–可信性平衡优化方法

时间. 模型 (5.19) 变成文献 [128] 中如下形式的模型:

$$\begin{cases} \min & Z \\ \text{s.t.} & \text{Cr}\{(\zeta_{ik} + d\zeta_{km} + \zeta_{mj})X_{ikmj} \leqslant Z\} \geqslant \alpha, \quad \forall i,k,m,j \in N, \\ & (5.19.\text{c}), (5.19.\text{d}), (5.19.\text{e}), (5.19.\text{f}), (5.19.\text{g}), (5.19.\text{h}). \end{cases} \quad (5.21)$$

注 5.3 如果模糊随机运输时间 T_{ik}, T_{km} 和 T_{mj} 分别退化成随机变量 η_{ik}, η_{km} 和 η_{mj}, 则模型 (5.19) 成为下面的概率水平最大化模型:

$$\begin{cases} \max & \beta \\ \text{s.t.} & \Pr\{(\eta_{ik} + d\eta_{km} + \eta_{mj})X_{ikmj} \leqslant \overline{Z}\} \geqslant \beta, \quad \forall i,k,m,j \in N, \\ & (5.19.\text{c}), (5.19.\text{d}), (5.19.\text{e}), (5.19.\text{f}), (5.19.\text{g}), (5.19.\text{h}). \end{cases} \quad (5.22)$$

此问题的解释如下: 对于一个给定的最大路径长度值 $\overline{Z}$, 问题是确定可以获得的最大概率水平. 因此, 模型 (5.19) 是随机环境下概率水平最大化模型的一个推广.

另一方面, 如果给定概率水平 β, 决策者希望最小化网络上最长路径持续时间, 则模型 (5.19) 变成文献 [106] 中给出的如下形式的模型:

$$\begin{cases} \min & Z \\ \text{s.t.} & \Pr\{(\eta_{ik} + d\eta_{km} + \eta_{mj})X_{ikmj} \leqslant Z\} \geqslant \beta, \quad \forall i,k,m,j \in N, \\ & (5.19.\text{c}), (5.19.\text{d}), (5.19.\text{e}), (5.19.\text{f}), (5.19.\text{g}), (5.19.\text{h}). \end{cases} \quad (5.23)$$

注 5.4 如果通过一个三角模 ⊤ 将概率与可能性或者必要性进行组合, 则可以得到相应的概率–可能性或者概率–必要性 pHCP 平衡优化模型, 其中约束条件 (4.19.b) 由下面的约束条件 (5.24) 或者 (5.25) 替换,

$$\Pr\{\omega \in \Omega \mid \text{Pos}\{(T_{ik,\omega} + dT_{km,\omega} + T_{mj,\omega})X_{ikmj} \leqslant \overline{Z}\} \geqslant \alpha\} \geqslant \beta, \quad \forall i,k,m,j \in N, \quad (5.24)$$

$$\Pr\{\omega \in \Omega \mid \text{Nec}\{(T_{ik,\omega} + dT_{km,\omega} + T_{mj,\omega})X_{ikmj} \leqslant \overline{Z}\} \geqslant \alpha\} \geqslant \beta, \quad \forall i,k,m,j \in N. \quad (5.25)$$

下面的定理给出了概率–可信性、概率–可能性和概率–必要性 pHCP 平衡优化模型最优值间的关系.

定理 5.1 ([125]) 假设 T_C, T_P 和 T_N 分别是 pHCP 的概率–可信性、概率–可能性和概率–必要性最大化模型的最优值, 则有

$$T_N \leqslant T_C \leqslant T_P.$$

证明 记 I_C, I_P 和 I_N 分别是 pHCP 的概率–可信性、概率–可能性和概率–必要性最大化模型的可行集.

一方面, 如果 $x \in I_N$, 则

$$\Pr\{\omega \in \Omega \mid \mathrm{Cr}\{(T_{ik,\omega} + dT_{km,\omega} + T_{mj,\omega})X_{ikmj} \leqslant \overline{Z}\} \geqslant \alpha\}$$
$$\geqslant \Pr\{\omega \in \Omega \mid \mathrm{Nec}\{(T_{ik,\omega} + dT_{km,\omega} + T_{mj,\omega})X_{ikmj} \leqslant \overline{Z}\} \geqslant \alpha\} \geqslant \beta,$$
$$\forall i, k, m, j \in N,$$

这说明 $x \in I_C$. 所以, 可得 $I_N \subseteq I_C$. 类似地, 如果 $x \in I_C$, 可得 $I_C \subseteq I_P$.

另一方面, 推导出

$$T_C = \max_{x \in I_C} \{\top(\alpha, \beta) \mid \Pr\{\omega \in \Omega \mid \mathrm{Cr}\{(T_{ik,\omega} + dT_{km,\omega} + T_{mj,\omega})X_{ikmj} \leqslant \overline{Z}\} \geqslant \alpha\} \geqslant \beta,$$
$$\forall i, k, m, j \in N\}$$
$$\leqslant \max_{x \in I_C} \{\top(\alpha, \beta) \mid \Pr\{\omega \in \Omega \mid \mathrm{Pos}\{(T_{ik,\omega} + dT_{km,\omega} + T_{mj,\omega})X_{ikmj} \leqslant \overline{Z}\} \geqslant \alpha\} \geqslant \beta,$$
$$\forall i, k, m, j \in N\}$$
$$\leqslant \max_{x \in I_P} \{\top(\alpha, \beta) \mid \Pr\{\omega \in \Omega \mid \mathrm{Pos}\{(T_{ik,\omega} + dT_{km,\omega} + T_{mj,\omega})X_{ikmj} \leqslant \overline{Z}\} \geqslant \alpha\} \geqslant \beta,$$
$$\forall i, k, m, j \in N\}$$
$$= T_P.$$

类似地, 可得 $T_N \leqslant T_C$. □

平衡优化模型 (5.19) 通过将运输时间刻画为模糊随机变量推广随机 pHCP 和模糊 pHCP. 所提出的平衡优化模型是一个重要的扩展, 因为它是一个更灵活反映实际情况和决策者在双重不确定性下进行选择的主观性的问题. 为了求解问题 (5.19), 计算平衡服务水平可能会遇到困难. 为了避免这些困难, 考虑平衡服务水平约束可以简化为其等价的随机约束的特殊情况. 下一小节将讨论这个问题.

5.2.3 处理平衡服务水平

为了求解所提出的 pHCP 平衡优化模型, 需要有效地计算平衡服务水平. 平衡优化模型中存在双重不确定性, 一般情况下无法有效计算. 一种方法是采用逼近方法 [57] 估计平衡服务水平, 其中连续的模糊随机向量由一个离散的模糊随机向量序列近似. 另一种方法是将平衡服务水平约束简化为它们的概率约束, 这将在下面的定理中讨论.

定理 5.2 ([125]) 设运输时间 T_{ik}, T_{km} 和 T_{mj} 是三角模糊随机变量, 对每一个 $\omega \in \Omega$, $T_{ik,\omega} = (t_{ik}^1(\omega), t_{ik}^2(\omega), t_{ik}^3(\omega))$, $T_{km,\omega} = (t_{km}^1(\omega), t_{km}^2(\omega), t_{km}^3(\omega))$ 和 $T_{mj,\omega} = (t_{mj}^1(\omega), t_{mj}^2(\omega), t_{mj}^3(\omega))$ 是相互独立的模糊变量. 假定对任意的 $i, k, m, j \in N$, t_{ik}^l, t_{km}^l 和 t_{mj}^l, $l = 1, 2, 3$ 是随机变量, 则如下结论成立:

(i) 对于 $0 < \alpha \leqslant 1/2$ 和任意的 $i,k,m,j \in N$, $\Pr\{\omega \in \Omega \mid \mathrm{Cr}\{(T_{ik,\omega} + dT_{km,\omega} + T_{mj,\omega})X_{ikmj} \leqslant \overline{Z}\} \geqslant \alpha\} \geqslant \beta$ 等价于

$$\Pr\left\{\left((1-2\alpha)(t_{ik}^1 + dt_{km}^1 + t_{mj}^1) + 2\alpha(t_{ik}^2 + dt_{km}^2 + t_{mj}^2)\right)X_{ikmj} \leqslant \overline{Z}\right\} \geqslant \beta. \quad (5.26)$$

(ii) 对于 $1/2 < \alpha \leqslant 1$ 和任意的 $i,k,m,j \in N$, $\Pr\{\omega \in \Omega \mid \mathrm{Cr}\{(T_{ik,\omega} + dT_{km,\omega} + T_{mj,\omega})X_{ikmj} \leqslant \overline{Z}\} \geqslant \alpha\} \geqslant \beta$ 等价于

$$\Pr\left\{\left((2-2\alpha)(t_{ik}^2 + dt_{km}^2 + t_{mj}^2) + (2\alpha-1)(t_{ik}^3 + dt_{km}^3 + t_{mj}^3)\right)X_{ikmj} \leqslant \overline{Z}\right\}. \quad (5.27)$$

证明 对每一个 $\omega \in \Omega$, 模糊变量 $T_{ik,\omega}$, $T_{km,\omega}$ 和 $T_{mj,\omega}$ 是相互独立的, 根据三角模糊变量的性质[66], $T_{ik,\omega} + dT_{km,\omega} + T_{mj,\omega}$ 是下面的三角模糊变量

$$\left(t_{ik}^1(\omega) + dt_{km}^1(\omega) + t_{mj}^1(\omega), t_{ik}^2(\omega) + dt_{km}^2(\omega) + t_{mj}^2(\omega), t_{ik}^3(\omega) + dt_{km}^3(\omega) + t_{mj}^3(\omega)\right).$$

对于路径 $i \to k \to m \to j$, 考虑下面的可信性约束:

$$\mathrm{Cr}\{T_{ik,\omega} + dT_{km,\omega} + T_{mj,\omega} \leqslant \overline{Z}\} \geqslant \alpha.$$

如果 $0 < \alpha \leqslant 1/2$, 则有

$$\mathrm{Cr}\{T_{ik,\omega} + dT_{km,\omega} + T_{mj,\omega} \leqslant \overline{Z}\} \geqslant \alpha$$
$$\iff \mathrm{Pos}\{T_{ik,\omega} + dT_{km,\omega} + T_{mj,\omega} \leqslant \overline{Z}\} \geqslant 2\alpha$$
$$\iff \overline{Z} \geqslant (T_{ik,\omega} + dT_{km,\omega} + T_{mj,\omega})_{2\alpha}^L,$$

其中 $(T_{ik,\omega} + dT_{km,\omega} + T_{mj,\omega})_{2\alpha}^L$ 是三角模糊变量 $T_{ik,\omega} + dT_{km,\omega} + T_{mj,\omega}$ 的 2α-截集的左端点.

因此, 可信性约束 $\mathrm{Cr}\{T_{ik,\omega} + dT_{km,\omega} + T_{mj,\omega} \leqslant \overline{Z}\} \geqslant \alpha$ 等价于不等式

$$(1-2\alpha)(t_{ik}^1(\omega) + dt_{km}^1(\omega) + t_{mj}^1(\omega)) + 2\alpha(t_{ik}^2(\omega) + dt_{km}^2(\omega) + t_{mj}^2(\omega)) \leqslant \overline{Z}.$$

由此可知 $\mathrm{Cr}\{(T_{ik,\omega} + dT_{km,\omega} + T_{mj,\omega})X_{ikmj} \leqslant \overline{Z}\} \geqslant \alpha$ 可以表示为

$$\left((1-2\alpha)(t_{ik}^1(\omega) + dt_{km}^1(\omega) + t_{mj}^1(\omega)) + 2\alpha(t_{ik}^2(\omega) + dt_{km}^2(\omega) + t_{mj}^2(\omega))\right)X_{ikmj} \leqslant \overline{Z}.$$

类似地, 当 $1/2 < \alpha \leqslant 1$ 时, 有

$$\mathrm{Cr}\{T_{ik,\omega} + dT_{km,\omega} + T_{mj,\omega} \leqslant \overline{Z}\} \geqslant \alpha$$
$$\iff \mathrm{Nec}\{T_{ik,\omega} + dT_{km,\omega} + T_{mj,\omega} \leqslant \overline{Z}\} \geqslant 2\alpha - 1$$
$$\iff \overline{Z} \geqslant (T_{ik,\omega} + dT_{km,\omega} + T_{mj,\omega})_{2-2\alpha}^R,$$

其中 $(T_{ik,\omega}+dT_{km,\omega}+T_{mj,\omega})_{2-2\alpha}^{R}$ 是三角模糊变量 $T_{ik,\omega}+dT_{km,\omega}+T_{mj,\omega}$ 的 $(2-2\alpha)$-截集的右端点.

所以, 可信性约束 $\text{Cr}\{T_{ik,\omega}+dT_{km,\omega}+T_{mj,\omega} \leqslant \overline{Z}\} \geqslant \alpha$ 等价于不等式

$$(2-2\alpha)(t_{ik}^2+dt_{km}^2+t_{mj}^2)+(2\alpha-1)(t_{ik}^3+dt_{km}^3+t_{mj}^3) \leqslant \overline{Z}.$$

进一步, $\text{Cr}\{(T_{ik,\omega}+dT_{km,\omega}+T_{mj,\omega})X_{ikmj} \leqslant \overline{Z}\} \geqslant \alpha$ 可以写成

$$((2-2\alpha)(t_{ik}^2+dt_{km}^2+t_{mj}^2)+(2\alpha-1)(t_{ik}^3+dt_{km}^3+t_{mj}^3))X_{ikmj} \leqslant \overline{Z}. \qquad \Box$$

类似地, 概率-可能性和概率-必要性服务水平也可以简化为等价的概率约束. 结论概括为定理 5.3 和定理 5.4.

定理 5.3 ([125]) 令运输时间 T_{ik}, T_{km} 和 T_{mj} 是三角模糊随机变量, 且对每一个 $\omega \in \Omega$, $T_{ik,\omega}=(t_{ik}^1(\omega),t_{ik}^2(\omega),t_{ik}^3(\omega))$, $T_{km,\omega}=(t_{km}^1(\omega),t_{km}^2(\omega),t_{km}^3(\omega))$ 和 $T_{mj,\omega}=(t_{mj}^1(\omega),t_{mj}^2(\omega),t_{mj}^3(\omega))$ 是相互独立的模糊变量. 假定对任意的 $i,k,m,j \in N$, t_{ik}^l, t_{km}^l 和 t_{mj}^l, $l=1,2,3$ 是随机变量. 对于 $0 < \alpha \leqslant 1$ 和任意的 $i,k,m,j \in N$, 平衡服务水平约束 $\text{Pr}\{\omega \in \Omega \mid \text{Pos}\{(T_{ik,\omega}+dT_{km,\omega}+T_{mj,\omega})X_{ikmj} \leqslant \overline{Z}\} \geqslant \alpha\} \geqslant \beta$ 等价于

$$\text{Pr}\left\{((1-\alpha)(t_{ik}^1+dt_{km}^1+t_{mj}^1)+\alpha(t_{ik}^2+dt_{km}^2+t_{mj}^2))X_{ikmj} \leqslant \overline{Z}\right\} \geqslant \beta. \quad (5.28)$$

证明 类似于定理 5.2 的证明. $\qquad \Box$

定理 5.4 ([125]) 令运输时间 T_{ik}, T_{km} 和 T_{mj} 是三角模糊随机变量, 且对每一个 $\omega \in \Omega$, $T_{ik,\omega}=(t_{ik}^1(\omega),t_{ik}^2(\omega),t_{ik}^3(\omega))$, $T_{km,\omega}=(t_{km}^1(\omega),t_{km}^2(\omega),t_{km}^3(\omega))$ 和 $T_{mj,\omega}=(t_{mj}^1(\omega),t_{mj}^2(\omega),t_{mj}^3(\omega))$ 是相互独立的模糊变量. 假定对任意的 $i,k,m,j \in N$, t_{ik}^l, t_{km}^l 和 $t_{mj}^l(l=1,2,3)$ 是随机变量. 对于 $0 < \alpha \leqslant 1$ 和任意的 $i,k,m,j \in N$, 平衡服务水平约束 $\text{Pr}\{\omega \in \Omega \mid \text{Nec}\{(T_{ik,\omega}+dT_{km,\omega}+T_{mj,\omega})X_{ikmj} \leqslant \overline{Z}\} \geqslant \alpha\} \geqslant \beta$ 等价于

$$\text{Pr}\left\{((1-\alpha)(t_{ik}^2+dt_{km}^2+t_{mj}^2)+\alpha(t_{ik}^3+dt_{km}^3+t_{mj}^3))X_{ikmj} \leqslant \overline{Z}\right\} \geqslant \beta. \quad (5.29)$$

证明 类似于定理 5.2 的证明. $\qquad \Box$

作为定理 5.2 的结果, 可以通过分解参数 α 的区域将问题 (5.19) 分解为两个随机优化子问题.

对于一个固定的阈值 $\overline{Z}$, 首先求解下面的随机优化子问题:

$$\begin{cases} \max \quad \top(\alpha,\beta) \\ \text{s.t.} \quad \Pr\big\{\big((2-2\alpha)(t_{ik}^2 + dt_{km}^2 + t_{mj}^2) \\ \qquad\qquad +(2\alpha-1)(t_{ik}^3 + dt_{km}^3 + t_{mj}^3)\big)X_{ikmj} \leqslant \overline{Z}\big\} \geqslant \beta, \\ \qquad \forall i,k,m,j \in N, \\ X_{ikmj} \geqslant X_{ik} + X_{jm} - 1, \quad \forall i,k,m,j \in N, \\ \sum_{k\in N} X_{ik} = 1, \quad \forall i \in N, \\ X_{ik} \leqslant X_{kk}, \quad \forall i,k \in N, \\ \sum_{k\in N} X_{kk} = p, \\ X_{ik} \in \{0,1\}, \quad \forall i,k \in N, \\ X_{ikmj} \in \{0,1\}, \quad \forall i,k,m,j \in N, \\ \alpha \in \left(\dfrac{1}{2},1\right]. \end{cases} \quad (5.30)$$

如果子问题 (5.30) 不可行, 改变参数 α 的区域, 求解下面的随机优化子问题:

$$\begin{cases} \max \quad \top(\alpha,\beta) \\ \text{s.t.} \quad \Pr\big\{\big((1-2\alpha)(t_{ik}^1 + dt_{km}^1 + t_{mj}^1) \\ \qquad\qquad +2\alpha(t_{ik}^2 + dt_{km}^2 + t_{mj}^2)\big)X_{ikmj} \leqslant \overline{Z}\big\} \geqslant \beta, \\ \qquad \forall i,k,m,j \in N, \\ X_{ikmj} \geqslant X_{ik} + X_{jm} - 1, \quad \forall i,k,m,j \in N, \\ \sum_{k\in N} X_{ik} = 1, \quad \forall i \in N, \\ X_{ik} \leqslant X_{kk}, \quad \forall i,k \in N, \\ \sum_{k\in N} X_{kk} = p, \\ X_{ik} \in \{0,1\}, \quad \forall i,k \in N, \\ X_{ikmj} \in \{0,1\}, \quad \forall i,k,m,j \in N, \\ \alpha \in \left(0,\dfrac{1}{2}\right]. \end{cases} \quad (5.31)$$

注 5.5 根据定理 5.3 和定理 5.4, 可以得到具有约束 (5.28) 或者 (5.29) 的概率–可能性和概率–必要性 $p\text{HCP}$ 平衡优化模型的等价随机优化模型.

子问题 (5.30) 和 (5.31) 属于随机规划问题. 求解此类概率约束问题的传统解法基于确定等价形式的推导. 这种转换通常很难. 例如, 不失一般性地, 对于任意 $i,k,m,j \in N$, 考虑路径 $i \to k \to m \to j$, 并假设 $\boldsymbol{\xi}_{ikmj} = (t_{ik}^1, t_{km}^1, t_{mj}^1, t_{ik}^2, t_{km}^2, t_{mj}^2, t_{ik}^3, t_{km}^3, t_{mj}^3)^{\mathrm{T}}$ 是由联合密度函数描述的随机向量. 在这种情况下, 不能把概率

约束转化为确定的等价形式. 一种方法是用离散的随机变量逼近连续的随机参数, 并使离散化变得越来越细, 希望有限情景下近似问题的最优解收敛到原问题的最优解.

5.2.4 基于参数分解的禁忌搜索算法

本节讨论等价随机优化子问题 (5.30) 和 (5.31) 的启发式求解方法. 该方法包括 PD 方法、SAA 方法和 TS 算法, 称为基于参数分解的禁忌搜索算法, 即 PD-HTS 算法.

1. SAA 方法

SAA 方法是随机规划文献中的一种常用技术. 该方法的思想是生成随机参数的样本, 构造近似规划问题. 在 SAA 计算过程中, 设 S_{ikmj} 是离散样本集, 对 $s \in S_{ikmj}$, 在概率空间 $(\Omega, \Sigma, \Pr)$ 生成 ω_{ikmj}^s 并得到随机样本 $\xi_{ikmj}^s = \xi(\omega_{ikmj}^s)$. 等价地, 根据 ξ_{ikmj} 的概率分布为 $s \in S_{ikmj}$ 生成随机样本 ξ_{ikmj}^s.

现在根据 SAA 方法计算概率约束. 对任意的 $i, k, m, j \in N$, 用 S_{ikmj} 表示刻画随机向量 ξ_{ikmj} 的概率分布的有限场景集. 令 $\xi_{ikmj}^s = \left(\hat{t}_{ik,s}^1, \hat{t}_{km,s}^1, \hat{t}_{mj,s}^1, \hat{t}_{ik,s}^2, \hat{t}_{km,s}^2, \hat{t}_{mj,s}^2, \hat{t}_{ik,s}^3, \hat{t}_{km,s}^3, \hat{t}_{mj,s}^3\right)^{\mathrm{T}}$ 是情景 s ($s \in S_{ikmj}$) 下 ξ_{ikmj} 的联合实现确定向量. p_{ikmj}^s, $s \in S_{ikmj}$ 表示相应的概率, 其中 $p_{ikmj}^s > 0$ 且 $\sum_{s \in S_{ikmj}} p_{ikmj}^s = 1$.

在 $1/2 < \alpha \leqslant 1$ 情形下, 考虑下面的概率约束:

$$\begin{cases} \Pr\left\{\left((2-2\alpha)(t_{ik}^2+dt_{km}^2+t_{mj}^2)+(2\alpha-1)(t_{ik}^3+dt_{km}^3+t_{mj}^3)\right) X_{ikmj} \leqslant \overline{Z}\right\} \geqslant \beta, \\ \forall i, k, m, j \in N. \end{cases} \quad (5.32)$$

通过引入一个"充分大的"常数 M, 对任意的 $i, k, m, j \in N$ 和 $s \in S_{ikmj}$, 有

$$\left((2-2\alpha)(\hat{t}_{ik,s}^2 + d\hat{t}_{km,s}^2 + \hat{t}_{mj,s}^2) + (2\alpha-1)(\hat{t}_{ik,s}^3 + d\hat{t}_{km,s}^3 + \hat{t}_{mj,s}^3)\right) X_{ikmj} - M \leqslant \overline{Z}.$$

此外, 引入一个二元变量构成的向量 $\boldsymbol{Y}_{ikmj}$, 如果约束必须满足, 其元素 Y_{ikmj}^s, $s \in S_{ikmj}$ 取值为 0, 否则取值为 1.

根据概率的性质, 约束 (5.32) 可以等价地表示为

$$\begin{cases} \left((2-2\alpha)(\hat{t}_{ik,s}^2 + d\hat{t}_{km,s}^2 + \hat{t}_{mj,s}^2) + (2\alpha-1)(\hat{t}_{ik,s}^3 + d\hat{t}_{km,s}^3 + \hat{t}_{mj,s}^3)\right) X_{ikmj} \\ -M \cdot Y_{ikmj}^s \leqslant \overline{Z}, \quad \forall i, k, m, j \in N, \quad s \in S_{ikmj}, \\ \sum_{s \in S_{ikmj}} p_{ikmj}^s (1 - Y_{ikmj}^s) \geqslant \beta, \quad \forall i, k, m, j \in N. \end{cases}$$

因此, 随机优化子问题 (5.30) 可以由下面的 SAA 问题近似:

$$\begin{cases}
\max \quad \top(\alpha,\beta) \\
\text{s.t.} \quad \Big((2-2\alpha)(\hat{t}^2_{ik,s}+d\hat{t}^2_{km,s}+\hat{t}^2_{mj,s}) \\
\qquad +(2\alpha-1)(\hat{t}^3_{ik,s}+d\hat{t}^3_{km,s}+\hat{t}^3_{mj,s})\Big)X_{ikmj} \\
\qquad -M\cdot Y^s_{ikmj}\leqslant \overline{Z}, \quad s\in S_{ikmj},\quad \forall i,k,m,j\in N, \\
\qquad \sum_{s\in S_{ikmj}}p^s_{ikmj}(1-Y^s_{ikmj})\geqslant \beta,\quad \forall i,k,m,j\in N, \\
\qquad X_{ikmj}\geqslant X_{ik}+X_{jm}-1,\quad \forall i,k,m,j\in N, \\
\qquad \sum_{k\in N}X_{kk}=p, \\
\qquad X_{ik}\leqslant X_{kk},\quad \forall i,k\in N, \\
\qquad \sum_{k\in N}X_{ik}=1,\quad \forall i\in N, \\
\qquad X_{ik}\in\{0,1\},\quad \forall i,k\in N, \\
\qquad X_{ikmj}\in\{0,1\},\quad \forall i,k,m,j\in N, \\
\qquad Y^n_{ikmj}\in\{0,1\},\quad s\in S_{ikmj},\quad \forall i,j,k,m\in N, \\
\qquad \alpha\in\left(\dfrac{1}{2},1\right].
\end{cases} \quad (5.33)$$

类似地, 对于 $0<\alpha\leqslant 1/2$, 随机优化子问题 (5.31) 可以由下面的 SAA 问题近似:

$$\begin{cases}
\max \quad \top(\alpha,\beta) \\
\text{s.t.} \quad \Big((1-2\alpha)(\hat{t}^1_{ik,s}+d\hat{t}^1_{km,s}+\hat{t}^1_{mj,s}) \\
\qquad +2\alpha(\hat{t}^2_{ik,s}+d\hat{t}^2_{km,s}+\hat{t}^2_{mj,s})\Big)X_{ikmj} \\
\qquad -M\cdot Y^s_{ikmj}\leqslant \overline{Z},\quad s\in S_{ikmj},\quad \forall i,k,m,j\in N, \\
\qquad \sum_{s\in S_{ikmj}}p^s_{ikmj}(1-Y^s_{ikmj})\geqslant \beta,\quad \forall i,k,m,j\in N, \\
\qquad X_{ikmj}\geqslant X_{ik}+X_{jm}-1,\quad \forall i,k,m,j\in N, \\
\qquad \sum_{k\in N}X_{kk}=p, \\
\qquad X_{ik}\leqslant X_{kk},\quad \forall i,k\in N, \\
\qquad \sum_{k\in N}X_{ik}=1,\quad \forall i\in N, \\
\qquad X_{ik}\in\{0,1\},\quad \forall i,k\in N, \\
\qquad X_{ikmj}\in\{0,1\},\quad \forall i,k,m,j\in N, \\
\qquad Y^n_{ikmj}\in\{0,1\},\quad n\in S_{ikmj},\quad \forall i,j,k,m\in N, \\
\qquad \alpha\in\left(0,\dfrac{1}{2}\right].
\end{cases} \quad (5.34)$$

在上面介绍的形式中,每个情景都对应着一个约束. 因此,即使考虑小规模的问题,其 SAA 子问题 (5.33) 和 (5.34) 仍是非常大的混合整数规划问题,传统的数值优化方法,如线性规划和分枝定界法,在计算时间方面是无效的. 此外,当使用这些方法时,由于容量限制,分枝数可能急剧增加. 鉴于这些原因,下面使用启发式方法对模型进行求解.

2. TS 算法

TS 算法在文献 [23] 中被提出,它具有灵活的保存过去搜索步骤信息的记忆. 使用它在搜索空间来创建和寻找新的解,一个基本的 TS 算法是从当前解出发开始进行搜索,使用历史搜索记录并基于当前解的邻域建立一个可行解的集合. 对所得到的解进行评价,选择具有最高评价值的解作为下一个解. 选择出下一个解之后,修改历史记录. 重复此过程,直到满足预定义的终止条件. 本节设计求解 SAA 子问题的 TS 算法.

引入一些记号. 令 X 是一个解,由两个 2 维数组表示:HubArray (HA) 和 AssignArray (SA). 数组的长度等于所考虑网络中的节点数量. HubArray 包括一些 0 和 1,其中 1 表示对应的节点是一个枢纽,0 表示对应的节点是一个非枢纽节点. AssignArray 表示非枢纽节点向枢纽的分配. 如果节点 i 分配到 k,在 AssignArray 中相应位置有一个记录 k. 在 AssignArray 中,每一个枢纽被分配给自身. 此外,将分配给同一枢纽的节点集合定义为一个组. 所有节点可分为 p 个组.

在图 5.4 中,对于 $n = 10, p = 3$ 的情况,HubArray 表明节点 2, 4 和 7 被选为枢纽. AssignArray 表明非枢纽节点 1, 3 和 5 分配到枢纽 2,非枢纽节点 6 和 10 分配到枢纽 4,非枢纽节点 8 和 9 分配到枢纽 7. 枢纽节点 2, 4 和 7 分配给自身.

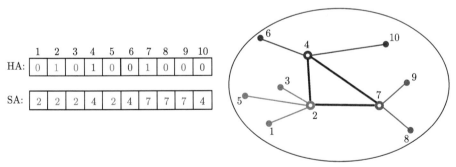

图 5.4 一个解的例子 (详见文后彩图)

给定一个解 X 和一个三角模 $\top$,可以计算目标函数 $\top(\alpha, \beta)$. 所以,对于任意解 X (布局),对应的目标函数记作 Obj(X). 因此,更改布局 X,相应地,将映射到目标值 Obj(X). 用三个解及其相应的目标函数值来进行操作. 令 X_{trial},

X_{current} 和 X_{best} 分别表示测试解、当前解和最佳解,用 $\text{Obj}(X_{\text{trial}})$, $\text{Obj}(X_{\text{current}})$ 和 $\text{Obj}(X_{\text{best}})$ 分别表示相应的测试目标函数值、当前目标函数值和最佳目标函数值.

现在开始讨论算法,它包括以下几个步骤.

首先,按如下方式给出初始解 X_{initial}. 随机产生第一个 HubArray,以便在给定的串中可以将某一位置变成一个枢纽 (取值 1),必须保证数字 1 出现 p 次;然后,在 AssignArray 中,每个非枢纽节点随机分配到选定的枢纽. 这种编码方案保证初始解是可行的.

其次,确定邻域结构. 给定一个当前解 X_{current},定义集合 $N(X_{\text{current}})$ 为与 X_{current} 相邻的解的集合,利用下面的一个移动由 X_{current} 得到这些解:

(M1) 交换 (exchange):随机选择一个组,将组中另一个 (随机选择的) 不同的节点作为枢纽. 图 5.5 表明这一移动.

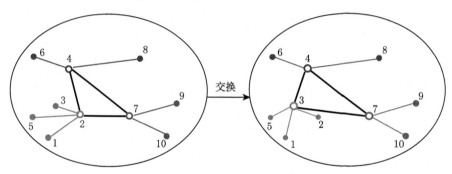

图 5.5 交换移动 (详见文后彩图)

(M2) 移位 (shift):将一个随机选定的非枢纽节点移到另一个组. 图 5.6 描述这一移动.

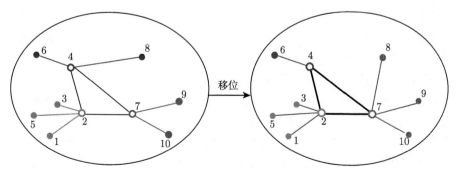

图 5.6 移位移动 (详见文后彩图)

(M3) 混合 (hybrid)：考虑一个组只包含一个节点的情况，即该组仅由枢纽组成. 为了更好地解释这种情况，考虑一个如图 5.7 所示的例子. 为了清楚起见，每个组分别用红色、绿色和蓝色表示. 可以看出，蓝色组只包含一个枢纽节点 4. 换句话说，没有非枢纽节点分配给枢纽节点 4. 在这种情况下，交换和移位移动不再适用于蓝色组. 为了处理这种情况，执行以下移动.

- 随机选择一个非枢纽节点并将其作为枢纽;
- 将先前的单个枢纽节点分配给一个随机选择的组.

这个运算可以解释为移动的一个特殊情况 (实际上它由两个移位和一个交换组成)，即混合运算. 混合运算用于增加所得解的多样性. 特别是，这有利于避免陷入局部最优. 图 5.7 表明这一移动.

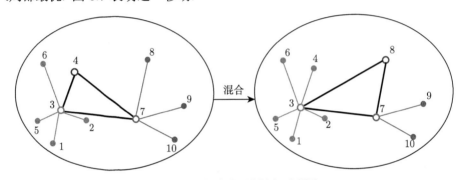

图 5.7　混合移动 (详见文后彩图)

用户可以指定移动为单纯的移位移动、单纯的交换移动或者混合移动. 此处以随机方式通过交替进行随机交换、移位或混合运算作一个折中. 这意味着，在邻域生成过程的每一次迭代中，选择一个移动算子生成当前解的下一个邻域. 定义移动概率为选择一个运算操作的概率. 分别设交换和移位的概率为 0.6 和 0.4. 当一个组只包含单个节点时，就进行混合移动.

与邻域有关的问题是邻域大小. 正如前面提到的，由于随机生成邻域，所以主要问题是大小. 邻域越大，越有可能为找到好的解花费更多的时间. 因此，需要在邻域规模和生成时间之间进行折中. 实验表明，选择一个 $5n$ 规模的邻域结果非常好. 也就是说，设置邻域大小为问题规模的五倍.

禁忌列表的大小是 TS 算法的一个重要参数. 一般来说，设置禁忌列表的方法有三种：固定的、动态的和随机的. 固定列表在整个求解过程中保持不变. 动态列表根据求解过程进行调整. 例如，在给定数量的无效迭代之后将禁忌列表减半. 如果在指定的迭代次数内没有改进，第三种方法将禁忌列表设置为一些随机选择的数字. 本节根据实证测试选择固定方法. 实证测试表明，固定列表比动态或随机的方法更有效，而且没有降低解的质量. 所以，此处使用一个大小为 30 的禁忌列表.

5.2 概率–可信性平衡优化方法

TS 中用藐视准则避免那些限制找到高质量解的移动. 换句话说, 藐视准则决定了什么情况下即使禁忌, 节点也可以移动. 在本节中, 使用一个典型的标准, 即如果一个移动产生比已知最优解更好的解 (并且得到的解是可行的), 则忽略禁忌状态, 执行移动.

终止准则是搜索过程终止的条件. 在此可选择迭代次数达到最大允许数时终止搜索. 在本节中, 如果迭代次数达到 300, 搜索将终止.

根据上面的讨论, 求解 SAA 子问题 (5.33) 和 (5.34) 的 TS 算法如下:

步骤 1 设置迭代次数计数器 $k = 0$, 并随机生成一个初始解 X_{initial}. 将此解设置为当前解和最佳解 X_{best}, 即 $X_{\text{initial}} = X_{\text{current}} = X_{\text{best}}$.

步骤 2 在当前解的邻域中随机生成一组测试解 X_{trial}, 即产生 $N(X_{\text{trial}})$. 如果问题是最大化的, 根据它们的目标函数值将 N 的元素降序排列. 定义 X_{trial}^i 作为有序集中的第 i 个测试解, $1 \leqslant i \leqslant 5n$. 就目标函数值而言, X_{trial}^i 表示 N 的元素中最好的测试解.

步骤 3 设置 $i = 1$. 如果 $\text{Obj}(X_{\text{trial}}^i) < \text{Obj}(X_{\text{best}})$, 转步骤 4; 否则, 设置 $X_{\text{best}} = X_{\text{trial}}^i$ 并转步骤 4.

步骤 4 检查 X_{trial}^i 的禁忌状态. 如果它不在禁忌列表中, 就将其放在禁忌列表中, 设置 $X_{\text{current}} = X_{\text{trial}}^i$, 转步骤 7. 如果它在禁忌列表中, 转步骤 5.

步骤 5 检验 X_{trial}^i 的藐视准则. 若满足, 则覆盖禁忌限制, 更新藐视水平, 设置 $X_{\text{current}} = X_{\text{trial}}^i$, 转步骤 7. 若不满足, 设置 $i = i + 1$, 转步骤 6.

步骤 6 如果 $i > 5n$, 转步骤 7; 否则, 返回步骤 4.

步骤 7 检验终止准则. 若有一个满足, 停止; 否则, 设置 $k = k+1$, 返回步骤 2. 下面描述参数分解方法.

正如 5.2.3 小节中的讨论, 决策者可能更愿意预先给定一个阈值, 并希望最大化网络上的所有路径的运输时间均不大于该阈值的平衡服务水平. 根据等价随机模型的结构特点, 提出一种求解 SAA 子问题的参数分解方法.

对于一个固定的阈值 $\overline{Z}$, 参数 α 的区域将求解过程分为至多两个步骤:

步骤 I 用 TS 算法求解混合整数规划子问题 (5.33).

如果子问题 (5.33) 可行, 可以得到最优值 $\top(\alpha, \beta)$; 否则, 改变参数 α 的区域, 转下一步.

步骤 II 用 TS 算法求解混合整数规划子问题 (5.34).

根据参数 α 的值将其区域划分为两个子区域, 相应地求解 SAA 问题的两个不同子问题, 所以求解过程最多进行两次. 将这个求解过程称为参数分解方法.

注 5.6 文献 [127] 和 [128] 中提出的启发式求解方法用于求解等价模糊和确定规划模型. 本节设计一种求解等价随机规划模型的启发式解法. 具体来说, 本节用 SAA 方法计算随机事件的概率, 而在文献 [127] 和 [128] 中用模糊模拟计算模糊事件的可信性. 因此, 三种启发式求解方法在本质上是不同的.

5.2.5 数值实验和比较研究

本节给出数值实验的计算结果来评估所设计的 PD-HTS 算法, 这一算法采用 C++ 语言编码.

1. RG 数据集

该组实验在平面上随机生成 10 个节点的数据集. 对于这个数据集, x 坐标和 y 坐标从正方形区域 $[0,150] \times [0,150]$ 内随机生成. 对于 $i,j = 1,2,\cdots,10$, 采用 Euclidean 距离 $D_{ij} = \sqrt{(x_i - x_j)^2 + (y_i - y_j)^2}$. 假设运输时间服从三角模糊随机分布. 具体来说, 对于 $i,k,m,j = 1,2,\cdots,10$, 考虑路径 $i \to k \to m \to j$. 假设运输时间 T_{ik}, T_{km} 和 T_{mj} 是如下三角模糊随机变量:

$$T_{ik,\omega} = (t_{ik}(\omega), t_{ik}(\omega)+1, t_{ik}(\omega)+2),$$
$$T_{km,\omega} = (t_{km}(\omega), t_{km}(\omega)+1, t_{km}(\omega)+2),$$
$$T_{mj,\omega} = (t_{mj}(\omega), t_{mj}(\omega)+1, t_{mj}(\omega)+2),$$

其中随机参数 $\xi_{ikmj} = (t_{ik}, t_{km}, t_{mj})$ 服从在下列区域中定义的三维联合均匀分布:

$$U = \{(x_1, x_2, x_3) | \gamma D_{ik} \leqslant x_1 \leqslant \pi D_{ik}, \gamma D_{km} \leqslant x_2 \leqslant \pi D_{km}, \gamma D_{mj} \leqslant x_3 \leqslant \pi D_{mj}\},$$

其中 $\gamma = 0.75$, $\pi = 1.25$.

在 SAA 程序中, 需要从连续随机参数生成样本点. 为简单起见, 对于 $i,k,m,j = 1,2,\cdots,10$, 设置 $S_{ikmj} = S$. 使用不同的样本规模 $S \in \{10, 50, 100, 120, 150\}$ 来测试所设计的启发式算法. 计算结果表明, 使用规模为 $S = 120$ 的样本得到了实际问题最优值的最好估计. 通过改变枢纽的数量 $p \in \{2, 3, 4\}$ 进行多个实验. 对于每个枢纽数量, 给出枢纽间运输折扣的两个水平 $d = 0.2$ 和 $d = 0.6$ 下的计算结果. 较小的值 $d = 0.2$, 说明枢纽弧上比非枢纽弧上使用更快速的车辆相对节省较多的时间, 反映了强大的整合程度和规模经济. 值 $d = 0.6$ 反映了较小程度的整合. 基于之前决策者对三种平衡优化模型 (即概率-可信性、概率-可能性和概率-必要性模型) 以往表现的评价, 考虑 11 个不同的阈值 $\overline{Z} \in \{60, 65, 70, 75, 95, 100, 110, 120, 125, 130, 135\}$. 本节使用两个不同的三角模 $\top_1(\alpha, \beta) = \alpha \wedge \beta$ 和 $\top_2(\alpha, \beta) = \alpha\beta$ 对决策者对待不确定性的态度进行建模.

表 5.3 和表 5.4 分别给出了使用三角模 $\top_1$ 和 $\top_2$ 的数值实验结果. 各列的含义如下: 第一列给出了枢纽数 p; 第二列给出了折扣因子 d; 第三列是预先给定的时间阈值 $\overline{Z}$; "概率-可信性模型" "概率-可能性模型" 和 "概率-必要性模型" 所在的

5.2 概率–可信性平衡优化方法

列报告了最优目标值和平均 CPU 时间. 从表 5.3 和表 5.4 观察到, 目标值随阈值 $\overline{Z}$ 变大而增加. 参数 p, d, $\overline{Z}$ 和三角模 $\top$ 固定时, 概率–可能性模型的目标函数值是最大的, 这与定理 5.1 一致. 此外, 表 5.3 和表 5.4 有力地说明了所提出的启发式求解方法可以在合理的时间内求解 10 个节点的实例.

表 5.3 三角模 $\top_1(\alpha,\beta) = \alpha \wedge \beta$ 情形下的计算结果

p	d	$\overline{Z}$	概率–可信性模型		概率–可能性模型		概率–必要性模型	
			目标值	CPU 时间/s	目标值	CPU 时间/s	目标值	CPU 时间/s
2	0.2	95	0.390000	15	0.460000	21	0.280000	15
		110	0.730000	13	0.880000	17	0.710000	20
		120	0.900000	11	0.990000	18	0.890000	19
	0.6	110	0.450000	23	0.500000	17	0.300000	20
		125	0.740000	17	0.860000	17	0.710000	20
		135	0.930000	20	0.980000	17	0.800000	19
3	0.2	65	0.380000	30	0.480000	20	0.170000	33
		90	0.780000	31	0.990000	31	0.610000	35
		95	0.920000	36	1.000000	30	0.850000	38
	0.6	100	0.390000	38	0.430000	34	0.240000	30
		125	0.870000	36	0.940000	31	0.760000	38
		130	0.940000	35	1.000000	39	0.870000	33
4	0.2	60	0.410000	64	0.470000	72	0.220000	73
		70	0.740000	83	0.950000	79	0.660000	60
		75	0.900000	70	1.000000	68	0.850000	67
	0.6	95	0.380000	67	0.390000	60	0.210000	71
		120	0.770000	74	0.910000	72	0.710000	81
		125	0.870000	66	0.980000	60	0.830000	79

表 5.4 三角模 $\top_2(\alpha,\beta) = \alpha\beta$ 情形下的计算结果

p	d	$\overline{Z}$	概率–可信性模型		概率–可能性模型		概率–必要性模型	
			目标值	CPU 时间/s	目标值	CPU 时间/s	目标值	CPU 时间/s
2	0.2	95	0.224756	17	0.224756	19	0.083013	18
		110	0.580766	13	0.861257	15	0.511500	21
		120	0.881978	17	0.990125	17	0.851210	20
	0.6	110	0.237985	21	0.237985	16	0.104460	10
		125	0.577925	17	0.709071	14	0.397273	21
		135	0.809674	19	0.980000	17	0.578193	13

续表

p	d	$\overline{Z}$	概率–可信性模型		概率–可能性模型		概率–必要性模型	
			目标值	CPU 时间/s	目标值	CPU 时间/s	目标值	CPU 时间/s
3	0.2	65	0.205943	31	0.244441	29	0.012217	35
		90	0.609316	36	0.624562	38	0.500000	30
		95	0.860820	34	0.951422	37	0.831201	35
	0.6	100	0.188002	31	0.195919	33	0.064912	40
		125	0.759195	34	0.960000	35	0.619312	28
		130	0.896362	32	0.990000	33	0.779731	38
4	0.2	60	0.175514	67	0.267981	71	0.001939	72
		70	0.547748	63	0.941333	72	0.353542	65
		75	0.794099	58	0.990000	66	0.717328	60
	0.6	95	0.250000	72	0.306441	74	0.065515	69
		120	0.656675	76	0.890000	67	0.595212	60
		125	0.750344	66	0.980000	78	0.720001	77

SAA 方法的精确性依赖于样本规模 S. 通过改变样本规模 S 分析 SAA 方法的性能. 对于固定的参数 $p = 2$, $d = 0.2$, $\overline{Z} = 120$ 和三角模 T_1, 近似目标值 T_1^S 是关于样本点数 S 的一列实数. 实验表明, 当 S 趋于无穷时, 序列 T_1^S 有极限 T_1^0, 如图 5.8 所示. 因此, 当 S 趋于无穷时, 近似目标值收敛到原来的目标值.

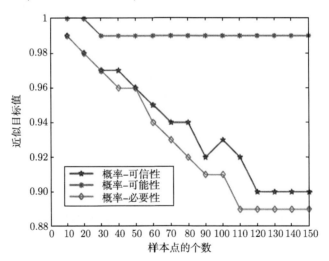

图 5.8 近似目标值的收敛性

2. AP 数据集

本组实验使用 AP 数据集 [17]. AP 数据集被大多数枢纽选址领域的研究人员当作一个基准. 从原始的 AP 数据集选择问题的规模 $n = \{20, 30, 40, 50\}$. 折扣因子是常数 $d = 0.6$. 通过从网页 (http://people.brunel.ac.uk/~mastjjb/jeb/info.html)

5.2 概率–可信性平衡优化方法

下载与 AP 数据集相对应的文件, 得到了澳大利亚 50 个城市的 x 坐标和 y 坐标. 模糊随机运输时间 T_{ik}, T_{km} 和 T_{mj} 与上一组实验相同. 不考虑随机性, T_{ik}, T_{km} 和 T_{mj} 退化为下面的模糊运输时间 ζ_{ik}, ζ_{km} 和 ζ_{mj}:

$$\zeta_{ik} = (D_{ik}, D_{ik} + 1, D_{ik} + 2),$$
$$\zeta_{km} = (D_{km}, D_{km} + 1, D_{km} + 2),$$
$$\zeta_{mj} = (D_{mj}, D_{mj} + 1, D_{mj} + 2).$$

类似地, 不考虑模糊性, 模糊随机运输时间 T_{ik}, T_{km} 和 T_{mj} 退化为定义在区域 U 内具有 3 维联合均匀分布的随机运输时间 η_{ik}, η_{km} 和 η_{mj}.

为了更好地理解模糊随机环境下的 pHCP 平衡优化思想, 对概率–可信性 pHCP 模型、概率 pHCP 模型和可信性 pHCP 模型进行比较. 表 5.5 总结了使用三角模

表 5.5 三角模 $T_1(\alpha, \beta) = \alpha \wedge \beta$ 情形下的计算结果

n	p	$\overline{Z}$	概率模型		可信性模型 [127]		概率–可信性模型	
			目标值	CPU 时间/s	目标值	CPU 时间/s	目标值	CPU 时间/s
20	2	115000	0.410000	175	0.390000	181	0.434195	185
		140000	0.590000	153	0.570000	167	0.610000	160
		190000	0.750000	161	0.730000	158	0.780000	159
	3	110000	0.400000	183	0.400000	197	0.433938	190
		130000	0.570000	197	0.540000	187	0.580000	195
		150000	0.750000	190	0.710000	187	0.760000	199
30	3	135000	0.480000	303	0.450000	290	0.490000	332
		155000	0.680000	341	0.640000	361	0.690000	300
		180000	0.850000	327	0.800000	354	0.870000	375
	4	130000	0.450000	338	0.430000	356	0.475055	401
		150000	0.630000	396	0.600000	316	0.650000	382
		175000	0.890000	378	0.880000	390	0.900000	393
40	4	140000	0.490000	864	0.450000	772	0.500000	850
		170000	0.720000	983	0.690000	779	0.740000	869
		200000	0.900000	970	0.880000	868	0.910000	912
	5	130000	0.450000	867	0.410000	960	0.462556	851
		150000	0.670000	774	0.610000	872	0.690000	841
		190000	0.870000	766	0.850000	690	0.880000	793
50	5	120000	0.350000	1541	0.330000	1856	0.367171	1789
		200000	0.740000	1823	0.720000	1799	0.760000	1800
		220000	0.790000	1775	0.750000	1648	0.810000	1973
	6	115000	0.340000	1867	0.300000	1652	0.360000	1871
		150000	0.570000	1674	0.560000	1762	0.600000	1815
		190000	0.720000	1776	0.680000	1760	0.730000	1789

T_1 时概率模型、可信性模型和概率-可信性模型得到的结果. 表中第一列表示问题规模 n. 接下来的两列显示参数 p 和 $\bar{Z}$. "概率模型" "可信性模型"[127] 和 "概率-可信性模型" 所在的列报告最优目标值和平均 CPU 时间. 由表 5.5 可以看出, 概率模型和可信性模型的目标函数值不是最优的. 换句话说, 如果决策者考虑模糊随机因素, 概率模型和可信性模型的目标函数值可以改进. 例如, 当 $n = 30$, $p = 3$ 且 $\bar{Z} = 180000$ 时, 不考虑模糊性的概率模型的目标函数值为 0.850000, 不考虑随机性的可信性模型的目标函数值为 0.800000, 而概率-可信性模型的目标函数值为 0.870000. 模糊随机数据可以扩大平衡优化模型的解空间, 所以概率-可信性模型的最优目标值优于概率模型和可信性模型的最优目标值. 因此, 忽略模型参数内在的双重不确定性可能导致次优, 而考虑数据的可能变化, 可以保证找到更可靠的解.

为了说明目标函数如何影响问题的解, 对文献 [106] 中的模型、文献 [128] 中的模型和概率-可信性模型进行了一些比较. 使用三角模 T_2, 表 5.6 总结了比较的结果. 前两列给出了实例的规模 n 和枢纽的数量 p. "文献 [106] 中建立的模型" "文献 [128] 中建立的模型" 和 "概率-可信性模型" 所在的列报告了枢纽节点的最佳位置和平均 CPU 时间. 计算结果表明, 在不同的决策准则下, 枢纽节点的最佳位置不同. 例如, 当 $n = 40$ 且 $p = 4$ 时, 文献 [106] 中模型提供的最优枢纽是 7, 9, 10, 32, 文献 [128] 中模型提供的最优枢纽是 4, 9, 32, 40, 而概率-可信性模型所提供的最优枢纽是 9, 10, 32, 40. 决策者根据决策准则, 可以利用表 5.6 所示的结果来确定枢纽位置, 做出更好的决策.

表 5.6 三角模 $T_2(\alpha, \beta) = \alpha\beta$ 情形下的计算结果比较

n	p	文献 [106] 中建立的模型		文献 [128] 中建立的模型		概率-可信性模型	
		枢纽	CPU 时间/s	枢纽	CPU 时间/s	枢纽	CPU 时间/s
20	2	4, 17	167	4, 17	189	4, 14	176
	3	4, 11, 18	171	4, 11, 18	185	7, 11, 18	183
30	3	4, 12, 23	290	4, 12, 23	317	9, 12, 17	364
	4	4, 9, 17, 24	332	4, 9, 12, 24	386	7, 9, 12, 24	366
40	4	7, 9, 10, 32	945	4, 9, 32, 40	832	9, 10, 32, 40	773
	5	7, 9, 10, 12, 40	867	4, 9, 10, 32, 39	796	7, 9, 10, 12, 39	781
50	5	7, 9, 10, 17, 49	1664	7, 9, 17, 32, 49	1872	4, 7, 9, 17, 49	1573
	6	7, 9, 15, 17, 35, 49	1737	7, 9, 12, 17, 32, 49	1842	7, 9, 12, 15, 35, 49	1947

3. 评价 PD-HTS 算法

为了进一步评估针对 pHCP 平衡优化模型设计的 PD-HTS 算法的性能, 设计了另一个综合了参数分解 (PD)、样本均值近似 (SAA) 和遗传算法 (GA) 的求解

方法 (PD-HGA). 在文献中, 遗传算法已成功地应用于求解复杂的优化问题 [22, 100]. 在 PD-HGA 中, 每个染色体由两个矩阵组成 (5.2.4 小节中描述的 HubArray 和 AssignArray). 随机初始化染色体并应用轮盘赌进行适应性选择. 使用文献 [128] 中给出的交叉和变异算子. 种群规模为 30, 最大迭代数为 300. 经过大量的实验, 为 PD-HGA 选择的最好的变异和交叉率为 $(P_{m1}, P_{m2}, P_c) = (0.2, 0.5, 0.3)$. PD-HGA 也采用 C++ 语言编码.

在 AP 和 RG 数据集中, 使用 PD-HTS 和 PD-HGA 求解概率–可信性 pHCP 平衡优化模型. 令 $d = 0.6$, 使用三角模 T_1, 得到表 5.7 的比较结果. 此外, 图 5.9 和

表 5.7　PD-HGA 与 PD-HTS 的计算结果比较

	n	p	$\overline{Z}$	PD-HGA		PD-HTS	
				目标值	CPU 时间/s	目标值	CPU 时间/s
RG 数据集	10	2	110	0.407692	118	0.450000	23
			125	0.701200	93	0.740000	17
			135	0.890000	111	0.930000	20
		3	100	0.381333	118	0.390000	38
			125	0.837102	127	0.870000	36
			130	0.932111	120	0.940000	35
AP 数据集	20	2	115000	0.384951	533	0.434195	185
			140000	0.500000	509	0.610000	160
			190000	0.752000	526	0.780000	159
		3	110000	0.353754	787	0.433938	190
			130000	0.444838	774	0.580000	195
			150000	0.700212	777	0.760000	199

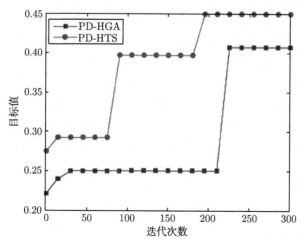

图 5.9　当 $p = 2$ 且 $\overline{Z} = 110$ 时, 对于 RG 数据集, PD-HGA 与 PD-HTS 的收敛性比较

图 5.10 分别表明了在两个不同数据集上的收敛性比较, 可以看到, 迭代次数较小时, PD-HTS 的表现比 PD-HGA 好 (上升速度快), 在几乎所有的迭代中, PD-HTS 优于 PD-HGA. 实验结果表明, 在处理 pHCP 平衡优化问题时, PD-HTS 算法比 PD-HGA 算法性能更好. 因此, 所设计的 PD-HTS 能有效求解所建立的 pHCP 平衡优化模型.

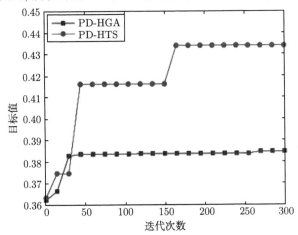

图 5.10　当 $p=2$ 且 $\overline{Z}=115000$ 时, 对于 AP 数据集, PD-HGA 与 PD-HTS 的收敛性比较

5.3　本章小结

本章介绍了两类枢纽中心问题. 5.1 节研究离散随机运输时间的 p-枢纽中心问题, 设计了一个最小化有效时间点的网络. 对于 Poisson 运输时间, 证明了随机模型等价于一个确定规划问题. 对于一般离散随机运输时间, 引入辅助二元变量, 将问题转化为等价的混合整数规划模型. 采用 LINGO 求解等价规划问题. 从计算的角度看, 不能用 LINGO 求解大规模的实际 p-枢纽中心问题, 因此今后的研究中需要开发其他启发式求解方法, 例如, 将逼近方法与神经网络进行组合.

5.2 节研究了双重不确定条件下的 pHCP, 其中的运输时间由已知可信性分布和概率分布的模糊随机变量描述. 建立了三个平衡优化模型, 并将平衡服务水平约束简化为等价的随机约束. 因此, 原平衡优化问题可以转化为等价的随机优化问题. 利用随机优化问题的结构特点, 设计了一种基于参数分解的启发式算法求解此随机规划问题. 所提出的 PD-HTS 算法综合使用了 PD 方法、SAA 方法和 TS 算法. 为了测试所设计求解方法的性能, 进行了基于 AP 和 RG 数据集的数值实验. 计算结果表明, 所提出的建模思想和设计的 PD-HTS 算法的有效性, 与 PD-HGA 相比, PD-HTS 的收敛性更好. 在今后的研究中, 可以应用所提出的三种平衡方法优化其他枢纽选址问题, 例如枢纽中位, 枢纽集覆盖. 本章的建模方法可用于其他真实系统的建模, 比如运输和电信网络设计.

第6章 两阶段平衡枢纽选址问题

枢纽中心选址问题研究的是如何对枢纽中心进行选址, 以及确定商品运输路线的问题, 其中称为枢纽中心的特殊设备用于在起点和终点 (O-D) 之间发送商品. 枢纽中心选址问题在许多领域有广泛的应用. 这类问题的决策过程可以看作两个阶段, 第一阶段考虑选择一组节点来作为枢纽设施的位置, 而第二阶段则处理枢纽网络的设计, 通常由节点到枢纽设施的分配模式决定. 因此, 两阶段优化方法是枢纽中心选址问题建模的一种有效方法. 本章将介绍两种枢纽中心选址问题建模的两阶段优化方法: 随机需求情形的最小风险准则和双重不确定需求情形的平衡关键值准则.

6.1 随机需求情形的最小风险准则

本节介绍两阶段随机最小风险枢纽中心选址优化问题[132], 其中不确定需求由随机向量刻画. 为表明建模思想及其有效性, 本节最后进行了一些数值实验.

6.1.1 模型的建立

无能力约束的枢纽中心选址问题需要确定一些枢纽中心的位置, 以及确定商品通过枢纽中心节点的运输路线, 目标是最小化总的建设与运输费用. 下面给出模型中使用的符号:

Q: 节点集, 包括起点 $o(k)$ 和终点 $d(k)$;

H: 潜在的枢纽中心位置集, $H \subseteq Q$, 指标 $i, j \in H$;

f_i: 节点 i 被选为枢纽中心的固定建设费用;

z_i: 选址变量, 若节点 i 被选为枢纽中心, 其值为 1, 否则为 0;

K: 商品集, 其起点与终点属于 Q, 指标 $k \in K$;

$W_k(\xi)$: 商品 $k \in K$ 的随机需求, 其随机性由随机变量 ξ 刻画;

x_{ijk}: 路线变量, 若商品 k 先经过枢纽中心 i 再经过枢纽中心 j, 则其值为 1, 否则为 0;

F_{ijk}: 先经过枢纽中心 i 再经过枢纽中心 j 运输商品 k 的单位运输费用;

Ξ: 随机变量 ξ 的支撑.

在随机环境下, 决策者在整个选址过程中可能会面对多种不确定因素. 也就是说, 在做出选址决策 $z = (z_1, z_2, \cdots, z_{|H|})^{\mathrm{T}}$ 后需求可能会改变. 为了最小化选址和

运输的总费用,在做出选址决策后,路线决策变量 x_{ijk} 或 $x_{ijk}(\xi)$ 可能也会改变. 本节假设这些不确定的需求由概率分布已知的独立随机变量 $W_k(\xi)$ 刻画. 在做出选址决策后给出不确定环境,把这类问题建立成一个带补偿的两阶段随机规划. 第一阶段决策为枢纽中心的选址决策, 第二阶段决策为商品的最优运输路径决策. 选址决策 $\boldsymbol{z} = (z_1, z_2, \cdots, z_{|H|})^{\mathrm{T}}$ 称为第一阶段决策, 必须在知道随机变量 $W_k(\xi)$ 的实现值之前做出. 路线决策 $\boldsymbol{X} = \{x_{ijk} \mid i, j \in H, k \in K\}$ 称为第二阶段决策, 可以在知道随机变量 $W_k(\xi)$ 实现值后做出. 为了强调 $\boldsymbol{X}$ 对 $\boldsymbol{z}$ 和 ξ 的依赖, 把 $\boldsymbol{X}$ 表示为 $\boldsymbol{X}(\boldsymbol{z}, \xi)$ 或 $x_{ijk}(\xi)$. 这种依赖并不表示 x_{ijk} 是关于 ξ 的函数, 而是表示在 ξ 取不同的实现值时会有不同的决策 x_{ijk}.

在枢纽中心选址问题中, 每种商品 $k \in K$ 在起点和终点之间只有唯一的运输路线. 约束 (c1) 确保起点和终点之间只有唯一的路线:

$$\sum_{i \in H} \sum_{j \in H} x_{ijk}(\xi) = 1, \quad k \in K, \quad \xi \in \Xi. \tag{c1}$$

对于每种商品 $k \in K$ 和每个枢纽中心 $i \in H$, 为了保证运送商品的路线不经过非枢纽中心节点, 给出约束 (c2):

$$\sum_{j \in H} x_{ijk}(\xi) + \sum_{j \in H \setminus \{i\}} x_{ijk}(\xi) \leqslant z_i, \quad i \in H, \quad k \in K, \quad \xi \in \Xi. \tag{c2}$$

约束 (c3) 是标准的非负约束:

$$x_{ijk}(\xi) \geqslant 0, \quad i \in H, \quad k \in K, \quad \xi \in \Xi. \tag{c3}$$

如果给定第一阶段决策向量 $\boldsymbol{z}$, 并且对每种商品 $k \in K$, 随机变量 $W_k(\xi)$ 的实现值 $W_k(\hat{\xi})$ 是已知的, 则可建立如下第二阶段规划:

$$\begin{cases} \min_{\boldsymbol{X}} & \sum_{i \in H} \sum_{j \in H} \sum_{k \in K} (W_k(\xi) F_{ijk}) x_{ijk}(\xi) \\ \text{s.t.} & \sum_{i \in H} \sum_{j \in H} x_{ijk}(\xi) = 1, \quad k \in K, \quad \xi \in \Xi, \\ & \sum_{j \in H} x_{ijk}(\xi) + \sum_{j \in H \setminus \{i\}} x_{ijk}(\xi) \leqslant z_i, \quad i \in H, \quad k \in K, \quad \xi \in \Xi, \\ & x_{ijk}(\xi) \geqslant 0, \quad i \in H, \quad k \in K, \quad \xi \in \Xi. \end{cases} \tag{6.1}$$

第二阶段规划 (6.1) 的原则是对于给定的第一阶段决策 $\boldsymbol{z}$ 和已知的每种商品 $k \in K$ 的随机需求 $W_k(\xi)$ 的实现值 $W_k(\hat{\xi})$, 最小化第二阶段的运输费用.

在第一阶段, 我们使用随机事件

$$\left\{ \omega \,\middle|\, \sum_{i \in H} f_i z_i + \sum_{i \in H} \sum_{j \in H} \sum_{k \in K} (W_k(\xi(\omega)) F_{ijk}) x_{ijk}(\xi(\omega)) \leqslant C_0 \right\}$$

发生的概率 (称作风险度量) 来表示总费用不超过 C_0 的概率, 其中 C_0 表示给定的总费用上界. 对于一个给定的 C_0, 概率越高, 决策者的风险越低. 为了最小化两个阶段的总费用, 模型的目标函数如下:

$$\Pr\left\{\sum_{i\in H} f_i z_i + \sum_{i\in H}\sum_{j\in H}\sum_{k\in K}(W_k(\xi)F_{ijk})x_{ijk}(\xi) \leqslant C_0\right\}.$$

需要找到一个可行的决策 z, 使得随机总费用低于 C_0 的概率是最大的. 因此, 第一阶段规划可表示为

$$\begin{cases} \max\limits_{z} & \Pr\left\{\sum_{i\in H} f_i z_i + \sum_{i\in H}\sum_{j\in H}\sum_{k\in K}(W_k(\xi)F_{ijk})x_{ijk}(\xi) \leqslant C_0\right\} \\ \text{s.t.} & z \in \{0,1\}^{|H|}. \end{cases} \quad (6.2)$$

结合模型 (6.1) 和 (6.2), 得到如下的两阶段随机最小风险枢纽中心选址模型[132]:

$$\begin{cases} \max\limits_{z} & \Pr\left\{\sum_{i\in H} f_i z_i + Q(z,\xi) \leqslant C_0\right\} \\ \text{s.t.} & z \in \{0,1\}^{|H|}, \end{cases} \quad (6.3)$$

其中 $Q(z,\xi)$ 是如下第二阶段规划问题的最优值:

$$\begin{cases} Q(z,\xi) = \min\limits_{X} \sum_{i\in H}\sum_{j\in H}\sum_{k\in K}(W_k(\xi)F_{ijk})x_{ijk}(\xi) \\ \text{s.t.} \sum_{i\in H}\sum_{j\in H} x_{ijk}(\xi) = 1, \quad k \in K, \quad \xi \in \Xi, \\ \quad\quad \sum_{j\in H} x_{ijk}(\xi) + \sum_{j\in H\setminus\{i\}} x_{ijk}(\xi) \leqslant z_i, \quad i \in H, \quad k \in K, \quad \xi \in \Xi, \\ \quad\quad x_{ijk}(\xi) \geqslant 0, \quad i \in H, \quad k \in K, \quad \xi \in \Xi. \end{cases} \quad (6.4)$$

下面证明以上两阶段随机规划等价于一个单阶段随机 P-模型. 单阶段随机 P-模型方便枢纽中心选址问题的求解.

定理 6.1 ([132]) 两阶段随机规划问题 (6.3)—(6.4) 等价于下面的最小风险 P-

模型：
$$\begin{cases} \max\limits_{\boldsymbol{z},\boldsymbol{X}} \Pr\left\{\sum\limits_{i\in H} f_i z_i + \sum\limits_{i\in H}\sum\limits_{j\in H}\sum\limits_{k\in K}(W_k(\xi)F_{ijk})x_{ijk} \leqslant C_0\right\} \\ \text{s.t.} \quad \sum\limits_{i\in H}\sum\limits_{j\in H} x_{ijk} = 1, \quad k \in K, \\ \quad\quad \sum\limits_{j\in H} x_{ijk} + \sum\limits_{j\in H\setminus\{i\}} x_{ijk} \leqslant z_i, \quad i \in H, \quad k \in K, \\ \quad\quad x_{ijk} \geqslant 0, \quad i \in H, \quad k \in K, \\ \quad\quad \boldsymbol{z} \in \{0,1\}^{|H|}. \end{cases} \quad (6.5)$$

证明 给定第一阶段决策向量 $\boldsymbol{z}$, 目标函数中对应第二阶段的项可以分成 $|K|$ 个独立的子问题, 每一个独立子问题对应于一种商品 $k \in K$. 对每一个独立子问题, 最优解不依赖于随机变量 ξ 的具体实现值. 也就是说, 不管需求 $W_k(\xi)$ 的实现值如何, 运送每种商品的最优路线决策, 即第二阶段的决策, 是相同的. 令 $x_{ijk}(\xi)$ 表示对应于第一阶段解 $\boldsymbol{z}$ 的最优解, 则有

$$x_{ijk}(\xi) = x_{ijk}(\boldsymbol{z}) = x_{ijk}, \quad \forall k \in K, \quad \forall i,j \in H, \quad \forall \xi \in \Xi.$$

因此, 两阶段随机规划问题 (6.3)—(6.4) 等价于单阶段随机规划问题 (6.5). □

尽管 P-模型 (6.5) 是一个带有确定约束的单阶段规划问题, 但是由于目标函数是概率, 这个规划仍然很难求解. 也就是说, 对于一般的随机需求来说, 很难进行数值计算概率目标函数. 因此, 希望获得目标函数的解析表达式. 6.1.2 小节在适当的假设下, 将给出概率目标函数的等价表达式, 并将随机规划模型 (6.5) 转化成一个等价的确定规划问题.

6.1.2 等价 0-1 分式规划问题

在本节中, 假设 $|K|$ 维随机向量

$$\boldsymbol{W} = (W_1(\xi), W_2(\xi), \cdots, W_{|K|}(\xi))^{\mathrm{T}}$$

服从多元正态分布, 则存在一个 $|K|\times S$ 矩阵 $\boldsymbol{D}$ 和一个向量 $\boldsymbol{\mu}=(\mu_1,\mu_2,\cdots,\mu_{|K|})^{\mathrm{T}}\in \mathcal{R}^{|K|}$, 使得

$$\boldsymbol{W} = \boldsymbol{D}\cdot\boldsymbol{\zeta}' + \boldsymbol{\mu}$$

成立, 其中 $\boldsymbol{\zeta}'$ 是一个 S 维的随机向量, 分量 ζ_i' 是随机独立的标准正态分布[33]. 因此, 随机需求 $\boldsymbol{W}$ 的数学期望向量是 $\boldsymbol{\mu}$, 且 $\boldsymbol{W}$ 的协方差矩阵是 $\boldsymbol{\Sigma} = \boldsymbol{D}\boldsymbol{D}^{\mathrm{T}}$.

如果定义

$$\zeta(\boldsymbol{z},\boldsymbol{x},\xi) = \sum_{i\in H} f_i z_i + \sum_{i\in H}\sum_{j\in H}\sum_{k\in K}(W_k(\xi)F_{ijk})x_{ijk},$$

6.1 随机需求情形的最小风险准则

则 $\zeta(z, x, \xi)$ 可以表示成

$$\zeta(z, x, \xi) = f^{\mathrm{T}} z + W^{\mathrm{T}} F X = \zeta'^{\mathrm{T}}(D^{\mathrm{T}} F X) + f^{\mathrm{T}} z + \mu^{\mathrm{T}} F X,$$

其中

$$f = \begin{pmatrix} f_1 \\ f_2 \\ \vdots \\ f_{|H|} \end{pmatrix}, \quad z = \begin{pmatrix} z_1 \\ z_2 \\ \vdots \\ z_{|H|} \end{pmatrix}, \quad X = \begin{pmatrix} X_1 \\ X_2 \\ \vdots \\ X_{|K|} \end{pmatrix}, \tag{6.6}$$

$$F = \begin{pmatrix} F_1 & 0 & \cdots & 0 \\ 0 & F_2 & \cdots & 0 \\ \vdots & \vdots & & \vdots \\ 0 & 0 & \cdots & F_{|K|} \end{pmatrix}, \quad \begin{pmatrix} f \\ W \end{pmatrix} = \begin{pmatrix} 0 \\ D \end{pmatrix} \cdot \zeta' + \begin{pmatrix} f \\ \mu \end{pmatrix}, \tag{6.7}$$

$$X_k = (\overbrace{x_{11k}, x_{12k}, \cdots, x_{1|H|k}}^{|H|}, \overbrace{x_{21k}, x_{22k}, \cdots, x_{2|H|k}}^{|H|}, \cdots, \overbrace{x_{|H|1k}, x_{|H|2k}, \cdots, x_{|H||H|k}}^{|H|})^{\mathrm{T}},$$

$$F_k = (\overbrace{F_{11k}, F_{12k}, \cdots, F_{1|H|k}}^{|H|}, \overbrace{F_{21k}, F_{22k}, \cdots, F_{2|H|k}}^{|H|}, \cdots, \overbrace{F_{|H|1k}, F_{|H|2k}, \cdots, F_{|H||H|k}}^{|H|})^{\mathrm{T}}.$$

根据多元正态随机变量的定义 [21, 33], 有

$$\mathrm{E}(\zeta(z, x, \xi)) = f^{\mathrm{T}} z + \mu^{\mathrm{T}} F X, \quad \mathrm{Var}(\zeta(z, x, \xi)) = \|D^{\mathrm{T}} F X\|^2.$$

概率目标函数可以转化为

$$\Pr\{\zeta(z, x, \xi) \leqslant C_0\} = \Pr\left\{\frac{\zeta(z, x, \xi) - \mathrm{E}(\zeta(z, x, \xi))}{\sqrt{\mathrm{Var}(\zeta(z, x, \xi))}} \leqslant \frac{C_0 - \mathrm{E}(\zeta(z, x, \xi))}{\sqrt{\mathrm{Var}(\zeta(z, x, \xi))}}\right\}$$

$$= \Phi\left(\frac{C_0 - \mathrm{E}(\zeta(z, x, \xi))}{\sqrt{\mathrm{Var}(\zeta(z, x, \xi))}}\right) = \Phi\left(\frac{C_0 - f^{\mathrm{T}} z - \mu^{\mathrm{T}} F X}{\|D^{\mathrm{T}} F X\|}\right).$$

因此, 模型 (6.5) 可以转化为

$$\begin{cases} \max_{z, X} \Phi\left(\dfrac{C_0 - f^{\mathrm{T}} z - \mu^{\mathrm{T}} F X}{\|D^{\mathrm{T}} F X\|}\right) \\ \text{s.t.} \quad \displaystyle\sum_{i \in H} \sum_{j \in H} x_{ijk} = 1, \quad k \in K, \\ \quad \displaystyle\sum_{j \in H} x_{ijk} + \sum_{j \in H \setminus \{i\}} x_{ijk} \leqslant z_i, \quad i \in H, \ k \in K, \\ \quad x_{ijk} \in \{0, 1\}, \quad i \in H, \ k \in K, \\ \quad z \in \{0, 1\}^{|H|}. \end{cases} \tag{6.8}$$

这个确定的规划是一个具有非线性目标函数和线性约束的最大化问题. 由于正态分布函数 $\Phi(\cdot,\cdot)$ 的严格单调性, 模型 (6.8) 等价于下面的 0-1 分式规划问题:

$$\begin{cases} \max\limits_{z,X} & \dfrac{C_0 - f^T z - \mu^T F X}{\|D^T F X\|} \\ \text{s.t.} & \sum\limits_{i \in H}\sum\limits_{j \in H} x_{ijk} = 1, \quad k \in K, \\ & \sum\limits_{j \in H} x_{ijk} + \sum\limits_{j \in H \setminus \{i\}} x_{ijk} \leqslant z_i, \quad i \in H, \quad k \in K, \\ & x_{ijk} \in \{0,1\}, \quad i \in H, \quad k \in K, \\ & z \in \{0,1\}^{|H|}. \end{cases} \quad (6.9)$$

0-1 分式规划问题 (6.9) 是一个整数分式规划问题. 从有效数值解法的观点看, 希望问题 (6.9) 的松弛问题是一个凸规划问题. 接下来将考虑松弛问题的凸性.

定理 6.2 ([132]) 0-1 分式规划 (6.9) 的松弛问题 (6.10) 在半开空间 $\{(z,X) \mid f^T z + \mu^T F X < C_0\}$ 上是一个凸规划问题:

$$\begin{cases} \max\limits_{z,X} & \dfrac{C_0 - f^T z - \mu^T F X}{\|D^T F X\|} \\ \text{s.t.} & \sum\limits_{i \in H}\sum\limits_{j \in H} x_{ijk} = 1, \quad k \in K, \\ & \sum\limits_{j \in H} x_{ijk} + \sum\limits_{j \in H \setminus \{i\}} x_{ijk} \leqslant z_i, \quad i \in H, \quad k \in K, \\ & x_{ijk} \geqslant 0, \quad i \in H, \quad k \in K, \\ & z_i \geqslant 0, \quad i \in H. \end{cases} \quad (6.10)$$

证明 因为模型 (6.10) 中的约束函数是线性的, 所以可行域是凸集. 接下来讨论目标函数的凹性. 为此, 记

$$g(z, x) = \frac{C_0 - f^T z - \mu^T F X}{\|D^T F X\|}.$$

当 $f^T z + \mu^T F X < C_0$, 即 $C_0 - f^T z - \mu^T F X > 0$ 时, 函数 $C_0 - f^T z - \mu^T F X$ 是一个正的线性函数, 并且欧几里得范数 $\|D^T F X\|$ 是凸的. 所以, 分式函数 $g(z,x)$ 在这个半开空间 $\{(z,X) \mid f^T z + \mu^T F X < C_0\}$ 上是伪凹函数. 因此, 松弛问题 (6.10) 是一个分式凸规划问题. □

6.1.3 分枝定界法

0-1 规划问题 (6.10) 属于 0-1 整数规划问题, 分枝定界法[112] 是解决此类问题的一种可能方法. LINGO 中的代码是一种常用的商业通用的分枝定界 IP 代码, 可

6.1.4 数值实验

对于一个涉及三种商品的枢纽中心选址问题，本节将用数值实验的计算结果来评估所提出的模型. 所有实验用 LINGO 11.0 编程求解, 并在个人电脑上运行. 例如, 在 $|H| = 10, 12$ 和 15 时, 在区间 $[10, 30]$ 内随机产生枢纽中心选址后的建设费用 f_i. 所有的枢纽中心节点在区域 $[1, 25] \times [1, 25]$ 内随机产生. 设 $\chi = 0.6, \tau = 0.3$ 和 $\delta = 0.6$. 单位运输费用 F_{ijk} 通过 $F_{ijk} = \chi d_{o(k)i} + \tau d_{ij} + \delta d_{jd(k)}$ 确定, 其中 d_{ij} 表示节点 i 和节点 j 之间的距离. 随机变量 $\boldsymbol{W} = (W_1(\xi), W_2(\xi), W_3(\xi))^{\mathrm{T}}$ 的数学期望和协方差矩阵由下式给定：

$$\boldsymbol{\mu} = (13.4950, 8.8800, 19.8300)^{\mathrm{T}},$$

$$\boldsymbol{\Sigma} = \begin{pmatrix} 2.4939 & 1.3934 & 3.1018 \\ 1.3934 & 0.9396 & 1.5102 \\ 3.1018 & 1.5102 & 5.2283 \end{pmatrix}.$$

在表 6.1 中, 前三列提供了商品数量、枢纽中心的数量, 以及给定的总费用的上界. 第四列和第五列表示最优值和对应于最优值的置信水平. 第六列表示最优枢纽中心点. 表 6.1 中结果表明, 考虑具有相同数量枢纽中心的实例, 当给定的总费用上界增加时, 最优枢纽中心可能会改变. 当问题的规模增加时, CPU 的运行时间增长迅速.

表 6.1 三种商品路径的计算结果

商品	枢纽	C_0	v^*	$\Phi(v^*)/\%$	最优枢纽的位置	CPU 时间/s
3	10	820	0.006	50.4	2, 7, 10	136
3	10	850	0.381	64.8	6, 7, 10	148
3	10	900	1.502	93.3	2, 3, 5, 8	169
3	10	1000	2.765	99.7	2, 3, 5, 8	269
3	12	830	0.246	59.9	2, 7, 12	621
3	12	900	1.131	87.1	6, 7, 12	695
3	12	910	1.595	94.5	3, 5, 6, 12	912
3	12	940	1.853	96.8	2, 3, 5, 12	1028
3	15	850	0.796	78.5	2, 11, 12	1297
3	15	860	1.377	91.5	1, 4, 5, 11, 12	1501
3	15	900	1.447	92.6	6, 11, 12	1535
3	15	910	1.990	97.7	1, 4, 5, 10, 11	1759

6.2 双重不确定需求情形的平衡关键值方法

在枢纽中心选址问题中,决策者可能遇到随机性和模糊性共存的混合不确定环境. 本节采用平衡优化方法来研究枢纽中心选址问题[133]. 首先提出了一类新的具有补偿决策的两阶段无能力约束的枢纽中心选址 (UHL) 模型,其中的不确定参数由概率分布和可信性分布来刻画. 当需求是唯一的不确定参数时,给出此模型的等价静态优化问题. 其次在常见分布下推导出与原始选址问题等价的确定规划问题. 一般分布下,设计一个将遗传算法、变邻域搜索以及模糊模拟相结合的启发式算法求解模型. 最后,为说明建模思想和提出的混合算法的有效性,进行一些数值实验.

6.2.1 两阶段 UHL 问题的描述

两阶段 UHL 问题是一类枢纽中心选址问题. 枢纽中心选址问题重点研究如何有效地由起点经过一个或多个枢纽中心将商品运输到终点. 枢纽中心作为交换或转运节点,由起点运来的商品在此处重新定向到终点,有时需要经过第二个枢纽中心. 选址建设每个枢纽,以及沿运输路径运输每一个商品将产生费用. 枢纽中心选址问题包括为一组枢纽选择地址及确定运输商品的路径,目标是最小化选址和运输商品的总费用.

UHL 问题中,枢纽中心的个数事先是未知的,枢纽的能力以及枢纽网络的连接能力无界. 第一个基本的假设是每个 O-D 对间的路径包括至少一个、至多两个枢纽. 另一个假设是枢纽通过低费用高容量的路径完全连接,允许折扣系数作用于枢纽对间的所有运输费用上.

在不确定环境下,选址决策制定前,不清楚任何一种商品的需求. 然而,应该选定枢纽节点的位置,才能确定运输路线,因此必须在不确定需求确定之前制定选址决策. 一方面,选址决策不能等到商品的需求确定之后才制定,在运输商品之前必须选定枢纽中心. 另一方面,运输商品的路径提前不确定,而是确定商品的需求之后再确定运输路线. 因此,决策集合被不确定需求分成了两个阶段. 第一阶段决策为选址决策,必须在不确定需求的实现值确定之前执行. 而第二阶段决策为确定运输路线决策,是在不确定需求 W 的实现值确定之后执行. 通过上述分析,此问题被建模为具有补偿问题的两阶段优化问题.

6.2.2 小节和 6.2.3 小节介绍一类新的两阶段选址模型,并讨论该模型的静态等价形式.

6.2.2 基于补偿的动态最优预算选址模型

对枢纽中心选址问题建立一个标准模型. 令 $G = (Q, A)$ 是一个完全图,其中 Q 是包含每一个商品 k 的起点 $o(k)$ 和终点 $d(k)$ 的节点集合; A 是所有弧线的集

6.2 双重不确定需求情形的平衡关键值方法

合. 无能力约束的枢纽中心选址问题具有如下特点:

- 选定枢纽中心的节点数量是未知的, 但每个节点作为枢纽中心的费用是已知的;
- 枢纽中心运输商品数量以及枢纽中心之间连接的能力是无限制的;
- 枢纽中心通过高效率高容量运输路径相连接, 在枢纽中心之间连接的运输路径上的运费实行折扣计算, 折扣系数为 τ $(0 < \tau < 1)$;
- 假定从同一节点开始运输最终到达不同终点的运输路线可以经过不同的枢纽中心, 即该问题是一类多指派问题.
- 顾客对商品的需求是不确定的, 由随机模糊向量 $(W_{1,\gamma}, W_{2,\gamma}, \cdots, W_{K,\gamma})^{\mathrm{T}}$ 刻画, 随机模糊向量由可信性空间 $(\Gamma, \mathcal{A}, \mathrm{Cr})$ 映射到概率空间 $(\Omega, \Sigma, \mathrm{Pr})$. 对任意 $\gamma \in \Gamma$, $W_{k,\gamma}$ $(1 \leqslant k \leqslant K)$ 是随机变量.

为方便起见, 本节用到的数学符号通过表 6.2 给出.

表 6.2 符号说明

符号	定义
H	节点的总个数, $i, j = 1, 2, \cdots, H$
f_i	在节点 i 选为枢纽中心的选址费用
$\boldsymbol{f}$	选址费用向量, 即 $\boldsymbol{f} = (f_1, f_2, \cdots, f_H)^{\mathrm{T}}$
z_i	0-1 选址变量, 若节点 i 选为枢纽中心, 则 $z_i = 1$; 否则 $z_i = 0$
$\boldsymbol{z}$	选址决策向量, 即 $\boldsymbol{z} = (z_1, z_2, \cdots, z_H)^{\mathrm{T}}$
K	商品数量, $k = 1, 2, \cdots, K$
W_k	商品 k 的随机模糊需求
$\boldsymbol{W}$	商品需求向量, 即 $\boldsymbol{W} = (W_1, W_2, \cdots, W_K)^{\mathrm{T}}$
x_{ijk}	0-1 路线变量, 若运输商品 k 先后经过枢纽中心 i 和 j, 则 $x_{ijk} = 1$; 否则 $x_{ijk} = 0$
$\boldsymbol{X}$	路线决策向量, 即 $\boldsymbol{X} = (\boldsymbol{X}_1, \boldsymbol{X}_2, \cdots, \boldsymbol{X}_K)^{\mathrm{T}}$, 其中 $\boldsymbol{X}_k = (x_{11k}, x_{12k}, \cdots, x_{1Hk}, x_{21k}, x_{22k}, \cdots, x_{2Hk}, \cdots, x_{H1k}, x_{H2k}, \cdots, x_{HHk})^{\mathrm{T}}$
F_{ijk}	沿路径 $(o(k), i, j, d(k))$ 运输商品 k 的单位运费
$\boldsymbol{F}$	对角矩阵, $\boldsymbol{F} = \mathrm{diag}(\boldsymbol{F}_1, \boldsymbol{F}_2, \cdots, \boldsymbol{F}_K)$, 其中 $\boldsymbol{F}_k = (F_{11k}, F_{12k}, \cdots, F_{1Hk}, F_{21k}, F_{22k}, \cdots, F_{2Hk}, \cdots, F_{H1k}, F_{H2k}, \cdots, F_{HHk})$

第一阶段选址决策用向量 $\boldsymbol{z}$ 表示, 第二阶段路线决策用向量 $\boldsymbol{X}$ 表示. 可以看出, 第一阶段和第二阶段的区别在于执行时是否需要观测不确定需求 $\boldsymbol{W}$ 的实现值 $\boldsymbol{W}(\gamma, \omega)$. 第二阶段决策按如下方式开始执行:

$$\boldsymbol{z} \longrightarrow \boldsymbol{W}(\gamma, \omega) \text{ 或者 } W_k(\gamma, \omega) \longrightarrow \boldsymbol{X}(\boldsymbol{z}, \gamma, \omega) \text{ 或者 } x_{ijk}(\boldsymbol{z}, \gamma, \omega).$$

为了强调第二阶段决策 $\boldsymbol{X}$ (或 x_{ijk}) 依赖于不确定需求 $\boldsymbol{W}$ 的实现值 $\boldsymbol{W}(\gamma, \omega)$, 用符号 $\boldsymbol{X}(\gamma, \omega)$ (或 $x_{ijk}(\gamma, \omega)$) 来表示第二阶段决策. 第二阶段决策 $\boldsymbol{X}(\gamma, \omega)$ 并不

是表示 X 是 $W(\gamma,\omega)$ 的函数, 而是表示在不同的实现值 $W(\gamma,\omega)$ 下会有不同的第二阶段决策 X.

假定所有的枢纽中心之间相互连接, 并且相互连接的距离满足三角不等式. 在每一个起点和终点之间至少经过一个、至多经过两个枢纽中心. 对每个商品 k, 起点 $o(k)$ 和终点 $d(k)$ 之间运输路线形式为 $(o(k),i,j,d(k))$, 其中 (i,j) 为先后经过的枢纽中心有序对. 因此, 每个商品 k 在起点和终点之间有唯一的运输路线. 约束 (C1) 确保每个商品 k 在起点 $o(k)$ 和终点 $d(k)$ 之间有唯一的路线.

$$\sum_{i=1}^{H}\sum_{j=1}^{H}x_{ijk,\gamma}(\omega)=1,\quad k=1,2,\cdots,K. \tag{C1}$$

约束 (C2) 保证运送商品的路线不经过非枢纽中心节点.

$$\sum_{j=1}^{H}x_{ijk,\gamma}(\omega)+\sum_{j=1,j\neq i}^{H}x_{jik,\gamma}(\omega)\leqslant z_i,\quad i=1,2,\cdots,H,\quad k=1,2,\cdots,K. \tag{C2}$$

给定第一阶段决策向量 z 和需求 W 的实现值 $W(\gamma,\omega)$, 第二阶段规划的原则是最小化总运费. 综合约束 (C1) 和约束 (C2), 第二阶段规划问题可以写为

$$\begin{cases} \min_{X} & [W(\gamma,\omega)]^{\mathrm{T}} F X(\gamma,\omega) \\ \text{s.t.} & \sum_{i=1}^{H}\sum_{j=1}^{H}x_{ijk}(\gamma,\omega)=1,\quad k=1,2,\cdots,K, \\ & \sum_{j=1}^{H}x_{ijk}(\gamma,\omega)+\sum_{j=1,j\neq i}^{H}x_{jik}(\gamma,\omega)\leqslant z_i, \\ & i=1,2,\cdots,H,\quad k=1,2,\cdots,K, \\ & x_{ijk}(\gamma,\omega)\in\{0,1\},\quad i,j=1,2,\cdots,H,\quad k=1,2,\cdots,K, \end{cases} \tag{6.11}$$

其中目标函数表示第二阶段的总运费

$$\sum_{i=1}^{H}\sum_{j=1}^{H}\sum_{k=1}^{K}W_{k,\gamma}(\omega)F_{ijk}x_{ijk,\gamma}(\omega).$$

把对应于实现值 $W(\gamma,\omega)$ 的第二阶段最优目标值表示为 $Q(z,\gamma,\omega)$.

在实际的选址问题中, 所有的费用由具有固定利率的贷款来承担. 由于贷款额的局限性, 决策者希望寻找两阶段总费用的最小上界, 即考虑预算 φ. 决策 z 需要满足下面条件:

$$f^{\mathrm{T}}z+Q_\gamma(z)\leqslant\varphi,$$

其中 $\boldsymbol{f}^{\mathrm{T}}\boldsymbol{z}$ 表示第一阶段选址费用，$Q_\gamma(\boldsymbol{z})$ 表示第二阶段的最优运费. 基于概率 Pr 和可信性 Cr, 提出一种新的平衡方法. 在给定的平衡水平 β 下, 考虑不等式约束:

$$\mathrm{Cr}\{\gamma \in \Gamma \mid \mathrm{Pr}\{\boldsymbol{f}^{\mathrm{T}}\boldsymbol{z} + Q(\boldsymbol{z},\gamma,\omega) \leqslant \varphi\} \geqslant \beta\} \geqslant \beta,$$

最小化总预算 φ.

注 6.1 根据平衡测度的定义和性质，$\mathrm{Ch}\{\boldsymbol{f}^{\mathrm{T}}\boldsymbol{z} + Q_\gamma(\boldsymbol{z}) \leqslant \varphi\} \geqslant \beta$ 等价于 $\mathrm{Cr}\{\gamma \in \Gamma \mid \mathrm{Pr}\{\boldsymbol{f}^{\mathrm{T}}\boldsymbol{z} + Q(\boldsymbol{z},\gamma,\omega) \leqslant \varphi\} \geqslant \beta\} \geqslant \beta$, 其中第一个 β 表示概率水平, 第二个 β 表示可信性水平.

因此, 采用上面的记号, 第一阶段规划问题可以表述为

$$\begin{cases} \min\limits_{\boldsymbol{z}} \quad \varphi \\ \text{s.t.} \quad \mathrm{Cr}\{\gamma \in \Gamma \mid \mathrm{Pr}\{\boldsymbol{f}^{\mathrm{T}}\boldsymbol{z} + Q(\boldsymbol{z},\gamma,\omega) \leqslant \varphi\} \geqslant \beta\} \geqslant \beta, \\ \quad\quad z_i \in \{0,1\}, \quad i = 1,2,\cdots,H. \end{cases} \quad (6.12)$$

综合规划问题 (6.11) 和规划问题 (6.12), 建立下面具有补偿问题的两阶段无能力约束平衡关键值枢纽中心选址规划问题 [133]:

$$\begin{cases} \min\limits_{\boldsymbol{z}} \quad \varphi \\ \text{s.t.} \quad \mathrm{Cr}\{\gamma \in \Gamma \mid \mathrm{Pr}\{\boldsymbol{f}^{\mathrm{T}}\boldsymbol{z} + Q(\boldsymbol{z},\gamma,\omega) \leqslant \varphi\} \geqslant \beta\} \geqslant \beta, \\ \quad\quad z_i \in \{0,1\}, \quad i = 1,2,\cdots,H, \end{cases} \quad (6.13)$$

其中 $Q(\boldsymbol{z},\gamma,\omega)$ 是下面规划问题对应于 (γ,ω) 和第一阶段决策 $\boldsymbol{z}$ 的最优值，

$$\begin{cases} Q_\gamma(\boldsymbol{z},\omega) = \min\limits_{\boldsymbol{X}} \quad [\boldsymbol{W}(\gamma,\omega)]^{\mathrm{T}} \boldsymbol{F} \boldsymbol{X}(\gamma,\omega) \\ \text{s.t.} \quad \sum\limits_{i=1}^{H}\sum\limits_{j=1}^{H} x_{ijk}(\gamma,\omega) = 1, \quad k = 1,2,\cdots,K, \\ \quad\quad \sum\limits_{j=1}^{H} x_{ijk}(\gamma,\omega) + \sum\limits_{j=1,j\neq i}^{H} x_{jik}(\gamma,\omega) \leqslant z_i, \\ \quad\quad i = 1,2,\cdots,H, \quad k = 1,2,\cdots,K, \\ \quad\quad x_{ijk}(\gamma,\omega) \in \{0,1\}, \quad i,j = 1,2,\cdots,H, \quad k = 1,2,\cdots,K. \end{cases}$$

因为计算补偿函数 $Q_\gamma(\boldsymbol{z})$ 需求解无数次第二阶段补偿规划问题 (6.11), 一般来说, 无法得到补偿函数的解析表达式 $Q_\gamma(\boldsymbol{z})$. 特别是当需求 $\boldsymbol{W}$ 是一个连续的随机模糊变量时, 问题 (6.13) 是一个无限维优化问题. 在下面的小节中, 分析这一两阶段无能力约束的枢纽中心选址规划问题的性质, 并讨论它的求解方法.

6.2.3 两阶段 UHL 问题的等价静态模型

本节分析所提出的两阶段枢纽中心选址规划问题 (6.13) 的等价表示. 当需求是唯一的不确定参数时, 所提出的两阶段枢纽中心选址规划问题等价于一个具有平衡约束的静态优化问题. 本小节讨论这一特殊情况.

1. 不确定需求

下面说明基于补偿问题的枢纽中心选址规划问题 (6.13) 等价于下面具有平衡约束的静态优化问题 (6.14)

$$\begin{cases} \min \quad \varphi \\ \text{s.t.} \quad \mathrm{Cr}\{\gamma \in \Gamma \mid \Pr\{\boldsymbol{f}^\mathrm{T}\boldsymbol{z} + \boldsymbol{W}^\mathrm{T}(\gamma)\boldsymbol{F}\boldsymbol{X} \leqslant \varphi\} \geqslant \beta\} \geqslant \beta, \\ \quad \sum_{i=1}^{H}\sum_{j=1}^{H} x_{ijk} = 1, \quad k=1,2,\cdots,K, \\ \quad \sum_{j=1}^{H} x_{ijk} + \sum_{j=1, j\neq i}^{H} x_{jik} \leqslant z_i, \quad i=1,2,\cdots,H, \quad k=1,2,\cdots,K, \\ \quad z_i, x_{ijk} \in \{0,1\}, \quad i,j=1,2,\cdots,H, \quad k=1,2,\cdots,K. \end{cases} \quad (6.14)$$

这一等价关系由下面的定理给出.

定理 6.3 ([133]) 基于补偿的两阶段枢纽中心选址规划问题 (6.13) 等价于静态的枢纽中心选址规划问题 (6.14).

证明 从规划问题 (6.13) 可以看出, 若给定第一阶段决策 $\boldsymbol{z}$, 那么目标函数中对应第二阶段的项可以被分为 K 个独立子问题, 每一个独立子问题对应于一种商品 k. 对每一个独立子问题, 最优值不依赖于随机模糊矩阵 $\boldsymbol{W}$ 的任一实现值 $\boldsymbol{W}(\gamma, \omega)$. 也就是说, 对不同的随机模糊矩阵 $\boldsymbol{W}$ 的实现值, 第二阶段所作出的每一种商品的最优路线决策是相同的. 令 $x_{ijk}(\boldsymbol{z})$ 表示对应于第一阶段决策 $\boldsymbol{z}$ 的第二阶段最优解, 那么

$$x_{ijk}(\boldsymbol{z},\gamma,\omega) = x_{ijk}(\boldsymbol{z}), \quad i,j=1,2,\cdots,H, \quad k=1,2,\cdots,K.$$

这说明第二阶段的路线决策不依赖于 γ 和 ω, 可以像选址决策一样, 平等地看作第一阶段决策. 因此, 两阶段枢纽中心选址规划问题 (6.13) 等价于静态的优化问题 (6.14). □

为求解规划问题 (6.14), 需要有效地计算下面的平衡约束:

$$\mathrm{Cr}\{\gamma \in \Gamma \mid \Pr\{\boldsymbol{f}^\mathrm{T}\boldsymbol{z} + \boldsymbol{W}^\mathrm{T}(\gamma)\boldsymbol{F}\boldsymbol{X} \leqslant \varphi\} \geqslant \beta\} \geqslant \beta,$$

其中随机事件 $\{\boldsymbol{f}^\mathrm{T}\boldsymbol{z} + \boldsymbol{W}^\mathrm{T}(\gamma)\boldsymbol{F}\boldsymbol{X} \leqslant \varphi\}$ 的概率 Pr 嵌入到模糊事件的可信性测度 Cr 之中. 下面讨论平衡约束的等价表达, 以及平衡目标函数的凸性.

2. 平衡约束的简约处理

对任意给定 $\gamma \in \Gamma$, 讨论下面概率约束的等价表达式:

$$\Pr\{\boldsymbol{f}^T \boldsymbol{z} + \boldsymbol{W}^T(\gamma)\boldsymbol{F}\boldsymbol{X} \leqslant \varphi\} \geqslant \beta. \tag{6.15}$$

假定 K 维随机需求向量 $\boldsymbol{W}(\gamma)$ 服从正态分布 $\mathcal{N}(\boldsymbol{\mu}(\gamma), \boldsymbol{\Sigma})$, 其中 $\boldsymbol{\mu}$ 是一个具有已知可能性分布的 K 维模糊向量 $(\mu_1, \mu_2, \cdots, \mu_K)^T$. K 维随机模糊需求向量 $\boldsymbol{W}$ 的模糊性完全由模糊向量 $\boldsymbol{\mu}$ 来刻画, 协方差矩阵 $\boldsymbol{\Sigma}$ 是一个 $K \times K$ 正定矩阵. 对协方差矩阵 $\boldsymbol{\Sigma}$ 采用 Cholesky 下三角分解, 从而通过一个 $K \times S$ 下三角、非奇异矩阵 $\boldsymbol{D}$ 可表示协方差矩阵 $\boldsymbol{\Sigma}$, 即 $\boldsymbol{\Sigma} = \boldsymbol{D}\boldsymbol{D}^T$. 因此, 随机向量 $\boldsymbol{W}(\gamma)$ 也可以表示为

$$\boldsymbol{W}(\gamma) = \boldsymbol{D}\tilde{\boldsymbol{\zeta}} + \boldsymbol{\mu}(\gamma), \quad \gamma \in \Gamma,$$

其中 $\tilde{\boldsymbol{\zeta}}$ 是一个 S 维随机向量, 并且各分量 $\tilde{\zeta}_i$ 是相互独立服从标准正态分布的随机变量.

由于 $\boldsymbol{W}_\gamma$ 具有正态分布, 所以随机变量 $\zeta = \boldsymbol{f}^T \boldsymbol{z} + \boldsymbol{W}^T(\gamma)\boldsymbol{F}\boldsymbol{X}$ 同样服从正态分布. 对任意的 $\gamma \in \Gamma$, 其期望值和方差如下:

$$\mathrm{E}[\zeta] = \boldsymbol{f}^T \boldsymbol{z} + [\boldsymbol{\mu}(\gamma)]^T \boldsymbol{F}\boldsymbol{X}, \quad \mathrm{Var}[\zeta] = \|\boldsymbol{D}^T \boldsymbol{F}\boldsymbol{X}\|^2.$$

将正态分布标准化, 概率不等式 (6.15) 可以转化为下面的等价形式:

$$\Phi\left(\frac{\varphi - \mathrm{E}[\zeta]}{\sqrt{\mathrm{Var}[\zeta]}}\right) \geqslant \beta, \tag{6.16}$$

上式等价于

$$\boldsymbol{f}^T \boldsymbol{z} + [\boldsymbol{\mu}(\gamma)]^T \boldsymbol{F}\boldsymbol{X} + \Phi^{-1}(\beta)\|\boldsymbol{D}^T \boldsymbol{F}\boldsymbol{X}\| \leqslant \varphi, \tag{6.17}$$

其中 Φ 是标准正态分布 $\mathcal{N}(0,1)$ 的概率分布函数, $\Phi^{-1}(\beta)$ 是分布函数 Φ 在概率水平 β 下的伪逆函数, 其定义为 $\Phi^{-1}(\beta) = \inf\{r|\Phi(r) \geqslant \beta\}$.

通过等式 (6.17), 规划问题 (6.14) 转化为下面的具有可信性约束的数学规划:

$$\begin{cases} \min \quad \varphi \\ \text{s.t.} \quad \mathrm{Cr}\{\gamma \in \Gamma \mid \boldsymbol{f}^T \boldsymbol{z} + [\boldsymbol{\mu}(\gamma)]^T \boldsymbol{F}\boldsymbol{X} + \Phi^{-1}(\beta)\|\boldsymbol{D}^T \boldsymbol{F}\boldsymbol{X}\| \leqslant \varphi\} \geqslant \beta, \\ \displaystyle\sum_{i=1}^{H}\sum_{j=1}^{H} x_{ijk} = 1, \quad k = 1, 2, \cdots, K, \\ \displaystyle\sum_{j=1}^{H} x_{ijk} + \sum_{j=1,\, j \neq i}^{H} x_{jik} \leqslant z_i, \quad i = 1, 2, \cdots, H, \quad k = 1, 2, \cdots, K, \\ z_i,\, x_{ijk} \in \{0, 1\}, \quad i, j = 1, 2, \cdots, H, \quad k = 1, 2, \cdots, K. \end{cases} \tag{6.18}$$

3. 目标函数的凸性

假设 $\boldsymbol{\mu}$ 是一个三角模糊向量, 关于规划问题 (6.18) 的目标函数的凸性有如下定理中的结论.

定理 6.4 ([133]) 考虑规划问题 (6.18). 假设

$$F_\beta(\boldsymbol{X},\boldsymbol{z}) = \min\{\varphi \mid \mathrm{Cr}\{\gamma \in \Gamma \mid \boldsymbol{f}^\mathrm{T}\boldsymbol{z} + [\boldsymbol{\mu}(\gamma)]^\mathrm{T}\boldsymbol{FX} + \Phi^{-1}(\beta)\|\boldsymbol{D}^\mathrm{T}\boldsymbol{FX}\| \leqslant \varphi\} \geqslant \beta\},$$

$\boldsymbol{\mu} = (\mu_1, \mu_2, \cdots, \mu_K)^\mathrm{T}$ 是一模糊向量, 满足对每一个 k, μ_k 是一个三角模糊变量 $(r_k - \bar{c}_k, r_k, r_k + \bar{c}_k)$, r_k 与 $\bar{c}_k$ 为正数. 则如下结论成立:

i) 若 $\beta < 0.5$, 那么 $F_\beta(\boldsymbol{X},\boldsymbol{z})$ 关于 $(\boldsymbol{X},\boldsymbol{z})$ 是凹函数;

ii) 若 $\beta \geqslant 0.5$, 那么 $F_\beta(\boldsymbol{X},\boldsymbol{z})$ 关于 $(\boldsymbol{X},\boldsymbol{z})$ 是凸函数.

证明 若 $\beta < 0.5$, 那么可信性约束

$$\mathrm{Cr}\{\gamma \in \Gamma \mid \boldsymbol{f}^\mathrm{T}\boldsymbol{z} + [\boldsymbol{\mu}(\gamma)]^\mathrm{T}\boldsymbol{FX} + \Phi^{-1}(\beta)\|\boldsymbol{D}^\mathrm{T}\boldsymbol{FX}\| \leqslant \varphi\} \geqslant \beta$$

等价于

$$\mathrm{Pos}\{\gamma \in \Gamma \mid \boldsymbol{f}^\mathrm{T}\boldsymbol{z} + [\boldsymbol{\mu}(\gamma)]^\mathrm{T}\boldsymbol{FX} + \Phi^{-1}(\beta)\|\boldsymbol{D}^\mathrm{T}\boldsymbol{FX}\| \leqslant \varphi\} \geqslant 2\beta.$$

从而

$$\begin{aligned}
&F_\beta(\boldsymbol{X},\boldsymbol{z}) \\
&= \min\{\varphi \mid \mathrm{Pos}\{\gamma \in \Gamma \mid \boldsymbol{f}^\mathrm{T}\boldsymbol{z} + [\boldsymbol{\mu}(\gamma)]^\mathrm{T}\boldsymbol{FX} + \Phi^{-1}(\beta)\|\boldsymbol{D}^\mathrm{T}\boldsymbol{FX}\| \leqslant \varphi\} \geqslant 2\beta\} \\
&= \boldsymbol{f}^\mathrm{T}\boldsymbol{z} + \boldsymbol{R_1}^\mathrm{T}\boldsymbol{FX} + \Phi^{-1}(\beta)\|\boldsymbol{D}^\mathrm{T}\boldsymbol{FX}\|,
\end{aligned}$$

其中 $\boldsymbol{R_1} = (r_1 - (1-2\beta)\bar{c}_1,\ r_2 - (1-2\beta)\bar{c}_2,\ \cdots,\ r_K - (1-2\beta)\bar{c}_K)^\mathrm{T}$.

因为 $\|\boldsymbol{D}^\mathrm{T}\boldsymbol{FX}\|$ 是凸函数, 并且 $\Phi^{-1}(\beta) < 0$, 可知 $F_\beta(\boldsymbol{X},\boldsymbol{z})$ 关于 $(\boldsymbol{X},\boldsymbol{z})$ 是一凹函数.

另一方面, 若 $\beta \geqslant 0.5$, 那么可信性约束

$$\mathrm{Cr}\{\gamma \in \Gamma \mid \boldsymbol{f}^\mathrm{T}\boldsymbol{z} + [\boldsymbol{\mu}(\gamma)]^\mathrm{T}\boldsymbol{FX} + \Phi^{-1}(\beta)\|\boldsymbol{D}^\mathrm{T}\boldsymbol{FX}\| \leqslant \varphi\} \geqslant \beta$$

等价于

$$\mathrm{Pos}\{\gamma \in \Gamma \mid \boldsymbol{f}^\mathrm{T}\boldsymbol{z} + [\boldsymbol{\mu}(\gamma)]^\mathrm{T}\boldsymbol{FX} + \Phi^{-1}(\beta)\|\boldsymbol{D}^\mathrm{T}\boldsymbol{FX}\| > \varphi\} \leqslant 2(1-\beta).$$

从而

$$\begin{aligned}
F_\beta(\boldsymbol{X},\boldsymbol{z}) &= \min\{\varphi \mid \mathrm{Pos}\{\gamma \in \Gamma \mid \boldsymbol{f}^\mathrm{T}\boldsymbol{z} + [\boldsymbol{\mu}(\gamma)]^\mathrm{T}\boldsymbol{FX} \\
&\quad + \Phi^{-1}(\beta)\|\boldsymbol{D}^\mathrm{T}\boldsymbol{FX}\| > \varphi\} \leqslant 2(1-\beta)\} \\
&= \boldsymbol{f}^\mathrm{T}\boldsymbol{z} + \boldsymbol{R_2}^\mathrm{T}\boldsymbol{FX} + \Phi^{-1}(\beta)\|\boldsymbol{D}^\mathrm{T}\boldsymbol{FX}\|,
\end{aligned}$$

其中 $\boldsymbol{R}_2 = (r_1 + (2\beta-1)\bar{c}_1,\ r_2 + (2\beta-1)\bar{c}_2,\ \cdots,\ r_K + (2\beta-1)\bar{c}_K)^{\mathrm{T}}$.

因为 $\beta \geqslant 0.5$, 则 $\Phi^{-1}(\beta) \geqslant 0$. 那么 $F_\beta(\boldsymbol{X},\boldsymbol{z})$ 在 $\beta \geqslant 0.5$ 时是凸函数. □

根据定理 6.4 (i), 如果 $\beta < 0.5$, 则可信性约束

$$\mathrm{Cr}\{\gamma \in \Gamma\ |\ \boldsymbol{f}^{\mathrm{T}}\boldsymbol{z} + [\boldsymbol{\mu}(\gamma)]^{\mathrm{T}}\boldsymbol{F}\boldsymbol{X} + \Phi^{-1}(\beta)\|\boldsymbol{D}^{\mathrm{T}}\boldsymbol{F}\boldsymbol{X}\| \leqslant \varphi\} \geqslant \beta$$

等价于

$$\boldsymbol{f}^{\mathrm{T}}\boldsymbol{z} + \boldsymbol{R}_1^{\mathrm{T}}\boldsymbol{F}\boldsymbol{X} + \Phi^{-1}(\beta)\|\boldsymbol{D}^{\mathrm{T}}\boldsymbol{F}\boldsymbol{X}\| \leqslant \varphi,$$

其中 $\boldsymbol{R}_1 = (r_1 - (1-2\beta)\bar{c}_1,\ r_2 - (1-2\beta)\bar{c}_2,\ \cdots,\ r_K - (1-2\beta)\bar{c}_K)^{\mathrm{T}}$. 因此, 模糊规划问题 (6.18) 等价于下面的确定规划问题:

$$\begin{cases} \min\ \varphi \\ \mathrm{s.t.}\ \boldsymbol{f}^{\mathrm{T}}\boldsymbol{z} + \boldsymbol{R}_1^{\mathrm{T}}\boldsymbol{F}\boldsymbol{X} + \Phi^{-1}(\beta)\|\boldsymbol{D}^{\mathrm{T}}\boldsymbol{F}\boldsymbol{X}\| \leqslant \varphi, \\ \displaystyle\sum_{i=1}^{H}\sum_{j=1}^{H} x_{ijk} = 1,\quad k = 1,2,\cdots,K, \\ \displaystyle\sum_{j=1}^{H} x_{ijk} + \sum_{j=1,\ j\neq i}^{H} x_{jik} \leqslant z_i,\quad i = 1,2,\cdots,H,\quad k = 1,2,\cdots,K, \\ z_i,\ x_{ijk} \in \{0,1\},\quad i,j = 1,2,\cdots,H,\quad k = 1,2,\cdots,K. \end{cases} \quad (6.19)$$

此模型等价于

$$\begin{cases} \min\ \boldsymbol{f}^{\mathrm{T}}\boldsymbol{z} + \boldsymbol{R}_1^{\mathrm{T}}\boldsymbol{F}\boldsymbol{X} + \Phi^{-1}(\beta)\|\boldsymbol{D}^{\mathrm{T}}\boldsymbol{F}\boldsymbol{X}\| \\ \mathrm{s.t.}\ \displaystyle\sum_{i=1}^{H}\sum_{j=1}^{H} x_{ijk} = 1,\quad k = 1,2,\cdots,K, \\ \displaystyle\sum_{j=1}^{H} x_{ijk} + \sum_{j=1,\ j\neq i}^{H} x_{jik} \leqslant z_i,\quad i = 1,2,\cdots,H,\quad k = 1,2,\cdots,K, \\ z_i,\ x_{ijk} \in \{0,1\},\quad i,j = 1,2,\cdots,H,\quad k = 1,2,\cdots,K, \end{cases} \quad (6.20)$$

其中 $\boldsymbol{R}_1 = (r_1 - (1-2\beta)\bar{c}_1,\ r_2 - (1-2\beta)\bar{c}_2,\ \cdots,\ r_K - (1-2\beta)\bar{c}_K)^{\mathrm{T}}$.

类似地, 根据定理 6.4 (ii), 如果 $\beta \geqslant 0.5$, 则可信性约束

$$\mathrm{Cr}\{\gamma \in \Gamma\ |\ \boldsymbol{f}^{\mathrm{T}}\boldsymbol{z} + [\boldsymbol{\mu}(\gamma)]^{\mathrm{T}}\boldsymbol{F}\boldsymbol{X} + \Phi^{-1}(\beta)\|\boldsymbol{D}^{\mathrm{T}}\boldsymbol{F}\boldsymbol{X}\| \leqslant \varphi\} \geqslant \beta$$

等价于

$$\boldsymbol{f}^{\mathrm{T}}\boldsymbol{z} + \boldsymbol{R}_2^{\mathrm{T}}\boldsymbol{F}\boldsymbol{X} + \Phi^{-1}(\beta)\|\boldsymbol{D}^{\mathrm{T}}\boldsymbol{F}\boldsymbol{X}\| \leqslant \varphi,$$

其中 $\boldsymbol{R}_2 = (r_1+(2\beta-1)\bar{c}_1,\ r_2+(2\beta-1)\bar{c}_2,\ \cdots,\ r_K+(2\beta-1)\bar{c}_1\bar{c}_K)^{\mathrm{T}}$. 因此, 模糊规划问题 (6.18) 等价于如下确定规划问题:

$$\begin{cases} \min\ \boldsymbol{f}^{\mathrm{T}}\boldsymbol{z}+\boldsymbol{R}_2^{\mathrm{T}}\boldsymbol{F}\boldsymbol{X}+\Phi^{-1}(\beta)\|\boldsymbol{D}^{\mathrm{T}}\boldsymbol{F}\boldsymbol{X}\| \\ \text{s.t.}\ \sum_{i=1}^{H}\sum_{j=1}^{H}x_{ijk}=1,\quad k=1,2,\cdots,K, \\ \sum_{j=1}^{H}x_{ijk}+\sum_{j=1,\ j\neq i}^{H}x_{jik}\leqslant z_i,\quad i=1,2,\cdots,H,\quad k=1,2,\cdots,K, \\ z_i,\ x_{ijk}\in\{0,1\},\quad i,\ j=1,2,\cdots,H,\quad k=1,2,\cdots,K, \end{cases} \quad (6.21)$$

其中 $\boldsymbol{R}_2 = (r_1+(2\beta-1)\bar{c}_1,\ r_2+(2\beta-1)\bar{c}_2,\ \cdots,\ r_K+(2\beta-1)\bar{c}_1\bar{c}_K)^{\mathrm{T}}$.

6.2.4 计算最优预算

当 μ 是三角模糊向量时, 根据定理 6.4, 可以得到 $F_\beta(\boldsymbol{X},\boldsymbol{z})$ 的解析表达式. 在这种情况下, 当 $\beta<0.5$ 时求解等价模型 (6.20), 或者当 $\beta\geqslant 0.5$ 时求解等价模型 (6.21). 一般情况下必须求解规划问题 (6.18). 为求解问题 (6.18), 需在任意给定决策 $(\boldsymbol{X},\boldsymbol{z})$ 下求解下面的最小预算问题:

$$F_\beta(\boldsymbol{X},\boldsymbol{z})=\min\{\varphi\mid \mathrm{Cr}\{\gamma\in\Gamma\mid \boldsymbol{f}^{\mathrm{T}}\boldsymbol{z}+[\boldsymbol{\mu}(\gamma)]^{\mathrm{T}}\boldsymbol{F}\boldsymbol{X}+\Phi^{-1}(\beta)\|\boldsymbol{D}^{\mathrm{T}}\boldsymbol{F}\boldsymbol{X}\|\leqslant\varphi\}\geqslant\beta\}.$$

本小节应用模糊模拟技术 [56] 来估计目标函数 $F_\beta(\boldsymbol{X},\boldsymbol{z})$. 分两种情况进行讨论.

首先讨论 μ 是离散模糊向量的情形.

在此情形下, 假定 μ 具有可能性分布

$$\boldsymbol{\mu}\ \sim\ \begin{pmatrix} \widehat{\mu}_1 & \widehat{\mu}_2 & \cdots & \widehat{\mu}_M \\ p_1 & p_2 & \cdots & p_M \end{pmatrix},$$

其中 $p_m>0,\ m=1,2,\cdots,M$, 并且 $\max_{1\leqslant m\leqslant M}p_m=1$.

令

$$\varphi_m = \boldsymbol{f}^{\mathrm{T}}\boldsymbol{z}+\widehat{\boldsymbol{\mu}}_m^{\mathrm{T}}\boldsymbol{F}\boldsymbol{X}+\Phi^{-1}(\beta)\|\boldsymbol{D}^{\mathrm{T}}\boldsymbol{F}\boldsymbol{X}\|, \quad (6.22)$$

则模糊预算的可能性分布为

$$\boldsymbol{f}^{\mathrm{T}}\boldsymbol{z}+\boldsymbol{\mu}^{\mathrm{T}}\boldsymbol{F}\boldsymbol{X}+\Phi^{-1}(\beta)\cdot\|\boldsymbol{D}^{\mathrm{T}}\boldsymbol{F}\boldsymbol{X}\|\ \sim\ \begin{pmatrix} \varphi_1 & \varphi_2 & \cdots & \varphi_M \\ p_1 & p_2 & \cdots & p_M \end{pmatrix},$$

那么, 在给定决策 $(\boldsymbol{z},\boldsymbol{X})$ 和可信性水平 β 下, 寻找最小预算费用 $F_\beta(\boldsymbol{X},\boldsymbol{z})$ 等价于寻找模糊预算 $\boldsymbol{f}^{\mathrm{T}}\boldsymbol{z}+\boldsymbol{\mu}^{\mathrm{T}}\boldsymbol{F}\boldsymbol{X}+\Phi^{-1}(\beta)\|\boldsymbol{D}^{\mathrm{T}}\boldsymbol{F}\boldsymbol{X}\|$ 满足

$$\mathrm{Cr}\{\gamma\in\Gamma\mid \boldsymbol{f}^{\mathrm{T}}\boldsymbol{z}+[\boldsymbol{\mu}(\gamma)]^{\mathrm{T}}\boldsymbol{F}\boldsymbol{X}+\Phi^{-1}(\beta)\|\boldsymbol{D}^{\mathrm{T}}\boldsymbol{F}\boldsymbol{X}\|\leqslant\bar{\varphi}\}\geqslant\beta$$

6.2 双重不确定需求情形的平衡关键值方法

的最小值 $\bar{\varphi}$. 因此, 可以通过计算

$$F_\beta(\boldsymbol{X}, \boldsymbol{z}) = \min_{1 \leqslant m \leqslant M} \{ \varphi_m \mid c_m \geqslant \beta \},$$

其中

$$c_m = \frac{1}{2} \left(\max_{1 \leqslant j \leqslant M} \{ p_j \mid \varphi_j \leqslant \varphi_m \} + 1 - \max_{1 \leqslant j \leqslant M} \{ p_j \mid \varphi_j > \varphi_m \} \right),$$

得到最小预算 $F_\beta(\boldsymbol{X}, \boldsymbol{z})$.

其次讨论 $\boldsymbol{\mu}$ 是连续模糊向量的情形.

在此情形下, 采用模糊模拟技术产生离散模糊向量序列 $\{\boldsymbol{\mu}_n\}$, 并使之收敛于原来的连续模糊向量 $\boldsymbol{\mu} = (\mu_1, \mu_2, \cdots, \mu_K)^\mathrm{T}$. 对每一个整数 $n = 1, 2, \cdots, N$, 离散模糊向量 $\boldsymbol{\mu}_n = (\mu_{n,1}, \mu_{n,2}, \cdots, \mu_{n,K})^\mathrm{T}$ 由下述方法产生.

先定义 $\mu_{n,k} = d_n(\mu_k(\gamma))$, $k = 1, 2, \cdots, K$, 其中函数 $d_n(u)$ 为

$$d_n(u) = \sup \left\{ \frac{l}{n} \;\middle|\; l \in \mathcal{Z}, \text{ s.t. } \frac{l}{n} \leqslant u \right\}, \quad u \in [a, b].$$

函数中 $[a, b]$ 为 μ_k 的支撑, $\mathcal{Z}$ 为整数集合. 因此, 离散模糊变量 $\mu_{n,k}$ 可以取值为 l_k/n, $l_k = [na_k], [na_k] + 1, [na_k] + 2, \cdots, [nb_k]$ 或者 $nb_k - 1$, 并且模糊事件 $\{\mu_{n,k} = l_k/n\}$ 的可能性为

$$\mathrm{Pos}\left\{ \mu_{n,k} = \frac{l_k}{n} \right\} = \mathrm{Pos}\left\{ \frac{l_k}{n} \leqslant \mu_k < \frac{l_k}{n} + \frac{1}{n} \right\}.$$

考虑到 μ_k 的独立性, 有

$$\mathrm{Pos}\left\{ \mu_{n,1} = \frac{l_1}{n}, \; \mu_{n,2} = \frac{l_2}{n}, \; \cdots, \; \mu_{n,K} = \frac{l_K}{n} \right\} = \min_{1 < k < K} \mathrm{Pos}\left\{ \mu_{n,k} = \frac{l_k}{n} \right\}.$$

因为 $\boldsymbol{\mu}_n$ 和 $\boldsymbol{\mu}$ 是 K 维模糊向量, 并且 $\mu_{n,k}$ 和 μ_k 分别是它们的第 k 个分量, 从而对任意 $\gamma \in \Gamma$ 有

$$\|\boldsymbol{\mu}_n(\gamma) - \boldsymbol{\mu}(\gamma)\| = \sqrt{\sum_{k=1}^K (\mu_{n,k}(\gamma) - \mu_k(\gamma))^2} < \frac{\sqrt{K}}{n}.$$

因此, 序列 $\{\boldsymbol{\mu}_n\}$ 在 Γ 上一致收敛于连续模糊向量 $\boldsymbol{\mu}$. 图 6.1 说明了模糊模拟技术应用于正态模糊变量的效果.

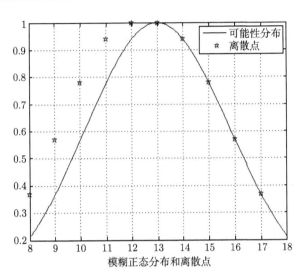

图 6.1 模糊模拟技术应用于正态模糊变量

使用上面的模糊模拟方法, 离散模糊向量 $\boldsymbol{\mu}_n$ 取值为 $\widehat{\boldsymbol{\mu}}_n^m, m=1,2,\cdots,M$, 其中 $M=M_1M_2\cdots M_K$, 并且 $M_k=[nb_k]-[na_k]+1$ 或 $nb_k-[na_k], k=1,2,\cdots,K$. 另外, 离散模糊向量 $\boldsymbol{\mu}_n=(\mu_{n,1},\mu_{n,2},\cdots,\mu_{n,K})^{\mathrm{T}}$ 的可能性分布为

$$\boldsymbol{\mu}_n \sim \begin{pmatrix} \widehat{\boldsymbol{\mu}}_n^1 & \widehat{\boldsymbol{\mu}}_n^2 & \cdots & \widehat{\boldsymbol{\mu}}_n^M \\ p_1 & p_2 & \cdots & p_M \end{pmatrix},$$

其中 $\widehat{\boldsymbol{\mu}}_n^m = (\widehat{\mu}_{n,1}^m, \widehat{\mu}_{n,2}^m, \cdots, \widehat{\mu}_{n,K}^m)^{\mathrm{T}}$, 并且

$$p_m = \operatorname{Pos}\{\boldsymbol{\mu}_n = \widehat{\boldsymbol{\mu}}_n^m\} = \min_{1\leqslant k\leqslant K} \operatorname{Pos}\{\mu_{n,k} = \widehat{\mu}_{n,k}^m\}, \quad m=1,2,\cdots,M. \tag{6.23}$$

估计最小预算 $F_\beta(\boldsymbol{X},\boldsymbol{z})$ 的过程总结如下:

步骤 1 通过模糊模拟技术在 $\boldsymbol{\mu}$ 的支撑上产生 M 个样本点 $\widehat{\boldsymbol{\mu}}_n^1, \widehat{\boldsymbol{\mu}}_n^2, \cdots, \widehat{\boldsymbol{\mu}}_n^M$;

步骤 2 由下面的等式来计算 $\varphi_m, m=1,2,\cdots,M$:

$$\varphi_m = \boldsymbol{f}^{\mathrm{T}}\boldsymbol{z} + (\widehat{\boldsymbol{\mu}}_n^m)^{\mathrm{T}}\boldsymbol{FX} + \Phi^{-1}(\beta)\|\boldsymbol{D}^{\mathrm{T}}\boldsymbol{FX}\|;$$

步骤 3 对 $m=1,2,\cdots,M$, 通过等式 (6.23) 来计算 p_m;

步骤 4 由下面的等式来计算可信性 c_m:

$$c_m = \frac{1}{2}\left(\max_{1\leqslant j\leqslant M}\{p_j \mid \varphi_j \leqslant \varphi_m\} + 1 - \max_{1\leqslant j\leqslant M}\{p_j \mid \varphi_j > \varphi_m\}\right);$$

步骤 5 通过下面的等式返回 $F_\beta(\boldsymbol{X},\boldsymbol{z})$ 的近似值 U_n:

$$U_n = \min_{1\leqslant m\leqslant M}\{\varphi_m \mid c_m \geqslant \beta\}.$$

关于模糊变量关键值的模糊模拟技术的收敛性, 有兴趣的读者可以参见文献 [79].

6.2.5 基于变邻域搜索的遗传算法设计

前面讨论了估计问题 (6.18) 的目标函数的模糊模拟方法. 由于带有可信性约束的问题 (6.18) 包含 0-1 决策变量, 属于 NP-难问题, 因此不能用传统的优化算法来求解. 为克服这一困难, 下面为问题 (6.18) 的求解设计一个包含模糊模拟技术的混合启发式算法. 大多数启发式算法或为 "结构式算法" 或为 "局部搜索算法". 这两类算法是明显不同的. 结构式算法主要尝试从一局部解以尽可能最好的方式扩展到全局最优解, 而局部搜索算法是从局部空间开始搜索的. 作为鲁棒适应性优化方法, 遗传算法[27]是基于生物进化原则求解复杂优化问题的结构式算法的. 在此, 采用遗传算法来搜索问题 (6.18) 的最优解. 遗传算法借用了自然进化的术语并受生物进化思想的启发. 它是以 "适者生存" 的原则, 保持可能解的一个种群来获得问题的最优解, 通过遗传运算在种群中进行搜索.

在实际操作中, 遗传算法容易陷入局部最优, 这会导致求解过程始终在局部的搜索空间中进行. 为了降低遗传算法陷入局部最优的可能性, 将变邻域搜索方法嵌入遗传算法使之扩展搜索空间的范围. 变邻域搜索是一种针对全局组合优化问题的启发式算法, 它的基本思想是通过寻找局部最优解处的下降方向、扰动跳出局部搜索空间 (相应的低谷) 的方式将邻域进行系统改变. 本节设计一个综合遗传算法、变邻域搜索, 以及模糊模拟方法的启发式算法.

下面引入遗传算法的基本符号, 包括表示、初始化、评价、选择和遗传操作. 然后说明变邻域搜索的方法以及它在求解过程中的有效性, 最后给出基于变邻域搜索的遗传算法的具体步骤.

1. 表示结构

在本节的遗传算法中, 用一整数向量

$$C = (z_1, z_2, \cdots, z_H, y_1, y_2, \cdots, y_{2K})^{\mathrm{T}}$$

来表示代表解的染色体, 它由两个序列组成: 节点序列 $(z_1, z_2, \cdots, z_H)$ 和路线序列 $(y_1, y_2, \cdots, y_{2K})$. 染色体的节点序列 $(z_1, z_2, \cdots, z_H)$ 是一个 H 维 0-1 整数向量, 表示一个选址决策, $z_i = 1$ 表示节点 i 被选为枢纽中心, 而 $z_i = 0$ 表示节点 i 没有被选为枢纽中心. 染色体的路线序列 $(y_1, y_2, \cdots, y_{2K})$ 是一个 $2K$ 维整数向量, 表示一个路线决策, 其中 $y_{2k-1} = i$ 和 $y_{2k} = j$ 表示商品 k 运送时先经过第一个枢纽中心 i 再经过第二个枢纽中心 j, $k = 1, 2, \cdots, K$. 特别地, $y_{2k-1} = y_{2k} = i$ 表示商品 k 的运输路线只经过唯一一个枢纽中心 i.

图 6.2 给出了 $H = 10$ 和 $K = 3$ 时的染色体形式. 它的节点序列说明节点 1, 2, 5, 6 和 8 被选为枢纽中心. 而它的路线序列说明运送商品 1 经过第一个枢纽中心 1 和第二个枢纽中心 6, 运送商品 2 经过第一个枢纽中心 2 和第二个枢纽中心 8, 运送商品 3 经过第一个枢纽中心 6 和第二个枢纽中心 5.

| 1 | 1 | 0 | 0 | 1 | 1 | 0 | 1 | 0 | 0 | 1 | 6 | 2 | 8 | 6 | 5 |

图 6.2　染色体形式

2. 初始化过程

随机产生一个整数向量

$$(z_1, z_2, \cdots, z_H, y_1, y_2, \cdots, y_{2K})^{\mathrm{T}}$$

作为染色体 C. 在节点序列, 随机选择 P $(1 \leqslant P \leqslant 2K)$ 个节点, 令相应的 $z_i = 1$, 其他的 $z_i = 0$. 节点序列由一列整数 z_i 组成, 其中值为 1 表明此节点为枢纽中心, 为 0 表明此节点不是枢纽中心. 然后, 从已选为枢纽中心的节点集合中随机地选择节点序数作为 y_k 的值 $(k = 1, 2, \cdots, 2K)$. 若染色体 C 可行, 那么将其作为初始的染色体. 若不可行, 重新随机产生向量 C. 重复此过程, 直至染色体 C 可行. 染色体的可行性可以通过下面的方法验证:

$$\begin{cases} z_{y_{2k-1}} = z_{y_{2k}} = 1, & k = 1, 2, \cdots, K; \\ z_i = 0, & i = 1, 2, \cdots, H, \quad i \neq y_{2k-1}, y_{2k}, \quad k = 1, 2, \cdots, K. \end{cases}$$

重复此过程 pop_size 次, 得到 pop_size 个初始的染色体 $C_1, \cdots, C_{\text{pop\_size}}$.

3. 评价函数

基于排序的评价函数是一种比较流行的方法, 常用于遗传算法中. 在基于排序的方法中, 具有较小序号的染色体是较好的个体. 首先, 可以通过模糊模拟计算每个染色体 $C_1, C_2, \cdots, C_{\text{pop\_size}}$ 的目标值. 其次, 基于目标值的大小, 给出染色体 $C_1, C_2, \cdots, C_{\text{pop\_size}}$ 的顺序, 从而将 pop_size 个染色体进行排序. 在本节的枢纽中心选址问题中, 具有最小目标值 φ 的染色体是较好的. 为了方便, 重新排序的染色体仍然用 $C_1, C_2, \cdots, C_{\text{pop\_size}}$ 来表示. 最后定义基于排序的评价函数:

$$\mathrm{eval}(C_i) = a(1-a)^{i-1}, \quad i = 1, 2, \cdots, \text{pop\_size},$$

其中 $a \in (0, 1)$ 在遗传算法中是提前给定的参数. 评价函数说明 $i = 1$ 是最好的个体, 而 $k = \text{pop\_size}$ 是最差的个体.

6.2 双重不确定需求情形的平衡关键值方法

4. 选择过程

选择过程基于轮盘赌方式进行 pop_size 次, 每次选择的染色体作为新的个体. 首先, 对每个染色体 C_i, $i = 1, 2, \cdots,$ pop_size, 计算累积概率 q_i:

$$q_i = \sum_{j=1}^{i} \mathrm{eval}(C_j).$$

其次, 重复下列过程 pop_size 次: 随机产生一实数 $r \in (0, q_{\mathrm{pop\_size}}]$, 若 $q_{i-1} < r < q_i$, 则染色体 C_i 被选为染色体 C_i 的下一代, 其中 $q_0 = 0$, $i = 1, 2, \cdots,$ pop_size. 因此, 通过此方法产生了 pop_size 个下一代染色体.

5. 交叉操作

针对节点序列和路线序列, 使用两种交叉运算方式来进行此运算, 分别用 "交叉方式 1" 和 "交叉方式 2" 来表示. 为确定交叉操作的父代, 提前选定了系统参数 $P_{c1}, P_{c2} \in (0, 1)$ $(P_{c1} < P_{c2})$ 分别作为两种操作 "交叉方式 1" 和 "交叉方式 2" 的概率. 重复下列过程 pop_size 次来确定交叉操作的父代: 从区间 $(0, 1)$ 随机产生一实数 r, 若 $r < P_{c1}$, 则染色体 C_i 作为 "交叉方式 1" 的父代; 若 $P_{c1} < r < P_{c2}$, 则染色体 C_i 作为 "交叉方式 2" 的父代, 其中 $i = 1, 2, \cdots,$ pop_size.

在交叉方式 1 中, 将被选为父代的染色体表示为 $C'_{11}, C'_{12}, C'_{13}, \cdots$, 把它们分成数对形式: $(C'_{11}, C'_{12}), (C'_{13}, C'_{14}), (C'_{15}, C'_{16}), \cdots$. 在每一对父代 (C'_{11}, C'_{12}) 上按如下方式进行交叉操作:

令

$$C'_{11} = (z_1^{(1)}, z_2^{(1)}, \cdots, z_H^{(1)}, y_1^{(1)}, y_2^{(1)}, \cdots, y_{2K}^{(1)})^{\mathrm{T}},$$
$$C'_{12} = (z_1^{(2)}, z_2^{(2)}, \cdots, z_H^{(2)}, y_1^{(2)}, y_2^{(2)}, \cdots, y_{2K}^{(2)})^{\mathrm{T}}.$$

首先, 在 1 和 H 之间随机选择整数 h_0 作为断点. 其次, 把染色体 C'_1 和 C'_2 的节点序列中从 h_0 到 H 之间的编码部分进行交换, 并根据新产生的节点序列来修正路线序列. 通过重组左右两个编码部分产生的子代表示为

$$C''_{11} = (z_1^{(1)}, \cdots, z_{h_0-1}^{(1)}, z_{h_0}^{(2)}, z_{h_0+1}^{(2)}, \cdots, z_H^{(2)}, y_1^{*(1)}, y_2^{*(1)}, \cdots, y_{2K}^{*(1)})^{\mathrm{T}},$$
$$C''_{12} = (z_1^{(2)}, \cdots, z_{h_0-1}^{(2)}, z_{h_0}^{(1)}, z_{h_0+1}^{(1)}, \cdots, z_H^{(1)}, y_1^{*(2)}, y_2^{*(2)}, \cdots, y_{2K}^{*(2)})^{\mathrm{T}}.$$

若两个子代都可行, 用这两个子代来代替它们的父代; 否则, 保存其中可行的一个子代, 并重新进行新的交叉操作来产生新的染色体, 直到产生两个可行的子代染色体为止, 然后用两个可行的子代来代替它们的父代. 图 6.3 说明了 "交叉方式 1" 的操作过程, 其中的父代为 $(1, 1, 0, 0, 1, 1, 0, 1, 0, 0, 1, 6, 2, 8, 6, 5)^{\mathrm{T}}$ 和 $(0, 1, 0, 1, 0, 0, 0, 1, 1, 0, 4, 9, 8, 8, 2, 9)^{\mathrm{T}}$, 断点为 $h_0 = 6$.

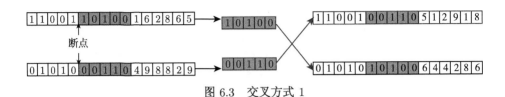

图 6.3 交叉方式 1

另一方面, 在交叉方式 2 中, 将被选为父代的染色体表示为 $C'_{21}, C'_{22}, C'_{23}, \cdots$, 把它们分成数对形式: $(C'_{21}, C'_{22}), (C'_{23}, C'_{24}), (C'_{25}, C'_{26}), \cdots$. 在每一对父代 (C'_{21}, C'_{22}) 上按如下方式进行交叉操作:

令
$$C'_{21} = (z_1^{(1)}, z_2^{(1)}, \cdots, z_H^{(1)}, y_1^{(1)}, y_2^{(1)}, \cdots, y_{2K}^{(1)})^{\mathrm{T}},$$
$$C'_{22} = (z_1^{(2)}, z_2^{(2)}, \cdots, z_H^{(2)}, y_1^{(2)}, y_2^{(2)}, \cdots, y_{2K}^{(2)})^{\mathrm{T}}.$$

首先, 在整数 1 和 $2K$ 之间选择一个断点 k_0. 其次, 把染色体 C'_1 和 C'_2 的路线序列中从 k_0 到 $2K$ 之间的编码部分进行交换, 并根据新产生的路线序列来修正节点序列. 通过重组左右两个编码部分得到的子代表示为

$$C''_{21} = (z_1^{*(1)}, z_2^{*(1)}, \cdots, z_H^{*(1)}, y_1^{(1)}, \cdots, y_{k_0-1}^{(1)}, y_{k_0}^{(2)}, y_{k_0+1}^{(2)}, \cdots, y_{2K}^{(2)})^{\mathrm{T}},$$
$$C''_{22} = (z_1^{*(2)}, z_2^{*(2)}, \cdots, z_H^{*(2)}, y_1^{(2)}, \cdots, y_{k_0-1}^{(2)}, y_{k_0}^{(1)}, y_{k_0+1}^{(1)}, \cdots, y_{2K}^{(1)})^{\mathrm{T}}.$$

若两个子代都可行, 用这两个子代来代替它们的父代; 否则, 保存其中可行的一个子代, 重新进行新的交叉操作来产生新的染色体, 直到产生两个可行的子代染色体为止, 然后用这两个可行的子代来代替它们的父代. 图 6.4 说明了 "交叉方式 2" 的操作过程, 其中的父代为 $(1,1,0,0,1,1,0,1,0,0,1,6,2,8,6,5)^{\mathrm{T}}$ 和 $(0,1,0,1,0,0,0,1,1,0,4,9,8,8,2,9)^{\mathrm{T}}$, 断点为 $k_0 = 3$.

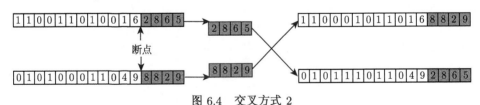

图 6.4 交叉方式 2

6. 变异操作

变异操作通常用来扩展克隆的搜索空间. 与交叉操作相似, 有两种变异操作方式 "变异方式 1" 和 "变异方式 2". 提前选定 "变异方式 1" 和 "变异方式 2" 的变异概率 $P_{m1}, P_{m2} \in (0,1)$ ($P_{m1} < P_{m2}$). 与交叉方式中父代的选择过程类似, 重复下列过程 pop_size 次: 在区间 $(0,1)$ 中随机产生一实数 r, 若 $r < P_{m1}$, 染色体 C_i

被选为"变异方式 1"的父代; 若 $P_{m1} < r < P_{m2}$, 染色体 C_i 被选为"变异方式 2"的父代.

在"变异方式 1"中, 对每一个选为父代的染色体 C 进行如下操作: 首先, 在节点序列中, 随机地产生一个枢纽中心节点 h_1 和一个非枢纽中心节点 h_2, 分别作为枢纽中心的变异位置和非枢纽中心的变异位置. 其次, 交换两个变异位置的数值, 即改变这两个位置的 0-1 值. 同时, 在路线序列中, 当 $y_k = h_1$ 时, 将 y_k 改为 h_2.

在"变异方式 2"中, 对每一个被选为父代的染色体 C 进行如下操作: 首先, 在路线序列中, 在 1 和 $2K$ 之间随机地产生两个变异的位置 k_1 和 k_2. 其次, 交换 y_{k_1} 和 y_{k_2} 之间的数值, 并形成新的染色体

$$C' = (z_1, z_2, \cdots, z_H, y_1, \cdots, , y_{k_2}, \cdots, y_{k_1}, \cdots, y_{2K})^{\mathrm{T}}.$$

若染色体 C' 对约束来说是不可行的, 那么重新操作此过程直到获得一个可行的染色体, 并用可行的子代染色体 C' 替换父代染色体 C.

图 6.5 表明了两种变异操作过程. 在变异操作 1 中, 枢纽中心变异位置为 $h_1 = 8$, 非枢纽中心变异位置为 $h_2 = 6$. 变异方式 2 中, 在路线序列中的两个变异位置为 $k_1 = 1$ 和 $k_2 = 3$.

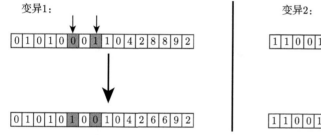

图 6.5 变异操作

7. 变邻域搜索

变邻域搜索方法通过在下降的方向上改变邻域来找到一个局部最优的染色体. 该方法起源于寻找组合优化问题的近似解, 现在已扩展到求解混合整数规划问题、非线性规划问题, 以及混合整数非线性规划问题 [24]. 特别是针对局部搜索占用时间较长的优化问题, 变邻域搜索是非常有效的.

对每一个染色体 C 来说, 通过改变它的路线序列而形成的染色体组成两个提前选择的邻域. 令 $N_k(C)$ $(k = 1, 2)$ 表示染色体 C 的第 k 个邻域中的染色体集合. 邻域 $N_1(C)$ 中的每一个染色体, 通过在染色体 C 的路线序列中将 y_1 和集合 $\{y_2, y_3, \cdots, y_{2K}\}$ 中随机选择的任一元素进行交换获得. 类似于染色体邻域 $N_1(C)$, 邻域 $N_2(C)$ 是通过在染色体 C 的路线序列中将 y_1 和集合 $\{y_2, y_3, \cdots, y_{2K}\}$ 中

随机选择的任一元素进行交换而构成的染色体集合. 图 6.6 说明了染色体 $(0,1,0,1,0,0,0,1,1,0,4,9,8,4,2,8)$ 的邻域 $N_1(C)$ 和邻域 $N_2(C)$.

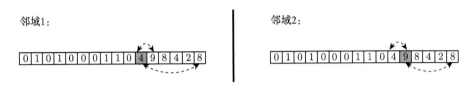

图 6.6 邻域表示

由变邻域搜索产生的新染色体的目标值, 与当前染色体的目标值进行比较, 若比当前染色体的目标值小, 则进行替换更新. 变邻域搜索算法的一个伪码可以归纳如下:

变邻域搜索算法 (染色体 C)

1: $k \longleftarrow 1$
2: repeat
3: $C_0 \longleftarrow \text{Shake}(C, k)$
4: if $\text{Obj}V(C_0) < \text{Obj}V(C)$
5: $C \longleftarrow C_0$ % 进行替换
6: $k \longleftarrow 1$
7: else
8: $k \longleftarrow k+1$
9: end if
10: until $k > 2$
11: return C

第三行函数 shake(C,k) 的作用是在 C 的第 k 个邻域 $N_k(C)$ 中随机地产生一个染色体 C_0. 使用函数 $\text{Obj}V(C)$ 来表示相应的染色体 C 的目标函数值. 若目标函数值下降, 即 $\text{Obj}V(C_0) < \text{Obj}V(C)$, 那么原始的染色体 C 将由新染色体 C_0 替换. 否则将考虑下一个邻域. 实际操作中, 用来搜索所有的 $k_{\max}$ 个邻域的时间应该有限并且不能太长, 通常选择的邻域个数为 2 个或 3 个. 在本节的算法中, 将 $k_{\max} = 2, k > 2$ 作为终止条件.

大多数局部搜索算法只有一个邻域, 即参数 $k_{\max} = 1$. 观察到变邻域搜索最后得到的染色体应对于所有邻域来说都是最优的, 它应该比单一邻域结构的最优染色体更接近于全局最优解. 为提高用于进化的种群的质量, 将变邻域搜索嵌入到遗传算法的初始化过程、交叉操作和变异操作之中, 设计一个基于变邻域搜索的遗传算

6.2 双重不确定需求情形的平衡关键值方法

法. 此算法求解问题 (6.18) 的步骤可归纳如下:

一个改进的基于变邻域搜索的遗传算法

步骤 1　输入参数 pop_size, a, P_{c1}, P_{c2}, P_{m1} 和 P_{m2};

步骤 2　初始化 pop_size 个可行的染色体并检验它们的可行性;

步骤 3　通过模糊模拟技术计算它们相应的目标值, 对产生的每一个染色体进行变邻域搜索;

步骤 4　通过它们的目标值来计算每一个染色体的评价函数值;

步骤 5　通过轮盘赌的方式选择染色体;

步骤 6　由交叉操作和变异操作更新染色体, 在这些操作中对产生的每一个可行的染色体进行变邻域搜索;

步骤 7　重复步骤 3 到步骤 6 给定的循环次数;

步骤 8　返回最好的染色体作为近似最优解.

下面将通过数值实验来说明所设计算法的有效性.

6.2.6　数值实验和比较研究

本节通过进行一些数值实验说明所提出的基于变邻域搜索的遗传算法的有效性. 所设计的混合算法已被写为 C++ 语言形式, 所有的数值例子在个人计算机上执行 (配置为 Inter Pentium(R) Dual-Core E5700 3.00GHz CPU, RAM 2.00GB), 操作系统为 Windows 7.

1. 问题描述

考虑一个实际的无能力约束的枢纽中心选址问题, 决策者力求在给定的平衡水平下最小化总的预算. 为描述方便, 问题总结如下: 假设有几个商品需要从起点经过所分配的枢纽运到终点. 决策者的任务是通过下一年度的运输计划满足客户需求. 在此任务的开始, 决策者需要获得需求量的信息. 由于需要事先制订运输计划, 决策者一般得不到准确的需求量. 这种情况下, 通常的做法是利用专家意见和历史统计数据得到需要的数据. 事实上, 许多研究者使用众所周知的 CAB 数据集测试确定的枢纽选址问题. CAB 数据集最早出现在文献 [90] 中. 这个数据集只包含当前可用的 25 个最大规模的实例和确定需求流. 因此, 本节生成自己的随机数据集, 以评估所提出的混合启发式算法. 在此问题中, 假定商品的需求是一个随机模糊向量, 并满足对任意 γ, 随机向量 $\boldsymbol{W}_\gamma$ 服从正态分布 $\mathcal{N}(\boldsymbol{\mu}(\gamma), \boldsymbol{\Sigma}(\gamma))$, 它的数学期望为模糊向量 $\boldsymbol{\mu}(\gamma)$, 协方差矩阵为 $\boldsymbol{\Sigma}(\gamma)$. 所有的枢纽节点都在区域 $[1, 25] \times [1, 25]$ 内随机产生. 建设费 f_i 在区间 $[10, 30]$ 内随机产生. 如果参数值为 $\chi = 0.6$, $\tau = 0.3$, $\delta = 0.6$, 则单位运输费用为 $F_{ijk} = \chi d_{o(k)i} + \tau d_{ij} + \delta d_{jd(k)}$, 其中 d_{ij} 表示节点 i 和

节点 j 之间的距离.

下面分别用所提出的基于变邻域搜索的遗传算法和标准的遗传算法求解上述的无能力约束的枢纽中心选址问题, 其中参数设置为: pop_size = 10, a = 0.05, P_{c1} = 0.2, P_{c2} = 0.9, P_{m1} = 0.2, P_{m2} = 07. 在下面的数值实验中, 通过三个不同规模的例子比较基于变邻域搜索的遗传算法和标准的遗传算法的计算结果.

2. 计算结果的比较

首先, 考虑 $H = 20$ 和 $K = 5$ 的情况. 商品 1, 4 和 5 在下一年的需求大约分别为 13 吨, 6 吨和 24 吨, 用下面的可信性分布刻画:

$$\pi_{\mu_1}(t_1) = \frac{1}{2} \exp\left[-\left(\frac{t_1 - 13}{4}\right)^2\right], \quad t_1 \in [8, 18],$$

$$\pi_{\mu_4}(t_4) = \frac{1}{2} \exp\left[-\left(\frac{t_4 - 6}{5}\right)^2\right], \quad t_4 \in [1, 10],$$

$$\pi_{\mu_5}(t_5) = \frac{1}{2} \exp\left[-\left(\frac{t_5 - 24}{7}\right)^2\right], \quad t_5 \in [7, 38].$$

商品 2 在下一年的需求大约为 8 吨, 用三角模糊变量 (6, 8, 11) 刻画. 商品 3 在下一年的需求大约为 12.5 吨, 用梯形模糊变量 (5, 10, 14, 20) 刻画. 为方便起见, 假定协方差矩阵 $\mathbf{\Sigma}(\gamma)$ 关于 γ 是独立的, 其分量由统计方法获得并表示为

$$\mathbf{\Sigma} = \begin{pmatrix} 2.4939 & 1.3934 & 3.1018 & 0.9017 & 3.1660 \\ 1.3934 & 0.9396 & 1.5102 & -0.7819 & -2.9658 \\ 3.1018 & 1.5102 & 5.2283 & 4.0292 & 13.0014 \\ 0.9017 & -0.7819 & 4.0292 & 12.7497 & 45.9388 \\ 3.1660 & -2.9658 & 13.0014 & 45.9388 & 169.4267 \end{pmatrix}.$$

基于变邻域搜索的遗传算法和标准的遗传算法运行 1200 代, 模糊模拟技术产生的样本点数为 1500. 为确定平衡水平 β 对解质量的影响, 通过改变平衡水平对解进行比较. 计算结果列在表 6.3 中, 表中第二列表示不同的平衡水平; 第三列和第六列中的最优解分别表示由标准的遗传算法和基于变邻域搜索的遗传算法给出的最优枢纽节点; 第四列和第七列中的目标值表示由标准的遗传算法和基于变邻域搜索的遗传算法给出的最优目标值, 两种求解方法消耗的 CPU 时间分别在第五列和第八列中.

观察表 6.3 可知, 对于所考虑的情况, 当平衡水平 β 增加时, 最优枢纽中心节点可能改变, CPU 时间快速增加. 此外, 基于变邻域搜索的遗传算法比标准的遗传算法能更快地找到最优枢纽中心节点.

表 6.3 两种求解方法给出的 20 个节点 5 种商品情形下的计算结果

$H \times K$	β	GA			VNS-GA		
		最优解	目标值	CPU 时间/s	最优解	目标值	CPU 时间/s
20×5	0.65	1, 3, 8	1209.08	218.43	1, 8	1184.39	128.03
20×5	0.75	1, 3, 8, 10	1408.27	219.06	1, 8, 16	1390.53	159.07
20×5	0.85	1, 8, 12, 17	1630.42	217.80	1, 8, 10, 16	1623.02	158.03
20×5	0.95	1, 8, 16	1794.68	276.32	1, 8, 16	1794.68	158.49

其次, 考虑 $H = 30$ 且 $K = 7$ 的情况. 商品 6 在下一年的需求大约为 13 吨, 用三角模糊变量 $(4, 13, 25)$ 刻画. 商品 7 在下一年的需求大约为 25 吨, 用三角模糊变量 $(10, 25, 40)$ 刻画. 商品 $i, 1 \leqslant i \leqslant 5$ 的需求与 $H = 20$ 且 $K = 5$ 的情况相同. 此外, 协方差矩阵如下:

$$\Sigma = \begin{pmatrix} 2.4939 & 1.3934 & 3.1018 & 0.9017 & 3.1660 & 1.6300 & 1.2860 \\ 1.3934 & 0.9396 & 1.5102 & -0.7819 & -2.9658 & -1.7340 & -1.0680 \\ 3.1018 & 1.5102 & 5.2283 & 4.0292 & 13.0014 & 9.7920 & 11.3580 \\ 0.9017 & -0.7819 & 4.0292 & 12.7497 & 45.9388 & 22.5460 & 17.5700 \\ 3.1660 & -2.9658 & 13.0014 & 45.9388 & 169.4267 & 71.2067 & 43.8733 \\ 1.6300 & -1.7340 & 9.7920 & 22.5460 & 71.2067 & 81.0667 & 93.5333 \\ 1.2860 & -1.0680 & 11.3580 & 17.5700 & 43.8733 & 93.5333 & 133.4667 \end{pmatrix}.$$

基于变邻域搜索的遗传算法和标准的遗传算法运行 1600 代, 模糊模拟技术产生的样本点数为 1500. 表 6.4 给出了两种方法的计算结果, 从中可以观察到, 就最优值和求解时间而言, 基于变邻域搜索的遗传算法优于标准的遗传算法.

表 6.4 两种求解方法给出的 30 个节点 7 种商品情形下的计算结果

$H \times K$	β	GA			VNS-GA		
		最优解	目标值	CPU 时间/s	最优解	目标值	CPU 时间/s
30×7	0.65	8, 21, 24, 25, 29	2001.48	424.66	8, 21, 24, 25	1972.24	253.95
30×7	0.75	10, 12, 21, 24, 25	2226.77	431.92	8, 21, 24, 25	2198.65	254.28
30×7	0.85	8, 21, 23, 24, 25	2564.35	424.32	21, 23, 24, 25	2501.72	255.75
30×7	0.95	8, 21, 24, 25	2968.39	450.03	21, 24, 25	2905.85	254.29

最后, 考虑 $H = 50$ 且 $K = 10$ 的情况. 商品 8 在下一年的需求大约为 12 吨, 用梯形模糊变量 $(5, 10, 16, 17)$ 刻画. 商品 9 在下一年的需求大约为 10 吨, 用梯形模糊变量 $(9, 10, 11, 12)$ 刻画. 商品 10 在下一年的需求大约为 11 吨, 用梯形模糊变量 $(4, 9, 12, 15)$ 刻画. 商品 $i, 1 \leqslant i \leqslant 7$ 的需求与 $H = 30$ 且 $K = 7$ 的情况相同. 此外, 协方差矩阵如下:

$$\Sigma = \begin{pmatrix} \Sigma_{11} & \Sigma_{12} \\ \Sigma_{21} & \Sigma_{22} \end{pmatrix},$$

其中

$$\Sigma_{11} = \begin{pmatrix} 2.4939 & 1.3934 & 3.1018 & 0.9017 & 3.1660 \\ 1.3934 & 0.9396 & 1.5102 & -0.7819 & -2.9658 \\ 3.1018 & 1.5102 & 5.2283 & 4.0292 & 13.0014 \\ 0.9017 & -0.7819 & 4.0292 & 12.7497 & 45.9388 \\ 3.1660 & -2.9658 & 13.0014 & 45.9388 & 169.4267 \end{pmatrix},$$

$$\Sigma_{12} = \begin{pmatrix} 1.6300 & 1.2860 & -2.1598 & -1.0571 & 3.8206 \\ -1.7340 & -1.0680 & -2.7420 & -0.5670 & 2.4726 \\ 9.7920 & 11.3580 & -0.0354 & -1.6014 & 6.8550 \\ 22.5460 & 17.5700 & 10.1910 & -0.6294 & 0.8136 \\ 71.2067 & 43.8733 & 33.8313 & -1.0933 & -1.2733 \end{pmatrix},$$

$$\Sigma_{21} = \begin{pmatrix} 1.6300 & -1.7340 & 9.7920 & 22.5460 & 71.2067 \\ 1.2860 & -1.0680 & 11.3580 & 17.5700 & 43.8733 \\ -2.1598 & -2.7420 & -0.0354 & 10.1910 & 33.8313 \\ -1.0571 & -0.5670 & -1.6014 & -0.6294 & -1.0933 \\ 3.8206 & 2.4726 & 6.8550 & 0.8136 & -1.2733 \end{pmatrix},$$

$$\Sigma_{22} = \begin{pmatrix} 81.0667 & 93.5333 & 37.3333 & -4.7133 & 7.6867 \\ 93.5333 & 133.4667 & 39.4067 & -7.7667 & 15.8333 \\ 37.3333 & 39.4067 & 23.1867 & -0.9827 & -4.9527 \\ -4.7133 & -7.7667 & -0.9827 & 1.0097 & -1.9793 \\ 7.6867 & 15.8333 & -4.9527 & -1.9793 & 13.4147 \end{pmatrix}.$$

基于变邻域搜索的遗传算法和标准的遗传算法运行 2000 代, 模糊模拟技术产生的样本点数为 1500. 表 6.5 给出了两种方法的计算结果, 从中可以看到, 就运行时间和解的质量而言, 基于变邻域搜索的遗传算法比标准的遗传算法性能更好.

表 6.5 两种求解方法给出的 50 个节点 10 种商品情形下的计算结果

$H \times K$	β	GA			VNS-GA		
		最优解	目标值	CPU 时间/s	最优解	目标值	CPU 时间/s
50×10	0.65	16, 21, 24, 25, 37, 43, 44	2526.10	453.88	1, 21, 24, 25, 43, 44, 48	2508.75	234.66
50×10	0.75	21, 24, 25, 42, 43, 44	2729.53	477.59	1, 21, 24, 25, 42, 43	2728.82	290.93
50×10	0.85	21, 24, 25, 31, 43, 44	3107.30	481.57	21, 24, 25, 43, 44	3080.17	292.29
50×10	0.95	21, 23, 24, 25, 43	3567.32	517.59	1, 21, 24, 25, 43	3561.79	338.54

3. 收敛性分析

本节通过比较基于变邻域搜索的遗传算法和标准的遗传算法的收敛过程,进一步评价所设计的基于变邻域搜索的遗传算法. 根据遗传算法的进化代数, 图 6.7 描述了收敛性的比较. 由计算结果和收敛性分析可知, 就运行时间和解的质量而言, 基于变邻域搜索的遗传算法比标准的遗传算法性能更好. 当标准的遗传算法进行数值实验得到最优解 (最优预算) 时, 连续进行了 1100 次迭代. 然而基于变邻域搜索的遗传算法进行第二个数值实验, 只需要 500 次迭代, 就能得到最优解 (最优预算). 因此, 基于变邻域搜索的遗传算法更有效率.

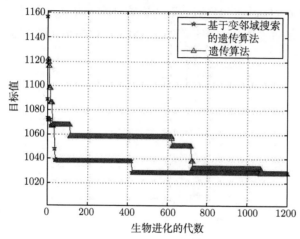

图 6.7 基于 VNS 的 GA 与 GA 的收敛过程比较

为了比较基于变邻域搜索的遗传算法和标准的遗传算法的性能, 进行两个数值实验, 并报告平衡水平变化对 CPU 时间的影响, 如图 6.8 所示. 通过 $20\times 5, 30\times 7$ 和

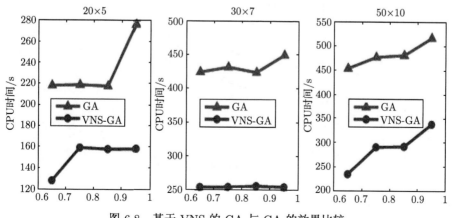

图 6.8 基于 VNS 的 GA 与 GA 的效果比较

50×10 三种情况可知,基于变邻域搜索的遗传算法和标准的遗传算法得到最优解所需的时间都随着平衡水平的增加而增长. 而在同一种情况下 ($20\times5/30\times7/50\times10$), 基于变邻域搜索的遗传算法耗时远小于标准的遗传算法耗时. 因此,与标准的遗传算法相比,所设计的基于变邻域搜索的遗传算法更有效,找到最优解所需时间更少.

根据上述计算结果和收敛性分析,就解的质量与运行时间而言,所设计的基于变邻域搜索的遗传算法优于标准的遗传算法.

4. 灵敏度分析

下面,通过 20×5, 30×7 和 50×10 三种情况进行灵敏度分析. 在这三种情况下,平衡水平变化对 CPU 时间和目标函数的影响分别如图 6.9 和图 6.10 所示. 图 6.9 表明平衡水平变化对 CPU 时间的影响,从图中可观察到: 随着问题规模的增大所

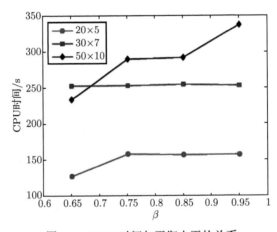

图 6.9 CPU 时间与平衡水平的关系

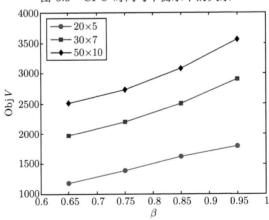

图 6.10 目标值与平衡水平的关系

需要的求解时间也随之增加. 图 6.10 描述了三个目标函数关于平衡水平的敏感性. 计算结果表明, 当平衡水平 β 增加时, 三种情况的目标值也随之增大, 这与理论分析是一致的. 因此, 使用所提出的平衡优化方法, 决策者可以根据其对待风险的态度, 通过调整平衡水平 β 的值来制定更好的决策.

6.3 本章小结

  本章介绍了一类两阶段随机最小风险枢纽中心选址优化问题, 不确定需求由概率分布来刻画. 这类模型等价于一个单阶段 (静态) 随机 P-模型. 当随机需求服从正态分布时, 通过标准化建立了一个确定的 0-1 规划问题, 此模型等价于一个 0-1 分式规划问题, 其松弛问题是一个凸规划. 数值实验中通过分枝定界法对模型进行求解.

  对于随机性和模糊性共存的混合不确定环境下的枢纽中心选址问题, 本章介绍了第二类枢纽中心选址模型. 采用平衡优化方法来研究双重不确定环境下的无能力约束的枢纽中心选址问题, 其中的不确定需求由具有已知概率分布和可信性分布的随机模糊变量进行刻画, 提出了一类平衡两阶段无能力约束的枢纽中心选址模型, 当需求是唯一的不确定参数时, 所提出的动态选址模型等价于一个具有平衡约束的静态优化问题. 当不确定需求的随机性服从正态分布时, 平衡约束可转化为等价的可信性约束. 在不确定需求的模糊性服从三角分布时, 推导出原始枢纽中心选址模型的等价确定模型. 一般情形下, 采用模糊模拟技术来逼近连续的模糊参数, 设计了一个将遗传算法、变邻域搜索以及模糊模拟相结合的启发式算法求解所提出的选址模型. 数值实验的计算结果表明, 基于变邻域搜索的遗传算法性能优于标准的遗传算法.

第 7 章 平衡供应链网络设计问题

供应链网络设计问题是决定企业的厂房、设备、仓库等设施的位置、数量, 以及它们所构成的网络结构间的产品流量和生产决策. 本章重点关注供应链网络设计问题中的不确定性, 如建厂费用、生产费用、运输费用、顾客需求等多种变量均具有不确定性. 本章将从两个方面对此类不确定因素进行刻画, 一方面考虑不确定性的情形, 另一方面考虑模糊性与随机性共存的双重不确定性的情形. 7.1 节研究不确定参数具有随机性时, 带有联合服务水平的风险值随机供应链网络设计问题, 并采用分枝定界法进行求解 [126]. 7.2 节考虑不确定参数同时具有随机性和模糊性, 用模糊随机变量刻画不确定参数, 构建平衡供应链网络设计模型, 并对模型进行分析和转化, 根据模型特性设计生物地理优化算法进行求解 [124].

7.1 风险值随机优化模型及其分枝定界法

本节研究一类带有联合服务水平的随机供应链网络设计问题, 其中运输费用和客户需求均为随机变量; 在一定风险水平下, 最小化资金承受能力; 对于一般的离散分布, 求解其等价的确定混合整数规划问题; 应用传统的优化方法——分枝定界法进行求解, 并通过数值算例说明方法的有效性.

7.1.1 风险值模型的建立

本小节研究一个带有联合服务水平约束的 VaR 供应链网络设计问题 (VaR-SCND). 首先引入一些符号: 令 I, J, L, K 和 M 分别表示供应商集合、加工厂集合、仓库集合、产品集合以及客户集合; cm_j 与 cw_l 表示工厂 j 和仓库 l 的建造费用; cq_i^I 表示从供应商 i 购买原材料的单位费用; cq_{jk}^J 表示工厂 j 生产产品 k 的单位费用; s_i 为供应商 i 的原材料供应能力; h_l 为仓库 l 的存储能力; a_j 表示工厂 j 的生产能力; r_{jk}^P 为产品 k 在工厂 j 生产的单位能力需求; r_{lk}^L 是产品 k 在仓库 l 中所占的单位空间; r_k 为生产单位产品 k 所需原材料; β 为风险值水平; γ 是服务水平; cp_{ij} 表示从供应商 i 到工厂 j 的原材料单位运输费用; cp'_{jlk} 则表示由工厂 j 运输产品 k 到仓库 l 的单位运输成本; cp''_{lmk} 表示产品 k 从仓库 l 运到顾客 m 的单位运输成本; d_{mk} 为客户 m 对产品 k 的需求; x_{ij} 为供应商 i 到工厂 j 的原材料运输总量; y_{jlk} 表示产品 k 由工厂 j 到仓库 l 的运输总量; z_{lmk} 是产品 k 由仓库 l 到顾客 m 的运输量. 此外, 引入下面的 0-1 变量:

7.1 风险值随机优化模型及其分枝定界法

$$u_j = \begin{cases} 1, & \text{若工厂 } j \text{ 建造,} \\ 0, & \text{否则;} \end{cases} \quad w_l = \begin{cases} 1, & \text{若仓库 } l \text{ 建造,} \\ 0, & \text{否则.} \end{cases}$$

应用以上符号, 引入辅变量 C 建立如下带有联合服务水平的 VaR 随机供应链网络设计模型:

$$\begin{cases} \min C \\ \text{s.t.} \ \Pr\left\{\sum_{j\in J} cm_j u_j + \sum_{l\in L} cw_l w_l + \sum_{i\in I}\sum_{j\in J} cp_{ij} x_{ij} + \sum_{k\in K}\sum_{l\in L}\sum_{m\in M} cp''_{lmk} z_{lmk} \right. \\ \left. \qquad + \sum_{k\in K}\sum_{j\in J}\sum_{l\in L} cp'_{jlk} y_{jlk} + \sum_{i\in I} cq_i^I \sum_{j\in J} x_{ij} + \sum_{k\in K}\sum_{j\in J} cq_{jk}^J \sum_{l\in L} y_{jlk} \leqslant C\right\} \geqslant \beta, \quad (7.1) \\ \Pr\left\{\sum_{l\in L} z_{lmk} \geqslant d_{mk}, \forall m \in M, \forall k \in K\right\} \geqslant \gamma, \quad (7.2) \\ \sum_{i\in I} x_{ij} = \sum_{k\in K} r_k \sum_{l\in L} y_{jlk}, \quad \forall j \in J, \quad (7.3) \\ \sum_{j\in J} y_{jlk} = \sum_{m\in M} z_{lmk}, \quad \forall l \in L, \quad \forall k \in K, \quad (7.4) \\ \sum_{j\in J} x_{ij} \leqslant s_i, \quad \forall i \in I, \quad (7.5) \\ \sum_{k\in K} r_{jk}^P \sum_{l\in L} y_{jlk} \leqslant a_j u_j, \quad \forall j \in J, \quad (7.6) \\ \sum_{k\in K} r_{lk}^L \sum_{j\in J} y_{jlk} \leqslant h_l w_l, \quad \forall l \in L, \quad (7.7) \\ x_{ij} \geqslant 0, y_{jlk} \geqslant 0, z_{lmk} \geqslant 0, \quad u_j, w_l \in \{0,1\}, \quad \forall i,j,k,l,m. \quad (7.8) \end{cases}$$

VaR-SCND 模型在可信性水平 $\beta \in (0,1)$ 下最小化总费用. 约束 (7.2) 表明产品 k 从仓库 m 运出的总数应当以服务水平 γ 满足客户需求. 约束 (7.3) 保证了运往工厂 j 的原材料总数应满足工厂的需求, 而约束 (7.4) 则保证了产品 k 从仓库 l 运给顾客的量满足其从工厂运到该仓库 l 的总量. 约束 (7.5) 表明由供应商 i 运出的原材料 r 应当小于其供应能力. 约束 (7.6) 和 (7.7) 保证了经过工厂 j 生产的所有产品总量小于它的生产能力, 而从各个工厂运到仓库 l 的产品也应当小于仓库的存储能力. 最后, 约束 (7.8) 确保变量的非负性和 0-1 取值要求.

VaR-SCND 模型是一类混合整数随机规划问题, 同时也是一类随机约束规划问题. 传统的优化方法需要将随机约束转化为相应的确定等价形式, 而这种转化通常只在特殊分布情形下才能进行. 下面讨论模型中的随机变量服从离散分布时 VaR-SCND 模型的等价形式.

7.1.2 等价 0-1 混合整数规划问题

1. 处理 VaR 费用函数

考虑当随机费用参数为一般离散随机变量的情形. 为了方便表述, 令

$$\boldsymbol{cp} = (cp_{11}, \cdots, cp_{IJ}, cp'_{111}, \cdots, cp'_{JLK}, cp''_{111}, \cdots, cp''_{LMK})^{\mathrm{T}}$$

为一个离散的随机向量, 具有如下分布:

$$\begin{pmatrix} \hat{\boldsymbol{cp}}^1 & \cdots & \hat{\boldsymbol{cp}}^N \\ p_1^1 & \cdots & p_1^N \end{pmatrix},$$

其中 $p_1^n > 0$, $n = 1, 2, \cdots, N$, 且 $\sum_{n=1}^N p_1^n = 1$, $\hat{\boldsymbol{cp}}^n = (\hat{cp}_{11}^n, \cdots, \hat{cp}_{IJ}^n, \hat{cp}'^n_{111}, \cdots, \hat{cp}'^n_{JLK}, \hat{cp}''^n_{111}, \cdots, \hat{cp}''^n_{LMK})^{\mathrm{T}}$ 为第 n 个情景.

在这样的情形下, 处理 VaR 费用函数 (7.1). 引入一个足够大的常数 M 和一个 0-1 向量 $\boldsymbol{B}$, 其分量为 B_n, $n = 1, 2, \cdots, N$, 相应的约束条件满足时其值为 1, 否则其值为 0. 目标函数可以转化为如下的等价形式:

$$\begin{cases} \min C \\ \text{s.t.} \sum_{j \in J} cm_j u_j + \sum_{l \in L} cw_l w_l + \sum_{k \in K} \sum_{j \in J} \sum_{l \in L} \hat{cp}'^n_{jlk} y_{jlk} + \sum_{k \in K} \sum_{l \in L} \sum_{m \in M} \hat{cp}''^n_{lmk} z_{lmk} \\ \sum_{i \in I} \sum_{j \in J} \hat{cp}^n_{ij} x_{ij} + \sum_{i \in I} cq_i^I \sum_{j \in J} x_{ij} + \sum_{k \in K} \sum_{j \in J} cq_{jk}^J \sum_{l \in L} y_{jlk} - MB_n \leqslant C, \\ \qquad\qquad\qquad\qquad\qquad\qquad\qquad\qquad\qquad n = 1, 2, \cdots, N, \\ \sum_{n=1}^N p_1^n B_n \leqslant 1 - \beta, \quad B_n \in \{0, 1\}, \quad n = 1, 2, \cdots, N, \end{cases} \quad (7.9)$$

其中 $\sum_{n=1}^N p_1^n B_n \leqslant 1 - \beta$, $B_n \in \{0, 1\}$, $n = 1, 2, \cdots, N$ 为 0-1 约束, 保证随机服务水平约束不满足的概率保持在 $1 - \beta$ 水平.

2. 服务水平约束

在约束 (7.2) 中, 只有右边参数为随机变量, 其概率函数形式为 $F(\boldsymbol{z}) = \Pr\{\boldsymbol{z} \geqslant \boldsymbol{d}\}$. 约束 (7.2) 等价于 $F(\boldsymbol{z}) \leqslant \gamma$. 假设需求向量 $\boldsymbol{d} = (d_{11}, \cdots, d_{MK})^{\mathrm{T}}$ 取有限个值, 其概率分布如下:

$$\begin{pmatrix} \hat{\boldsymbol{d}}^1 & \cdots & \hat{\boldsymbol{d}}^{N'} \\ p_2^1 & \cdots & p_2^{N'} \end{pmatrix},$$

其中 $\sum_{n=1}^N p_2^n = 1$, $\hat{\boldsymbol{d}}^{n'} = (\hat{d}_{11}^{n'}, \cdots, \hat{d}_{MK}^{n'})$ 为第 n' 种情景.

在 VaR-SCND 模型中, 函数值 $F(\hat{\boldsymbol{d}}^{n'})$ 满足约束 $F(\hat{\boldsymbol{d}}^{n'}) \geqslant \gamma$, 表明选择这些值并不是很难, 至少大部分概率分布函数值都能保证约束大于或者等于 γ.

7.1 风险值随机优化模型及其分枝定界法

另外, 引入向量 T, 其分量 $T_{n'}$, $n' = 1, 2, \cdots, N'$ 为二元变量, 则服务水平约束 (7.2) 可表示为如下形式:

$$\begin{cases} \sum_{l \in L} z_{lmk} \geqslant \sum_{n'=1}^{N'} \hat{d}_{mk}^{n'} T_{n'}, & \forall m \in M, \quad \forall k \in K, \\ \sum_{n'=1}^{N'} F(\hat{\boldsymbol{d}}^{n'}) T_{n'} \geqslant \gamma, & \\ \sum_{n'=1}^{N'} T_{n'} = 1, \quad T_{n'} \in \{0,1\}, & n' = 1, 2, \cdots, N'. \end{cases} \tag{7.10}$$

3. 等价的混合整数规划问题

将约束 (7.1) 和 (7.2) 代入到式 (7.9) 和 (7.10) 中, VaR-SCND 模型可以转化为如下的等价混合整数规划模型:

$$\begin{cases} \min \quad C \\ \text{s.t.} \quad \sum_{j \in J} cm_j u_j + \sum_{l \in L} cw_l w_l + \sum_{i \in I} \sum_{j \in J} \hat{cp}_{ij}^n x_{ij} + \sum_{k \in K} \sum_{l \in L} \sum_{m \in M} \hat{cp}_{lmk}^{\prime\prime n} z_{lmk} \\ \qquad + \sum_{k \in K} \sum_{j \in J} \sum_{l \in L} \hat{cp}_{jlk}^{\prime n} y_{jlk} + \sum_{i \in I} cq_i^I \sum_{j \in J} x_{ij} + \sum_{k \in K} \sum_{j \in J} cq_{jk}^J \sum_{l \in L} y_{jlk} \\ \qquad - MB_n \leqslant C, \quad n = 1, 2, \cdots, N, \\ \sum_{n=1}^{N} p_1^n B_n \leqslant 1 - \beta, \\ \sum_{l \in L} z_{lmk} \geqslant \sum_{n'=1}^{N'} \hat{d}_{mk}^{n'} T_{n'}, \quad \forall m \in M, \quad \forall k \in K, \\ \sum_{n'=1}^{N'} T_{n'} = 1, \\ \sum_{n'=1}^{N'} F(\hat{\boldsymbol{d}}^{n'}) T_{n'} \geqslant \gamma, \\ (7.3), (7.4), (7.5), (7.6) \text{ 和 } (7.7), \\ B_n \in \{0,1\}, \quad T_{n'} \in \{0,1\}, \quad n = 1, 2, \cdots, N, \quad n' = 1, 2, \cdots, N', \\ x_{ij} \geqslant 0, \quad y_{jlk} \geqslant 0, \quad z_{lmk} \geqslant 0, \quad u_j, w_l \in \{0,1\}, \quad \forall i, j, k, l, m. \end{cases} \tag{7.11}$$

等价模型 (7.11) 为 0-1 混合整数规划问题, 属于一类典型的 NP 难问题. 由于存在大量的变量和约束, 问题 (7.11) 在规模较大时很难求解. 接下来, 重点讨论其求解方法.

7.1.3 分枝定界法

求解等价模型 (7.11) 的一种可行方法是应用分枝定界法. 分枝定界法是一类求解确定整数规划问题的基本算法. 它主要基于列举整数解, 构建一个树形结构. 其主要思想是最大可能地避免生成整个树, 并通过剪枝操作准确地避免搜索树生成太大[2].

情景集合进行预处理操作是一个很有效的方法. 基于 $F(\hat{d}^{n'})$ ($n' = 1, 2, \cdots, N'$) 值的比较, 通过服务水平 γ 和一些变量 $T_{n'}$ 可以提前知道最优解的形式. 特别地, 若 $F(\hat{d}^{n'}) < \gamma$, 则 $T_{n'}$ 可以设为 0. 因此, 约束 (7.10) 对应的情景可以简化掉. 这个预处理过程对于分枝定界法减少搜索树是十分有效的.

上述方法的优点是可以采用基本的混合整数规划软件进行求解, 应用这类建模软件, 例如 LINGO, 可以很方便地得到最优解. 问题中的约束条件也很适合建模软件语言的表述. 因此, 这个方法可以有效求解此类问题.

7.1.4 数值实验

本节通过一个数值例子来验证所提出的随机供应链网络设计模型. 考虑供应链参数为: $I = 3$, $J = 3$, $L = 4$, $M = 5$ 和 $K = 2$. 设备建造参数如下: 建厂费用 cm_i 从区间 $[5000, 6000]$ 中随机选取, $i \in I$. 对每一个仓库 $j \in J$, 建造费用 cw_j 在区间 $[3000, 4000]$ 中随机选取. a_j, h_l 和 s_i 均从区间 $[1000, 15000]$ 中随机选取. 需求参数 r_{jk}^P, r_{lk}^L 和 r_k 从区间 $[1, 3]$ 中随机选取.

对于三个随机参数, 分别给出其离散分布. 依照均匀分布, 从区间 $[5, 30]$ 中产生运输费用 cp_{ij}, cp'_{jlk} 和 cp''_{lmk} 的情景, 概率取值均为 $1/N$. 需求 d_{mk} 的取值来自区间 $[70, 200]$, $\hat{d}^{n'}$ 的概率为 $1/N$. 最终得到了运输费用 cp 和需求 d 的离散分布.

应用 LINGO 8.0 软件进行求解. 表 7.1 给出了参数 β 和 γ 取不同值时的计算结果. 从计算结果中可以看出, 当参数 β 和 γ 在 [0,1] 间变化时, 最优的目标函数值也随之变化.

表 7.1 不同模型参数下的计算结果比较

N	N'	γ	β	目标值	CPU 时间/s
30	100	0.75	0.80	149985.4	33
			0.90	156242.3	35
		0.80	0.80	150687.7	38
			0.90	156995.6	29
		0.90	0.80	152849.6	28
			0.90	159319.2	34
	300	0.75	0.80	149632.5	84
			0.90	155706.1	35
		0.80	0.80	150482.4	32

7.1 风险值随机优化模型及其分枝定界法

续表

N	N'	γ	β	目标值	CPU 时间/s
40	100	0.90	0.90	156609.4	31
			0.80	152704.6	38
		0.75	0.90	158974.6	18
			0.80	153682.9	174
		0.80	0.90	159165.2	39
			0.80	154408.8	410
		0.90	0.90	159904.3	56
			0.80	156654.2	166
	300	0.75	0.90	162201.3	47
			0.80	153459.8	105
		0.80	0.90	158713.9	40
			0.80	154351.6	337
		0.90	0.90	159623.5	43
			0.80	156692.9	102
50	100	0.75	0.90	162015.5	55
			0.80	154424.0	788
		0.80	0.90	159374.8	59
			0.80	155146.1	627
		0.90	0.90	160124.9	159
			0.80	157361.5	621
	300	0.75	0.90	162440.7	115
			0.80	154143.6	746
		0.80	0.90	158822.1	160
			0.80	155024.8	553
		0.90	0.90	159745.2	119
			0.80	157343.4	655
55	100	0.75	0.90	162171.7	147
			0.80	154244.4	1793
		0.80	0.90	158798.9	622
			0.80	154960.3	3830
		0.90	0.90	159557.0	546
			0.80	157171.9	2532
	300	0.75	0.90	161905.5	907
			0.80	154007.2	4797
		0.80	0.90	158531.4	347
			0.80	154883.7	2029
		0.90	0.90	159449.5	362
			0.80	157180.6	2328
			0.90	161886.7	157

7.2 平衡优化模型及其生物地理进化算法

本节基于平衡优化方法建立了供应链网络设计模型 (SCND), 其中不确定运输费用和顾客需求用概率-可能性分布来刻画. 最优化问题中包含了费用风险水平约束和联合客户服务水平约束. 当随机参数服从正态分布时, 费用风险水平约束和联合客户服务水平约束可以转换为其等价的可信性约束形式. 进一步, 用一列离散的可能性分布对连续的可能性分布进行逼近. 为了增强解的有效性, 在确定的混合整数规划模型中引入占优集和有效不等式的概念, 通过预处理有效不等式得到简化的非线性规划模型. 最后, 设计了带有局部搜索的混合生物地理优化算法 (BBO) 求解最终模型. 大量的数值实验说明了算法的有效性.

7.2.1 平衡模型的建立

供应链网络设计问题中, 供应链网络节点包括原材料供应商、生产工厂、仓库和顾客. 决策制定者希望通过最少的成本满足客户的服务水平. 实际生活中, 公司面对众多不确定因素, 例如运输费用和客户需求. 以运输费用为例, 它可能受到路况、天气、每日的油价和运输工具选择的影响. 在这样的情况下, 可以知道其大概服从的概率分布类型, 但是具体的分布参数值并不能够准确地确定. 在实际的供应链问题中, 这种不确定性呈现出模糊性和随机性. 为了求解此类问题, 应用随机模糊变量来刻画交通运输费用和客户需求.

首先, 对一些符号进行说明.

集合

I: 原材料供应商的集合;

J: 生产工厂的集合;

L: 仓库的集合;

K: 产品类型的集合;

M: 顾客的集合.

参数

cm_j: 修建工厂 j 的费用;

cw_l: 修建仓库 l 的费用;

cq_i^I: 原材料供应商 i 的单位费用;

cq_{jk}^J: 产品 k 在工厂 j 中生产的单位费用;

p_{mk}: 未满足客户 m 对产品 k 的需求所产生的惩罚费用;

s_i: 原材料供应商 i 的供应能力;

h_l: 仓库 l 的存储能力;

a_j: 工厂 j 的生产能力;

r^P_{jk}: 单位产品 k 在工厂 j 中对生产能力的需求;

r^L_{lk}: 单位产品 k 在仓库 l 中对存储能力的需求;

r_k: 生产单位产品 k 所需要的原材料;

α: 风险水平;

β: 服务水平.

随机模糊参数

cp_{ij}: 从供应商 i 到工厂 j 的原材料单位运输费用;

cp'_{jlk}: 从工厂 j 到仓库 l 产品 k 的单位运输费用;

cp''_{lmk}: 从仓库 l 到顾客 m 产品 k 的单位运输费用;

d_{mk}: 顾客 m 对产品 k 的需求;

$\boldsymbol{\eta}$: 运输费用 $(cp_{ij}, cp'_{jlk}, cp''_{lmk})^{\mathrm{T}}$ 的向量.

决策变量

x_{ij}: 从原材料供应商 i 到工厂 j 的原材料供应量;

y_{jlk}: 产品 k 从工厂 j 运输到仓库 l 的总量;

z_{lmk}: 产品 k 从仓库 l 运输到顾客 m 的总量;

u_j: 工厂 j 的修建决策;

w_l: 仓库 l 的修建决策.

在供应链网络设计问题中，其决策变量可分为两类：战略决策 (工厂和仓库地址的选择决策 u_j 和 w_l) 与运营决策 (运输流量决策 x_{ij}, y_{jlk} 和 z_{lmk}). 此类问题主要考虑产品生命周期内的总成本，对运营决策而言，产品生命周期是一个较长的时期. 运输流量决策并不是在一天内或一次完成的数量，可能是一季度或者半年内的产品的总量. 决策者不得不在不确定参数实现之前进行所有决策，因此形成了单阶段的供应链网络设计模型.

考虑总成本，包括三部分. 第一部分为固定的建厂费用

$$CU = \sum_{j \in J} cm_j u_j + \sum_{l \in L} cw_l w_l.$$

第二部分是生产和仓储费用

$$WX = \sum_{i \in I} cq^I_i \sum_{j \in J} x_{ij} + \sum_{k \in K} \sum_{j \in J} cq^J_{jk} \sum_{l \in L} y_{jlk}.$$

第三部分是各个节点间的运输流量费用

$$f(\boldsymbol{X}, \boldsymbol{\eta}) = \sum_{i \in I} \sum_{j \in J} cp_{ij} x_{ij} + \sum_{k \in K} \sum_{j \in J} \sum_{l \in L} cp'_{jlk} y_{jlk} + \sum_{k \in K} \sum_{l \in L} \sum_{m \in M} cp''_{lmk} z_{lmk}.$$

最后，总成本如下：
$$CU + WX + f(\boldsymbol{X}, \boldsymbol{\eta}). \tag{7.12}$$

引入新的变量 φ 取代 $f(\boldsymbol{X}, \boldsymbol{\eta})$，得到如下目标函数，
$$\min CU + WX + \varphi. \tag{7.13}$$

给定可信性水平 $\alpha \in (0,1)$，找到满足约束条件 (7.14) 的最小 φ.
$$\mathrm{Cr}\,\{\gamma \mid \mathrm{Pr}\,\{f(\boldsymbol{X}, \boldsymbol{\eta}(\gamma)) \leqslant \varphi\} \geqslant \alpha\} \geqslant \alpha. \tag{7.14}$$

假设从仓库运往顾客 m 的产品 k 应使顾客的需求 d_{mk} 在一定的服务水平 $\beta \in (0,1)$ 下得到满足，表示如下
$$\mathrm{Cr}\left\{\gamma \,\bigg|\, \mathrm{Pr}\left\{\sum_{l \in L} z_{lmk} \geqslant d_{mk}(\gamma), \forall m \in M, \forall k \in K\right\} \geqslant \beta\right\} \geqslant \beta, \tag{7.15}$$

该服务水平约束反映了产品运输给客户的总量小于需求应满足一定的服务水平 β.

在实际生活中，决策制定者通常倾向较高的可信性水平和服务水平，而较小的可信性水平 α 和服务水平 β 是没有意义的，因此本节只考虑其取值在区间 $[0.5,1]$ 内.

在生产过程中应保证原材料充足，而仓库中从工厂运来的产品也应保证是足够的. 为了描述这些情况，用约束 (7.16) 保证原材料运到工厂 j 应满足工厂的需求，约束 (7.17) 保证从仓库 l 到顾客 m 的产品总量应等于从工厂运出的产品总量：

$$\sum_{i \in I} x_{ij} = \sum_{k \in K} r_k \sum_{l \in L} y_{jlk}, \quad \forall j \in J, \tag{7.16}$$

$$\sum_{j \in J} y_{jlk} = \sum_{m \in M} z_{lmk}, \quad \forall l \in L, \quad \forall k \in K. \tag{7.17}$$

工厂和仓库在生产过程中都有能力限制，因此要保证产品生产和存储量不高于其能力限制. 能力限制约束条件如下：

$$\sum_{j \in J} x_{ij} \leqslant s_i, \quad \forall i \in I, \tag{7.18}$$

$$\sum_{k \in K} r_{jk}^P \sum_{l \in L} y_{jlk} \leqslant a_j u_j, \quad \forall j \in J, \tag{7.19}$$

$$\sum_{k \in K} r_{lk}^L \sum_{j \in J} y_{jlk} \leqslant h_l w_l, \quad \forall l \in L. \tag{7.20}$$

上述约束反映了多个能力的关系，如原材料的供应能力、生产能力、库存能力和顾客消费能力等.

7.2 平衡优化模型及其生物地理进化算法

考虑实际问题时, 决策变量需满足如下约束条件:

$$x_{ij} \geqslant 0, \quad y_{jlk} \geqslant 0, \quad z_{lmk} \geqslant 0, \quad u_j, w_l \in \{0,1\}, \quad \forall i,j,k,l,m. \tag{7.21}$$

基于上述分析, 建立如下带有联合服务水平约束的平衡供应链网络设计模型:

$$\begin{cases} \min & CU + WX + \varphi \\ \text{s.t.} & 约束 (7.14)\text{—}(7.21). \end{cases} \tag{7.22}$$

模型 (7.22) 是一个带有平衡约束的混合整数规划问题. 为了求解此类优化问题, 需要处理平衡约束和联合服务水平约束. 一般情形下, 采用逼近方法来计算平衡约束. 关于逼近方法收敛性的相关理论可参见文献 [81]. 在运输费用和客户需求的特殊分布函数下, 可以得到平衡约束的等价可信性约束, 相关结论参考下一小节.

7.2.2 等价可信性优化模型

本节假设运输费用的随机性满足特殊分布, 将模型 (7.22) 转化为其等价的可信性规划问题.

1. 处理费用风险水平条件

当约束 (7.14) 中运输费用的随机性服从正态分布时, 可以将平衡约束简化为其等价可信性约束.

定理 7.1 设运输费用 $\boldsymbol{\eta} = (cp_{ij}, cp'_{jlk}, cp''_{lmk})^{\mathrm{T}}$ 为正态随机模糊向量, 对每一个给定的 γ, $\boldsymbol{\eta}(\gamma) = \mathcal{N}(\boldsymbol{\mu}(\gamma), \boldsymbol{\Sigma}(\gamma))$, 其中 $\boldsymbol{\mu}(\gamma) = (\mu_{ij}(\gamma), \mu'_{jlk}(\gamma), \mu''_{lmk}(\gamma))^{\mathrm{T}}$, 且 $\boldsymbol{\Sigma}(\gamma) = \boldsymbol{D}\boldsymbol{D}^{\mathrm{T}}$ 是方差矩阵. 约束条件 (7.14) 等价于如下约束:

$$\operatorname{Cr}\left\{\gamma \,\bigg|\, \Phi^{-1}(\alpha)\sqrt{\boldsymbol{X}^{\mathrm{T}}\boldsymbol{\Sigma}(\gamma)\boldsymbol{X}} + \boldsymbol{\mu}^{\mathrm{T}}(\gamma)\boldsymbol{X} \leqslant \varphi\right\} \geqslant \alpha, \tag{7.23}$$

其中 Φ 为标准正态分布函数.

证明 对每一个 γ, 因为随机变量 $\boldsymbol{\eta}(\gamma)$ 服从正态分布 $\mathcal{N}(\boldsymbol{\mu}(\gamma), \boldsymbol{\Sigma}(\gamma))$, 则随机变量 $\boldsymbol{\eta}(\gamma)^{\mathrm{T}}\boldsymbol{X}$ 服从正态分布 $\mathcal{N}(\boldsymbol{\mu}(\gamma)^{\mathrm{T}}\boldsymbol{X}, \boldsymbol{X}^{\mathrm{T}}\boldsymbol{\Sigma}(\gamma)\boldsymbol{X})$. 所以, 可以得到如下的等价表示:

$$\begin{aligned}
\Pr\{f(\boldsymbol{X}, \boldsymbol{\eta}(\gamma)) \leqslant \varphi\} \geqslant \alpha &\iff \Pr\{\boldsymbol{\eta}(\gamma)^{\mathrm{T}}\boldsymbol{X} \leqslant \varphi\} \geqslant \alpha \\
&\iff \Phi\left(\frac{\boldsymbol{\eta}(\gamma)^{\mathrm{T}}\boldsymbol{X} - \boldsymbol{\mu}(\gamma)^{\mathrm{T}}\boldsymbol{X}}{\sqrt{\boldsymbol{X}^{\mathrm{T}}\boldsymbol{\Sigma}(\gamma)\boldsymbol{X}}} \leqslant \frac{\varphi - \boldsymbol{\mu}(\gamma)^{\mathrm{T}}\boldsymbol{X}}{\sqrt{\boldsymbol{X}^{\mathrm{T}}\boldsymbol{\Sigma}(\gamma)\boldsymbol{X}}}\right) \geqslant \alpha \\
&\iff \Phi^{-1}(\alpha)\sqrt{\boldsymbol{X}^{\mathrm{T}}\boldsymbol{\Sigma}(\gamma)\boldsymbol{X}} + \boldsymbol{\mu}(\gamma)^{\mathrm{T}}\boldsymbol{X} \leqslant \varphi,
\end{aligned}$$

从而证明了定理中的结论. □

2. 处理联合服务水平约束条件

在联合服务水平约束 (7.15) 中, 对每一个 γ, 可以写为

$$K_1^\gamma(\beta) = \{\boldsymbol{X} \mid \Pr(\boldsymbol{AX} \geqslant \boldsymbol{d}(\gamma)) \geqslant \beta\}, \tag{7.24}$$

其中 $0 < \beta \leqslant 1$, $\boldsymbol{X} = (x_{ij}, y_{jlk}, z_{lmk})^\mathrm{T}$, $\boldsymbol{AX} = (\sum_{l \in L} z_{l11}, \cdots, \sum_{l \in L} z_{lmk}, \cdots, \sum_{l \in L} z_{lMK})^\mathrm{T}$ 且 $\boldsymbol{d}(\gamma) = (d_{11}(\gamma), \cdots, d_{mk}(\gamma), \cdots, d_{MK}(\gamma))^\mathrm{T}$. 我们有如下结论.

定理 7.2 如果顾客需求 $\boldsymbol{d}(\gamma)$ 的分量 $d_{mk}(\gamma)$ 是相互独立的随机变量, 且有对数凹的概率测度 P_{mk}^γ, 其分布函数为 F_{mk}^γ, 则有

$$K_1^\gamma(\beta) = \left\{ \boldsymbol{X} \,\Big|\, \sum_{m=1}^M \sum_{k=1}^K \ln F_{mk}^\gamma \left(\sum_{l \in L} z_{lmk} \right) \geqslant \ln \beta \right\}, \tag{7.25}$$

且 $K_1^\gamma(\beta)$ 对任意的 γ 是一个凸集.

证明 由独立性的假设可知

$$\Pr\{\boldsymbol{AX} \geqslant \boldsymbol{d}(\gamma)\} = \prod_{m=1}^M \prod_{k=1}^K P_{mk}^\gamma \left\{ \sum_{l \in L} z_{lmk} \geqslant d_{mk}(\gamma) \right\} = \prod_{m=1}^M \prod_{k=1}^K F_{mk}^\gamma \left(\sum_{l \in L} z_{lmk} \right),$$

由此得 $K_1(\beta) = \{\boldsymbol{X} \mid \prod_{m=1}^M \prod_{k=1}^K F_{mk}^\gamma(\sum_{l \in L} z_{lmk}) \geqslant \beta\}$. 对其取对数函数 (单调增函数), 可得 $K_1(\beta) = \{\boldsymbol{X} \mid \sum_{m-1}^M \sum_{k=1}^K \ln F_{mk}^\gamma(\sum_{l \in L} z_{lmk}) \geqslant \ln \beta\}$. 根据不等式

$$F_{mk}^\gamma \left(\sum_{l \in L} (\lambda z_{lmk}^1 + (1-\lambda) z_{lmk}^2) \right)$$

$$= P_{mk}^\gamma \left(d_{mk}(\gamma) \leqslant \sum_{l \in L} (\lambda z_{lmk}^1 + (1-\lambda) z_{lmk}^2) \right)$$

$$\geqslant P_{mk}^\gamma \left(\lambda \left(d_{mk}(\gamma) \leqslant \sum_{l \in L} z_{lmk}^1 \right) + (1-\lambda) \left(d_{mk}(\gamma) \sum_{l \in L} z_{lmk}^2 \right) \right)$$

$$\geqslant P_{mk}^\gamma \left(d_{mk}(\gamma) \leqslant \sum_{l \in L} z_{lmk}^1 \right)^\lambda P_{mk} \left(d_{mk}(\gamma) \leqslant \sum_{l \in L} z_{lmk}^2 \right)^{1-\lambda}$$

$$= F_{mk}^\gamma \left(\sum_{l \in L} z_{lmk}^1 \right)^\lambda F_{mk}^\gamma \left(\sum_{l \in L} z_{lmk}^2 \right)^{1-\lambda},$$

对数函数作用后的 $F_{mk}^\gamma(\sum_{l \in L} z_{lmk}^1)$ 是一个凹函数, 而 $K_1^\gamma(\beta)$ 是一个凸集. □

在现实生活中, 许多常见的分布函数都属于对数凹的分布函数, 例如均匀分布、非退化的正态分布、Dirichlet 分布和 Wishart 分布等. 在一些情况下, 顾客需求可以看成服从均匀分布、正态分布和 Poisson 分布. 针对上述情形, 有如下结论.

7.2 平衡优化模型及其生物地理进化算法

定理 7.3 设顾客需求 d_{mk} 是一个均匀随机模糊变量, 对每一个 γ, $d_{mk}(\gamma) = U[a_{mk}(\gamma), b_{mk}(\gamma)]$, 且需求 $d_{mk}(\gamma)$ 相互独立. 假设 a_{mk} 和 b_{mk} 是模糊变量, 且对任意的 $m \in M$ 和 $k \in K$, 满足 $a_{mk} \leqslant b_{mk}$, 则联合服务水平约束 (7.15) 等价于如下可信性约束:

$$\mathrm{Cr}\left\{\gamma \left| \sum_{m=1}^{M}\sum_{k=1}^{K} \ln Q_{mk}^{\gamma}\left(\sum_{l \in L} z_{lmk}\right) \geqslant \ln \beta \right.\right\} \geqslant \beta, \tag{7.26}$$

其中

$$Q_{mk}^{\gamma}(x) = \begin{cases} 0, & x < a_{mk}(\gamma), \\ \dfrac{x - a_{mk}(\gamma)}{b_{mk}(\gamma) - a_{mk}(\gamma)}, & a_{mk}(\gamma) \leqslant x < b_{mk}(\gamma), \\ 1, & x \geqslant b_{mk}(\gamma) \end{cases}$$

是需求 $d_{mk}(\gamma)$ 的分布函数.

证明 对每一个 γ, 均匀分布 $U[a_{mk}(\gamma), b_{mk}(\gamma)]$ 的随机变量具有概率密度函数 $p_{mk}^{\gamma}(x) = \dfrac{1}{b_{mk}(\gamma) - a_{mk}(\gamma)}$, 其中 $a_{mk}(\gamma) \leqslant x \leqslant b_{mk}(\gamma)$. 可以看出 $p_{mk}^{\gamma}(x)$ 是对数凹的. 根据定理 7.2, 分布函数也是对数凹的, 证明了等价的可信性约束. □

定理 7.4 假设需求 d_{mk} 为正态随机模糊变量, 对于任意的 γ, $d_{mk}(\gamma) = \mathcal{N}(\mu_{mk}(\gamma), \sigma_{mk}^2(\gamma))$, 且需求 $d_{mk}(\gamma)$ 相互独立. 假设对任意的 $m \in M, k \in K$, $\mu_{mk}(\gamma)$ 和 $\sigma_{mk}(\gamma)$ 为模糊变量, 则联合服务水平约束 (7.15) 等价于如下可信性约束:

$$\mathrm{Cr}\left\{\gamma \left| \sum_{m=1}^{M}\sum_{k=1}^{K} \ln \Phi\left(\dfrac{\sum_{l \in L} z_{lmk} - \mu_{mk}(\gamma)}{\sigma_{mk}(\gamma)}\right) \geqslant \ln \beta \right.\right\} \geqslant \beta, \tag{7.27}$$

其中 Φ 为需求 $d_{mk}(\gamma)$ 的分布函数.

证明 证明过程参照定理 7.3 的证明. □

3. 等价的可信性优化问题

假设运输费用和顾客需求都服从正态分布. 由定理 7.1 和定理 7.4, 初始的平衡优化模型 (7.22) 等价于如下可信性优化模型:

$$\begin{cases} \min & WX + CU + \varphi \\ \text{s.t.} & 约束 (7.16)\text{—}(7.21), (7.23), (7.27). \end{cases} \tag{7.28}$$

模型 (7.28) 包含两个可信性约束条件 (7.23) 和 (7.27), 由于函数的非线性, 不能将其转换成等价的确定性约束. 因此, 为了求解带有可信性约束的优化问题 (7.28), 下一小节将采用逼近方法处理可信性约束条件.

7.2.3 可信性优化模型的近似方法

1. 逼近连续可能性分布

本节考虑 $\gamma = (\gamma_1, \cdots, \gamma_n)^\mathrm{T}$ 拥有连续的联合分布函数. 模糊变量 $\boldsymbol{\mu}^\mathrm{T}(\boldsymbol{\gamma})$, $\boldsymbol{\Sigma}(\boldsymbol{\gamma})$, $\mu_{mk}(\boldsymbol{\gamma})$ 和 $\sigma_{mk}(\boldsymbol{\gamma})$ 均为 $\boldsymbol{\gamma}$ 的函数. 假设它们均为 $\boldsymbol{\gamma}$ 的线性函数, 将其表示为 $\gamma_1, \cdots, \gamma_n$ 的线性组合形式. 运输费用函数包括三部分: 原材料运输, 生产过程运输, 送达客户运输. 因此可以假设 $\boldsymbol{\mu}(\boldsymbol{\gamma}) = (\mu_{ij}(\boldsymbol{\gamma}), \mu'_{jlk}(\boldsymbol{\gamma}), \mu''_{lmk}(\boldsymbol{\gamma}))^\mathrm{T}$ 的每一部分均为 $\boldsymbol{\gamma}$ 的线性函数, 即 $\mu_{ij}(\boldsymbol{\gamma}) = ra_{ij}^1 \gamma_1 + \cdots + ra_{ij}^n \gamma_n$, 其中 $ra_{ij}^q \geqslant 0$. 重新写为 $\boldsymbol{\mu}(\boldsymbol{\gamma}) = \boldsymbol{a}_1 \gamma_1 + \cdots + \boldsymbol{a}_n \gamma_n$, 其中 $\boldsymbol{a}_i (i=1,2,\cdots,n)$ 为非负向量. 假设运输费用相互无关, 则其矩阵形式 $\boldsymbol{\Sigma}(\boldsymbol{\gamma})$ 表示如下:

$$\boldsymbol{\Sigma}(\boldsymbol{\gamma}) = \begin{pmatrix} \boldsymbol{D}_1^\mathrm{T} \boldsymbol{D}_1 & & \\ & \boldsymbol{D}_2^\mathrm{T} \boldsymbol{D}_2 & \\ & & \boldsymbol{D}_3^\mathrm{T} \boldsymbol{D}_3 \end{pmatrix} + \boldsymbol{B}_1 \gamma_1 + \cdots + \boldsymbol{B}_n \gamma_n, \tag{7.29}$$

其中 $\boldsymbol{D}_1, \boldsymbol{D}_2$ 和 $\boldsymbol{D}_3$ 是主对角元素为正的上三角矩阵, 且 $\boldsymbol{B}_1, \cdots, \boldsymbol{B}_n$ 是严格正定的对角矩阵. 因此, $\boldsymbol{\Sigma}(\boldsymbol{\gamma})$ 是一个正定矩阵.

设 $\boldsymbol{\gamma} = (\gamma_1, \cdots, \gamma_n)^\mathrm{T}$ 有如下正态可能性分布:

$$\exp\left\{-\frac{1}{2}(\boldsymbol{x} - \boldsymbol{\mu}^*)^\mathrm{T} \boldsymbol{\Sigma}^* (\boldsymbol{x} - \boldsymbol{\mu}^*)\right\}, \tag{7.30}$$

其中 $\boldsymbol{x} = (x_1, \cdots, x_n)^\mathrm{T} \in \mathcal{R}^n$, $\boldsymbol{\Sigma}^*$ 为一个 $(n \times n)$ 正定矩阵, 且 $\boldsymbol{\mu}^* \in \mathcal{R}^n$ 是一个常数向量. 在实际问题中, 我们并不关心元素特别小的情形. 假设 $T_\varepsilon = [a_1, b_1] \times \cdots \times [a_n, b_n]$ 是 $\mathcal{R}^n$ 的有界子集, 其中 a_i 和 b_i 均为正实数, $i = 1, \cdots, n$.

应用逼近方法 [56] 将原始的优化问题 (7.28) 转化为其逼近形式. 在原始优化问题 (7.28) 中, $\boldsymbol{\mu}^\mathrm{T}(\boldsymbol{\gamma})$, $\boldsymbol{\Sigma}(\boldsymbol{\gamma})$, $\mu_{mk}(\boldsymbol{\gamma})$ 和 $\sigma_{mk}(\boldsymbol{\gamma})$ 为模糊向量 $\boldsymbol{\gamma} = (\gamma_1, \cdots, \gamma_n)^\mathrm{T}$ 的函数. 应用逼近方法, 假设 $\boldsymbol{\gamma}$ 有 N 个确定的实现值, 即

$$\begin{pmatrix} \hat{\boldsymbol{\gamma}}^1 & \cdots & \hat{\boldsymbol{\gamma}}^q & \cdots & \hat{\boldsymbol{\gamma}}^N \\ v^1 & \cdots & v^q & \cdots & v^N \end{pmatrix}, \tag{7.31}$$

其中, $\hat{\boldsymbol{\gamma}}^q = (\hat{\gamma}_1^q, \cdots, \hat{\gamma}_n^q)^\mathrm{T}$, $q = 1, \cdots, N$ 且 $\max_{q=1}^N v^q = 1$.

应用上述的离散可能性分布, 讨论费用风险和联合服务水平约束的等价形式. 在下一小节, 将给出转换的具体细节.

2. 费用风险约束的等价表示

先处理可信性约束条件 (7.23). 引入一个足够大的常数 M, 则有

$$\Phi^{-1}(\alpha) \sqrt{\boldsymbol{X}^\mathrm{T} \boldsymbol{\Sigma}(\hat{\boldsymbol{\gamma}}^q) \boldsymbol{X}} + \boldsymbol{\mu}^\mathrm{T}(\hat{\boldsymbol{\gamma}}^q) \boldsymbol{X} - M \leqslant \varphi, \quad q = 1, 2, \cdots, N.$$

7.2 平衡优化模型及其生物地理进化算法

引入 0-1 向量 $\boldsymbol{Y}$, 其分量 $Y_q, q=1,2,\cdots,N$ 在对应的约束条件满足时, 取值为 0, 否则取值为 1.

根据可信性测度的定义 [69], 可信性约束条件 (7.23) 有如下的等价形式:

$$\Phi^{-1}(\alpha)\sqrt{\boldsymbol{X}^{\mathrm{T}}\boldsymbol{\Sigma}(\hat{\boldsymbol{\gamma}}^q)\boldsymbol{X}} + \boldsymbol{\mu}^{\mathrm{T}}(\hat{\boldsymbol{\gamma}}^q)\boldsymbol{X} - MY_q \leqslant \varphi, \quad q=1,2,\cdots,N, \qquad (7.32)$$

$$\max_{1\leqslant q\leqslant N} v^q(1-Y_q) - \max_{1\leqslant q\leqslant N} v^q Y_q \geqslant 2\alpha - 1, \qquad (7.33)$$

其中, $Y_q \in \{0,1\}, q=1,2,\cdots,N$.

在本问题中, 假设风险水平满足 $0.5 \leqslant \alpha \leqslant 1$. 因此 $\max_{1\leqslant q\leqslant N} v^q(1-Y_q)$ 的取值必为 1. 在这种情形下, 不等式 (7.33) 中的第二部分可以写成

$$\max_{1\leqslant q\leqslant N} v^q Y_q \leqslant 2(1-\alpha). \qquad (7.34)$$

3. 联合服务水平约束的等价表示

本小节主要处理服务水平约束 (7.27). 首先引入一个足够大的常数 R, 使其满足

$$\sum_{m=1}^{M}\sum_{k=1}^{K}\ln\Phi\left(\frac{\sum_{l\in L}z_{lmk} - \mu_{mk}(\hat{\boldsymbol{\gamma}}^q)}{\sigma_{mk}(\hat{\boldsymbol{\gamma}}^q)}\right) + R \geqslant \ln\beta, \quad q=1,2,\cdots,N.$$

引入向量 $\boldsymbol{T}$, 其分量为 0-1 变量 $T_q, q=1,2,\cdots,N$, 若对应的约束条件满足, 取值为 0, 否则取值为 1.

由可信性测度的定义可知, 上述可信性约束条件可以写成如下等价形式:

$$\sum_{m=1}^{M}\sum_{k=1}^{K}\ln\Phi\left(\frac{\sum_{l\in L}z_{lmk} - \mu_{mk}(\hat{\boldsymbol{\gamma}}^q)}{\sigma_{mk}(\hat{\boldsymbol{\gamma}}^q)}\right) + RT_q \geqslant \ln\beta, \quad q=1,2,\cdots,N, \qquad (7.35)$$

$$\max_{1\leqslant q\leqslant N} v^q(1-T_q) - \max_{1\leqslant q\leqslant N} v^q T_q \geqslant 2\beta - 1, \qquad (7.36)$$

其中, $T_q \in \{0,1\}, q=1,2,\cdots,N$.

同理, 在一般情形下 $(0.5 \leqslant \beta \leqslant 1)$, $\max_{1\leqslant q\leqslant N} v^q(1-T_q)$ 的值必为 1. 在这种情况下, (7.36) 可表述为

$$\max_{1\leqslant q\leqslant N} v^q T_q \leqslant 2(1-\beta). \qquad (7.37)$$

4. 逼近 SCND 问题的等价最优化模型

应用风险水平约束和联合服务水平约束的等价表示, 可以得到如下等价的非线性约束规划模型:

$$\begin{cases} \min & WX + CU + \varphi \\ \text{s.t.} & 约束\ (7.16)\text{—}(7.21), (7.32), (7.34), (7.35), (7.37). \end{cases} \tag{7.38}$$

模型 (7.38) 是一个确定的混合整数规划问题, 包含带有逻辑运算 "max" 的约束条件. 因此, 在大规模情形下, 传统的方法很难求解此类问题. 本节将引入占优集和有效不等式的方法来求解模型 (7.38), 并应用有效不等式得到简化的混合整数规划模型.

7.2.4 占优集和有效不等式

1. 有效的费用风险约束

在可信性约束 (7.23) 中, 定义函数 $Q(\boldsymbol{X},\boldsymbol{\gamma}) = \Phi^{-1}(\alpha)\sqrt{\boldsymbol{X}^{\mathrm{T}}\boldsymbol{\Sigma}(\boldsymbol{\gamma})\boldsymbol{X}} + \boldsymbol{\mu}^{\mathrm{T}}(\boldsymbol{\gamma})\boldsymbol{X}$. $Q(\boldsymbol{X},\boldsymbol{\gamma})$ 关于 $\boldsymbol{\gamma}$ 的偏导数为

$$\frac{\partial Q(\boldsymbol{X},\boldsymbol{\gamma})}{\partial \boldsymbol{\gamma}} = \frac{(\boldsymbol{X}^{\mathrm{T}}\boldsymbol{B}_1\boldsymbol{X}, \cdots, \boldsymbol{X}^{\mathrm{T}}\boldsymbol{B}_n\boldsymbol{X})}{2\sqrt{\boldsymbol{X}^{\mathrm{T}}\boldsymbol{\Sigma}(\boldsymbol{\gamma})\boldsymbol{X}}} + (\boldsymbol{A}_1\boldsymbol{X}, \cdots, \boldsymbol{A}_n\boldsymbol{X}). \tag{7.39}$$

由于 $\boldsymbol{X} \geqslant 0$, $\boldsymbol{X}^{\mathrm{T}}\boldsymbol{B}_i\boldsymbol{X} \geqslant 0$ 且 $\boldsymbol{A}_i\boldsymbol{X} \geqslant 0$, 则向量 $\dfrac{\partial Q(\boldsymbol{X},\boldsymbol{\gamma})}{\partial \boldsymbol{\gamma}} \geqslant 0$, $Q(\boldsymbol{X},\boldsymbol{\gamma})$ 为 $\boldsymbol{\gamma}$ 的单调增函数, 即若 $\hat{\gamma}^1 \geqslant \hat{\gamma}^2$, 则 $Q(\boldsymbol{X},\hat{\gamma}^1) \geqslant Q(\boldsymbol{X},\hat{\gamma}^2)$. 当应用逼近方法处理供应链网络设计问题时, 可以得到一个带有 N 个实现值的模糊向量 $\boldsymbol{\gamma}$.

将实现值 q 占优于实现值 j 表示为 $\hat{\gamma}^q \leqslant \hat{\gamma}^j$, 则有 $Q(\boldsymbol{X},\hat{\gamma}^k) \leqslant Q(\boldsymbol{X},\hat{\gamma}^j)$. 在这种情况下, 可以推出 $Y_q \leqslant Y_j$. 记 $W_q = \{j \mid \hat{\gamma}^q \leqslant \hat{\gamma}^j\}$ 为实现值 q 的占优集合. 此占优集包括 q 以及那些被实现值 q 占优的实现值. 引入占优集 W_q 的概念对于处理约束条件 (7.32) 和 (7.34) 是十分有效的, 即如果 $Y_q = 1$, 则有 $Y_j = 1$, $\forall j \in W_q$.

2. 有效的服务水平约束

应用类似方法, 处理联合服务水平约束 (7.27) 并得到如下形式:

$$\frac{\partial \ln \Phi \left(\dfrac{\sum\limits_{l \in L} z_{lmk} - \mu_{mk}(\boldsymbol{\gamma})}{\sigma_{mk}(\boldsymbol{\gamma})} \right)}{\partial \boldsymbol{\gamma}}$$

7.2 平衡优化模型及其生物地理进化算法

$$= \frac{\dfrac{1}{\sqrt{2\pi}}\exp\left(-0.5\left(\dfrac{\sum\limits_{l\in L}z_{lmk}-\mu_{mk}(\gamma)}{\sigma_{mk}(\gamma)}\right)^2\right)}{\Phi\left(\dfrac{\sum\limits_{l\in L}z_{lmk}-\mu_{mk}(\gamma)}{\sigma_{mk}(\gamma)}\right)}$$

$$\times \frac{-\dfrac{\partial \mu}{\partial \gamma}\sigma(\gamma)-\dfrac{\partial \sigma'(\gamma)}{\partial \gamma}\left(\sum\limits_{l\in L}z_{lmk}-\mu_{mk}(\gamma)\right)}{\sigma^2(\gamma)}. \tag{7.40}$$

在所提出的模型中,假设服务水平 $\beta \geqslant 0.5$. 在此情况下,约束 (7.40) 中如果 $\sum_{l\in L}(z_{lmk}-\mu_{mk}(\hat{\gamma}^q))<0$, 则其累积分布必小于 0.5, 且 $T_q=1$. 换言之, 对任意的 m 和 k, 只要 $\sum_{l\in L}z_{lmk}<\mu_{mk}(\hat{\gamma}^q)$, 则有 $T_q=1$. 当对任意的 m 和 k, $\sum_{l\in L}(z_{lmk}-\mu_{mk}(\hat{\gamma}^q))>0$ 时, 可以考虑 (7.40) 式中的梯度. 若 $\mu_{mk}(\gamma)$ 和 $\sigma_{mk}(\gamma)$ 均为 γ 的正线性组合形式, 则有

$$\frac{\partial \ln \Phi\left(\dfrac{\sum\limits_{l\in L}z_{lmk}-\mu_{mk}(\gamma)}{\sigma_{mk}(\gamma)}\right)}{\partial \gamma} \leqslant 0,$$

表明这些函数关于 γ 是减的. 对于约束 (7.35) 和 (7.37), 占优集 W_q 同样是十分有效的, 即若 $T_q=1$ 且 $j\in W_q$, 则 $T_j=1$.

3. 带有有效不等式的逼近均衡 SCND 模型

基于上一小节中提出的占优集 W_q, 可以得到模型 (7.38) 的有效不等式. 在模型 (7.38) 中增加有效不等式, 得到如下改进的模型:

$$\begin{cases} \min \quad WX+CU+\varphi \\ \text{s.t.} \quad \text{约束 } (7.16)\text{—}(7.21),(7.32),(7.34),(7.35),(7.37), \\ \qquad Y_q \leqslant Y_j, \quad j\in W_q, \quad q=1,2,\cdots,N, \\ \qquad T_q \leqslant T_j, \quad j\in W_q, \quad q=1,2,\cdots,N, \end{cases} \tag{7.41}$$

其中占优集 $W_q=\{j|\hat{\gamma}^q \leqslant \hat{\gamma}^j\}$, $q=1,2,\cdots,N$.

模型 (7.41) 为仅带有有效不等式的确定混合整数规划模型, 因此它比模型 (7.38) 更加有效. 模型 (7.41) 的求解方法将在下一小节讨论.

7.2.5 基于逼近方法的 BBO 算法

生物地理优化算法基于生物地理学的基本概念而设计. 此算法将可行解集称为栖息地, 每个栖息地对应的特性 (或者是向量参数) 称为可持续指数变量 (SIV). 通过引入栖息地可持续指数 (HSI) 来定量表示解的优劣性, 相当于其他群体智能算法中的适应度. 生物地理优化算法主要包括两个随机算子: 迁移和变异. 虽然 BBO 是一个群体优化算法, 但它并没有包含固定的种群数量等, 与传统的遗传算法和进化策略有着显著的不同, 可参考文献 [107]. 在本小节中, 我们设计了一个带有局部搜索的混合 BBO 算法来求解平衡供应链网络设计模型.

1. 初始化过程

先介绍解的表示方法.

在本节的供应链网络设计模型中, 每一个栖息地 U 代表了决策变量 u_j 和 w_l. 每一个 U 包括分量取值为 0 和 1 的 SIV, 其中 SIV 为 1 表示工厂或者仓库需要修建, 而为 0 表示工厂或者仓库不需要修建. 栖息地中的 SIV 数量为所有工厂数和仓库数之和. 因此, 一个栖息地表示为 [工厂 1, 工厂 2, $\cdots$, 工厂 J, 仓库 1, $\cdots$, 仓库 L]. 例如当 $J=4, L=5$ 时, 栖息地 [1 0 0 1 0 1 0 1 0] 表示建造工厂 1 和 4, 以及仓库 2 和 4.

在供应链网络设计问题中, 一个可行解包含两部分: 一部分是栖息地, 另一部分是运输决策 x_{ij}, y_{jlk}, z_{lmk}. 在一个栖息地 H 中, 至少包含一个工厂和一个仓库, 因此至少有两个值为 1, 而其他的 SIV 值随机地取 1 和 0. 这样的编码策略保证了初始化的栖息地是可行的. 重复此过程 pop_size 次, 即可生成 pop_size 个可行的栖息地 $H_1, H_2, \cdots, H_{\text{pop\_size}}$.

下面对有效不等式进行预处理.

模型 (7.41) 是带有有效不等式的非线性混合整数规划模型. 为了简化求解过程, 先预处理有效不等式. 因为模型中的模糊向量有 N 个实现值 $\gamma^q, q=1,2,\cdots,N$, 但是它们对于求解模型 (7.41) 并不是全部有效的, 仅需要处理那些有效的不等式. 定义 γ^q 的一个子序列 $\gamma^{q'}, q'=1,2,\cdots,N_1$, 其中 $\gamma^{q'}$ 的可能性值大于 $2(1-\alpha)$, 但它们占优集中最大的可能性值小于 $2(1-\alpha)$.

类似地, 定义 γ^q 的另一个子序列 $\gamma^{q''}, q''=1,2,\cdots,N_2$, 其中 $\gamma^{q''}$ 表示实现值的可能性大于 $2(1-\beta)$, 但其占优集合中的最大可能性小于 $2(1-\beta)$.

当决策向量 U 确定后, 模型 (7.41) 可以转换为如下形式:

7.2 平衡优化模型及其生物地理进化算法

$$\begin{cases} \min\limits_{} \max\limits_{q'=1}^{N_1} WX + CU + \Phi^{-1}(\alpha)\sqrt{X^{\mathrm{T}}\Sigma(\hat{\gamma}^{q'})X} + \boldsymbol{\mu}^{\mathrm{T}}(\hat{\gamma}^{q'})X \\ \text{s.t.} \quad \sum\limits_{m=1}^{M}\sum\limits_{k=1}^{K} \ln\Phi\left(\dfrac{\sum\limits_{l\in L} z_{lmk} - \mu_{mk}(\hat{\gamma}^{q''})}{\sigma_{mk}(\hat{\gamma}_n^{q''})}\right) \geqslant \ln\beta, \quad q''=1,2,\cdots,N_2, \\ \text{约束 (7.16)—(7.21).} \end{cases} \quad (7.42)$$

模型 (7.42) 是一个带有连续变量的 min-max 非线性规划模型, 对于某些决策向量 U 可能不存在可行解. 在这种情况下, 目标值无穷大, 在算法中用一个非常大的数表示.

首先计算目标值作为栖息地的 HSI 值. 当 u_j 和 w_l 确定后, 产生 $M\times K$ 个满足联合服务水平约束的 $\sum_{l\in L} z_{lmk}$ 值. 如果定义比率解为 $Pro_H = [Px_{ij}, Py_{jlk}, Pz_{lmk}]$, 可以在区间 $[0,1]$ 中随机产生比率解 Pz_{lmk}. 当 $w_l = 0$ 时, 令 $z_{lmk} = 0$. 计算所有 $Pz_{lmk}, l\in L$ 的和, 并且归一化其比率解的值, 使得 $\sum_{l\in L} Pz_{lmk} = 1$. 最后用 (7.43) 得到 z_{lmk} 的值:

$$z_{lmk} = Pz_{lmk} \times \sum_{l\in L} z_{lmk}. \quad (7.43)$$

其次, 可以得到 $\sum_{j\in J} y_{jlk} = \sum_{m\in M} z_{lmk}$ 并产生满足 $\sum_{j\in J} Py_{jlk} = 1$ 的比率解 Py_{jlk}. 通过如下式子计算 y_{jlk} 的值:

$$y_{jlk} = Py_{jlk} \times \sum_{j\in J} y_{jlk}. \quad (7.44)$$

最后, 得到 $\sum_{i\in I} x_{ij} = \sum_{k\in K} r_k \sum_{l\in L} y_{jlk}$, 并产生满足 $\sum_{i\in I} x_{ij} = 1$ 的比率解 Px_{ij}. 可以由 (7.45) 计算得到 x_{ij}:

$$x_{ij} = Px_{ij} \times \sum_{i\in I} x_{ij}. \quad (7.45)$$

产生新解的过程如图 7.1 所示.

当 $u_j, w_l, x_{ij}, y_{jlk}$ 和 z_{lmk} 已知且对于模型 (7.42) 可行时, φ 的值是 $\Phi^{-1}(\alpha)\sqrt{X^{\mathrm{T}}\Sigma(\hat{\gamma}^{q'})X} + \boldsymbol{\mu}^{\mathrm{T}}(\hat{\gamma}^{q'})X$ 的最大值, $q' = 1,2,\cdots,N_1$, 即得到一个可行解后, 容易计算出它的目标值并将其表示为栖息地的 HSI 值. 我们按照 HSI 的值从小到大将栖息地进行重新排序. 对于每一个个体, 设定 HSI 值与栖息地物种的种类相关, 并记最少的 HSI 值对应的物种数为 $S = 1$, 最大的 HSI 值对应的物种数为 $S = $ pop_size.

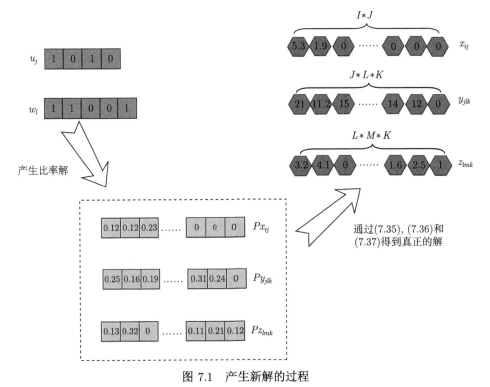

图 7.1 产生新解的过程

2. 迁移操作

迁移操作是一类概率操作, 用于改变已存在的栖息地中的 SIV 值. 每一个栖息地可以通过一定的概率 P_{Mig} 进行改变. 在这个栖息地中, 迁入率 λ 用来决定 SIV 值是否需要修改. 另一个栖息地的选择基于迁出率 μ, 它的 SIV 值将会随机地迁移到被选择的栖息地中. 迁出率和迁入率通过 (7.46) 和 (7.47) 来确定.

$$\lambda_S = I(1 - S/S_{\max}), \tag{7.46}$$

$$\mu_S = ES/S_{\max}, \tag{7.47}$$

其中 λ_S 是带有 S 个物种的栖息地的迁入率, μ_S 是带有 S 个物种的栖息地的迁出率, $S_{\max}$ 是所有栖息地中最大的物种数量, E 和 I 分别为迁出和迁入的最大值. 当得到一个新的栖息地时, 它拥有 u_j 和 w_l, 我们必须提高解的其他部分: x_{ij}, y_{jlk} 和 z_{lmk}. 当 u_j 的值改变时, 需要同时改变 x_{ij} 和 y_{jlk} 的值. 如果 $u_{j'}$ 由 1 变为 0, 则 $Px_{ij'}$ 和 $Py_{j'lk}$ 为 0. 否则, 为参数 $Px_{ij'}$ 和 $Py_{j'lk}$ 产生新的值. 这个操作以后, 需要重新归一化比率解并计算解 x_{ij}, y_{jlk} 和 z_{lmk}.

7.2 平衡优化模型及其生物地理进化算法

3. 变异操作

变异操作的目的是增加种群的多样性, 以获得好的解. 进行变异操作依据变异概率, 与栖息地所包含的物种计数概率 P_S 相关, P_S 由如下微分方程计算:

$$\dot{P}_S = \begin{cases} -(\lambda_S + \mu_S)P_S + \mu_{S+1}P_{S+1}, & S = 0, \\ -(\lambda_S + \mu_S)P_S + \lambda_{S-1}P_{S-1} + \mu_{S+1}P_{S+1}, & 1 \leqslant S \leqslant \text{pop\_size} - 1, \\ -(\lambda_S + \mu_S)P_S + \lambda_{S-1}P_{S-1}, & S = \text{pop\_size}. \end{cases} \quad (7.48)$$

栖息地物种计数的变化是动态的, 在开始的时候概率被初始化为 $1/\text{pop\_size}$. 变异算子以变异率 m 随机地改变栖息地的 SIV 值. 变异率 m 的表示采用的是文献 [107] 中所提出的形式:

$$m(S) = m_{\max}\left(\frac{1 - P_S}{P_{\max}}\right), \quad (7.49)$$

其中 $m(S)$ 是包含 S 个物种的栖息地的变异率, $m_{\max}$ 是最大的变异率, $P_{\max}$ 是最大的概率.

当执行完迁移操作后, 需要将所有的栖息地根据它们的 HSI 值进行重新排序, 并依照上述概率计算方法更新概率. 采用多点变异算子产生新的栖息地. 变异点的个数在区间 $\left[1, \dfrac{J+L}{3}\right]$ 中随机产生. 然后随机选择栖息地中的位置, 改变其值. 若原来的位置值为 1, 则将其变为 0, 否则变为 1. 图 7.2 给出了变异算子的一个例子.

图 7.2 变异算子的一个例子

得到新的栖息地后, 根据前面提出的方法更新比率解和真实解.

4. 局部搜索

为了改进迁移操作和变异操作中的解, 将全局最优的 SIV 保存为 Gbest, 每个 SIV 个体的最优值记为 Pbest. 然后从当前最优解的邻居中搜索更好的解. 定义解的邻域如下:

$$Pro\_H_i = Pro\_H_i + C_1(P\text{best}_i - Pro\_H_i) \\ + C_2(G\text{best} - Pro\_H_i). \quad (7.50)$$

局部搜索操作应用于迁移操作和变异操作后得到的新解. 同样对比率解进行归一化并得到栖息地的一个可行解. 搜索 T_{MAX} 次, 将最好的解保留下来.

5. 精英更新

定义精英栖息地为每一代栖息地中 HSI 的值排名前 5 的栖息地. 在执行完迁移和变异操作后, 选择精英栖息地并改进解的质量. 对每一个精英栖息地 A, 随机产生一个与 A 有相同 SIV 的新的栖息地 B. 对新的栖息地 B 应用局部搜索操作, 得到一个更好的解 C. 如果 C 的 HSI 值比 A 还好, 用 C 代替 A 作为新的精英栖息地, 并重复上述过程多次, 以改进解的质量.

最后, 在图 7.3 中给出混合 BBO 算法的流程图.

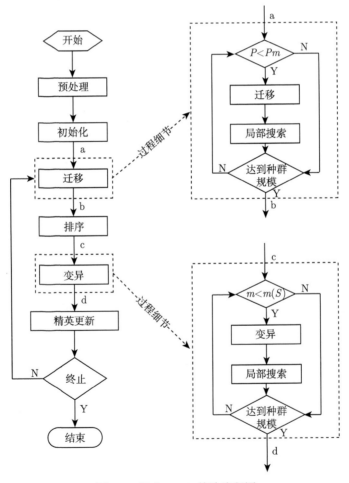

图 7.3 混合 BBO 算法流程图

7.2.6 数值实验和比较研究

1. 问题描述

在本节中，考虑一个食品加工企业的供应链网络设计问题. 公司从供应商得到原材料，运到工厂进行加工，生产成产品，然后运输到仓库，再由仓库将产品运到顾客. 在产品运输过程中，有些产品，比如冰激凌、速冻食品等，是需要冷链运输的，其运输的费用不仅仅与距离和油价相关，同时取决于天气、温度，以及其他一些不确定因素. 假设运输费用和客户需求用可能性分布和概率分布已知的随机模糊变量刻画. 由于客户的满意度对于食品公司的发展十分重要，因此，公司尽可能地提高其服务水平以满足顾客的需求.

在此问题中，运输费用 $\boldsymbol{\eta} = (cp_{ij}, cp'_{jlk}, cp''_{lmk})^{\mathrm{T}}$ 为一个正态随机模糊向量，对于每一个 γ, $\boldsymbol{\eta}(\gamma) = \mathcal{N}(\boldsymbol{\mu}(\gamma), \boldsymbol{\Sigma}(\gamma))$，其中均值为 $\boldsymbol{\mu}(\gamma) = (\mu_{ij}(\gamma), \mu'_{jlk}(\gamma), \mu''_{lmk}(\gamma))^{\mathrm{T}}$，协方差矩阵为

$$\boldsymbol{\Sigma}(\gamma) = \begin{pmatrix} \boldsymbol{D}_1^{\mathrm{T}} \boldsymbol{D}_1 & & \\ & \boldsymbol{D}_2^{\mathrm{T}} \boldsymbol{D}_2 & \\ & & \boldsymbol{D}_3^{\mathrm{T}} \boldsymbol{D}_3 \end{pmatrix} + \boldsymbol{B}_1 \gamma_1 + \cdots + \boldsymbol{B}_4 \gamma_4, \quad (7.51)$$

$\boldsymbol{D}_1, \boldsymbol{D}_2$ 和 $\boldsymbol{D}_3$ 是主对角线为严格正实数的上三角矩阵，且 $\boldsymbol{B}_1, \cdots, \boldsymbol{B}_4$ 是严格正定的对角矩阵. $\boldsymbol{D}_1, \boldsymbol{D}_2$ 和 $\boldsymbol{D}_3$ 中的元素从区间 $[0.1, 1]$ 中随机产生，$\boldsymbol{B}_1, \cdots, \boldsymbol{B}_4$ 的元素从区间 $[0.1, 0.4]$ 中随机产生. 将均值重新写成 $\boldsymbol{\mu}(\gamma) = \boldsymbol{a}_1 \gamma_1 + \cdots + \boldsymbol{a}_4 \gamma_4$，其中 $\boldsymbol{a}_i (i = 1, 2, \cdots, n)$ 是从区间 $[0.3, 0.7]$ 中随机产生的正的向量.

顾客需求 d_{mk} 是正态随机模糊变量，对任意的 γ, $d_{mk}(\gamma) = \mathcal{N}(\mu_{mk}(\gamma), \sigma_{mk}^2(\gamma))$，随机变量 $d_{mk}(\gamma)$ 相互独立. 设 $\mu_{mk}(\gamma)$ 和 $\sigma_{mk}(\gamma)$ 是 γ 的线性函数，且参数在区间 $[2, 7]$ 中产生. 假设模糊向量 $\boldsymbol{\gamma} = (\gamma_1, \gamma_2, \gamma_3, \gamma_4)^{\mathrm{T}}$ 服从如下联合可能性分布：

$$\pi(\boldsymbol{x}) = \exp\left\{-\frac{1}{2}(\boldsymbol{x} - \boldsymbol{\mu})^{\mathrm{T}} \boldsymbol{\Sigma} (\boldsymbol{x} - \boldsymbol{\mu})\right\},$$

其中 $\boldsymbol{\Sigma} = \boldsymbol{U}^{\mathrm{T}} \boldsymbol{U}$，$\boldsymbol{U}$ 是非奇异上三角矩阵. $\boldsymbol{U}$ 中的元素从区间 $[0.1, 0.3]$ 内随机产生，$\boldsymbol{\mu} = (\mu_1, \mu_2, \mu_3, \mu_4)^{\mathrm{T}}$ 的值从区间 $[15, 35]$ 随机选取.

其他参数设置为：建造费用 cm_j 和 cw_l 在区间 $[1500, 4000]$ 内取值. 能力值 a_j, h_l 和 s_i 选自区间 $[300, 600]$. 需求参数 r_{jk}^P 和 r_{lk}^L 在区间 $[0.4, 0.8]$ 中取值.

2. 预处理操作的讨论

先讨论 BBO 算法中的预处理有效不等式的操作. 对于连续的模糊向量，应用逼近方法可以得到有 N 个实现值的模糊向量. 定义 N_1, N_2 为模型 (7.42) 中有效

约束的个数. 通过比较 N, N_1 和 N_2, 评估预处理有效不等式操作的有效性. 当参数取值为 $\alpha = 0.9, \beta = 0.7$ 时, 结果在表 7.2 中给出.

表 7.2 当 $\alpha = 0.9$ 且 $\beta = 0.7$ 时经过预处理后约束条件的数量

N	N_1	$\dfrac{N_1}{N} \times 100\%$	N_2	$\dfrac{N_2}{N} \times 100\%$
4096	12	0.293%	12	0.293%
10000	31	0.310%	27	0.130%
20736	54	0.260%	51	0.246%
38416	82	0.213%	86	0.224%
65536	148	0.226%	131	0.199%
160000	302	0.189%	275	0.172%

从表 7.2 可以看出, 预处理有效不等式的表现很好. 模型 (7.42) 仅需求解原来模型 (7.41) 中大约 0.3% 的约束. 因此应用本小节提出的预处理方法能够很好地提高算法的有效性, 减少运行时间.

3. 与遗传算法进行比较

为了验证本小节设计的 BBO 算法对于平衡供应链网络设计问题的有效性, 将 BBO 算法与遗传算法 (GA) 进行比较. 在遗传算法中, 每一个染色体表示一个可行解. 在求解前进行预处理操作, 随机初始化染色体并基于轮盘赌选择染色体, 在遗传算法中, 设计了单点交叉算子和三点变异算子.

在混合 BBO 算法中, 最大的变异率为 $m_{\max} = 0.003$, 栖息地数目为 pop_size = 30, 迭代次数为 GEN = 500. 而在标准的遗传算法中, 染色体数目 pop_size = 30, 迭代次数 GEN = 500, 交叉概率 $P_c = 0.3$, 变异概率 $P_m = 0.4$. 应用逼近方法, 离散的模糊向量有 $N = 10000$ 个实现值.

为了比较不同算法的结果, 在 $\alpha = 0.9$ 且 $\beta = 0.7$ 情况下, 独立重复 25 次实验, 其均值和方差以及平均的 CPU 计算时间列在表 7.3 中. 另外, 在两个程序中应用同样的随机种群, 也就是 BBO 和 GA 在 25 次实验时初始的解相同. 考虑到问题的可行性, 对于 $M = 100$ 时的解, 所需要的参数 r_{jk}^P 和 r_{lk}^L 在区间 $[0.08, 0.1]$ 内取值. 从表 7.3 中观察到, 对于不同的情形, BBO 算法的结果要优于标准的 GA 算法得到的结果. 同时, 用 BBO 和标准的 GA 算法求解表 7.3 中第三个问题所得解的收敛性在图 7.4 中进行说明. 在图 7.4 中, 直线代表着所有结果中的最小值 139584.7. 最小值与均值之差, 可以视为算法的置信水平. 另外, 发现 BBO 算法在最初迭代时收敛非常快, 尤其在前 50 代, 这是由于使用了排序和局部搜索运算.

表 7.3 GA 与 BBO 在 $\alpha = 0.9, \beta = 0.7$ 情形下的计算结果比较

I	J	L	M	K	GA			混合 BBO		
					均值	方差	CPU 时间/s	均值	方差	CPU 时间/s
5	4	3	10	2	103043.86	65.08	1.9	102937.57	3.32	6.9
5	4	3	10	3	152236.46	165.64	2.4	151832.54	18.65	9.7
8	5	6	14	2	141535.85	272.90	4.2	140444.84	370.19	22.4
10	8	10	30	2	300614.16	1075.39	7.6	295624.28	895.43	54.3
13	10	13	100	2	977379.65	2952.4	21.2	964785.12	2411.67	210.5

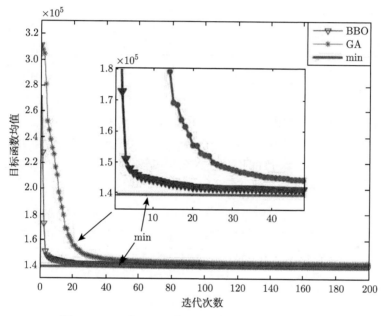

图 7.4 GA 和 BBO 在 GEN = 200 下的结果比较

4. 结果分析

现在讨论风险水平和服务水平对解的影响. 考虑一个供应链网络设计问题, 规模为 $I = 10, J = 8, L = 10, M = 30$ 和 $K = 2$, 对于不同的 α 和 β 所得的结果列在表 7.4 中. 计算结果表明成本目标函数随着风险水平和服务水平增加而增加, 这与理论分析相符. 另外, 最优的决策变量随着 α 和 β 的取值不同而发生改变.

事实上, 平衡供应链网络设计模型可以看成一个鲁棒的随机 SCND 模型, 其中不确定参数的概率分布类型可以确定, 但是概率分布的关键参数却不能确定, 而只能依靠专家的经验给出, 用模糊变量来表示. 为了说明这样的鲁棒方法的优势, 用数值实验对新提出的方法与随机方法[126]进行比较. 为了方便起见, 概率分布中的

关键参数 $\bar{\gamma} = (\bar{\gamma}_1, \bar{\gamma}_2, \bar{\gamma}_3, \bar{\gamma}_4)^T$ 为模糊向量的均值.

表 7.4 不同 α 和 β 参数值对应解的比较

α	β	最优解	最优值
0.8	0.7	(1 0 1 0 1 1 1 0 0 1 1 0 0 0 0 0 1 1)	294754.3
	0.75	(1 1 1 1 0 0 0 1 0 1 0 1 0 1 1 0 0 0)	295012.5
	0.8	(1 0 1 1 0 1 1 1 0 1 1 0 0 1 0 0 0 0)	303627.5
0.85	0.7	(0 1 1 1 0 1 1 0 0 1 0 1 0 0 0 1 0 1)	301167.8
	0.75	(0 0 1 1 1 1 1 0 0 1 0 1 0 0 1 1 0 0)	303102.5
	0.8	(1 1 1 0 0 1 1 1 0 1 1 0 1 0 1 0 0 0)	304141.4
0.9	0.7	(0 1 1 1 0 1 0 1 1 0 1 1 0 0 1 0 0 0)	310880.1
	0.75	(1 0 1 0 1 1 1 0 0 0 0 0 1 0 1 1 1 1)	318168.2
	0.8	(1 1 1 1 1 0 0 1 1 0 1 0 1 1 0 0 1 0)	321878.5

应用 BBO 算法求解随机模型, 其中 $N_1 = N_2 = 1$ 且 $\bar{\gamma}$ 是一个固定的值. 随机 SCND 模型 ($I = 10, J = 8, L = 10, M = 30, K = 2$) 的解列在表 7.5 中, 从中可以观察到平衡优化模型的解同随机模型的解是完全不同的. 平衡模型的最优值要比相同参数的随机模型最优值大. 当 $\alpha = 0.8$ 且 $\beta = 0.7$ 时, 随机模型的最优解对于平衡模型 (7.42) 来说是不可行的. 从计算结果可知, 平衡模型有助于公司提高服务水平, 适用于双重不确定条件下 SCND 问题中的风险规避决策者.

表 7.5 不同 α 和 β 参数值下随机供应链网络设计模型的解

α	β	最优解	最优值
0.8	0.7	(1 1 1 0 0 0 0 0 0 0 1 0 0 1 0 0 0 0)	14952.4
	0.75	(1 1 1 0 0 0 0 0 0 0 1 0 0 0 0 1 1 0)	16182.2
	0.8	(0 1 1 1 0 0 0 0 0 0 1 0 0 1 0 0 0 0)	17208.9
0.85	0.7	(1 0 1 1 0 0 0 0 0 0 1 0 0 1 0 0 0 0)	16982.7
	0.75	(1 0 1 0 1 0 0 0 0 0 1 0 0 1 0 0 0 0)	17079.3
	0.8	(1 1 1 0 0 0 0 0 0 0 0 0 0 0 1 0 0 1)	18476.4
0.9	0.7	(1 1 1 0 0 0 0 0 0 1 0 0 1 0 0 0 0)	18139.0
	0.75	(1 1 1 0 0 0 0 0 0 0 1 0 0 1 0 0 0 0)	18783.2
	0.8	(1 1 1 0 0 0 0 0 1 0 1 0 0 0 0 1 0 0)	19549.6

7.3 本章小结

本章研究了一类带有联合服务水平约束的供应链网络设计问题. 首先建立了运输费用和客户需求服从随机分布情况下的风险值供应链网络设计模型, 在离散分布下求解其等价的混合整数规划问题, 应用传统的分枝定界法求解此类问题, 并通过商用软件进行了数值实验. 当不确定性同时具有随机性和模糊性时, 应用平衡优化方法构建模型, 其中不确定信息由概率和可能性分布刻画. 当随机参数服从正态分布时, 费用风险水平约束和联合客户服务水平约束转化为等价的可信性约束, 应用模糊逼近方法处理两个约束. 进一步, 引入了占优集与有效不等式的概念, 通过预处理有效不等式得到简化的优化模型, 减少了约束的个数. 为处理此类混合整数非线性优化问题, 设计了带有局部搜索的混合 BBO 算法. 最后, 通过一个食品加工企业的供应链网络实例, 说明了模型和算法的有效性.

第8章 平衡冗余优化问题

系统可靠性通常是指平均的故障时间、临界寿命、可靠性和可用性[42]. 冗余分配是提高系统可靠性的一个直接途径, 备用冗余是两种常见的冗余方式之一. 在备用冗余中, 只有当正在运行的元件出现故障时, 备用元件才开始工作. 不管是否获得了大量的历史数据, 在决策阶段都不能确切地知道零件的寿命. 本章将介绍两种不同的处理寿命不确定的备用冗余优化问题的方法, 以确定各部件的冗余元件数目, 最大限度地提高系统性能. 8.1 节介绍随机寿命情形的机会约束多目标规划模型, 8.2 节介绍寿命同时具有随机和模糊两种不确定性的平衡机会约束规划模型.

8.1 随机机会约束多目标规划模型

本节考虑备用冗余系统[135], 其中部件以具有已知系统结构函数的逻辑结构相互连接, 部件的寿命用随机变量刻画. 基于最大化 α-系统寿命的随机冗余优化模型, 建立一个机会约束目标规划模型.

8.1.1 冗余系统

下面对模型中使用的符号加以说明:

c_i: 部件 i 的每个冗余元件的随机成本;

c: 最大可用资金量;

i: 部件 $i, i = 1, 2, \cdots, n$;

n: 系统中部件的个数;

x_i: 为部件 i 选择的元件数量;

$y_{i,j}$: 部件 i 的冗余元件 j 的状态, $j = 1, 2, \cdots, x_i$;

y_i: 部件 i 的状态;

$\boldsymbol{x}$: 向量 $(x_1, x_2, \cdots, x_n)^{\mathrm{T}}$;

$\boldsymbol{y}$: 向量 $(y_1, y_2, \cdots, y_n)^{\mathrm{T}}$;

$y_i(t)$: 在时刻 t 部件 i 的状态;

$\boldsymbol{y}(t)$: 向量 $(y_1(t), y_2(t), \cdots, y_n(t))^{\mathrm{T}}$;

$\Psi(\boldsymbol{y})$: 系统的状态;

$\xi_{i,j}$: 在部件 i 中的冗余元件 j 的随机寿命, $j = 1, 2, \cdots, x_i$;

$\boldsymbol{\xi}$: 向量 $(\xi_{1,1}, \cdots, \xi_{1,x_1}, \cdots, \xi_{n,1}, \cdots, \xi_{n,x_n})^{\mathrm{T}}$;

8.1 随机机会约束多目标规划模型

$T_i(\boldsymbol{x}, \boldsymbol{\xi})$: 部件 i 的寿命;

$T(\boldsymbol{x}, \boldsymbol{\xi})$: 系统的寿命.

考虑一个由 n 个部件构成的冗余系统. 对于每一个部件 $i, i = 1, 2, \cdots, n$, 只可以使用同一类元件, 冗余元件是备用的. 冗余优化问题是寻找 $\boldsymbol{x} = (x_1, x_2, \cdots, x_n)^{\mathrm{T}}$ 的最优值以优化系统性能.

假设:

(A1) 在任何时间, 系统、部件和元件能有效运行 (用 1 表示) 或者故障 (用 0 表示).

(A2) 不对元件或系统进行修理和保养.

(A3) 元件发生故障是相互 s-独立的.

(A4) 备用系统的开关装置是完好的.

(A5) 冗余元件的成本是相互 s-独立的随机变量.

(A6) $\boldsymbol{\xi}$ 是随机向量, $T(\boldsymbol{x}, \boldsymbol{\xi})$ 和 $T_i(\boldsymbol{x}, \boldsymbol{\xi})$ 是随机变量, $i = 1, 2, \cdots, n$.

对于备用冗余系统, 部件的寿命可表示为

$$T_i(\boldsymbol{x}, \boldsymbol{\xi}) = \sum_{j=1}^{x_i} \xi_{i,j}, \quad i = 1, 2, \cdots, n.$$

此处作如下基本假设: 对于 $j = 1, 2, \cdots, x_i, i = 1, 2, \cdots, n$, 设所有部件 i 的状态 y_i 完全由冗余元件的状态 $y_{i,j}$ 确定. 对于任何冗余系统, 都存在一个系统结构函数 $\Psi: \{0, 1\}^n \to \{0, 1\}$, 所有部件状态 $\boldsymbol{y} \in \{0, 1\}^n$ 对应一个系统状态 $\Psi(\boldsymbol{y}) \in \{0, 1\}$.

8.1.2 冗余优化模型

假设 α 是决策者的安全边界, 称为 α-置信水平. 假设约束至少以概率 α 成立, 用机会约束规划[10] 对随机决策系统进行建模. 文献 [13] 和 [92] 为此类冗余系统构建了一个单目标冗余机会约束规划模型. 模型的一般形式为

$$\begin{cases} \max \quad \overline{T} \\ \text{s.t.} \quad \Pr\{T(\boldsymbol{x}, \boldsymbol{\xi}) \geqslant \overline{T}\} \geqslant \alpha, \\ \qquad \Pr\left\{\sum_{i=1}^{n} c_i x_i \leqslant c\right\} \geqslant \beta, \\ \qquad \boldsymbol{x} \geqslant \boldsymbol{1}^{①}, \text{整数向量} \end{cases} \tag{8.1}$$

其中, $\overline{T} \equiv \alpha$-系统寿命, 参数 β 是事先给定的关于成本约束的 β-置信水平.

---

① **1** 是分量均为 1 的向量, 不等式表示 $\boldsymbol{x}$ 的分量均大于 1.

本节将 RCCP 扩展到多目标情形. 假设系统中有 m 个目标子系统; 决策者希望最大化 α_j-子系统寿命, $j=1,2,\cdots,m$. 一个多目标冗余机会约束优化模型为

$$\begin{cases} \max & [\overline{T}_1, \overline{T}_2, \cdots, \overline{T}_m] \\ \text{s.t.} & \Pr\{T_j(\boldsymbol{x},\boldsymbol{\xi}) \geqslant \overline{T}_j\} \geqslant \alpha_j, \quad j=1,2,\cdots,m, \\ & \Pr\left\{\sum_{i=1}^{n} c_i x_i \leqslant c\right\} \geqslant \beta, \\ & \boldsymbol{x} \geqslant \boldsymbol{1}, \text{整数向量}. \end{cases} \quad (8.2)$$

针对 $m=2$ 的情形, 给出如下优先次序:

优先级 1: 主要子系统的寿命 $T_1(\boldsymbol{x},\boldsymbol{\xi})$ 应该以概率水平 α_1 达到给定的水平 t_1, 得到约束

$$\Pr\{t_1 - T_1(\boldsymbol{x},\boldsymbol{\xi}) \leqslant d_1^-\} \geqslant \alpha_1,$$

其中负偏差 d_1^- 是需要最小化的.

优先级 2: 次要子系统的寿命 $T_2(\boldsymbol{x},\boldsymbol{\xi})$ 应该以概率水平 α_2 达到给定的水平 t_2, 得到约束

$$\Pr\{t_2 - T_2(\boldsymbol{x},\boldsymbol{\xi}) \leqslant d_2^-\} \geqslant \alpha_2,$$

其中负偏差 d_2^- 是需要最小化的.

优先级 3: 整个系统的冗余元件的总成本 $\sum_{i=1}^{n} c_i x_i$ 以概率 α_3 不超过 c, 得到约束

$$\Pr\left\{\sum_{i=1}^{n} c_i x_i - c \leqslant d_3^+\right\} \geqslant \alpha_3,$$

其中正偏差 d_3^+ 是需要最小化的.

决策者将冗余优化问题按上述优先次序和设置的目标水平建模为如下随机机会约束目标规划

$$\begin{cases} \text{lexmin} & [d_1^-, d_2^-, d_3^+] \\ \text{s.t.} & \Pr\{t_1 - T_1(\boldsymbol{x},\boldsymbol{\xi}) \leqslant d_1^-\} \geqslant \alpha_1, \\ & \Pr\{t_2 - T_2(\boldsymbol{x},\boldsymbol{\xi}) \leqslant d_2^-\} \geqslant \alpha_2, \\ & \Pr\left\{\sum_{i=1}^{n} c_i x_i - c \leqslant d_3^+\right\} \geqslant \alpha_3, \\ & d_1^-, d_2^-, d_3^+ \geqslant 0, \\ & \boldsymbol{x} \geqslant \boldsymbol{1}, \text{整数向量}. \end{cases} \quad (8.3)$$

8.2 max-max 平衡机会约束优化模型

本节用模糊随机变量刻画部件的寿命. 在给定的系统重量和费用约束下, 对冗余元件的数量进行优化, 使平衡乐观系统寿命最大化, 为备用冗余系统建立一个平衡优化模型 [12]. 由于平衡乐观系统寿命通常没有精确的解析表达式, 所以所建立的模型没有解析解. 在一些假设条件下, 将平衡优化模型等价地分解成两个随机规划子问题. 对于等价的随机规划子问题, 采用样本平均近似 (SAA) 得到其 SAA 问题. 设计一个带有局部搜索的混合粒子群优化算法求解 SAA 问题. 通过数值实验验证所建立模型和算法的有效性.

8.2.1 模型的建立

考虑一个含有 n 个部件的备用冗余系统. 假设第 i 个部件有 x_i 个冗余元件, $i = 1, 2, \cdots, n$. 首先作如下假设:

(A1) 在任何时间, 系统、部件和元件能有效运行或者故障.

(A2) 不对元件或系统进行维修和保养.

(A3) 元件发生故障是互不影响的.

(A4) 备用系统的开关装置是完美的.

(A5) 同一类型的元件其寿命具有独立同分布 [66] (相同类型的元件具有相同的规格), 所有部件的寿命互不影响.

由于主观判断、不精确的人类知识和捕捉统计数据的感知, 许多系统的真实寿命数据在本质上既具有随机性又具有模糊性.

下面用模糊随机变量刻画寿命, 其中 $\xi_{i,j}$ 表示第 i 个部件中第 j 个元件的模糊随机寿命, $j = 1, 2, \cdots, x_i, i = 1, 2, \cdots, n$. 因此模糊随机向量

$$\boldsymbol{\xi} = (\xi_{1,1}, \cdots, \xi_{1,x_1}, \cdots, \xi_{n,1}, \cdots, \xi_{n,x_n})^{\mathrm{T}}$$

反映了所有部件寿命的不确定性. 对应分配 $\boldsymbol{x} = (x_1, \cdots, x_n)^{\mathrm{T}}$ 的系统寿命用 $T(\boldsymbol{x}, \boldsymbol{\xi})$ 表示.

下面以一个含有 5 个部件的备用冗余系统为例进行说明, 如图 8.1 所示. 用 $\xi_{i,j}$ 表示第 i 个部件中第 j 个元件的模糊随机寿命, $j = 1, 2, \cdots, x_i, i = 1, 2, \cdots, 5$, 则系统的不确定性表示为

$$\boldsymbol{\xi} = (\xi_{1,1}, \cdots, \xi_{1,x_1}, \cdots, \xi_{5,1}, \cdots, \xi_{5,x_5})^{\mathrm{T}}.$$

因此对应分配 $\boldsymbol{x} = (x_1, \cdots, x_5)^{\mathrm{T}}$ 的系统寿命可表示为

$$T(\boldsymbol{x}, \boldsymbol{\xi}) = \max \left\{ \left(\sum_{i=1}^{x_1} \xi_{1,i} \right) \wedge \left(\sum_{i=1}^{x_3} \xi_{3,i} \right) \wedge \left(\sum_{i=1}^{x_4} \xi_{4,i} \right), \right.$$

$$\left(\sum_{i=1}^{x_1}\xi_{1,i}\right)\wedge\left(\sum_{i=1}^{x_3}\xi_{3,i}\right)\wedge\left(\sum_{i=1}^{x_5}\xi_{5,i}\right),$$

$$\left(\sum_{i=1}^{x_2}\xi_{2,i}\right)\wedge\left(\sum_{i=1}^{x_3}\xi_{3,i}\right)\wedge\left(\sum_{i=1}^{x_4}\xi_{4,i}\right),$$

$$\left(\sum_{i=1}^{x_2}\xi_{2,i}\right)\wedge\left(\sum_{i=1}^{x_3}\xi_{3,i}\right)\wedge\left(\sum_{i=1}^{x_5}\xi_{5,i}\right)\bigg\}. \tag{8.4}$$

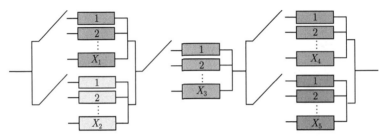

图 8.1 一个备用冗余系统

决策者希望为 n 个部件的系统确定最优冗余分配方案, 使系统寿命最长. 众所周知, 备用元件的数量越多, 系统的寿命 $T(\boldsymbol{x},\boldsymbol{\xi})$ 越长. 但是 x_i 不能无限增长, 主要原因有两个.

一方面, 任何元件自身都有重量, 将元件与系统进行连接的装置也有重量, 而系统的承载力是有限的. 因此, 必须考虑系统的承载力限制. 在实际中, 系统的承载力指系统能承受的最大重量. 为简单起见, 此处承载力是指所考虑的备用冗余系统能承担的 n 个部件中所有元件的最大重量以及连接装置产生的附加重量.

记第 i 个部件中元件的重量为 $\overline{w}_i$, 则第 i 个部件中所有元件的重量为 $\overline{w}_i x_i$. 对于第 i 个部件, 假设连接装置产生的附加重量为 $\overline{w}_i \exp(m_i x_i)$, 其中参数 m_i 是一个常数, $\exp(m_i x_i)$ 是惩罚因子 [115]. m_i 的值反映了连接装置的重量, 它的值越大意味着第 i 个部件的连接装置越重. 为保持系统的运转, 当运行的元件发生故障时, 一个冗余元件立即开始工作. 因此, 冗余的元件必须由系统携带. 换句话说, 在任意时刻虽然每个部件只有一个元件与系统连接, 但是必须考虑到所有元件的重量. 所以系统的总重量为 $\sum_{i=1}^{n}\overline{w}_i x_i + \sum_{i=1}^{n}\overline{w}_i \exp(m_i x_i)$. 如果系统能承受的最大重量是 $\overline{w}_0$, 则系统的冗余分配方案需满足如下条件:

$$\sum_{i=1}^{n}\overline{w}_i x_i + \sum_{i=1}^{n}\overline{w}_i \exp(m_i x_i) \leqslant \overline{w}_0. \tag{8.5}$$

另一方面, 要求费用不能超出预算. 假设第 i 个部件的任意元件的购买费用为

8.2 max-max 平衡机会约束优化模型

c_i. 对于第 i 个部件, 设连接元件的额外费用 (例如连接装置的成本和安装费) 为 $c_i \exp(h_i x_i)$, 其中参数 h_i 是一个常数, $\exp(h_i x_i)$ 是一个惩罚因子[115], 其中 h_i 的值反映了第 i 个部件连接元件的费用, 它的值越大说明连接费用越高. 为简单起见, 此处只考虑这两类费用. 在实际中, 需要考虑更多类型的费用. 就预算限制而言, 系统的冗余分配方案需满足如下条件:

$$\sum_{i=1}^n c_i x_i + \sum_{i=1}^n c_i \exp(h_i x_i) \leqslant c_0, \tag{8.6}$$

其中 c_0 是系统所能负担的最高成本.

在文献 [115] 中, 参数 m_i 和 h_i 通常取值 0.25. 考虑到不同系统连接装置的不同, 这两个参数的值不唯一, 它们将有所波动. 在后面的数值实验中, m_i 和 h_i 取值为 0.3.

基于上述分析, 可建立如下备用冗余优化模型:

$$\begin{cases} \max \quad T(\boldsymbol{x}, \boldsymbol{\xi}) \\ \text{s.t.} \quad \sum_{i=1}^n c_i x_i + \sum_{i=1}^n c_i \exp(h_i x_i) \leqslant c_0, \\ \qquad \sum_{i=1}^n \overline{w}_i x_i + \sum_{i=1}^n \overline{w}_i \exp(m_i x_i) \leqslant \overline{w}_0, \\ \qquad \boldsymbol{x} \geqslant \boldsymbol{1}, \text{整数向量}, \end{cases} \tag{8.7}$$

其中, $\boldsymbol{1} = (1, 1, \cdots, 1)^{\mathrm{T}}$, x_i 是决策变量, 表示第 i 个部件的元件数量.

因为模型 (8.7) 目标的意义不清楚, 该问题是不明确的, 因此求解这样的规划是没有意义的. 为了建立一个有意义的数学模型, 根据文献 [71], 用乐观值方法度量 $T(\boldsymbol{x}, \boldsymbol{\xi})$ 提出以下的 max-max 平衡冗余优化模型:

$$\begin{cases} \max\limits_{\boldsymbol{x}} \max\limits_{T_0} \quad T_0 \\ \text{s.t.} \quad \Pr\{\omega \in \Omega \mid \operatorname{Cr}\{T(\boldsymbol{x}, \boldsymbol{\xi}_\omega) \geqslant T_0\} \geqslant \alpha\} \geqslant \alpha, \\ \qquad \sum_{i=1}^n c_i x_i + \sum_{i=1}^n c_i \exp(h_i x_i) \leqslant c_0, \\ \qquad \sum_{i=1}^n \overline{w}_i x_i + \sum_{i=1}^n \overline{w}_i \exp(m_i x_i) \leqslant \overline{w}_0, \\ \qquad \boldsymbol{x} \geqslant \boldsymbol{1}, \text{整数向量}, \end{cases} \tag{8.8}$$

上述模型是一个单目标整数规划问题, 其中参数 α 是规定的置信水平, 表示概率水平和可信性水平. 对于给定的决策向量 $\boldsymbol{x}$, $\max\limits_{T_0} T_0$ 是模糊随机系统寿命 $T(\boldsymbol{x}, \boldsymbol{\xi})$ 的平衡 α-乐观值, 称为平衡乐观系统寿命. 模型 (8.8) 的最优值记作 $T(\boldsymbol{x}, \boldsymbol{\xi})_{\sup}(\alpha)$.

注 8.1 如果模糊随机向量 $\boldsymbol{\xi} = (\xi_{1,1}, \cdots, \xi_{1,x_1}, \cdots, \xi_{n,1}, \cdots, \xi_{n,x_n})^{\mathrm{T}}$ 退化为模糊向量 $\boldsymbol{\varsigma} = (\varsigma_{1,1}, \cdots, \varsigma_{1,x_1}, \cdots, \varsigma_{n,1}, \cdots, \varsigma_{n,x_n})^{\mathrm{T}}$, 则模型 (8.8) 相应退化为可信性约束模型:

$$\begin{cases} \max_{\boldsymbol{x}} \max_{T_0} \ T_0 \\ \text{s.t.} \quad \mathrm{Cr}\{T(\boldsymbol{x}, \boldsymbol{\varsigma}) \geqslant T_0\} \geqslant \alpha, \\ \qquad \sum_{i=1}^{n} c_i x_i + \sum_{i=1}^{n} c_i \exp(h_i x_i) \leqslant c_0, \\ \qquad \sum_{i=1}^{n} \overline{w}_i x_i + \sum_{i=1}^{n} \overline{w}_i \exp(m_i x_i) \leqslant \overline{w}_0, \\ \qquad \boldsymbol{x} \geqslant \mathbf{1}, \text{整数向量,} \end{cases} \quad (8.9)$$

其中参数 α 表示可信性水平. 模型 (8.9) 的目标是最大化模糊系统寿命的 α-乐观值. 因此, 模型 (8.8) 是模糊环境下可信性模型的推广.

如果模糊随机向量 $\boldsymbol{\xi} = (\xi_{1,1}, \cdots, \xi_{1,x_1}, \cdots, \xi_{n,1}, \cdots, \xi_{n,x_n})^{\mathrm{T}}$ 退化为随机向量 $\boldsymbol{\eta} = (\eta_{1,1}, \cdots, \eta_{1,x_1}, \cdots, \eta_{n,1}, \cdots, \eta_{n,x_n})^{\mathrm{T}}$, 则模型 (8.8) 相应退化为概率约束模型:

$$\begin{cases} \max_{\boldsymbol{x}} \max_{T_0} \ T_0 \\ \text{s.t.} \quad \Pr\{T(\boldsymbol{x}, \boldsymbol{\eta}) \geqslant T_0\} \geqslant \alpha, \\ \qquad \sum_{i=1}^{n} c_i x_i + \sum_{i=1}^{n} c_i \exp(h_i x_i) \leqslant c_0, \\ \qquad \sum_{i=1}^{n} \overline{w}_i x_i + \sum_{i=1}^{n} \overline{w}_i \exp(m_i x_i) \leqslant \overline{w}_0, \\ \qquad \boldsymbol{x} \geqslant \mathbf{1}, \text{整数向量,} \end{cases} \quad (8.10)$$

其中参数 α 表示概率水平. 模型 (8.10) 的目标是最大化随机系统寿命的 α-乐观值. 因此, 模型 (8.8) 是随机环境下概率模型的推广.

当在模糊和随机两种不确定性下进行选择时, 所建立的模型能反映实际情况和决策者的主观性. 为求解问题 (8.8), 需要检验平衡约束. 8.2.2 小节将给出平衡约束可以等价地转化为两个随机约束的情况. 相应地, 平衡模型 (8.8) 可以等价地转化为两个随机模型. 对于一般的情况, 8.2.3 小节为平衡乐观系统寿命提出一个逼近方法.

8.2.2 基于局部搜索的粒子群算法

为克服验证平衡约束 $\Pr\{\omega \in \Omega \mid \mathrm{Cr}\{T(\boldsymbol{x}, \boldsymbol{\xi}_\omega) \geqslant T_0\} \geqslant \alpha\} \geqslant \alpha$ 的困难, 本小节首先说明平衡约束可以等价地转化为两个随机约束, 然后相应地将平衡模型 (8.8)

8.2 max-max 平衡机会约束优化模型

等价地转化为两个随机模型. 现在以图 8.1 中的系统为例来说明这一方法. 最后设计一种基于局部搜索的粒子群算法求解模型.

1. 处理平衡约束

设系统满足 8.2.1 小节中的 5 个假设. 假设第 i 个部件由 x_i 个冗余元件构成, $i = 1, 2, \cdots, 5$. 对于第 i 个部件, 每个元件的寿命用模糊随机变量 ξ_i 刻画. 模糊随机变量 ξ_i, $i = 1, 2, \cdots, 5$ 是相互独立的. 对于每一个 $\omega \in \Omega$, $\xi_1(\omega) = (X_1(\omega) - l_1, X_1(\omega), X_1(\omega) + r_1)$, $\xi_2(\omega) = (X_2(\omega) - l_2, X_2(\omega), X_2(\omega) + r_2)$, $\xi_4(\omega) = (X_4(\omega) - l_4, X_4(\omega), X_4(\omega) + r_4)$, $\xi_5(\omega) = (X_5(\omega) - l_5, X_5(\omega), X_5(\omega) + r_5)$ 是三角模糊变量, $\xi_3(\omega) = \mathcal{N}_F(X_3(\omega), \sigma)$ 是正态模糊变量.

在上述表达式中, l_i, r_i, $X_i(\omega)$, $i = 1, 2, 4, 5$ 分别是三角模糊变量 $\xi_i(\omega)$ 的左跨度、右跨度和中心, 三角模糊变量 $\xi_i(\omega)$ 的可信性分布为

$$\mu_{\xi_i(\omega)}(t) = \begin{cases} \dfrac{t - X_i(\omega) + l_i}{2l_i}, & t \in [X_i(\omega) - l_i, X_i(\omega)], \\ \dfrac{X_i(\omega) + r_i - t}{2r_i}, & t \in [X_i(\omega), X_i(\omega) + r_i], \\ 0, & 其他, \end{cases}$$

$X_3(\omega)$ 和 σ 是正态模糊变量 $\xi_3(\omega)$ 的期望值和标准差, $\xi_3(\omega)$ 的可信性分布为

$$\mu_{\xi_3(\omega)}(t) = \frac{1}{2} \exp\left(\frac{-(t - X_3(\omega))^2}{2\sigma^2}\right).$$

对应于决策 $\boldsymbol{x} = (x_1, \cdots, x_5)^{\mathrm{T}}$, 系统寿命可以表示为

$$T(\boldsymbol{x}, \boldsymbol{\xi}) = \max\left\{ \left(\sum_{i=1}^{x_1} \xi_{1,i}\right) \wedge \left(\sum_{i=1}^{x_3} \xi_{3,i}\right) \wedge \left(\sum_{i=1}^{x_4} \xi_{4,i}\right), \right.$$
$$\left(\sum_{i=1}^{x_1} \xi_{1,i}\right) \wedge \left(\sum_{i=1}^{x_3} \xi_{3,i}\right) \wedge \left(\sum_{i=1}^{x_5} \xi_{5,i}\right),$$
$$\left(\sum_{i=1}^{x_2} \xi_{2,i}\right) \wedge \left(\sum_{i=1}^{x_3} \xi_{3,i}\right) \wedge \left(\sum_{i=1}^{x_4} \xi_{4,i}\right),$$
$$\left.\left(\sum_{i=1}^{x_2} \xi_{2,i}\right) \wedge \left(\sum_{i=1}^{x_3} \xi_{3,i}\right) \wedge \left(\sum_{i=1}^{x_5} \xi_{5,i}\right) \right\}. \qquad (8.11)$$

在等式 (8.11) 中, $\boldsymbol{\xi} = (\xi_{1,1}, \cdots, \xi_{1,x_1}, \cdots, \xi_{5,1}, \cdots, \xi_{5,x_5})^{\mathrm{T}}$, 其中 $\xi_{i,j} = \xi_i$ 是第 i 个部件中第 j 个元件的模糊随机寿命, $j = 1, 2, \cdots, x_i, i = 1, 2, \cdots, 5$. 为此系统确定最优冗余分配方案, 使平衡乐观系统寿命最大. 利用 max-max 平衡规划模型 (8.8) 将问题描述为

$$\begin{cases} \max\limits_{\boldsymbol{x}} \max\limits_{T_0} & T_0 \\ \text{s.t.} & \Pr\{\omega \in \Omega \mid \operatorname{Cr}\{T(\boldsymbol{x},\boldsymbol{\xi}_\omega) \geqslant T_0\} \geqslant \alpha\} \geqslant \alpha, \\ & \sum\limits_{i=1}^{5} c_i x_i + \sum\limits_{i=1}^{5} c_i \exp(h_i x_i) \leqslant c_0, \\ & \sum\limits_{i=1}^{5} \overline{w}_i x_i + \sum\limits_{i=1}^{5} \overline{w}_i \exp(m_i x_i) \leqslant \overline{w}_0, \\ & \boldsymbol{x} \geqslant 1, \text{整数向量}. \end{cases} \quad (8.12)$$

对于 $0 < \alpha \leqslant 0.5$ 的情形,可信性约束 $\operatorname{Cr}\{T(\boldsymbol{x},\boldsymbol{\xi}_\omega) \geqslant T_0\} \geqslant \alpha$ 等价于 $T(\boldsymbol{x},\boldsymbol{\xi}_\omega)_{2\alpha}^R \geqslant T_0$,其中 $T(\boldsymbol{x},\boldsymbol{\xi}_\omega)_{2\alpha}^R$ 是 $T(\boldsymbol{x},\boldsymbol{\xi}_\omega)$ 的 2α-截集的右端点. 根据区间数的逻辑运算,有如下结论:

$$\begin{aligned} & T(\boldsymbol{x},\boldsymbol{\xi}_\omega)_{2\alpha}^R \\ & = \left[\left((1-2\alpha)r_1 x_1 + \sum_{i=1}^{x_1} X_{1,i}\right) \vee \left((1-2\alpha)r_2 x_2 + \sum_{i=1}^{x_2} X_{2,i}\right)\right] \\ & \quad \wedge \left(\sum_{i=1}^{x_3} X_{3,i} + \sigma\sqrt{-2\ln(2\alpha)}x_3\right) \\ & \quad \wedge \left[\left((1-2\alpha)r_4 x_4 + \sum_{i=1}^{x_4} X_{4,i}\right) \vee \left((1-2\alpha)r_5 x_5 + \sum_{i=1}^{x_5} X_{5,i}\right)\right]. \end{aligned} \quad (8.13)$$

所以,下面等价关系成立:

$$\begin{aligned} & \Pr\{\omega \in \Omega \mid \operatorname{Cr}\{T(\boldsymbol{x},\boldsymbol{\xi}_\omega) \geqslant T_0\} \geqslant \alpha\} \geqslant \alpha \\ & \Longleftrightarrow \Pr\Bigg\{\omega \in \Omega \,\Big|\, \left[\left((1-2\alpha)r_1 x_1 + \sum_{i=1}^{x_1} X_{1,i}\right) \vee \left((1-2\alpha)r_2 x_2 + \sum_{i=1}^{x_2} X_{2,i}\right)\right] \\ & \quad \wedge \left(\sum_{i=1}^{x_3} X_{3,i} + \sigma\sqrt{-2\ln(2\alpha)}x_3\right) \\ & \quad \wedge \left[\left((1-2\alpha)r_4 x_4 + \sum_{i=1}^{x_4} X_{4,i}\right) \vee \left((1-2\alpha)r_5 x_5 + \sum_{i=1}^{x_5} X_{5,i}\right)\right] \geqslant T_0 \Bigg\} \\ & \geqslant \alpha. \end{aligned} \quad (8.14)$$

对于 $0.5 < \alpha \leqslant 1$ 的情形,可信性约束 $\operatorname{Cr}\{T(\boldsymbol{x},\boldsymbol{\xi}_\omega) \geqslant T_0\} \geqslant \alpha$ 等价于 $T(\boldsymbol{x},\boldsymbol{\xi}_\omega)_{2-2\alpha}^L \geqslant T_0$,其中 $T(\boldsymbol{x},\boldsymbol{\xi}_\omega)_{2-2\alpha}^L$ 是 $T(\boldsymbol{x},\boldsymbol{\xi}_\omega)$ 的 $(2-2\alpha)$-截集的左端点. 根据区间数的逻辑运算,有如下结论:

8.2 max-max 平衡机会约束优化模型

$$T(\boldsymbol{x}, \boldsymbol{\xi}_\omega)_{2-2\alpha}^L$$
$$= \left[\left((1-2\alpha)l_1x_1 + \sum_{i=1}^{x_1} X_{1,i}\right) \vee \left((1-2\alpha)l_2x_2 + \sum_{i=1}^{x_2} X_{2,i}\right)\right]$$
$$\wedge \left(\sum_{i=1}^{x_3} X_{3,i} - \sigma\sqrt{-2\ln(2-2\alpha)}x_3\right)$$
$$\wedge \left[\left((1-2\alpha)l_4x_4 + \sum_{i=1}^{x_4} X_{4,i}\right) \vee \left((1-2\alpha)l_5x_5 + \sum_{i=1}^{x_5} X_{5,i}\right)\right]. \quad (8.15)$$

据此,可知如下等价表示:

$$\Pr\{\omega \in \Omega \mid \mathrm{Cr}\{T(\boldsymbol{x}, \boldsymbol{\xi}_\omega) \geqslant T_0\} \geqslant \alpha\} \geqslant \alpha$$
$$\iff \Pr\left\{\omega \in \Omega \,\bigg|\, \left[\left((1-2\alpha)l_1x_1 + \sum_{i=1}^{x_1} X_{1,i}\right) \vee \left((1-2\alpha)l_2x_2 + \sum_{i=1}^{x_2} X_{2,i}\right)\right]\right.$$
$$\wedge \left(\sum_{i=1}^{x_3} X_{3,i} - \sigma\sqrt{-2\ln(2-2\alpha)}x_3\right)$$
$$\wedge \left[\left((1-2\alpha)l_4x_4 + \sum_{i=1}^{x_4} X_{4,i}\right) \vee \left((1-2\alpha)l_5x_5 + \sum_{i=1}^{x_5} X_{5,i}\right)\right] \geqslant T_0\bigg\}$$
$$\geqslant \alpha. \quad (8.16)$$

综上可知, 当 $0 < \alpha \leqslant 0.5$ 时, 模型 (8.12) 转化为下面等价的随机优化问题:

$$\begin{cases}
\max\limits_{\boldsymbol{x}} \max\limits_{T_0} \ T_0 \\
\text{s.t.} \quad \Pr\left\{\omega \in \Omega \,\bigg|\, \left[\left((1-2\alpha)r_1x_1 + \sum_{i=1}^{x_1} X_{1,i}\right) \vee \left((1-2\alpha)r_2x_2 + \sum_{i=1}^{x_2} X_{2,i}\right)\right]\right. \\
\qquad\qquad \wedge \left(\sum_{i=1}^{x_3} X_{3,i} + \sigma\sqrt{-2\ln(2\alpha)}x_3\right) \\
\qquad\qquad \wedge \left[\left((1-2\alpha)r_4x_4 + \sum_{i=1}^{x_4} X_{4,i}\right) \vee \left((1-2\alpha)r_5x_5 + \sum_{i=1}^{x_5} X_{5,i}\right)\right] \\
\qquad\qquad \geqslant T_0\bigg\} \geqslant \alpha, \\
\sum\limits_{i=1}^{5} c_i x_i + \sum\limits_{i=1}^{5} c_i \exp(h_i x_i) \leqslant c_0, \\
\sum\limits_{i=1}^{5} \overline{w}_i x_i + \sum\limits_{i=1}^{5} \overline{w}_i \exp(m_i x_i) \leqslant \overline{w}_0, \\
\boldsymbol{x} \geqslant \boldsymbol{1}, \text{整数向量}.
\end{cases}$$
$$(8.17)$$

当 $0.5 < \alpha \leqslant 1$ 时, 模型 (8.12) 可以转化为如下等价的随机优化问题:

$$\begin{cases}
\max\limits_{\boldsymbol{x}} \max\limits_{T_0} \ T_0 \\
\text{s.t.} \quad \Pr\left\{\omega \in \Omega \ \middle| \ \left[\left((1-2\alpha)l_1 x_1 + \sum\limits_{i=1}^{x_1} X_{1,i}\right) \vee \left((1-2\alpha)l_2 x_2 + \sum\limits_{i=1}^{x_2} X_{2,i}\right)\right]\right. \\
\qquad \wedge \left(\sum\limits_{i=1}^{x_3} X_{3,i} - \sigma\sqrt{-2\ln(2-2\alpha)}\, x_3\right) \\
\qquad \wedge \left[\left((1-2\alpha)l_4 x_4 + \sum\limits_{i=1}^{x_4} X_{4,i}\right) \vee \left((1-2\alpha)l_5 x_5 + \sum\limits_{i=1}^{x_5} X_{5,i}\right)\right] \\
\qquad \left. \geqslant T_0 \right\} \geqslant \alpha, \\
\sum\limits_{i=1}^{5} c_i x_i + \sum\limits_{i=1}^{5} c_i \exp(h_i x_i) \leqslant c_0, \\
\sum\limits_{i=1}^{5} \overline{w}_i x_i + \sum\limits_{i=1}^{5} \overline{w}_i \exp(m_i x_i) \leqslant \overline{w}_0, \\
\boldsymbol{x} \geqslant 1, \ \text{整数向量}.
\end{cases} \tag{8.18}$$

注 8.2 上面处理平衡约束时, 将相应的模糊变量假设为三角模糊变量和正态模糊变量. 也可以考虑其他模糊变量, 例如梯形模糊变量. 事实上, 当模糊变量的截集是区间数, 并且可以得到截集端点的解析表达式时, 平衡约束可以改写为等价的概率约束, 进而模型 (8.12) 可以转化为等价的随机优化问题.

2. SAA 备用冗余优化模型

对任意给定的可行 $\boldsymbol{x}$, 当 $0.5 < \alpha \leqslant 1$ 时, 需要计算平衡乐观系统寿命

$$\max\left\{T_0 \ \middle| \ \Pr\left\{\omega \in \Omega \ \middle| \ \left[\left((1-2\alpha)l_1 x_1 + \sum_{i=1}^{x_1} X_{1,i}\right) \vee \left((1-2\alpha)l_2 x_2 + \sum_{i=1}^{x_2} X_{2,i}\right)\right]\right.\right. \\
\left.\left. \wedge \left(\sum_{i=1}^{x_3} X_{3,i} - \sigma\sqrt{-2\ln(2-2\alpha)}\, x_3\right) \right.\right. \\
\left.\left. \wedge \left[\left((1-2\alpha)l_4 x_4 + \sum_{i=1}^{x_4} X_{4,i}\right) \vee \left((1-2\alpha)l_5 x_5 + \sum_{i=1}^{x_5} X_{5,i}\right)\right] \geqslant T_0 \right\} \geqslant \alpha\right\}. \tag{8.19}$$

为简单起见, 记 $s = x_1 + \cdots + x_5$. 假设随机性由一个离散的随机向量 $\boldsymbol{X} = (X_1, X_2, \cdots, X_s)^{\mathrm{T}} = (X_{1,1}, \cdots, X_{1,x_1}, \cdots, X_{5,1}, \cdots, X_{5,x_5})^{\mathrm{T}}$ 刻画, $\boldsymbol{X}$ 取有限个值 $\boldsymbol{X}(\omega_k)$, $k = 1, 2, \cdots, K_0$, 其概率分别为 p_k, $k = 1, 2, \cdots, K_0$. 令 M 是一个充分大

的正数, 使得对于任意的 $X(\omega_k)$ 下式成立:

$$\left[\left((1-2\alpha)l_1x_1+\sum_{i=1}^{x_1}X_{1,i}(\omega_k)\right)\vee\left((1-2\alpha)l_2x_2+\sum_{i=1}^{x_2}X_{2,i}(\omega_k)\right)\right]$$

$$\wedge\left(\sum_{i=1}^{x_3}X_{3,i}(\omega_k)-\sigma\sqrt{-2\ln(2-2\alpha)}x_3\right)$$

$$\wedge\left[\left((1-2\alpha)l_4x_4+\sum_{i=1}^{x_4}X_{4,i}(\omega_k)\right)\vee\left((1-2\alpha)l_5x_5+\sum_{i=1}^{x_5}X_{5,i}(\omega_k)\right)\right]+M$$

$$\geqslant T_0. \tag{8.20}$$

令 $Y_k(k=1,2,\cdots,K_0)$, 是二元变量. 如果相应的约束必须成立, 则 $Y_k=0$, 否则 $Y_k=1$. 对任意给定的可行 $\boldsymbol{x}$, (8.19) 等价于下面的形式:

$$\max\left\{T_0 \ \middle| \ \left[\left((1-2\alpha)l_1x_1+\sum_{i=1}^{x_1}X_{1,i}(\omega_k)\right)\vee\left((1-2\alpha)l_2x_2+\sum_{i=1}^{x_2}X_{2,i}(\omega_k)\right)\right]\right.$$

$$\wedge\left(\sum_{i=1}^{x_3}X_{3,i}(\omega_k)-\sigma\sqrt{-2\ln(2-2\alpha)}x_3\right)$$

$$\wedge\left[\left((1-2\alpha)l_4x_4+\sum_{i=1}^{x_4}X_{4,i}(\omega_k)\right)\vee\left((1-2\alpha)l_5x_5+\sum_{i=1}^{x_5}X_{5,i}(\omega_k)\right)\right]$$

$$+MY_k\geqslant T_0, \quad k=1,2,\cdots,K_0,$$

$$\sum_{k=1}^{K_0}p_k(1-Y_k)\geqslant\alpha,$$

$$\left. Y_k\in\{0,1\}, \quad k=1,2,\cdots,K_0\right\}. \tag{8.21}$$

综上所述, 当 $0.5<\alpha\leqslant 1$ 时, 随机模型 (8.18) 转化为如下等价的优化问题:

$$\begin{cases} \max\limits_{\boldsymbol{x}} & T_0 \\ \text{s.t.} & \left[\left((1-2\alpha)l_1x_1 + \sum_{i=1}^{x_1} X_{1,i}(\omega_k)\right) \vee \left((1-2\alpha)l_2x_2 + \sum_{i=1}^{x_2} X_{2,i}(\omega_k)\right)\right] \\ & \wedge \left(\sum_{i=1}^{x_3} X_{3,i}(\omega_k) - \sigma\sqrt{-2\ln(2-2\alpha)}x_3\right) \\ & \wedge \left[\left((1-2\alpha)l_4x_4 + \sum_{i=1}^{x_4} X_{4,i}(\omega_k)\right) \vee \left((1-2\alpha)l_5x_5 + \sum_{i=1}^{x_5} X_{5,i}(\omega_k)\right)\right] \\ & +MY_k \geqslant T_0, \quad k=1,2,\cdots,K_0, \\ & \sum_{k=1}^{K_0} p_k(1-Y_k) \geqslant \alpha, \\ & \sum_{i=1}^{5} c_ix_i + \sum_{i=1}^{5} c_i\exp(h_ix_i) \leqslant c_0, \\ & \sum_{i=1}^{5} \overline{w}_ix_i + \sum_{i=1}^{5} \overline{w}_i\exp(m_ix_i) \leqslant \overline{w}_0, \\ & \boldsymbol{x} \geqslant 1, \text{整数向量}, \\ & Y_k \in \{0,1\}, \quad k=1,2,\cdots,K_0. \end{cases} \quad (8.22)$$

当 $0 < \alpha \leqslant 0.5$ 时,随机模型 (8.17) 转化为下面等价的优化问题:

$$\begin{cases} \max\limits_{\boldsymbol{x}} & T_0 \\ \text{s.t.} & \left[\left((1-2\alpha)r_1x_1 + \sum_{i=1}^{x_1} X_{1,i}(\omega_k)\right) \vee \left((1-2\alpha)r_2x_2 + \sum_{i=1}^{x_2} X_{2,i}(\omega_k)\right)\right] \\ & \wedge \left(\sum_{i=1}^{x_3} X_{3,i}(\omega_k) + \sigma\sqrt{-2\ln(2\alpha)}x_3\right) \\ & \wedge \left[\left((1-2\alpha)r_4x_4 + \sum_{i=1}^{x_4} X_{4,i}(\omega_k)\right) \vee \left((1-2\alpha)r_5x_5 + \sum_{i=1}^{x_5} X_{5,i}(\omega_k)\right)\right] \\ & +MY_k \geqslant T_0, \quad k=1,2,\cdots,K_0, \\ & \sum_{k=1}^{K_0} p_k(1-Y_k) \geqslant \alpha, \\ & \sum_{i=1}^{5} c_ix_i + \sum_{i=1}^{5} c_i\exp(h_ix_i) \leqslant c_0, \\ & \sum_{i=1}^{5} \overline{w}_ix_i + \sum_{i=1}^{5} \overline{w}_i\exp(m_ix_i) \leqslant \overline{w}_0, \\ & \boldsymbol{x} \geqslant 1, \text{整数向量}, \\ & Y_k \in \{0,1\}, \quad k=1,2,\cdots,K_0. \end{cases} \quad (8.23)$$

8.2 max-max 平衡机会约束优化模型

假设随机性由连续随机向量 X 刻画, 此时通常不能直接计算乐观系统寿命. 在随机规划的研究中, SAA 是一个常用的方法. 这种方法的基本思想如下: 首先用对应于随机样本的经验分布代替实际的概率分布; 其次构造近似 SAA 规划问题, 将其最优解作为最初的随机规划问题的近似最优解. 此处用其对应的 SAA 问题近似模型 (8.17) 和 (8.18), 根据 SAA 方法计算平衡乐观系统寿命. 下面对这一过程进行详细的叙述.

首先, 根据 X 的概率分布, 随机产生 K 个独立同分布的样本 $X(\omega_1), X(\omega_2), \cdots, X(\omega_K)$ 作为 X 的 K 个实现值. 其次, 对于 $0 < \alpha \leqslant 0.5$ 的情形, 随机模型 (8.17) 的 SAA 问题可以写成如下模型:

$$\begin{cases} \max_{\boldsymbol{x}} \quad T_0 \\ \text{s.t.} \quad \left[\left((1-2\alpha)r_1 x_1 + \sum_{i=1}^{x_1} X_{1,i}(\omega_k)\right) \vee \left((1-2\alpha)r_2 x_2 + \sum_{i=1}^{x_2} X_{2,i}(\omega_k)\right)\right] \\ \qquad \wedge \left(\sum_{i=1}^{x_3} X_{3,i}(\omega_k) + \sigma\sqrt{-2\ln(2\alpha)}x_3\right) \\ \qquad \wedge \left[\left((1-2\alpha)r_4 x_4 + \sum_{i=1}^{x_4} X_{4,i}(\omega_k)\right) \vee \left((1-2\alpha)r_5 x_5 + \sum_{i=1}^{x_5} X_{5,i}(\omega_k)\right)\right] \\ \qquad + M Y_k \geqslant T_0, \quad k = 1, 2, \cdots, K, \\ \dfrac{1}{K}\sum_{k=1}^{K}(1-Y_k) \geqslant \alpha, \\ \sum_{i=1}^{5} c_i x_i + \sum_{i=1}^{5} c_i \exp(h_i x_i) \leqslant c_0, \\ \sum_{i=1}^{5} \overline{w}_i x_i + \sum_{i=1}^{5} \overline{w}_i \exp(m_i x_i) \leqslant \overline{w}_0, \\ \boldsymbol{x} \geqslant \mathbf{1}, \text{整数向量}, \\ Y_k \in \{0,1\}, \quad k = 1, 2, \cdots, K. \end{cases} \quad (8.24)$$

而当 $0.5 < \alpha \leqslant 1$ 时, 随机模型 (8.18) 的 SAA 问题是如下模型:

$$\begin{cases} \max_{\boldsymbol{x}} \ T_0 \\ \text{s.t.} \ \left[\left((1-2\alpha)l_1x_1 + \sum_{i=1}^{x_1} X_{1,i}(\omega_k)\right) \vee \left((1-2\alpha)l_2x_2 + \sum_{i=1}^{x_2} X_{2,i}(\omega_k)\right)\right] \\ \qquad \wedge \left(\sum_{i=1}^{x_3} X_{3,i}(\omega_k) - \sigma\sqrt{-2\ln(2-2\alpha)}x_3\right) \\ \qquad \wedge \left[\left((1-2\alpha)l_4x_4 + \sum_{i=1}^{x_4} X_{4,i}(\omega_k)\right) \vee \left((1-2\alpha)l_5x_5 + \sum_{i=1}^{x_5} X_{5,i}(\omega_k)\right)\right] \\ \qquad + MY_k \geqslant T_0, \quad k=1,2,\cdots,K, \\ \dfrac{1}{K}\sum_{k=1}^{K}(1-Y_k) \geqslant \alpha, \\ \sum_{i=1}^{5} c_i x_i + \sum_{i=1}^{5} c_i \exp(h_i x_i) \leqslant c_0, \\ \sum_{i=1}^{5} \overline{w}_i x_i + \sum_{i=1}^{5} \overline{w}_i \exp(m_i x_i) \leqslant \overline{w}_0, \\ \boldsymbol{x} \geqslant 1, \text{整数向量}, \\ Y_k \in \{0,1\}, \quad k=1,2,\cdots,K. \end{cases} \tag{8.25}$$

然后求解模型 (8.24) 和 (8.25). 它们的最优值是模型 (8.17) 和 (8.18) 的近似最优值. 由于 SAA 问题约束较多, 不能用经典的数值优化方法有效求解问题 (8.24) 和 (8.25). 下面设计一个混合粒子群算法 (HPSO) 求解 SAA 问题.

3. 局部搜索

用一个 5 维的粒子表示冗余分配方案 $\boldsymbol{x} = (x_1, x_2, x_3, x_4, x_5)^{\mathrm{T}}$. 采用变邻域搜索方法作为局部搜索 (LS), 它包括两个邻域结构: 反射邻域结构和移位邻域结构. 在反射邻域中按如下方法产生粒子: 首先在区间 [1, 5] 中随机产生两个不同的点 (两个不同的整数); 其次, 通过反转两点之间的子序列的排列, 得到一个新粒子. 图 8.2 给出了一个反射操作的例子.

图 8.2 一个反射操作的例子

在移位邻域中按如下方法产生粒子: 首先在区间 [1, 5] 中随机产生两个不同的点; 其次从当前位置删除两点间的部分并将其插入到另一个随机选择的位置, 得到一个新粒子. 图 8.3 给出了一个移位操作的例子.

8.2 max-max 平衡机会约束优化模型

图 8.3 一个移位操作的例子

从原来的粒子出发, 变邻域搜索方法在反射和移位邻域中找到一个更好的粒子. 首先, 变邻域搜索在反射邻域中找到一个更好的粒子; 其次, 在移位邻域中继续寻找一个有改进的粒子. 如果在邻域中发现了一个更好的粒子, 则使用此更好的粒子来更新最初的粒子, 并继续此搜索过程. 否则, 变邻域搜索改变其搜索邻域, 在新的邻域找到一个更好的解决方案. 最大搜索时间作为变邻域搜索方法的终止条件.

4. 混合粒子群优化算法

PSO 算法 [36] 自提出后, 已经广泛应用于求解各种问题 [31, 41, 48]. 此算法基于 pop_size 个粒子, 每一个粒子都表示问题的一个可能解决方案. 粒子都有其最好的位置 (pbest), 表示到时刻 t 为止个体的最好位置. 全局最优粒子 (gbest) 表示到时刻 t 为止在种群中找到的最好粒子. 用一个粒子表示一个决策向量 $\boldsymbol{X} = (x_1, \cdots, x_n)^{\mathrm{T}}$. 第 i 个粒子的速度按如下公式进行更新:

$$\boldsymbol{V}_i(t+1) = \omega \boldsymbol{V}_i(t) + c_1 r_1 \left(\boldsymbol{P}_i(t) - \boldsymbol{X}_i(t)\right) + c_2 r_2 \left(\boldsymbol{P}_g(t) - \boldsymbol{X}_i(t)\right). \tag{8.26}$$

在等式 (8.26) 中, c_1, c_2 是学习率, 通常取 $c_1 = c_2 = 2$, r_1, r_2 是在单位区间 $[0,1]$ 中产生的两个独立的随机数, $\boldsymbol{P}_i(t)$ 是第 i 个粒子在时刻 t 之前的最佳位置, $\boldsymbol{P}_g(t)$ 是时刻 t 所有粒子中的最佳位置, $\boldsymbol{V}_i(t)$ 是第 i 个粒子在时刻 t 的速度, $\boldsymbol{X}_i(t)$ 是第 i 个粒子在时刻 t 的位置, ω 称为惯性系数. 在区间 $[-V\max, V\max]$ 中随机初始化 pop_size 个粒子的速度, 其中 $V\max$ 是速度的上界. 参数 $V\max$ 应大小适中, 否则粒子将忽视好的解决方案或陷入局部最优. ω 控制粒子速度历史值对当前值的影响. 合适的 ω 将保证全局与局部搜索的平衡, 使找到最优解的平均迭代次数较少. 根据文献 [104], 在运行中惯性系数 ω 按下面的公式从大约 0.9 到 0.4 线性减少:

$$\omega = ((\omega_{\mathrm{inerWt}} - 0.4)(\mathrm{Gen} - \mathrm{gen})/\mathrm{Gen}) + 0.4,$$

其中 ω_{inerWt} 是初始惯性系数, 取值为 0.9, Gen 是使用者给出的最大迭代次数, gen 是当前的代数. 第 i 个粒子的位置由下式更新:

$$\boldsymbol{X}_i(t+1) = \boldsymbol{X}_i(t) + \boldsymbol{IV}_i(t+1), \tag{8.27}$$

其中

$$\boldsymbol{IV}_i(t+1) = \begin{cases} (\mathrm{int})(\boldsymbol{V}_i(t+1) + 0.85), & \boldsymbol{V}_i(t+1) > 0.15, \\ (\mathrm{int})(\boldsymbol{V}_i(t+1) - 0.85), & \boldsymbol{V}_i(t+1) < -0.15, \\ 0, & \boldsymbol{V}_i(t+1) = 0. \end{cases}$$

对于 SAA 问题 (8.24) 和 (8.25), 嵌有局部搜索的 HPSO 算法的求解过程如下:

混合粒子群优化算法

步骤 1 初始化 pop_size 个可行粒子, 其位置和速度是随机的, 然后计算它们的目标值.

步骤 2 设置每个粒子的 pbest 和目标值为其当前的位置与目标值, 设置 gbest 和目标值为最好的初始粒子的位置和目标值.

步骤 3 对于每个粒子, 进行最大搜索时间的局部搜索. 首先在反射邻域中寻找一个更好的解 (粒子). 其次在移位邻域中寻找更好的解. 如果在邻域中找到了一个更好的粒子, 则用这个更好的粒子替换原来的粒子, 继续进行搜索. 否则, 改变搜索邻域, 在新的邻域中寻找一个更好的解.

步骤 4 根据公式 (8.26) 和 (8.27) 更新每一个粒子的速度和位置.

步骤 5 计算所有粒子的目标值.

步骤 6 对每一个粒子, 比较当前的目标值和 pbest 的目标值. 如果当前的目标值较大, 则用当前的位置和目标值更新 pbest 与其目标值.

步骤 7 寻找当前种群中目标值最大的最好粒子. 与 gbest 相比, 如果目标值较大, 则用当前最好粒子的位置和目标值更新 gbest 与其目标值.

步骤 8 重复步骤 3 到步骤 7 给定循环次数.

步骤 9 返回 gbest 与其目标值作为最优解和最优值.

8.2.3 模型逼近方法

当平衡模型 (8.8) 不能转化成等价的随机规划模型时, 对任意可行决策向量 $\boldsymbol{x}$, 使用逼近方法 [55] 估计平衡乐观系统寿命 $\sup\{T_0 \mid \Pr\{\omega \in \Omega \mid \mathrm{Cr}\{T(\boldsymbol{x}, \boldsymbol{\xi}_\omega) \geqslant T_0\} \geqslant \alpha\} \geqslant \alpha\}$.

记 $\boldsymbol{\xi} = (\xi_1, \xi_2, \cdots, \xi_s)^\mathrm{T}$, 其中 $s = x_1 + \cdots + x_n$. 假设 $\boldsymbol{\xi}$ 的随机性由一个离散随机向量 $\boldsymbol{X}$ 刻画, $\boldsymbol{X}$ 取有限个值 $\boldsymbol{X}(\omega_k)$, $k = 1, 2, \cdots, K$, 概率分别为 p_k, $k = 1, 2, \cdots, K$. 对于每一个 $\boldsymbol{X}(\omega_k)$, $\boldsymbol{\xi}$ 是一个离散模糊向量, 记作 $\boldsymbol{\xi}_{\omega_k}$. 模糊向量 $\boldsymbol{\xi}_{\omega_k}$ 取 N_k 个值 $\hat{\boldsymbol{\xi}}_k^j$, $j = 1, 2, \cdots, N_k$, 可能性为 $\mu_k^j > 0$, $j = 1, 2, \cdots, N_k$, 且 $\max_{j=1}^{N_k} \mu_k^j = 1$. 对任意给定的 $\boldsymbol{x}$ 和随机实现值 $\boldsymbol{X}(\omega_k)$, 记

$$\hat{T}_k^j = T(\boldsymbol{x}, \hat{\boldsymbol{\xi}}_k^j), \quad c_j = \mathrm{Cr}\{T(\boldsymbol{x}, \boldsymbol{\xi}_{\omega_k}) \geqslant \hat{T}_k^j\}, \quad j = 1, 2, \cdots, N_k, \tag{8.28}$$

$$T_k^* = \max\{\hat{T}_k^j | c_j \geqslant \alpha\}, \quad k = 1, 2, \cdots, K. \tag{8.29}$$

换句话说, T_k^* 是 T_0 的最大值, 且满足 $\mathrm{Cr}\{T(\boldsymbol{x}, \boldsymbol{\xi}_{\omega_k}) \geqslant T_0\} \geqslant \alpha$.

8.2 max-max 平衡机会约束优化模型

如果集合 $\{T_1^*, \cdots, T_K^*\}$ 中前 K' 个最大的元素对应的概率之和不低于 α, 且集合 $\{T_1^*, \cdots, T_K^*\}$ 中前 $K'-1$ 个最大的元素对应的概率之和低于 α, 则集合 $\{T_1^*, \cdots, T_K^*\}$ 中第 K' 个最大的元素是平衡 α-乐观系统寿命.

现在考虑 ξ 的随机性由一个连续随机向量 X 刻画的情况, 对任意的随机实现值 $X(\omega)$, ξ_ω 是一个连续的模糊向量. ξ 的支撑无限, 记作 $\Xi = \prod_{i=1}^{s}[a_i, b_i]$, 其中 $[a_i, b_i]$ 是 ξ_i, $i = 1, 2, \cdots, s$ 的支撑. 令 Z 是整数集, 对于每一个 $i \in \{1, 2, \cdots, s\}$, 定义 $\zeta_{m,i} = g_{m,i}(\xi_i)$, 其中函数 $g_{m,i}$ 定义为

$$g_{m,i}(u_i) = \begin{cases} a_i, & u_i \in \left[a_i, a_i + \dfrac{1}{m}\right), \\ \sup\left\{\dfrac{k_i}{m} \;\middle|\; k_i \in Z \text{ 满足 } \dfrac{k_i}{m} \leqslant u_i\right\}, & u_i \in \left[a_i + \dfrac{1}{m}, b_i\right]. \end{cases} \tag{8.30}$$

由于 $g_{m,i}$ 是一个 Borel 可测函数, 所以对每一个 $m = 1, 2, \cdots$, ζ_m 是一个模糊随机向量. 对任意的 k, 如果 ξ_i 在 $[k/m, (k+1)/m)$ 中取值, 则 $\zeta_{m,i}$ 取唯一值 k/m. 所以 $\{\zeta_m\}$ 是一个支撑有限的本原模糊随机向量. 称离散模糊随机向量序列 $\{\zeta_m\}$ 为连续模糊随机向量 ξ 的离散化.

估计平衡 α-乐观系统寿命的过程总结如下:

估计平衡 α-乐观系统寿命

步骤 1 根据 X 的概率分布, 抽取 K 个独立同分布的随机向量 $X(\omega_1), X(\omega_2), \cdots, X(\omega_K)$;

步骤 2 对任意 $X(\omega_k)$, 通过公式 (8.30) 从 ξ_{ω_k} 的支撑 Ξ 生成 ζ_{m,ω_k};

步骤 3 对任意 $X(\omega_k)$, 通过公式 (8.28) 计算 $\hat{T}_k^j$ 和 c_j, $j = 1, 2, \cdots, N_k$;

步骤 4 对任意 $X(\omega_k)$, 通过公式 (8.29) 计算 T_k^*, $k = 1, 2, \cdots, K$;

步骤 5 令 K' 是 αK 的整数部分;

步骤 6 返回集合 $\{T_1^*, \cdots, T_K^*\}$ 中第 K' 个最大的元素作为平衡 α-乐观系统寿命的近似值.

下面的定理给出上述算法的收敛性.

定理 8.1 若 ξ 是一个连续且本质有界的模糊随机向量, 支撑有限的本原模糊随机向量序列 $\{\zeta_m\}$ 是 ξ 的离散化, 则对于每一个可行的决策方案 x, 有

$$\lim_{m \to \infty} \sup\{T_0 \mid \Pr\{\omega \in \Omega \mid \mathrm{Cr}\{T(x, \zeta_{m,\omega}) \geqslant T_0\} \geqslant \alpha\} \geqslant \alpha\}$$
$$= \sup\{T_0 \mid \Pr\{\omega \in \Omega \mid \mathrm{Cr}\{T(x, \xi_\omega) \geqslant T_0\} \geqslant \alpha\} \geqslant \alpha\}.$$

也就是说, 当 α 是函数 $\sup\{T_0 \mid \Pr\{\omega \in \Omega \mid \mathrm{Cr}\{T(x, \xi_\omega) \geqslant T_0\} \geqslant \alpha\} \geqslant \alpha\}$ 的一个

连续点时, 有
$$\lim_{m\to\infty} T(\boldsymbol{x},\boldsymbol{\zeta}_m)_{\sup}(\alpha) = T(\boldsymbol{x},\boldsymbol{\xi})_{\sup}(\alpha).$$

证明 根据文献 [71], 有如下结论:
$$\Pr\{\omega\in\Omega \mid \text{Cr}\{T(\boldsymbol{x},\boldsymbol{\xi}_\omega)\geqslant T_0\}\geqslant\alpha\}\geqslant\alpha \Longleftrightarrow \text{Ch}\{T(\boldsymbol{x},\boldsymbol{\xi})\geqslant T_0\}\geqslant\alpha.$$

因为对任意给定的 $\boldsymbol{x}$, $T(\boldsymbol{x},\boldsymbol{\xi})$ 是一个关于 $\boldsymbol{\xi}$ 的连续函数, 根据 [97], 有
$$\lim_{m\to\infty} \text{Ch}\{T(\boldsymbol{x},\boldsymbol{\zeta}_m)\geqslant T_0\} = \text{Ch}\{T(\boldsymbol{x},\boldsymbol{\xi})\geqslant T_0\}.$$

对于 $\alpha\in(0,1)$, 假设至多有一个 T_0 满足 $\text{Ch}\{T(\boldsymbol{x},\boldsymbol{\xi})\geqslant T_0\}=\alpha$.

令 $z=\sup\{T_0\mid\text{Ch}\{T(\boldsymbol{x},\boldsymbol{\xi})\geqslant T_0\}\geqslant\alpha\}$, 则对所有的 $t_0<z$, 有 $\text{Ch}\{T(\boldsymbol{x},\boldsymbol{\xi})\geqslant t_0\}>\alpha$. 因此, 在 $t_0<z$ 是 $\text{Ch}\{T(\boldsymbol{x},\boldsymbol{\xi})\geqslant t_0\}$ 的一个连续点的条件下, 存在某个正整数 N_{t_0}, 使得对所有 $m>N_{t_0}$ 都有 $\text{Ch}\{T(\boldsymbol{x},\boldsymbol{\zeta}_m)\geqslant t_0\}>\alpha$. 因此, 在 $t_0<z$ 是 $\text{Ch}\{T(\boldsymbol{x},\boldsymbol{\xi})\geqslant t_0\}$ 的一个连续点的条件下, 有 $\sup\{T_0\mid\text{Ch}\{T(\boldsymbol{x},\boldsymbol{\zeta}_m)\geqslant T_0\}\geqslant\alpha\}\geqslant t_0$. 由于存在一个递增连续点序列 t_0^n 收敛到 z, 则根据
$$\liminf_{m\to\infty}\sup\{T_0\mid\text{Ch}\{T(\boldsymbol{x},\boldsymbol{\zeta}_m)\geqslant T_0\}\geqslant\alpha\}\geqslant t_0$$

可得
$$\liminf_{m\to\infty}\sup\{T_0\mid\text{Ch}\{T(\boldsymbol{x},\boldsymbol{\zeta}_m)\geqslant T_0\}\geqslant\alpha\}\geqslant z.$$

同理, 对所有 $t_0>z$, 由于存在一个递减连续点序列 t_0^n 收敛到 z, 由
$$\limsup_{m\to\infty}\sup\{T_0\mid\text{Ch}\{T(\boldsymbol{x},\boldsymbol{\zeta}_m)\geqslant T_0\}\geqslant\alpha\}\leqslant t_0$$

可得
$$\limsup_{m\to\infty}\sup\{T_0\mid\text{Ch}\{T(\boldsymbol{x},\boldsymbol{\zeta}_m)\geqslant T_0\}\geqslant\alpha\}\leqslant z.$$

因此, 除去至多可数个 α, 极限
$$\sup\{T_0\mid\text{Ch}\{T(\boldsymbol{x},\boldsymbol{\zeta}_m)\geqslant T_0\}\geqslant\alpha\} \to \sup\{T_0\mid\text{Ch}\{T(\boldsymbol{x},\boldsymbol{\xi})\geqslant T_0\}\geqslant\alpha\}$$

总成立.

也就是说, 除去那些存在很多个 T_0 使 $\text{Ch}\{T(\boldsymbol{x},\boldsymbol{\xi})\geqslant T_0\}=\alpha$ 的 α 外,
$$\sup\{T_0\mid\text{Ch}\{T(\boldsymbol{x},\boldsymbol{\zeta}_m)\geqslant T_0\}\geqslant\alpha\} \to \sup\{T_0\mid\text{Ch}\{T(\boldsymbol{x},\boldsymbol{\xi})\geqslant T_0\}\geqslant\alpha\}$$

都成立. 因此, 由 α 是函数 $\sup\{T_0\mid\text{Ch}\{T(\boldsymbol{x},\boldsymbol{\xi})\geqslant T_0\}\geqslant\alpha\}$ 的一个连续点, 可知
$$\lim_{m\to\infty}\sup\{T_0\mid\text{Ch}\{T(\boldsymbol{x},\boldsymbol{\zeta}_m)\geqslant T_0\}\geqslant\alpha\} = \sup\{T_0\mid\text{Ch}\{T(\boldsymbol{x},\boldsymbol{\xi})\geqslant T_0\}\geqslant\alpha\}$$

8.2 max-max 平衡机会约束优化模型

成立. 也就是说, 在 α 是函数 $\sup\{T_0 \mid \Pr\{\omega \in \Omega \mid \mathrm{Cr}\{T(\boldsymbol{x}, \boldsymbol{\xi}_\omega) \geqslant T_0\} \geqslant \alpha\} \geqslant \alpha\}$ 的连续点这一条件下, 有如下结论

$$\lim_{m \to \infty} \sup\{T_0 \mid \Pr\{\omega \in \Omega \mid \mathrm{Cr}\{T(\boldsymbol{x}, \boldsymbol{\zeta}_{m,\omega}) \geqslant T_0\} \geqslant \alpha\} \geqslant \alpha\}$$
$$= \sup\{T_0 \mid \Pr\{\omega \in \Omega \mid \mathrm{Cr}\{T(\boldsymbol{x}, \boldsymbol{\xi}_\omega) \geqslant T_0\} \geqslant \alpha\} \geqslant \alpha\}. \qquad \Box$$

8.2.4 数值实验和比较研究

本小节给出一个具体的备用冗余优化问题, 分别使用所提出的平衡优化方法、模糊优化方法和随机优化方法求解该问题, 并通过数值试验进行比较研究.

1. 问题描述

考虑一个如图 8.1 所示的含有 5 个部件的备用冗余系统. 该系统满足 8.2.1 小节中的 5 个假设. 假设第 i, $i = 1, 2, \cdots, 5$ 个部件分别包含 x_i 个冗余元件. 对于第 i 个部件, 每个元件的寿命用一个模糊随机变量 ξ_i 刻画, 如表 8.1 中第二列所示. 第 i 个部件的成本和重量分别如表 8.1 中第三列和第四列所示. 模糊随机变量 ξ_i, $i = 1, 2, \cdots, 5$ 是相互独立的. 用 $\xi_{i,j}$ 表示第 i 个部件中第 j 个元件的模糊随机寿命, $j = 1, 2, \cdots, x_i$, $i = 1, 2, \cdots, 5$, 令 $\boldsymbol{\xi} = (\xi_{1,1}, \cdots, \xi_{1,x_1}, \cdots, \xi_{5,1}, \cdots, \xi_{5,x_5})^\mathrm{T}$. 对应决策 $\boldsymbol{x} = (x_1, \cdots, x_5)^\mathrm{T}$ 的系统寿命可表示为

$$T(\boldsymbol{x}, \boldsymbol{\xi}) = \max\left\{\left(\sum_{i=1}^{x_1} \xi_{1,i}\right) \wedge \left(\sum_{i=1}^{x_3} \xi_{3,i}\right) \wedge \left(\sum_{i=1}^{x_4} \xi_{4,i}\right),\right.$$
$$\left(\sum_{i=1}^{x_1} \xi_{1,i}\right) \wedge \left(\sum_{i=1}^{x_3} \xi_{3,i}\right) \wedge \left(\sum_{i=1}^{x_5} \xi_{5,i}\right),$$
$$\left(\sum_{i=1}^{x_2} \xi_{2,i}\right) \wedge \left(\sum_{i=1}^{x_3} \xi_{3,i}\right) \wedge \left(\sum_{i=1}^{x_4} \xi_{4,i}\right),$$
$$\left.\left(\sum_{i=1}^{x_2} \xi_{2,i}\right) \wedge \left(\sum_{i=1}^{x_3} \xi_{3,i}\right) \wedge \left(\sum_{i=1}^{x_5} \xi_{5,i}\right)\right\}. \qquad (8.31)$$

用 α 表示给定的平衡可靠性的置信水平. 这个系统所能承受的最高费用是 $c_0 = 350$, 所能承受的最大重量是 $\overline{w}_0 = 220$. 参数 $h_i = m_i = 0.3$, $i = 1, 2, \cdots, 5$. 决策者希望确定这 5 个部件的冗余元件的数量, 即确定系统的结构, 以得到最佳的平衡乐观系统寿命.

表 8.1　部件的模糊随机寿命、成本和重量

部件 i	寿命 ξ_i	成本 c_i	重量 $\overline{w}_i$
1	$(X_1-3, X_1, X_1+2),\ X_1 \sim \mathcal{N}(7, 0.5^2)$	10	5
2	$(X_2-2, X_2, X_2+1),\ X_2 \sim \mathcal{N}(7.5, 0.4^2)$	12	6
3	$\mathcal{N}_F(X_3, 2),\ X_3 \sim \mathcal{N}(5, 0.4^2)$	13	8
4	$(X_4-4, X_4, X_4+4),\ X_4 \sim \mathcal{N}(4.5, 0.2^2)$	9	5
5	$(X_5-2, X_5, X_5+1),\ X_5 \sim \mathcal{N}(6, 0.3^2)$	10	6

2. 平衡方法的计算结果

使用 max-max 平衡规划模型 (8.8) 建模此问题. 根据实际情况, 考虑置信水平 α 大于 0.5 的情形. 在这种情形下, 模型可以转化为随机优化问题 (8.18) 的形式. 采用 SAA 方法逼近随机模型, 设样本规模 $K=500$.

对于不同的 α 值, 用 HPSO 算法 (200 代 PSO, pop_size=30) 进行求解, 最优解如表 8.2 所示. 表 8.2 也列出了最优平衡乐观系统寿命. 由此可以发现备用冗余系统的最优平衡乐观系统寿命随着平衡可靠性水平 α 增大而减少. 因此, 平衡机会约束度量了模糊随机事件 $\{T(\boldsymbol{x}, \boldsymbol{\xi}) \geqslant T_0\}$ 发生的最大可信性和最大概率. 采用不嵌入 LS 的 PSO 算法 (200 代 PSO, pop_size=30) 求解 SAA 问题, 所得最优解如表 8.2 所示. 计算结果表明, 对于参数 α 的值 0.79, 0.82, 0.83, 嵌入了 LS 的 HPSO 算法与没有嵌入 LS 的 PSO 算法提供了不同的备用冗余分配方案. 就平衡乐观系统寿命而言, 前者提供的冗余分配方案优于后者提供的方案.

表 8.2　平衡方法得到的最优解和最优平衡乐观系统寿命

α	最优解 $\boldsymbol{x}^{\mathrm{T}}$		最优平衡乐观系统寿命	
	HPSO	PSO	HPSO	PSO
0.79	(1, 3, 6, 1, 4)	(3, 1, 6, 1, 4)	13.605207	13.592915
0.8	(3, 1, 6, 1, 4)	(3, 1, 6, 1, 4)	13.148998	13.114649
0.81	(3, 1, 6, 1, 3)	(3, 1, 6, 1, 3)	12.644387	12.649143
0.82	(1, 3, 6, 1, 4)	(3, 1, 6, 1, 3)	12.160680	12.132498
0.83	(1, 2, 7, 1, 3)	(3, 1, 6, 1, 3)	11.941016	11.617377

SAA 方法的精确性依赖于样本规模 K, 通过改变样本规模 K 分析 SAA 方法的性能. 对于 $\alpha=0.79$, HPSO 算法提供的最优值 T_0 (200 代 PSO, pop_size = 30) 是关于 K 的一个实数序列. 实验表明, 当 K 趋于无穷时, 最优值序列收敛到原问题的最优值. 这一事实如图 8.4 所示.

8.2 max-max 平衡机会约束优化模型

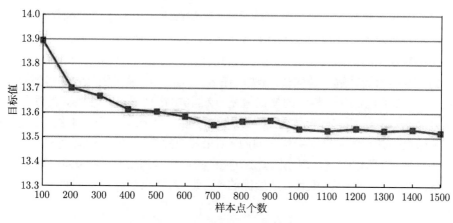

图 8.4　目标值关于 K 的收敛性

3. 与模糊优化方法比较

为了与模糊优化方法作比较, 仍使用表 8.1 中的数据, 只是将随机变量替换为其期望值. 相应地, 用模糊变量 ξ_i 刻画各部件的寿命, 这些模糊变量列在表 8.3 的第二列. 模糊随机向量 $\boldsymbol{\xi} = (\xi_{1,1}, \cdots, \xi_{1,x_1}, \cdots, \xi_{5,1}, \cdots, \xi_{5,x_5})^{\mathrm{T}}$ 退化成模糊向量.

表 8.3　部件寿命的可能性分布

部件 i	寿命 ξ_i
1	(4, 7, 9)
2	(5.5, 7.5, 8.5)
3	$\mathcal{N}_F(5, 2)$
4	(0.5, 4.5, 8.5)
5	(4, 6, 7)

此问题可以写成模型 (8.9) 的形式. 对于不同的 α 值, 嵌入 LS 的 HPSO 算法 (200 代 PSO, pop_size = 30) 提供了如表 8.4 所示的最优解和最优值. 可以看出最优乐观系统寿命随着 α 的增大而减小.

表 8.4　模糊优化方法得到的最优解和最优乐观系统寿命

α	最优解 $\boldsymbol{x}^{\mathrm{T}}$	最优乐观系统寿命
0.79	(3, 1, 6, 1, 4)	14.193667
0.8	(3, 1, 6, 1, 4)	13.755255
0.81	(3, 1, 6, 1, 4)	13.306762
0.82	(3, 1, 6, 1, 4)	12.846704
0.83	(3, 1, 6, 1, 4)	12.373396

根据表 8.2 和表 8.4 中的计算结果可得, 与模糊优化方法得到的最优解相比, 平衡优化方法得到的最优解对于可靠性参数 α 的变化更敏感.

与模糊优化方法相比, 对于参数 α 的取值 0.79, 0.81, 0.82, 0.83, 平衡优化方法得到了不同的最优解和最优值. 例如, 在 $\alpha = 0.82$ 时, 模糊优化方法得到的最优解是 $\boldsymbol{x} = (3,1,6,1,4)^{\mathrm{T}}$, 相应的最优值是 12.846704; 而平衡方法得到的最优解是 $\boldsymbol{x} = (1,3,6,1,4)^{\mathrm{T}}$, 相应的最优值是 12.160680. 由计算结果可得如下结论: 对于模糊性和随机性共存的备用冗余优化问题, 如果忽视随机性, 得到的解通常与实际最优解相背离. 换句话说, 模糊优化方法所提供的最优解通常与平衡优化方法所提供的最优解不同, 在平衡意义上不是最优的. 因此, 对冗余优化问题建模时不可忽视随机性.

4. 与随机优化方法比较

为与随机优化方法比较, 仍使用表 8.1 中的数据. 只是将模糊变量用其可能性为 1 的峰点替换. 于是, 模糊随机向量 $\boldsymbol{\xi} = (\xi_{1,1}, \cdots, \xi_{1,x_1}, \cdots, \xi_{5,1}, \cdots, \xi_{5,x_5})^{\mathrm{T}}$ 退化成随机向量. 也就是说, 每个部件的寿命由随机变量 ξ_i 刻画, 如表 8.5 所示.

表 8.5 部件的随机寿命

部件 i	寿命 ξ_i
1	$\mathcal{N}(7, 0.5^2)$
2	$\mathcal{N}(7.5, 0.4^2)$
3	$\mathcal{N}(5, 0.4^2)$
4	$\mathcal{N}(4.5, 0.2^2)$
5	$\mathcal{N}(6, 0.3^2)$

在这种情形下, 优化问题可以写成模型 (8.10) 的形式. 使用 SAA 方法求解所提出的随机模型, 设样本规模 $K = 500$. 对于不同的 α 值, 嵌入 LS 的 HPSO 算法 (200 代 PSO, pop_size = 30) 提供了如表 8.6 所示的最优解和最优值. 可以看出备用冗余系统的乐观系统寿命随着可靠性水平 α 的增大而减小.

根据表 8.2 和表 8.6 中的数据, 与随机优化方法得到的最优解相比, 平衡优化方法得到的最优解对于可靠性参数 α 的变化更敏感.

表 8.6 随机优化方法得到的最优解和最优乐观系统寿命

α	最优解 $\boldsymbol{x}$	最优乐观系统寿命
0.79	(4, 1, 5, 1, 5)	24.478358
0.8	(4, 1, 5, 1, 5)	24.445483
0.81	(4, 1, 5, 1, 5)	24.410915
0.82	(4, 1, 5, 1, 5)	24.382150
0.83	(4, 1, 5, 1, 5)	24.369460

与随机优化方法相比, 对于参数 α 的某些取值, 平衡优化方法得到了不同的最优解和最优值. 例如, 在 $\alpha = 0.82$ 时, 随机优化方法得到的最优解是 $x = (4,1,5,1,5)^{\mathrm{T}}$, 相应的最优值是 24.382150; 而平衡优化方法得到的最优解是 $x = (1,3,6,1,4)^{\mathrm{T}}$, 相应的最优值是 12.160680. 由计算结果可得如下结论: 对于模糊性和随机性共存的备用冗余优化问题, 如果忽视模糊性, 得到的解通常与实际最优解相背离. 换句话说, 随机优化方法所提供的最优解通常与平衡优化方法所提供的最优解不同, 在平衡意义上不是最优的. 因此, 在建模冗余优化问题时, 也不可忽视模糊性.

总之, 上述计算结果表明, 当备用冗余系统既受主观意识又受客观因素影响时, 所提出的平衡优化方法对优化问题是有效的. 模糊优化方法和随机优化方法所提供的最优解通常与平衡最优化方法所提供的最优解不同, 在平衡意义上不是最优的. 也就是说, 当部件的寿命同时具有随机性和模糊性时, 模糊优化方法和随机优化方法所得到的解通常不能用作冗余优化问题的最优解. 因此, 在建模双重不确定冗余优化问题时, 随机性和模糊性两方面的不确定性都不可忽视.

8.3 本章小结

本章首先介绍了一类随机备用冗余优化问题, 冗余元件的寿命由概率分布来刻画, 介绍了一个多目标机会约束规划模型.

其次, 对于随机性和模糊性共存的双重不确定环境下的冗余优化问题, 本章介绍了一类平衡优化方法. 用概率分布和可信性分布已知的模糊随机变量来刻画冗余元件的寿命. 在系统重量和费用约束下, 优化冗余分配方案, 使平衡乐观系统寿命最大化. 在某些条件下, 所提出的平衡优化模型可以等价地分解成两个随机规划子问题. 设计一个带有局部搜索的混合粒子群优化算法求解对应的 SAA 问题. 数值实验的结果表明随机性和模糊性两者在建模时都不能忽视, 所提出的平衡优化方法是建模双重不确定冗余优化问题的一种有效方法.

第9章 多站点平衡供应链计划问题

本章介绍供应链计划 (SCP) 问题的一个平衡两阶段多目标优化方法, 用可能性分布和概率分布共同刻画不确定需求 [62]. 该问题将决策过程划分为两个阶段, 在知道不确定需求的实现值之前进行第一阶段决策, 而在获得不确定需求的部分实现值之后进行第二阶段决策. 利用所提出的动态决策过程, 通过可信性优化方法构建第一阶段目标, 通过随机优化方法构建第二阶段目标和约束. 更具体地说, 基于模糊变量的期望值算子和条件风险值 (CVaR) 构建第一阶段目标函数, 建立第二阶段约束为概率约束. 当随机参数服从正态分布时, 所建立的平衡优化模型等价于一个两阶段可信性多目标模型. 为了求解等价的可信性优化模型, 首先, 用一列离散的可能性分布逼近连续的可能性分布. 其次, 设计一个基于分解的多目标粒子群优化 (AgMOPSO/D) 算法求解所得到的近似模型. 最后, 通过一些数值试验说明所提出的优化方法和设计的启发式算法的可行性和有效性.

9.1 问题描述

本节考虑一个制造商-顾客供应链问题. 制造商有充足的原材料用于生产, 为顾客提供 K 类商品. 对于每种商品, 原材料经过几个生产阶段加工成成品. 在每个生产阶段, 有多个加工厂. 因此, 所考虑的供应链具有多站点供应链网络结构. 从制造商的角度, 为 T 个周期制订一个生产计划以协调不同工厂的生产资源和运输资源. 图 9.1 提供了一个在 SCP 问题中包含三个生产阶段的例子. 在第一个和第三个生产阶段都有三个候选加工厂, 在第二个生产阶段有两个候选加工厂.

将每个工厂运出的货和收到的货称作 "产品" 和 "半成品". 在最后一个生产阶段生产的产品称为 "成品". 不考虑工厂间半成品的运输时间以及工厂和客户之间成品的运输时间.

由于需求预测的偏差、购买力的波动、顾客从众心理和个性特征的影响, 商品的市场需求通常具有双重不确定性.

所考虑的 SCP 问题中的决策包括在每个工厂的生产量、成品和半成品的库存量, 以及产品在工厂和客户之间的流动数量. 所以, 总成本包括生产成本、库存成本、运输成本和对缺货的惩罚费用.

假设消费者意识到了环境问题, 他们更喜欢低碳产品. 因此, 不能忽视整个供应链生命周期中制造、库存和运输中的碳排放量.

9.2 两阶段平衡三目标优化模型

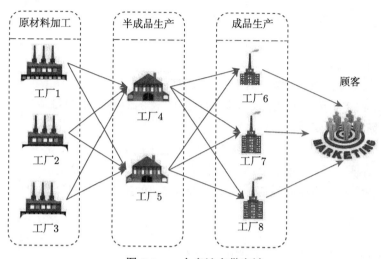

图 9.1 一个多站点供应链

我们的 SCP 问题优化三个目标: 生产、运输、库存和惩罚成本, 生产和运输中的碳排放量以及 SCP 中的风险.

首先作如下一些假设:

(A1) 不同周期顾客对各种产品的需求具有双重不确定性, 由可能性分布和概率分布共同刻画.

(A2) 每个周期的产品短缺被认为是需求的损失.

(A3) 没有初始库存和初始损失需求.

(A4) 不考虑供应链网络中工厂间以及工厂和客户之间的产品运输时间.

(A5) 在生产过程和运输过程中不产生废品.

(A6) 每个生产周期分为几个生产阶段和销售阶段.

9.2 两阶段平衡三目标优化模型

9.2.1 符号说明

为了建模 SCP 问题, 引入以下必要的符号:

指标集

I: 工厂指标集;

J: 生产阶段指标集, $J = \{1, 2, \cdots, N\}$;

K: 商品指标集;

T: 周期指标集;

I_j: 在生产阶段 $j \in J$ 的工厂指标集;

L_i: 与工厂 i 相连接的下一生产阶段的工厂集合;

i, i': 工厂指标, $i \in I_j$, $i' \in I_{j+1}$, 且 $i' \in L_i$.

第一阶段决策变量

x_{ikt}: 第 t 个周期内商品 k 在工厂 i 的产量;

$y_{ii'kt}$: 第 t 个周期内从工厂 i 运输到工厂 i' 的商品 k 的数量.

第二阶段决策变量

z_{ikt}^{γ}: 情景 γ 下, 在第 t 个周期末产品 k 在工厂 i 的库存量;

$\tilde{z}_{ikt}^{\gamma}$: 情景 γ 下, 在第 t 个周期末半成品 k 在工厂 i 的库存量;

$\tilde{y}_{iCkt}^{\gamma}$: 第 t 个周期内最后一个生产阶段 I_N 的工厂 i 向顾客提供的商品 k 的数量.

参数

cp_{ik}: 在工厂 i 单位产品 k 的生产成本;

$ct_{ii'k}$: 单位商品 k 在工厂 i 与工厂 i' 间的运输成本;

ct_{iCk}: 单位商品 k 在最后生产阶段的工厂 i 与顾客间的运输成本;

cs_{ik}: 单位产品、成品或半成品 k 在工厂 i 的库存成本;

pe_k: 商品 k 的惩罚成本;

h_{it}: 第 t 个周期工厂 i 的生产能力 [min];

r_{it}: 第 t 个周期工厂 i 的存储能力;

m_{it}: 第 t 个周期工厂 i 的运输能力;

ξ_{kt}^{γ}: 第 t 个周期情景 γ 下商品 k 的随机需求;

ξ_{kt}: 第 t 个周期商品 k 的随机模糊需求;

b_k: 单位商品 k 所需的生产时间 [min];

D: 需求损失水平的最大值;

Q_{ikt}: 第 t 个周期工厂 i 接收的半成品 k 的数量;

d^{γ}: 情景 γ 下的需求损失水平;

et_{iCk}: 单位商品 k 从工厂 $i, i \in I_N$ 到顾客的碳排放量;

$et_{ii'k}$: 单位商品 k 从工厂 i 到工厂 i' 的碳排放量;

es_{ik}: 工厂 i 存储单位商品 k 的碳排放量;

ep_{ik}: 工厂 i 生产单位商品 k 的碳排放量.

问题被划分为两个不同的阶段: 生产阶段和销售阶段. 为了找到问题的最优解, 将提出一个平衡两阶段多目标优化模型. 每个工厂在生产阶段要生产的产品数量以及生产阶段产品在上下游工厂间的运输量是第一阶段的决策变量, 在知道不确定需求前制定. 在销售阶段, 库存量以及要发往顾客的成品数量是第二阶段决策变量, 必须在知道模糊参数的实现值后, 但不知道随机参数的实现值时制定.

9.2.2 第二阶段约束

在第一阶段的决策和模糊参数实现之后,需要确定产品的库存量和运往顾客的成品量,这些是随机不确定性下的第二阶段决策.

下面讨论第二阶段规划模型中的约束条件.

情景 γ 下损失的需求可以表示为

$$d^\gamma = \sum_{t\in T}\sum_{k\in K}\left(\xi_{kt}^\gamma - \sum_{i\in I_N}\tilde{y}_{iCkt}^\gamma\right). \tag{9.1}$$

假设总的需求损失 d^γ 以概率水平 β 不超过一个预先设定的水平 D. 相应的概率约束表示为

$$\Pr\{d^\gamma \leqslant D\} \geqslant \beta. \tag{9.2}$$

下面的约束确保了最后一个生产阶段产品库存的平衡,

$$z_{ikt}^\gamma = z_{ikt-1}^\gamma + x_{ikt} - \tilde{y}_{iCkt}^\gamma, \quad \forall i \in I_N, k, t. \tag{9.3}$$

在其他的生产阶段,产品库存水平的平衡表示为

$$z_{ikt}^\gamma = z_{ikt-1}^\gamma + x_{ikt} - \sum_{i'\in L_i} y_{ii'kt}, \quad \forall i \in \bigcup_{j\in J\setminus\{N\}} I_j, k, t. \tag{9.4}$$

半成品的库存平衡约束为

$$\tilde{z}_{ikt}^\gamma = \tilde{z}_{ikt-1}^\gamma + Q_{ikt} - x_{ikt}, \quad \forall i, k, t. \tag{9.5}$$

由于没有初始库存量,则对于 $t=1$ 和 $\forall i,k$ 有 $z_{ikt-1}^\gamma = \tilde{z}_{ikt-1}^\gamma = 0$. 因此,存储能力约束为

$$\sum_{k\in K}(z_{ikt}^\gamma + \tilde{z}_{ikt}^\gamma) \leqslant r_{it}, \quad \forall i, t. \tag{9.6}$$

最后一个生产阶段的工厂运输能力表示为以下约束:

$$\sum_{k\in K}\tilde{y}_{iCkt}^\gamma \leqslant m_{it}, \quad \forall i \in I_N, t. \tag{9.7}$$

根据决策变量的非负性,得到以下约束:

$$z_{ikt}^\gamma, \tilde{z}_{ikt}^\gamma \geqslant 0, \quad \forall i, k, t. \tag{9.8}$$

$$\tilde{y}_{iCkt}^\gamma \geqslant 0, \quad \forall i \in I_N, k, t. \tag{9.9}$$

9.2.3 第二阶段目标

第二阶段产生的成本包括库存成本、损失需求的惩罚成本以及将成品运到客户的运输成本,具体表示为

$$\text{Cost2} = \sum_{t \in T} \sum_{k \in K} \left(\sum_{j \in J} \sum_{i \in I_j} cs_{ik}(z_{ikt}^{\gamma} + \tilde{z}_{ikt}^{\gamma}) \right.$$
$$\left. + pe_k \left(\xi_{kt}^{\gamma} - \sum_{i \in I_N} \tilde{y}_{iCkt}^{\gamma} \right) + \sum_{i \in I_N} ct_{iCk} \tilde{y}_{iCkt}^{\gamma} \right). \quad (9.10)$$

在风险中立准则下,第二阶段优化模型可以建立为如下的带有概率约束的随机期望值模型:

$$\begin{cases} \min & E_{\omega}[\text{Cost2}] \\ \text{s.t.} & \text{约束 } (9.2)\text{—}(9.9). \end{cases} \quad (9.11)$$

将期望值模型 (9.11) 的最优解记作 $(z_{ikt}^{\gamma,*}, \tilde{z}_{ikt}^{\gamma,*}, \tilde{y}_{iCkt}^{\gamma,*})$,最优值记作 $F(x, y; \boldsymbol{\xi}(\gamma))$。

9.2.4 第一阶段约束

决策 x_{ikt} 表示每个工厂的生产量,决策 $y_{ii'kt}, \forall i \in I_j, j < N$ 表示上下游工厂间的产品运输量,它们必须在不确定需求知道前制定. 这些决策是第一阶段决策变量. 在周期 t 工厂 i' 运进的半成品 k 的数量等于上游工厂运往工厂 i' 的产品总量. 因此,建立如下的约束:

$$Q_{i'kt} = \sum_{i \in I | i' \in L_i} y_{ii'kt}, \quad \forall i', k, t \quad (9.12)$$

其表示生产工厂间的运输平衡.

在第 t 个周期,工厂 i 应该在能力范围内生产产品,能力约束为

$$\sum_{k \in K} b_k x_{ikt} \leqslant h_{it}, \quad \forall i, t. \quad (9.13)$$

在第 t 个周期,工厂 i 的运输能力约束为

$$\sum_{i' \in L_i} \sum_{k \in K} y_{ii'kt} \leqslant m_{it}, \quad \forall i \in \bigcup_{j \in J \setminus \{N\}} I_j, t. \quad (9.14)$$

此外,生产决策和运输决策满足以下非负约束:

$$x_{ikt} \geqslant 0, \quad \forall i, k, t, \quad (9.15)$$

$$y_{ii'kt} \geqslant 0, \quad \forall i \in \bigcup_{j \in J \setminus \{N\}} I_j, k, t. \quad (9.16)$$

9.2.5 第一阶段目标

很明显, 生产阶段的成本包括生产成本和上下游工厂间的运输成本. 因此, 生产阶段的成本为

$$\text{Cost1} = \sum_{t \in T} \sum_{k \in K} \left(\sum_{j \in J} \sum_{i \in I_j} cp_{ik} x_{ikt} + \sum_{j \in J \setminus \{N\}} \sum_{i \in I_j} \sum_{i' \in L_i} ct_{ii'k} y_{ii'kt} \right). \tag{9.17}$$

问题的总成本为

$$\text{Cost} = \text{Cost1} + F(x, y; \boldsymbol{\xi}(\gamma)). \tag{9.18}$$

由于第二项 $F(x, y; \boldsymbol{\xi}(\gamma))$ 是一个模糊变量, (9.18) 中总成本 Cost 也是一个模糊变量. 利用模糊变量期望值算子 [69], 在 SCP 问题中第一个目标是

$$\min \mathrm{E}_\gamma[\text{Cost}].$$

将风险作为第二个优化目标, 应用模糊变量的 CVaR [61] 进行度量, 即

$$\min \rho_{\text{CVaR}}^\alpha(\text{Cost}).$$

每个周期的生产、储存和运输中都会产生碳排放, 生产阶段的碳排放量表示为

$$\text{ce1} = \sum_{t \in T} \sum_{k \in K} \left(\sum_{j \in J} \sum_{i \in I_j} ep_{ik} x_{ikt} + \sum_{j \in J \setminus \{N\}} \sum_{i \in I_j} \sum_{i' \in L_i} et_{ii'k} y_{ii'kt} \right). \tag{9.19}$$

在情景 γ 下, 碳排放随着储存和运输而产生, 第二阶段的碳排放量表示为

$$\text{ce2} = \sum_{t \in T} \sum_{k \in K} \left(\sum_{j \in J} \sum_{i \in I_j} es_{ik}(z_{ikt}^{\gamma,*} + \tilde{z}_{ikt}^{\gamma,*}) + \sum_{i \in I_N} et_{iCk} \tilde{y}_{iCkt}^{\gamma,*} \right). \tag{9.20}$$

因此, 我们的 SCP 问题的总碳排放量为

$$\text{ce} = \text{ce1} + \text{ce2}. \tag{9.21}$$

由于第二阶段的碳排放量 ce2 依赖于 γ 的实现, 所以 ce 是一个模糊变量. 用 ce 的期望值构建 SCP 问题的第三个目标:

$$\min \mathrm{E}_\gamma[\text{ce}].$$

使用上述符号, SCP 问题的第一阶段优化模型是

$$\begin{cases} \min & \mathrm{E}_\gamma[\text{Cost}] \\ \min & \rho_{\text{CVaR}}^\alpha(\text{Cost}) \\ \min & \mathrm{E}_\gamma[\text{ce}] \\ \text{s.t.} & \text{约束 (9.12)—(9.16)}. \end{cases} \tag{9.22}$$

9.2.6 平衡优化模型

综合可信性优化模型 (9.22) 和随机期望值模型 (9.11),为 SCP 问题正式建立如下两阶段平衡三目标优化模型:

$$\begin{cases} \min & \mathrm{E}_\gamma[\mathrm{Cost}] \\ \min & \rho_{\mathrm{CVaR}}^\alpha(\mathrm{Cost}) \\ \min & \mathrm{E}_\gamma[ce] \\ \mathrm{s.t.} & \text{约束 } (9.12)\text{—}(9.16), \end{cases} \quad (9.23)$$

其中总成本为 $\mathrm{Cost} = \mathrm{Cost1} + F(x, y; \boldsymbol{\xi}(\gamma))$,且

$$\begin{cases} F(x, y; \boldsymbol{\xi}(\gamma)) = \min & \mathrm{E}_\omega[\mathrm{Cost2}] \\ \mathrm{s.t.} & \text{约束 } (9.2)\text{—}(9.9). \end{cases} \quad (9.24)$$

下面,分析两阶段平衡优化模型 (9.23)—(9.24) 的性质,并讨论它的求解方法.

9.3 等价两阶段模糊模型

9.3.1 处理概率约束

本节假设不确定需求中的随机性服从某个具体分布,讨论概率约束 (9.2) 的等价表示.

将在情景 γ 下损失的需求

$$d^\gamma = \sum_{t \in T} \sum_{k \in K} \left(\xi_{kt}^\gamma - \sum_{i \in I_N} \tilde{y}_{iCkt}^\gamma \right)$$

表示为如下的等价形式:

$$d^\gamma = \sum_{t \in T} \sum_{k \in K} \xi_{kt}^\gamma - \sum_{t \in T} \sum_{k \in K} \sum_{i \in I_N} \tilde{y}_{iCkt}^\gamma.$$

当不确定需求中的随机性服从正态分布时,有以下结论.

定理 9.1 设需求 $\boldsymbol{\xi} = (\xi_{11}, \cdots, \xi_{K1}, \cdots, \xi_{1T}, \cdots, \xi_{KT})^\mathrm{T}$ 是一个正态随机模糊向量,对每个 γ,$\boldsymbol{\xi}^\gamma \sim \mathcal{N}(\boldsymbol{v}(\gamma), \boldsymbol{\Sigma}(\gamma))$,其中 $\boldsymbol{v}(\gamma) = (v_{11}, \cdots, v_{K1}, \cdots, v_{1T}, \cdots, v_{KT})^\mathrm{T}$,$\boldsymbol{\Sigma}(\gamma)$ 是协方差矩阵,则概率约束

$$\Pr\{d^\gamma \leqslant D\} \geqslant \beta$$

9.3 等价两阶段模糊模型

等价于如下的确定约束:

$$\sum_{t\in T}\sum_{k\in K}\sum_{i\in I_N} \tilde{y}_{iCkt}^{\gamma} \geqslant \Phi^{-1}(\beta)\sqrt{\mathbf{1}^{\mathrm{T}}\boldsymbol{\Sigma}(\gamma)\mathbf{1}} + \boldsymbol{v}(\gamma)^{\mathrm{T}}\mathbf{1} - D,$$

其中 $\mathbf{1}$ 是所有分量为 1 的列向量.

证明 对于每一个 γ, 由于 $\boldsymbol{\xi}^{\gamma} \sim N(\boldsymbol{v}(\gamma), \boldsymbol{\Sigma}(\gamma))$, 随机变量

$$(\boldsymbol{\xi}^{\gamma})^{\mathrm{T}}\mathbf{1} = \sum_{t\in T}\sum_{k\in K}\xi_{kt}^{\gamma} \sim \mathcal{N}(\boldsymbol{v}(\gamma)^{\mathrm{T}}\mathbf{1}, \mathbf{1}^{\mathrm{T}}\boldsymbol{\Sigma}(\gamma)\mathbf{1}).$$

因此, 有

$$\{d^{\gamma} \leqslant D\}$$

$$\Longleftrightarrow \left\{(\boldsymbol{\xi}^{\gamma})^{\mathrm{T}}\mathbf{1} \leqslant D + \sum_{t\in T}\sum_{k\in K}\sum_{i\in I_N}\tilde{y}_{iCkt}^{\gamma}\right\}$$

$$\Longleftrightarrow \left\{\frac{(\boldsymbol{\xi}^{\gamma})^{\mathrm{T}}\mathbf{1} - \boldsymbol{v}(\gamma)^{\mathrm{T}}\mathbf{1}}{\sqrt{\mathbf{1}^{\mathrm{T}}\boldsymbol{\Sigma}(\gamma)\mathbf{1}}} \leqslant \frac{D + \sum_{t\in T}\sum_{k\in K}\sum_{i\in I_N}\tilde{y}_{iCkt}^{\gamma} - \boldsymbol{v}(\gamma)^{\mathrm{T}}\mathbf{1}}{\sqrt{\mathbf{1}^{\mathrm{T}}\boldsymbol{\Sigma}(\gamma)\mathbf{1}}}\right\},$$

这意味着下面的等价关系:

$$\Pr\{d^{\gamma}\leqslant D\}\geqslant\beta \Longleftrightarrow \sum_{t\in T}\sum_{k\in K}\sum_{i\in I_N}\tilde{y}_{iCkt}^{\gamma}\geqslant \Phi^{-1}(\beta)\sqrt{\mathbf{1}^{\mathrm{T}}\boldsymbol{\Sigma}(\gamma)\mathbf{1}} + \boldsymbol{v}(\gamma)^{\mathrm{T}}\mathbf{1} - D. \quad \square$$

9.3.2 分析第二阶段规划模型

由于 $\xi_{kt}^{\gamma}, \forall k, t$ 是随机变量, 且

$$\mathrm{Cost2} = \sum_{t\in T}\sum_{k\in K}\left(\sum_{j\in J}\sum_{i\in I_j}cs_{ik}(z_{ikt}^{\gamma} + \tilde{z}_{ikt}^{\gamma}) \right.$$
$$\left. + pe_k\left(\xi_{kt}^{\gamma} - \sum_{i\in I_N}\tilde{y}_{iCkt}^{\gamma}\right) + \sum_{i\in I_N}ct_{iCk}\tilde{y}_{iCkt}^{\gamma}\right),$$

由期望值算子的线性可得

$$\mathrm{E}_{\omega}[\mathrm{Cost2}] = \sum_{t\in T}\sum_{k\in K}\left(\sum_{j\in J}\sum_{i\in I_j}cs_{ik}(z_{ikt}^{\gamma} + \tilde{z}_{ikt}^{\gamma}) \right.$$
$$\left. + pe_k\left(\mathrm{E}_{\omega}[\xi_{kt}^{\gamma}] - \sum_{i\in I_N}\tilde{y}_{iCkt}^{\gamma}\right) + \sum_{i\in I_N}ct_{iCk}\tilde{y}_{iCkt}^{\gamma}\right).$$

基于以上分析, 有下面的定理.

定理 9.2 设需求 $\boldsymbol{\xi} = (\xi_{11}, \cdots, \xi_{K1}, \cdots, \xi_{1T}, \cdots, \xi_{KT})^{\mathrm{T}}$ 是一个正态随机模糊向量, 对每个 $\gamma, \boldsymbol{\xi}^{\gamma} \sim \mathcal{N}(\boldsymbol{v}(\gamma), \boldsymbol{\Sigma}(\gamma))$, 其中 $\boldsymbol{v}(\gamma) = (v_{11}, \cdots, v_{K1}, \cdots, v_{1T}, \cdots, v_{KT})^{\mathrm{T}},$ $\boldsymbol{\Sigma}(\gamma)$ 是协方差矩阵, 则第二阶段规划的目标函数为

$$E_\omega[\text{Cost2}] = \sum_{t\in T}\sum_{k\in K}\left(\sum_{j\in J}\sum_{i\in I_j} cs_{ik}(z_{ikt}^\gamma + \tilde{z}_{ikt}^\gamma)\right.$$
$$\left.+pe_k\left(v_{kt} - \sum_{i\in I_N}\tilde{y}_{iCkt}^\gamma\right) + \sum_{i\in I_N} ct_{iCk}\tilde{y}_{iCkt}^\gamma\right). \tag{9.25}$$

结合定理 9.1 和定理 9.2, 有下面的结论.

定理 9.3 如果对每个 γ, $\boldsymbol{\xi}^\gamma \sim \mathcal{N}(\boldsymbol{v}(\gamma), \boldsymbol{\Sigma}(\gamma))$, 则第二阶段规划模型 (9.11) 等价于一个确定的线性规划模型.

在定理 9.3 的假设下, 两阶段平衡优化模型 (9.23)-(9.24) 可转化为如下两阶段可信性优化模型:

$$\begin{cases} \min & E_\gamma[\text{Cost}] \\ \min & \rho_{\text{CVaR}}^\alpha(\text{Cost}) \\ \min & E_\gamma[ce] \\ \text{s.t.} & \text{约束 (9.12)—(9.16)}, \end{cases} \tag{9.26}$$

其中 $\text{Cost} = \text{Cost1} + F(x, y; \boldsymbol{\xi}(\gamma))$, $F(x, y; \boldsymbol{\xi}(\gamma))$ 是下面线性规划模型的最优值:

$$\begin{cases} \min & \sum_{t\in T}\sum_{k\in K}\left(\sum_{j\in J}\sum_{i\in I_j} cs_{ik}(z_{ikt}^\gamma + \tilde{z}_{ikt}^\gamma)\right. \\ & \left.+pe_k\left(v_{kt} - \sum_{i\in I_N}\tilde{y}_{iCkt}^\gamma\right) + \sum_{i\in I_N} ct_{iCk}\tilde{y}_{iCkt}^\gamma\right) \\ \text{s.t.} & \sum_{t\in T}\sum_{k\in K}\sum_{i\in I_N}\tilde{y}_{iCkt}^\gamma \geqslant \Phi^{-1}(\beta)\sqrt{\mathbf{1}^\mathrm{T}\boldsymbol{\Sigma}(\gamma)\mathbf{1}} + \boldsymbol{v}(\gamma)^\mathrm{T}\mathbf{1} - D, \\ & \text{约束 (9.4)—(9.9)}. \end{cases} \tag{9.27}$$

9.3.3 简化第一阶段目标

基于等式 (9.17) 和 (9.18), 有

$$E_\gamma[\text{Cost}] = \text{Cost1} + E_\gamma[F(x, y; \boldsymbol{\xi}(\gamma))]. \tag{9.28}$$

根据 CVaR[61] 的定义, 可知

$$\rho_{\text{CVaR}}^\alpha(\text{Cost}) = \min_g\left[g + \frac{1}{1-\alpha}E_\gamma[(\text{Cost} - g)^+]\right]. \tag{9.29}$$

联合等式 (9.17) 和 (9.18), 有

$$\rho_{\text{CVaR}}^\alpha(\text{Cost}) = \text{Cost1} + \min_g\left[g + \frac{1}{1-\alpha}E_\gamma[(F(x, y; \boldsymbol{\xi}(\gamma)) - g)^+]\right]. \tag{9.30}$$

根据等式 (9.19) 和 (9.20), 第三个目标函数表示为

$$E_\gamma[ce] = \sum_{t\in T}\sum_{k\in K}\left(\sum_{j\in J}\sum_{i\in I_j}es_{ik}(E_\gamma[z_{ikt}^{\gamma,*}] + E_\gamma[\tilde{z}_{ikt}^{\gamma,*}])\right.$$
$$\left. + \sum_{i\in I_N}E_\gamma[\tilde{y}_{iCkt}^{\gamma,*}]et_{iCk}\right) + ce1. \tag{9.31}$$

因此, 两阶段可信性优化模型 (9.26) 可以改写为如下的形式:

$$\begin{cases} \min & \text{Cost1} + E_\gamma[F(x,y;\boldsymbol{\xi}(\gamma))] \\ \min & \text{Cost1} + g + \dfrac{1}{1-\alpha}E_\gamma[(F(x,y;\boldsymbol{\xi}(\gamma)) - g)^+] \\ \min & \displaystyle\sum_{t\in T}\sum_{k\in K}\left(\sum_{j\in J}\sum_{i\in I_j}es_{ik}(E_\gamma[z_{ikt}^{\gamma,*}] + E_\gamma[\tilde{z}_{ikt}^{\gamma,*}])\right. \\ & \left. + \displaystyle\sum_{i\in I_N}E_\gamma[\tilde{y}_{iCkt}^{\gamma,*}]et_{iCk}\right) + ce1 \\ \text{s.t.} & \text{约束 (9.12)—(9.16),} \end{cases} \tag{9.32}$$

其中 $(z_{ikt}^{\gamma,*}, \tilde{z}_{ikt}^{\gamma,*}, \tilde{y}_{iCkt}^{\gamma,*})$ 是模型(9.27)的最优解, $F(x,y;\boldsymbol{\xi}(\gamma))$ 是模型(9.27)的最优值. 9.4 节将给出两阶段可信性优化模型 (9.32) 的逼近方法.

9.4 可信性模型的近似

为了求解可信性优化模型 (9.32), 需要计算期望值 $E_\gamma[F(x,y;\boldsymbol{\xi}(\gamma))]$, $E_\gamma[\tilde{y}_{iCkt}^{\gamma,*}]$, $E_\gamma[z_{ikt}^{\gamma,*}]$, $E_\gamma[\tilde{z}_{ikt}^{\gamma,*}]$ 和 $E_\gamma[(F(x,y;\boldsymbol{\xi}(\gamma)) - g)^+]$.

对于任意给定的第一阶段可行决策 $x_{ikt}, y_{ii'kt}$ 和任意给定的 g, 我们首先用逼近方法 (AA) 估计上述期望值 [56]. 然后提出一个基于逼近方法的启发式算法求解模型 (9.32).

9.4.1 逼近方案

为表述简单, 记 $\boldsymbol{\xi} = (\xi_1, \xi_2, \cdots, \xi_m)^T$, 其中 $m = KT$. 假设 $\boldsymbol{\xi}$ 是一个本质有界的模糊向量, $\xi_i, i = 1, 2, \cdots, m$ 的可能性分布 ν_i 在 $\Re$ 上是连续的. 令 μ 是 $\boldsymbol{\xi}$ 的可能性分布, 其定义为: 对于每一个 $(u_1, u_2, \cdots, u_m) \in \Re^m$,

$$\mu(u_1, u_2, \cdots, u_m) = \min_{1\leqslant i\leqslant m}\nu_i(u_i). \tag{9.33}$$

用 $\Xi = \prod_{i=1}^m[a_i, b_i]$ 表示 $\boldsymbol{\xi}$ 的支撑, $[a_i, b_i]$ 分别是 $\xi_i, i = 1, 2, \cdots, m$ 的支撑.

对于任意给定的整数 n, 离散型模糊向量 $\zeta_n = (\zeta_{n,1}, \zeta_{n,2}, \cdots, \zeta_{n,m})^T$ 的定义为

$$\zeta_n = h_n(\boldsymbol{\xi}) = (h_{n,1}(\xi_1), h_{n,2}(\xi_2), \cdots, h_{n,m}(\xi_m))^T, \tag{9.34}$$

其中模糊变量 $\zeta_{n,i} = h_{n,i}(\xi_i), i = 1, 2, \cdots, m$, 且对于 $u_i \in [a_i, b_i]$ 和整数集合 Z,

$$h_{n,i}(u_i) = \sup\left\{\frac{k_i}{n} \;\middle|\; k_i \in Z, \frac{k_i}{n} \leqslant u_i\right\}. \tag{9.35}$$

此外, 对每一个 $i, 1 \leqslant i \leqslant m$, 根据 $\zeta_{n,i}$ 的定义, 当 ξ_i 在 $[a_i, b_i]$ 内取值时, 模糊变量 $\zeta_{n,i}$ 在集合 $\left\{\frac{k_i}{n} \;\middle|\; k_i = [na_i], [na_i] + 1, \cdots, K_i\right\}$ 内取值, 其中 $[r]$ 是满足 $[r] \leqslant r$ 的最大整数, 且根据 nb_i 是不是整数有 $K_i = nb_i - 1$ 或者 $[nb_i]$. 对每一个整数 k_i, 当 ξ_i 在区间 $\left[\frac{k_i}{n}, \frac{k_i + 1}{n}\right)$ 内取值时, 模糊变量 $\zeta_{n,i}$ 取值 $\frac{k_i}{n}$. 所以, $\zeta_{n,i}$ 的可能性分布 $\nu_{n,i}$ 为: 对于 $k_i = [na_i], [na_i] + 1, \cdots, K_i$,

$$\nu_{n,i}\left(\frac{k_i}{n}\right) = \mathrm{Pos}\left\{\gamma \;\middle|\; \frac{k_i}{n} \leqslant \xi_i(\gamma) < \frac{k_i + 1}{n}\right\}. \tag{9.36}$$

因此, $\zeta_n = (\zeta_{n,1}, \cdots, \zeta_{n,m})^T$ 的可能性分布 μ_n 为: 对于 $i = 1, 2, \cdots, m$ 和 $k_i = [na_i], [na_i] + 1, \cdots, K_i$,

$$\mu_n\left(\frac{k_1}{n}, \frac{k_2}{n}, \cdots, \frac{k_m}{n}\right) = \min_{1 \leqslant i \leqslant m} \nu_{n,i}\left(\frac{k_i}{n}\right). \tag{9.37}$$

根据文献 [56, 59], 离散模糊向量序列 $\{\zeta_n\}$ 被称为连续模糊向量 $\boldsymbol{\xi}$ 的离散化, 它一致收敛到连续模糊向量 $\boldsymbol{\xi}$.

假设 $\zeta_n = (\zeta_{n,1}, \zeta_{n,2}, \cdots, \zeta_{n,m})^T$ 的可能性分布为

$$\zeta_n \sim \begin{pmatrix} \hat{\zeta}_n^1 & \hat{\zeta}_n^2 & \cdots & \hat{\zeta}_n^K \\ \nu_1 & \nu_2 & \cdots & \nu_K \end{pmatrix}, \tag{9.38}$$

其中 $\nu_k = \mathrm{Pos}\{\zeta_n = \hat{\zeta}_n^k\} > 0$, $\hat{\zeta}_n^k = (\hat{\zeta}_{n,1}^k, \hat{\zeta}_{n,2}^k, \cdots, \hat{\zeta}_{n,m}^k)^T \in \Re^m$, $k = 1, 2, \cdots, K$, $K = K_1 K_2 \cdots K_m$, $\max_{1 \leqslant k \leqslant K} \nu_k = 1$.

9.4.2 近似目标函数

为了求解模型 (9.32), 需要计算三个目标函数. 下面介绍如何计算期望值 $\mathrm{E}_\gamma[z_{ikt}^{\gamma,*}]$, $\mathrm{E}_\gamma[\tilde{z}_{ikt}^{\gamma,*}]$, $\mathrm{E}_\gamma[\tilde{y}_{iCkt}^{\gamma,*}]$, $\mathrm{E}_\gamma[F(x, y; \boldsymbol{\xi}(\gamma))]$ 和 $\mathrm{E}_\gamma[(F(x, y; \boldsymbol{\xi}(\gamma)) - g)^+]$.

令 $f_k = F(x, y; \hat{\zeta}_n^k), k = 1, 2, \cdots, K$. 不失一般性, 假设 $f_1 \leqslant f_2 \leqslant \cdots \leqslant f_K$, 则 $\mathrm{E}_\gamma[F(x, y; \zeta_n(\gamma))]$ 可由下面的公式计算

9.4 可信性模型的近似

$$\mathrm{E}_\gamma[F(x,y;\boldsymbol{\zeta}_n(\gamma))] = \sum_{k=1}^{K} \omega_k f_k, \tag{9.39}$$

其中

$$\begin{cases} \omega_k = \dfrac{1}{2}\Big(\max\limits_{k\leqslant j\leqslant K} \nu_j - \max\limits_{k+1\leqslant j\leqslant K+1} \nu_j\Big) + \dfrac{1}{2}\Big(\max\limits_{1\leqslant j\leqslant k} \nu_j - \max\limits_{0\leqslant j\leqslant k-1} \nu_j\Big), \\ k = 1, 2, \cdots, K, \end{cases} \tag{9.40}$$

且 $\nu_0 = \nu_{K+1} = 0$. 因此, 可以用 $\mathrm{E}_\gamma[F(x,y;\boldsymbol{\zeta}_n(\gamma))]$ 近似 $\mathrm{E}_\gamma[F(x,y;\boldsymbol{\xi}(\gamma))]$.

令 $f_k^{(1)} = z_{ikt}^{\gamma,*}$, $f_k^{(2)} = \tilde{z}_{ikt}^{\gamma,*}$, $f_k^{(3)} = \tilde{y}_{iCkt}^{\gamma,*}$, $k = 1, 2, \cdots, K$ 是第二阶段规划在 $\boldsymbol{\zeta}_n$ 的实现值 $\hat{\boldsymbol{\zeta}}_n^k$ 处的最优解. 不失一般性, 假设 $f_1^{(1)} \leqslant f_2^{(1)} \leqslant \cdots \leqslant f_K^{(1)}$, $f_1^{(2)} \leqslant f_2^{(2)} \leqslant \cdots \leqslant f_K^{(2)}$, $f_1^{(3)} \leqslant f_2^{(3)} \leqslant \cdots \leqslant f_K^{(3)}$, 则 $\mathrm{E}_\gamma[z_{ikt}^{\gamma,*}]$, $\mathrm{E}_\gamma[\tilde{z}_{ikt}^{\gamma,*}]$ 和 $\mathrm{E}_\gamma[\tilde{y}_{iCkt}^{\gamma,*}]$ 可由下面的公式计算:

$$\begin{aligned} \mathrm{E}_\gamma[z_{ikt}^{\gamma,*}] &= \sum_{k=1}^{K} \omega_k f_k^{(1)}, \\ \mathrm{E}_\gamma[\tilde{z}_{ikt}^{\gamma,*}] &= \sum_{k=1}^{K} \omega_k f_k^{(2)}, \\ \mathrm{E}_\gamma[\tilde{y}_{iCkt}^{\gamma,*}] &= \sum_{k=1}^{K} \omega_k f_k^{(3)}, \end{aligned} \tag{9.41}$$

其中 ω_k 根据等式 (9.40) 确定.

令 $f_k' = F(x,y;\hat{\boldsymbol{\zeta}}_n^k) - g$, $k = 1, 2, \cdots, K$. 不失一般性, 假设 $f_1' \leqslant f_2' \leqslant \cdots \leqslant f_{k_0}' \leqslant 0 < f_{k_0+1}' \leqslant \cdots \leqslant f_K'$, 则 $(F(x,y;\boldsymbol{\zeta}_n(\gamma)) - g)^+$ 的可能性分布为

$$(F(x,y;\boldsymbol{\zeta}_n(\gamma)) - g)^+ \sim \begin{pmatrix} 0 & f_{k_0+1}' & \cdots & f_K' \\ \max\limits_{1\leqslant k\leqslant k_0} \nu_k & \nu_{k_0+1} & \cdots & \nu_K \end{pmatrix}. \tag{9.42}$$

令 $\nu_{k_0} = \max_{1\leqslant k\leqslant k_0} \nu_k$, 则 $\mathrm{E}_\gamma[(F(x,y;\boldsymbol{\zeta}_n(\gamma)) - g)^+]$ 可由下面的公式计算:

$$\mathrm{E}_\gamma[(F(x,y;\boldsymbol{\zeta}_n(\gamma)) - g)^+] = \sum_{k=k_0}^{K} \omega_k f_k', \tag{9.43}$$

其中

$$\begin{cases} \omega_k = \dfrac{1}{2}\Big(\max\limits_{k\leqslant j\leqslant K} \nu_j - \max\limits_{k+1\leqslant j\leqslant K+1} \nu_j\Big) + \dfrac{1}{2}\Big(\max\limits_{k_0\leqslant j\leqslant k} \nu_j - \max\limits_{k_0-1\leqslant j\leqslant k-1} \nu_j\Big), \\ k = k_0, k_0+1, \cdots, K, \end{cases} \tag{9.44}$$

且 $\nu_{k_0-1} = \nu_{K+1} = 0$. 因此, 可以用 $\mathrm{E}_\gamma[(F(x,y;\boldsymbol{\zeta}_n(\gamma))-g)^+]$ 近似 $\mathrm{E}_\gamma[(F(x,y;\boldsymbol{\xi}(\gamma))-g)^+]$.

9.4.3 近似优化模型

利用提出的 AA, 两阶段可信性三目标 SCP 模型 (9.32) 可以通过以下优化模型来近似:

$$\begin{cases} \min & \text{Cost1} + f \\ \min & \text{Cost1} + g + \dfrac{1}{1-\alpha} f' \\ \min & \text{ce1} + \sum_{t \in T} \sum_{k \in K} \left(\sum_{j \in J} \sum_{i \in I_j} es_{ik}(f^{(1)} + f^{(2)}) + \sum_{i \in I_N} f^{(3)} et_{iCk} \right) \\ \text{s.t.} & \text{约束 (9.12)—(9.16)}, \end{cases} \quad (9.45)$$

其中 Cost1 和 ce1 分别由等式 (9.17) 和 (9.19) 定义. 函数 $f = \mathrm{E}_\gamma[F(x,y;\boldsymbol{\zeta}_n(\gamma))]$, $f^{(1)} = \mathrm{E}_\gamma[z_{ikt}^{\gamma,*}]$, $f^{(2)} = \mathrm{E}_\gamma[\tilde{z}_{ikt}^{\gamma,*}]$, $f^{(3)} = \mathrm{E}_\gamma[\tilde{y}_{iCkt}^{\gamma,*}]$ 和 $f' = \mathrm{E}_\gamma[(F(x,y;\boldsymbol{\zeta}_n(\gamma)) - g)^+]$ 的值分别由等式 (9.39), (9.41) 和 (9.43) 计算. $F(x,y;\hat{\boldsymbol{\zeta}}_n^k(\gamma))$ 是模型 (9.27) 在实现值 $\hat{\boldsymbol{\zeta}}_n^k$ 下的最优值.

9.5 求解算法

在本节中, 结合问题特点引入一类新的多目标粒子群算法求解逼近模型 (9.45).

粒子群算法 (PSO) 在最近的文献中已经开始应用于多目标规划问题的求解. 尤其因为它快速的收敛速度和简便的操作, 原始的粒子群算法已经广泛地应用到单目标优化问题的求解中[96]. 在设计多目标粒子群算法之前有一个重要的问题需要讨论, 就是全局最优粒子 (gbest) 和个体最优粒子 (pbest) 的选择. 在多目标规划中, 最优解并不是一个单个的值, 而是一些 Pareto 最优解的集合. 如何从中选择成为多目标粒子群算法的重要影响因素. 一类基于外部存档结构的多目标粒子群算法由 [139] 提出, 其中外部存档策略帮助寻找粒子群中的群领袖. 所有的群领袖 (即 pbest 和 gbest) 都从外部存档集合中进行选取. 另外, 本算法还结合分解方法将多目标优化问题转化为一族单目标子问题进行求解. 每一个子问题都对应于一个粒子. 每一个粒子都有三个相应的群体领导, 也就是个体最优粒子、局部最优粒子和全局最优粒子. 基于此算法和所提出模型的特点, 设计了一类新的混合的 AgMOPSO/D 算法, 其具体细节将在下面小节中介绍.

9.5.1 初始化操作

在提出的模型中, 当第一阶段的决策变量值给定时, 第二阶段是一个线性规划, 可以通过 CPLEX 软件中的传统方法进行求解. 因此, 在多目标粒子群算法中, 每一个粒子 X_i 都代表第一阶段决策变量, 包括生产量 x_{ikt}、运输量 y_{ijkt} 以及引入

9.5 求解算法

的辅助变量 g. 而向量元素的个数由供应链网络结构所决定. 基于第一阶段的约束, 向量分量 x_{ikt} 和 y_{ijkt} 可以在区间 $[0, h_{it}]$ 和 $[0, m_{it}]$ 中随机产生, 其中 $i \in I$ 且 $t \in T$. 但该方法并不能保证决策变量的可行性, 需要应用一些特定的检测和修复策略.

检测策略可以基于约束条件 (9.13) 和 (9.14) 以及第二阶段的库存约束 (9.3)—(9.5). 而这些约束中, 库存约束不能直接检测, 需要先进行化简.

库存平衡约束 (9.4) 可以表示如下:

$$z_{ik,t}^{\gamma} - z_{ik,t-1}^{\gamma} = x_{ikt} - \sum_{i' \in L_i} y_{ii'kt}, \quad \forall i \in \bigcup_{j \in J \setminus \{N\}} I_j, k, t.$$

因此, 对任意的 $t \in T$, 其相应的最终产品库存水平如下:

$$z_{ik,t}^{\gamma} = \sum_{1 \leqslant t' \leqslant t} \left(x_{ikt'} - \sum_{i' \in L_i} y_{ii'kt'} \right), \quad \forall i \in \bigcup_{j \in J \setminus \{N\}} I_j, k, \quad (9.46)$$

半成品库存水平为

$$\tilde{z}_{ik,t}^{\gamma} = \sum_{1 \leqslant t' \leqslant t} (Q_{ikt'} - x_{ikt'}), \quad \forall i, k, t. \quad (9.47)$$

基于约束 $z_{ik,t}^{\gamma} \geqslant 0$ 和 $\tilde{z}_{ik,t}^{\gamma} \geqslant 0$, 向量分量 x_{ikt} 和 y_{ijkt} 有如下关系:

$$\sum_{1 \leqslant t' \leqslant t} Q_{ikt'} \geqslant \sum_{1 \leqslant t' \leqslant t} x_{ikt'} \geqslant \sum_{1 \leqslant t' \leqslant t} \sum_{i' \in L_i} y_{ii'kt'}. \quad (9.48)$$

基于上述的检测策略, 设计保证解可行性的修复策略用来产生粒子. 若约束 (9.13) 不满足, 则需要相应的变量进行如下操作:

$$x_{ikt} = x_{ikt} * \frac{h_{it}}{\sum_{k \in K} b_k x_{ikt}} * (1 - \epsilon), \quad \epsilon \in [0, 0.1]. \quad (9.49)$$

若约束 (9.14) 不满足, 则需要相应的变量进行下式操作:

$$y_{ijkt} = y_{ijkt} * \frac{m_{it}}{\sum_{k \in K} y_{ijkt}} * (1 - \epsilon), \quad \epsilon \in [0, 0.1]. \quad (9.50)$$

若约束 (9.48) 不满足, 则我们需要修复决策变量依照 $t = 1$ 到 $t = T$, 且 $j = 1$ 到 $j = J$ 的顺序进行.

产生初始粒子群 $P = \{X_1, X_2, \cdots, X_{\text{Pop}}\}$, 其中 Pop 为粒子总数. 每一个粒子均视为多目标规划中的子问题, 所以此算法框架是基于分解方法的 [134]. 在分解算法中,需要一个惩罚值 θ 和一个权重向量集合 $W = \{\boldsymbol{\lambda}^1, \boldsymbol{\lambda}^2, \cdots, \boldsymbol{\lambda}^{\text{Pop}}\}$,其中 $\boldsymbol{\lambda}^i = \{\lambda_1^i, \lambda_2^i, \lambda_3^i\}$,且 $\sum_{j=1}^3 \lambda_j^i = 1$。通过如下的最优化模型最小化距离 d_1 与 d_2 目标空间的加权和:

$$\min f(X_i | \boldsymbol{\lambda}^i, \boldsymbol{z}^*) = d_1 + \theta d_2, \tag{9.51}$$

其中向量 $\boldsymbol{z}^*$ 包含所有目标的最优值,d_1, d_2 分别通过如下两个式子进行计算:

$$d_1 = \frac{\|(F(X_i) - \boldsymbol{z}^*)^{\mathrm{T}} \boldsymbol{\lambda}^i\|}{\|\boldsymbol{\lambda}^i\|}, \tag{9.52}$$

$$d_2 = \left\| F(X_i) - \left(\boldsymbol{z}^* - d_1 \frac{\boldsymbol{\lambda}^i}{\|\boldsymbol{\lambda}^i\|} \right) \right\|. \tag{9.53}$$

在以上公式中,$F(X)$ 为三个目标函数的向量。可以通过逼近方法计算三个目标函数,在逼近方法中,对于每个模糊向量的取值,通过软件 CPLEX 12.7 求解第二阶段线性优化问题。

之后,对于每一个权重,通过计算权重向量间的欧氏距离得到邻域集合 $B_i = \{i_1, i_2, \cdots, i_{\text{Nei}}\}$。最终将所有的非劣解从 P 更新到外部存档结构集合 A 中。

9.5.2 粒子速度与位置的更新

在原始的粒子群算法中,粒子速度的更新主要应用个体最优粒子 $p$best 和全局最优粒子 $g$best 的信息。然而,粒子 $p$best 和 $g$best 的选择,在处理多目标优化时截然不同。因此我们需要新的速度更新方法[139]来最小化子问题

$$v_i(t+1) = w * v_i(t) + F_1 * (p\text{best}_i - X_i(t)) + F_2 * (l\text{best}_i - g\text{best}_i), \tag{9.54}$$

其中,X_i 为粒子群 P 中的当前粒子,t 表示循环次数;$p$best$_i$ 为外部存档集 A 中的元素,其保证子问题 i 的目标值最小,$l$best$_i$ 使得外部存档集 A 中使得邻域集合 B_i 中的值最小,而 $g$best$_i$ 是在外部存储集 A 中随机选取的。注意到 $p$best$_i$, $l$best$_i$ 和 $g$best$_i$ 均是基于式子 (9.51) 变化的。另外,速度更新的方法中最后一部分 $F_2 * (l\text{best}_i - g\text{best}_i)$ 不仅仅具有粒子群算法的特性,同时能够反映出差分进化算法的有效性。

更新完速度以后,其粒子 X_i 的位置更新如下:

$$X_i(t+1) = X_i(t) + v_i(t+1). \tag{9.55}$$

对于新的 $X_i(t+1)$,需要进行检测和修复策略保证解的可行性。

9.5.3 外部存储集合的更新

当更新完粒子位置后,新产生的非劣解将会更新到外部存储集合中。给定有限的外部存储结构数量,对于更新非劣解的机制进行适当选择很重要,因为有时候这

些解的数量可能很大或者很小. 由于外部存储集合能够帮助寻找有效前沿面, 因此选择机制将直接影响到算法的效果. 首先引用流行的外部存档策略[51, 139]来处理存档结合数量较大的情形. 这样的选择机制是基于 Pareto 占优和聚集度的计算. 而这样的更新机制可以在算法 2 中看到, 其中公式 CheckDominance(X_i, X_j) 返回 X_i 和 X_j 的 Pareto 占优关系. 若返回值为 1, 表明 X_i 占优于 X_j, 否则, 当返回值 -1, 表示 X_j 占优或者等于 X_i.

在本章的供应链网络设计问题中, 复杂的约束条件将导致可行解的空间结构也十分复杂, 有时候会产生 Pareto 解数量特别少的情形. 由于粒子位置更新都依赖于外部存储集中元素的选取, 较少数量的外部存储集合将导致粒子群算法的低效性. 因此, 引入一个最小值 A_min 作为外部存储集合的最低水平. 如果 Pareto 占优解的数量小于 A_min, 则对所有的粒子进行局部搜索操作.

应用经典的多点变异方法作为进行局部搜索的策略. 令参数 $P_m \in (0,1)$ 为变异率. 变异操作发生变异的点的数量随机产生于区间 $[1, V/3]$, 其中 V 为决策变量个数. 然后, 对于选中的元素值, 随机地从波动区间 $[-\Delta, \Delta]$ 选择一个值作为改变幅度. 得到新的粒子后, 我们修复它们并将 Pareto 解重新添加到外部存储集合中. 局部搜索的具体细节见算法 1.

算法 1　Local_search(P)

1: **for** $i = 1; i < |P|; i++$ **do**
2: 　**if** Random$(0,1) < P_m$ **then**
3: 　　选定值 $K^0 \in [1, V/3]$;
4: 　　**for** $k = 1; k < K^0; k++$ **do**
5: 　　　$X_i = X_i + $Random$[-\Delta, \Delta]$;
6: 　　**end for**
7: 　　修复粒子 X_i;
8: 　**end if**
9: **end for**
10: **return** 粒子群 P.

9.5.4　算法步骤

在我们的算法中, 应用分解算法的框架设计了基于外部存储的多目标粒子群算法. 算法具体细节以伪代码形式在算法 3 中给出.

算法 2 Archive-update(P, A)

1: Mark:
2: **for** $i = 1; i < |P|; i++$ **do**
3:   **for** $j = 1; j < |A|; j++$ **do**
4:     flag = Check Dominance(P_i, A_j);
5:     **if** flag==1 **then**
6:       标识 A_j 为一个被占优的解;
7:     **end if**
8:   **end for**
9:   在 A 中删除被占优的解;
10:   **if** flag != -1 **then**
11:     将 P_i 添加到 A;
12:     **if** $|A| > P\_N$ **then**
13:       Crowding Degree Assignment(A);
14:       删除聚集度最大的粒子;
15:     **end if**
16:   **end if**
17: **end for**
18: **if** $|A| < A\_\text{min}$ **then**
19:   Local-search(P);
20:   跳转到 Mark;
21: **end if**
22: **return** 外部存储集 A.

算法 3 AgMOPSO/D 算法

1: 设置初始参数及集合 $A=\{\ \}$;
2: 随机产生 Pop 个粒子;
3: 检测并修复每个粒子;
4: 计算每个粒子的真实目标值,其中第二阶段规划通过 CPLEX 12.7 进行求解;
5: 更新参照点 z^* 以及初始化权重向量 $\lambda = \{\lambda^i, \cdots, \lambda^{\text{Pop}}\}$;
6: 更新非占优解到 A 中;
7: **for** $t = 1; t < \text{Times}; t++$ **do**
8:   通过式子 (9.51) 更新 $p\text{best}_i$;
9:   通过式子 (9.51) 从邻域集 B_i 中选择 $l\text{best}_i$;
10:   在 A 中随机选择 $g\text{best}_i$;
11:   计算每个粒子的速度 v_i;
12:   更新粒子位置 X_i;
13:   检查并修复粒子;
14:   更新目标值;
15:   更新外部存储集合 $A = \text{Archive-update}(P, A)$;
16:   更新参照点 z^*;
17: **end for**
18: **return** Pareto 最优解集.

9.6 数值实验

在本节中, 考虑一个应用实例, 用本章提出的 AgMOPSO/D 算法解决一个实际的两阶段供应链计划问题.

1. LED 供应链计划问题

本节所考虑的供应链计划问题是一个关于发光二极管 (LED) 生产企业的供应链网络, 其产品的生产过程可以分为几个生产阶段. LED 生产过程主要分为四个生产阶段: 原材料处理, 外延过程, 芯片生产和封装. 在本问题中, 供应链网络中包含了 4 个原材料加工厂、3 个外延处理工厂、4 个芯片生产工厂和 3 个封装工厂. 在此供应链中共有 14 个工厂, 其中网络节点和流量分布在图 9.2 中给出. 此 LED 企业要生产 4 种 LED 灯具, 整个生产周期为 $T = 5$. 该供应链计划问题中共包含了 1460 个决策变量.

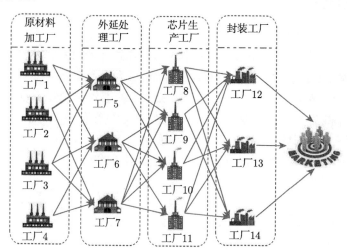

图 9.2 LED 生产企业的供应链网络结构

在这个供应链计划问题中, 顾客需求 $\boldsymbol{\xi} = (\xi_{11}, \cdots, \xi_{K1}, \cdots, \xi_{1T}, \cdots, \xi_{KT})^{\mathrm{T}}$ 是一个正态随机模糊向量, 对任意的 γ, 有 $\boldsymbol{\xi}^\gamma \sim \mathcal{N}(\boldsymbol{v}(\gamma), \boldsymbol{\Sigma}(\gamma))$, 其中 $\boldsymbol{v}(\gamma) = (v_{11}, \cdots, v_{K1}, \cdots, v_{1T}, \cdots, v_{KT})^{\mathrm{T}}$, 且 $\boldsymbol{\Sigma}(\gamma)$ 为协方差矩阵. 需求假设依赖于产品的种类, 因此在我们的问题中 $\boldsymbol{\gamma} = (\gamma_1, \gamma_2, \cdots, \gamma_K)^{\mathrm{T}}$ 且 $K = 4$. 协方差矩阵满足如下形式:

$$\boldsymbol{\Sigma}(\gamma) = \boldsymbol{B}^{\mathrm{T}}\boldsymbol{B} + \boldsymbol{B}_1\gamma_1 + \cdots + \boldsymbol{B}_4\gamma_4,$$

其中 $\boldsymbol{B}$ 是一个对角线元素为正的上三角矩阵, 且 $\boldsymbol{B}_1, \cdots, \boldsymbol{B}_4$ 为严格正定对角矩阵. $\boldsymbol{B}$ 的元素以及 $\boldsymbol{B}_i$ 都是从区间 $[0.1, 0.3]$ 中随机产生的. 同时, 假定 $\gamma =$

$(\gamma_1, \gamma_2, \gamma_3, \gamma_4)^{\mathrm{T}}$ 服从联合正态分布

$$\pi(\boldsymbol{x}) = \exp\left\{-\frac{1}{2}(\boldsymbol{x}-\boldsymbol{\mu})^{\mathrm{T}}\boldsymbol{\Sigma}(\boldsymbol{x}-\boldsymbol{\mu})\right\},$$

其中 $\boldsymbol{\mu} = (20, 15, 23, 35)$，$\boldsymbol{\Sigma}$ 为如下 4×4 正定矩阵：

$$\boldsymbol{\Sigma} = \begin{pmatrix} 0.02 & 0.13 & 0.10 & 0.14 \\ 0.14 & 0.93 & 0.84 & 1.04 \\ 0.10 & 0.84 & 1.17 & 1.22 \\ 0.14 & 1.04 & 1.22 & 1.37 \end{pmatrix}.$$

另外，单位生产费用 cp_{ik} 在 5 和 40 之间取值；运输费用 $ct_{ii'k}$ 和 ct_{iCk} 均随机产生于区间 [3,5]；库存费用 cs_{ik} 取值于区间 [10,20]；惩罚费用 pe_k 在区间 [1,2] 范围内；生产能力 h_{it} 假设在 700 和 1500 之间；存储能力 r_{it} 以及运输能力 m_{it} 都设为 5000；最大的容许需求不满足水平 $D=1000$；碳排放 et_{iCk}, $et_{ii'k}$, es_{ik} 和 ep_{ik} 均随机选自区间 [3,5].

2. 计算结果与分析

本章的实验用 C++ 程序编写，其中应用优化软件 CPLEX 12.7 求解第二阶段线性规划问题. AgMOPSO 算法的参数设置如下：粒子总数为 Pop = 40, 迭代次数为 Times = 100, 权重参数为 $w = 0.4$, 分解算法中的参数 θ 设置为 0.1, 粒子的邻域集合中元素个数为 Nei = 5, 变异率 $P_m = 0.3$, 速度参数为 $F_1 = 0.3$ 和 $F_2 = 0.4$, 外部存储集合最大粒子数量 $P\_N = 30$, 最小数量为 $A\_\min = 7$.

通过求解，供应链计划问题最优的非劣解组成的有效前沿面如图 9.3 所示.

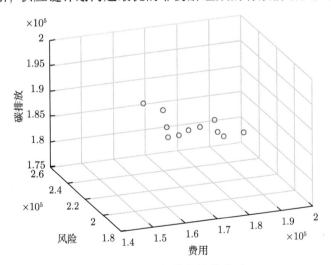

图 9.3 非劣解的有效前沿面

9.6 数值实验

图 9.3 中包含了 11 个点, 且每个点代表了一个非劣解以及一系列供应链计划问题的决策. 对应的非劣解的目标值列在表 9.1 中.

表 9.1 非劣解的目标函数值

非劣解序号	费用	风险	碳排放
1	148764.8	185160.7	198573.8
2	158463.1	198323.0	194429.0
3	159796.6	199352.7	190828.5
4	160435.7	200342.6	188593.2
5	166011.0	207881.6	187367.5
6	170315.5	212632.2	187339.6
7	175818.4	219551.6	186369.3
8	182632.8	227770.9	185932.2
9	184392.8	230566.7	183023.6
10	187428.0	234473.3	181271.8
11	197004.5	246805.3	179263.4

为了更好地理解不同的目标函数间的权衡关系, 分别考虑三个目标中的两个, 绘制成三张二维图形表示非劣解的特性, 分别在图 9.4, 图 9.5 和图 9.6 中. 对于固定碳排放下的费用和风险映射在图 9.4 中. 基于图 9.4, 总费用与风险水平有相似的正相关关系. 图 9.5 表明了固定风险下的费用和碳排放在非劣解中的关系, 充分说明总的费用与碳排放有着冲突关系. 类似地, 在图 9.6 中, 固定总费用下的最优非劣解的风险值和碳排放之间也彼此冲突.

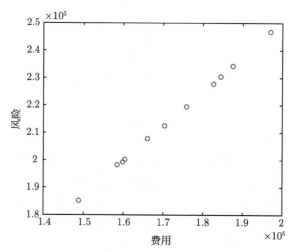

图 9.4 固定碳排放下的非劣解投影

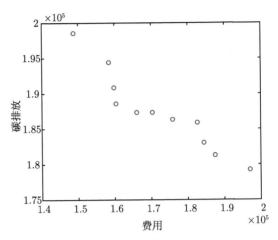

图 9.5　固定风险下的非劣解投影

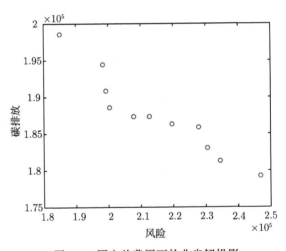

图 9.6　固定总费用下的非劣解投影

9.7　本章小结

本章考虑的 SCP 问题涉及多个产品和多个周期, 供应链包括多个工厂、多个仓库和多个运输路线. 根据文献 [14], 需求的不确定性是最重要的因素之一. 因此我们假设顾客的需求是唯一的不确定参数, 用随机模糊变量进行刻画. 本章考虑了动态决策过程中的主观不确定性和客观不确定性, 提出了一种新的两阶段平衡多目标 SCP 优化方法. 它不同于传统的两阶段平衡优化方法 [60]. 在知道随机模糊参数的部分信息后就必须做出补偿决策. 新的两阶段平衡多目标模型的第二阶段是一个带有概率约束的随机规划模型. 第一阶段是一个可信性多目标优化问题, 优化目标

9.7 本章小结

分别是期望的总成本、总的碳排放量和风险. 其中的风险由模糊变量的条件风险值来度量, 当随机参数服从正态分布时, 所提出的两阶段平衡多目标模型可以等价地转化为一个多目标可信性优化模型. 用一个大规模的线性规划近似此可信性优化模型. 对于用逼近方法得到的近似模型, 设计了一个新的 AgMOPSO/D 算法进行求解. 本章最后将提出的平衡优化方法应用于一个 LED 产业的供应链计划问题, 实验结果表明了建模方法的可行性.

SCP 是供应链管理的一项重要职能, 很多文献从不同的角度对供应链管理问题进行了研究 [102, 109, 130, 136, 140].

第10章 两阶段平衡供应合同问题

本章从分销商的视角在需求不确定情形下确定最优进货方案使收益最大. 商品具有固定的生产周期, 只有提前预定才能正常销售. 由于需求的不确定性, 盲目进货会导致缺货或库存积压. 因此本章选用可以保证两次决策的期权-期货合同来降低需求不确定性带来的风险. 初始决策确定期权与期货的订购量, 待获悉需求信息后, 使用期权, 根据需求确定补货的数量, 作为补偿决策. 当需求不确定性表现为随机性时, 10.1 节建立一个两阶段双目标供应合同模型, 考虑同时最大化收益与最小化风险[46]. 用权系数法处理两个目标, 使其达到平衡状态, 得到一个单目标两阶段随机规划模型. 在常见概率分布下将得到的单目标两阶段随机规划模型转化成确定规划模型, 可用商用优化软件求解得到最优订购决策. 进一步, 当需求表现出双重不确定性时, 10.2 节同时用概率分布和可信性分布刻画不确定需求, 建立一个两阶段随机模糊期望值模型[47]. 在常见分布下将其转化成等价的确定规划模型, 可用商用优化软件进行求解. 最后通过数值实验说明所建立模型的有效性.

10.1 随机双目标均值-标准差模型

本节在随机需求下讨论风险规避的供应合同问题的最优订购决策. 为了同时最大化利润和最小化风险, 提出一个两阶段双目标模型. 该模型采用了均值与标准差双重评价准则, 模型处理过程中的关键是有效计算利润的均值及其标准差. 所建立的优化模型可在需求服从常见的连续或离散概率分布时转换成可求解的单阶段确定模型, 再用权系数法将其转化为单目标模型. 最后数值实验表明了所建立模型的有效性.

10.1.1 两阶段双目标随机期权-期货合同模型

考虑在包含一个供应商、一个分销商和多个零售商的三级季节性供应链中, 分销商如何制定订购决策获取最大利润的问题 (图 10.1). 分销商从上游的供应商处购进商品, 然后转卖给下游的零售商, 从中赚取差价. 季节性商品只在某一特定时期产生需求, 过了这一时期就会进入其他商品的销售季. 由于商品的制造是有时间周期的, 不能随时任意地购进商品, 这就要求分销商提前向供应商预定商品. 由于不到销售季不能提前知晓客户的需求, 这给分销商带来了风险. 如果订购太少, 不能满足客户需求, 错失销售时机, 盈利减少; 如果订购太多, 超出了客户需求, 就会

10.1 随机双目标均值–标准差模型

产生库存积压, 增加成本. 如何使分销商在满足客户需求的同时避免库存积压, 获得最大利益, 是本节要研究的问题.

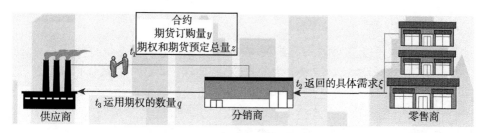

图 10.1 关于时间 t 的供应链流程图

分销商考虑与供应商签订期权–期货合同, 从而减少风险. 基于合同中的报价, 分销商决定期权与期货的订购数量, 然后签订合同并等待销售季的到来. 分销商在知道需求信息后, 决定是否使用期权并决定使用多少. 本节要做的工作是确定最优订购量.

本节模型建立基于如下假设:

(A1) 需求可根据历史统计数据用随机变量刻画;

(A2) 分销商是风险规避的.

为了描述方便, 引入以下记号:

y: 期货订购量;

z: 期权和期货预定总量;

q: 期权的使用数量 $(0 \leqslant q \leqslant z - y)$;

ξ: 随机需求;

r: 每件商品的收益;

c_f: 期货的单位成本;

c_o: 预定期权的单位成本 $(c_o < c_f < r)$;

c_b: 使用期权的单位成本 $(c_f < c_o + c_b < r)$.

当第一阶段决策变量 y, z 与需求 ξ 均已知的前提下, 构建第二阶段模型. 显然, 售出数量是分销商的最终购买量与需求之间较小的那个. 总收入是商品的单位收入与售出商品数量的乘积, 可以表示为 $r\min\{\xi, y+q\}$. 总成本包括初始成本和补偿成本, 初始成本为订购期货成本 $c_f y$ 和预定期权成本 $c_o(z-y)$, 使用期权产生补偿成本 $c_b q$. 第二阶段问题的目标是最大化利润, 它是由总收入与总成本构成的差, 即利润可表示为

$$\pi(y, z, q; \xi) = r\min\{\xi, y+q\} - c_f y - c_o(z-y) - c_b q.$$

因此,第二阶段模型可构建如下

$$\begin{cases} \max\limits_{q} & r\min\{\xi, y+q\} - c_f y - c_o(z-y) - c_b q \\ \text{s.t.} & 0 \leqslant q \leqslant z - y. \end{cases} \quad (10.1)$$

第一阶段决策变量必须满足约束 $0 \leqslant y \leqslant z$. 分销商总体目标是收益最大化,最优的第二阶段决策对应着最大的收益. 把问题 (10.1) 中的最优目标值表示为 $\pi(y,z;\xi)$. 由假设,分销商是风险规避的. 第一阶段问题的两个目标是最大化收益与最小化风险. 用利润的平均值衡量收益水平, 用标准差度量风险水平. 基于以上符号, 供应合同问题的第一阶段模型建立如下:

$$\begin{cases} \max & E_\xi[\pi(y,z;\xi)] \\ \min & \sigma_\xi[\pi(y,z;\xi)] \\ \text{s.t.} & 0 \leqslant y \leqslant z, \end{cases} \quad (10.2)$$

其中 $E_\xi[\cdot]$ 是期望值算子, $\sigma_\xi[\cdot]$ 是标准差.

综合模型 (10.1) 和模型 (10.2) 得到如下两阶段双目标随机供应合同模型:

$$\begin{cases} \max\limits_{y,z} & E_\xi[\max\limits_{q} \pi(y,z,q;\xi)] \\ \min\limits_{y,z} & \sigma_\xi[\max\limits_{q} \pi(y,z,q;\xi)] \\ \text{s.t.} & 0 \leqslant y \leqslant z, \\ & 0 \leqslant q \leqslant z - y, \end{cases} \quad (10.3)$$

其中

$$\begin{cases} \pi(y,z;\xi) = \max\limits_{q} & r\min\{\xi, y+q\} - c_f y - c_o(z-y) - c_b q \\ \text{s.t.} & 0 \leqslant q \leqslant z - y. \end{cases} \quad (10.4)$$

10.1.2 分析两阶段双目标随机规划模型

本小节分析了所建立的两阶段双目标模型 (10.3). 首先, 在给定第一阶段决策变量的取值和需求的实现值后, 求解第二阶段规划, 得到第二阶段的决策, 即期权使用数量的解析表达式. 其次, 将期权使用数量的解析表达式代入第一阶段模型, 即可把两阶段模型转化为单阶段模型.

签订期权-期货合同后, 期货订购量和期权期货预定总量都是固定的. 现假设销售季已经到来, 需求已知, 求解第二阶段模型 (10.1), 可得

$$\begin{aligned} \pi(y,z;\xi) &= \max\limits_{q} \quad r\min\{\xi, y+q\} - c_f y - c_o(z-y) - c_b q \\ &= r\min\{\xi, y+q^*\} - c_f y - c_o(z-y) - c_b q^*, \end{aligned} \quad (10.5)$$

其中 q^* 是期权使用的最优数量, 其表达式如下:

$$q^*(y,z;\xi) = \begin{cases} 0, & \xi \leqslant y, \\ \xi - y, & y \leqslant \xi \leqslant z, \\ z - y, & z \leqslant \xi. \end{cases} \quad (10.6)$$

由表达式 (10.6) 可知期权使用的最优数量取决于第一阶段决策变量 y, z 和需求 ξ. y 和 ξ 还有 z 和 ξ 之间的关系决定了 q^* 的具体表达式.

表达式 (10.6) 给出了第一阶段决策与需求之间的三种不同关系下期权最优使用量: ① 实际需求小于期货订购量, 称这种情况为高估需求. 在这种情况下, 期货的数量可以满足需求, 分销商不需要使用期权. ② 实际需求小于期权期货预定总量但大于期货订购量, 称这种情况为预期需求. 在这种情况下, 期货的数量不能满足需求, 分销商需要使用部分期权来弥补不足. ③ 实际需求大于期权期货预定总量, 称这种情况为低估需求. 在这种情况下, 期权期货预定总量不能满足需求, 分销商需要使用全部的期权.

这些结果表明, 分销商不会购买超出需求的商品, 期权的最终使用量取决于需求. 分销商在做第一阶段决策时希望区间 $[y,z]$ 包含实际需求.

将表达式 (10.6) 代入公式 (10.5), 有

$$\pi(y,z;\xi) = \begin{cases} r\xi - c_f y - c_o(z-y), & \xi \leqslant y, \\ r\xi - c_f y - c_o(z-y) - c_b(\xi-y), & y \leqslant \xi \leqslant z, \\ rz - c_f y - c_o(z-y) - c_b(z-y), & z \leqslant \xi. \end{cases} \quad (10.7)$$

此式为第二阶段模型的最优值表达式. 上式中的三种情况分别对应于高估需求、预期需求和低估需求, 将其分别记作 π_o, π_a 和 π_u. 显然, π_u 是常函数. 实际情况中, 随机需求 ξ 的实现值一定在区间 $[0,+\infty)$ 里. 用图 10.2 给出 $\pi(y,z;\xi)$ 的近似图像.

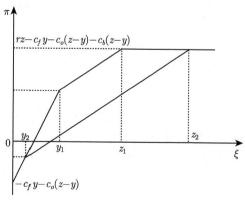

图 10.2 随机利润函数 $\pi(y,z;\xi)$

从图 10.2 中可以观察到 $\pi(y,z;\xi)$ 是一个关于 $\xi \in [0,+\infty)$ 连续、逐段可微的增函数, 其中 π_o 和 π_a 都是严格增的. $\pi(y,z;\xi)$ 有下界 $-c_f y - c_o(z-y)$(小于 0) 和上界 $rz - c_f y - c_o(z-y) - c_b(z-y)$ (大于 0). π_o, π_a 和 π_u 的斜率分别是 $r, r - c_b$ 和 0. 这些都表明每个决策向量 (y,z) 唯一确定一个利润函数 $\pi(y,z;\xi)$. 然而, 对于不同的 (y,z), 一般不能确定当 ξ 的实现值为 y 时 $\pi(y,z;\xi)$ 和 0 之间的大小关系.

把模型 (10.1) 的最优值代入模型 (10.2), 两阶段模型 (10.3) 就转化成了如下单阶段双目标模型:

$$\begin{cases} \max & E_\xi[\pi(y,z;\xi)] \\ \min & \sigma_\xi[\pi(y,z;\xi)] \\ \text{s.t.} & 0 \leqslant y \leqslant z, \end{cases} \tag{10.8}$$

其中 $\pi(y,z;\xi)$ 由表达式 (10.7) 表示.

10.1.3 第一阶段目标的处理

虽然在上一小节中, 供应合同决策模型已转化成为单阶段模型, 但仍存在处理难点: 标准差的计算. 下面, 我们将分别计算利润的均值和标准差.

1. 随机利润均值

注意到 $\pi(y,z;\xi)$ 的分段表达式中都有相同的确定的项 $-[c_f y + c_o(z-y)]$. 把相同项提出后得到如下表达式:

$$\pi(y,z;\xi) = -[c_f y + c_o(z-y)] + \pi'(y,z;\xi),$$

其中

$$\pi'(y,z;\xi) = \begin{cases} r\xi, & \xi \leqslant y, \\ r\xi - c_b(\xi - y), & y \leqslant \xi \leqslant z, \\ rz - c_b(z-y), & z \leqslant \xi. \end{cases}$$

因此,

$$E_\xi[\pi(y,z;\xi)] = -[c_f y + c_o(z-y)] + E_\xi[\pi'(y,z;\xi)].$$

这表明, 下面只需计算 $E_\xi[\pi'(y,z;\xi)]$.

在现实生活中, 有些商品不可分割, 只能按整件销售, 有些商品则没有这一限制. 下面分离散需求和连续需求两种情况讨论.

下面讨论离散需求的情况. 假设随机需求 ξ 服从离散概率分布

$$\xi \sim \begin{pmatrix} \hat{\xi}_1 & \hat{\xi}_2 & \cdots & \hat{\xi}_N \\ p_1 & p_2 & \cdots & p_N \end{pmatrix}, \tag{10.9}$$

其中 $\hat{\xi}_1 < \hat{\xi}_2 < \cdots < \hat{\xi}_N$. 计算得

$$\begin{aligned}
\mathrm{E}_\xi[\pi'(y,z;\xi)] &= \sum_{i=1}^{N} \pi'_i(y,z;\hat{\xi}_i)p_i \\
&= r\sum_{i\in I_1}\hat{\xi}_i p_i + (r-c_b)\sum_{i\in I_2}\hat{\xi}_i p_i + c_b y\sum_{i\in I_2\cup I_3} p_i + (r-c_b)z\sum_{i\in I_3} p_i \\
&= (1-F(y))c_b y + (1-F(z))(r-c_b)z + r\sum_{i\in I_1}\hat{\xi}_i p_i + (r-c_b)\sum_{i\in I_2}\hat{\xi}_i p_i,
\end{aligned}$$

其中, $I_1 = \{i \mid 0 \leqslant \hat{\xi}_i \leqslant y\}, I_2 = \{i \mid y < \hat{\xi}_i \leqslant z\}, I_3 = \{i \mid \hat{\xi}_i > z\}$, $F(\cdot)$ 是概率分布函数.

因此, 平均利润是

$$\begin{aligned}
\mathrm{E}_\xi[\pi(y,z;\xi)] = [c_o + (1-F(y))c_b - c_f]y + [(1-F(z))(r-c_b) - c_o]z \\
+ r\sum_{i\in I_1}\hat{\xi}_i p_i + (r-c_b)\sum_{i\in I_2}\hat{\xi}_i p_i.
\end{aligned} \quad (10.10)$$

特别地, 如果 ξ 服从等概率分布:

$$\xi \sim \begin{pmatrix} \hat{\xi}_1 & \hat{\xi}_2 & \cdots & \hat{\xi}_N \\ \dfrac{1}{N} & \dfrac{1}{N} & \cdots & \dfrac{1}{N} \end{pmatrix}, \quad (10.11)$$

其中 $\hat{\xi}_1 < \hat{\xi}_2 < \cdots < \hat{\xi}_N$, 根据等式 (10.10) 进行计算, 得到平均利润

$$\begin{aligned}
\mathrm{E}_\xi[\pi(y,z;\xi)] = [c_o + (1-F(y))c_b - c_f]y + [(1-F(z))(r-c_b) - c_o]z \\
+ \frac{r}{N}\sum_{i\in I_1}\hat{\xi}_i + \frac{(r-c_b)}{N}\sum_{i\in I_2}\hat{\xi}_i,
\end{aligned}$$

其中, $F(y) = \dfrac{i_y}{N}, i_y = \max\{i \mid \hat{\xi}_i \leqslant y\}, F(z) = \dfrac{i_z}{N}, i_z = \max\{i \mid \hat{\xi}_i \leqslant z\}$.

下面考虑随机需求 ξ 服从连续概率分布的情况. 此时有

$$\begin{aligned}
\mathrm{E}_\xi[\pi'(y,z;\xi)] &= \int_0^{+\infty} \pi'(y,z;x)\mathrm{d}F_\xi(x) \\
&= \int_0^y rx\mathrm{d}F_\xi(x) + \int_y^z rx - c_b(x-y)\mathrm{d}F_\xi(x) + \int_z^{+\infty} rz - c_b(z-y)\mathrm{d}F_\xi(x) \\
&= c_b y + (r-c_b)z - r\int_0^y F_\xi(x)\mathrm{d}x - (r-c_b)\int_y^z F_\xi(x)\mathrm{d}x.
\end{aligned}$$

所以
$$E_\xi[\pi(y,z;\xi)] = (c_o + c_b - c_f)y + (r - c_o - c_b)z$$
$$-r\int_0^y F_\xi(x)\mathrm{d}x - (r - c_b)\int_y^z F_\xi(x)\mathrm{d}x. \tag{10.12}$$

如果 ξ 服从区间 $[a,b]$ 上的均匀分布, 则最小的可能需求为 a, 最大的可能需求为 b, 分销商将会在这个范围内作出适当的订购决策. 因此分销商的最优决策 y 和 z 自然满足 $a \leqslant y \leqslant z \leqslant b$. 基于等式 (10.12), 平均利润是

$$E_\xi[\pi(y,z;\xi)] = (c_o + c_b - c_f)y + (r - c_o - c_b)z - \frac{1}{2(b-a)}[c_b(y-a)^2 + (r-c_b)(z-a)^2].$$

如果 ξ 服从参数为 k 的指数分布, 根据等式 (10.12), 平均利润是

$$E_\xi[\pi(y,z;\xi)] = (c_o - c_f)y - c_o z + \frac{1}{k}[r - c_b e^{-ky} - (r - c_b)e^{-kz}].$$

如果 ξ 服从正态分布 $\mathcal{N}(\mu, \sigma^2)$, 基于等式 (10.12), 得到平均利润

$$E_\xi[\pi(y,z;\xi)] = \left(c_o + \frac{c_b}{2} - c_f\right)y + \left(\frac{(r-c_b)}{2} - c_o\right)z$$
$$-\frac{r}{2}\int_0^y \mathrm{erf}\left(\frac{x-\mu}{\sqrt{2}\sigma}\right)\mathrm{d}x - \frac{(r-c_b)}{2}\int_y^z \mathrm{erf}\left(\frac{x-\mu}{\sqrt{2}\sigma}\right)\mathrm{d}x,$$

其中 $\mathrm{erf}(x) = \frac{2}{\sqrt{\pi}} \int_0^x e^{-t^2}\int \mathrm{d}t$ 是误差函数.

上述积分 $\mathrm{erf}(x)$, 通过把被积函数 e^{-t^2} 展开成麦克劳林级数, 然后逐项积分得到

$$\mathrm{erf}(x) = \frac{2}{\sqrt{\pi}} \sum_{n=0}^\infty \frac{(-1)^n x^{2n+1}}{n!(2n+1)}.$$

2. 随机利润标准差

接下来分别推导 $E_\xi[\pi^2(y,z;\xi)]$ 和 $(E_\xi[\pi(y,z;\xi)])^2$ 的解析式, 然后根据

$$\mathrm{Var}[\pi] = E[\pi^2] - (E[\pi])^2$$

得到方差, 进一步开方得到标准差.

为了计算方便, 记 $A = c_f y + c_o(z-y)$. 因此 (10.7) 可以写成

$$\pi(y,z;\xi) = \begin{cases} r\xi - A, & \xi \leqslant y, \\ r\xi - c_b(\xi - y) - A, & y \leqslant \xi \leqslant z, \\ rz - c_b(z - y) - A, & z \leqslant \xi. \end{cases}$$

10.1 随机双目标均值–标准差模型

其平方为

$$\pi^2(y,z;\xi) = \begin{cases} r^2\xi^2 - 2Ar\xi + A^2, & \xi \leqslant y, \\ (r-c_b)^2\xi^2 + 2(r-c_b)(c_by - A)\xi + (c_by - A)^2, & y \leqslant \xi \leqslant z, \\ (rz - c_b(z-y) - A)^2, & z \leqslant \xi. \end{cases}$$

记 $\pi^2(y,z;\xi)$ 的三种情况分别为 π_o^2, π_a^2 和 π_u^2.

假设随机需求 ξ 服从 (10.9) 式给出的离散概率分布, 且 $\hat{\xi}_1 < \hat{\xi}_2 < \cdots < \hat{\xi}_N$, 此时有

$$\begin{aligned}
& E_\xi[\pi^2(y,z;\xi)] \\
&= \sum_{i=1}^n \pi_i^2(y,z;\hat{\xi}_i)p_i \\
&= [(c_f - c_o)^2 + 2(1-F(y))c_b(c_o - c_f) + (1-F(y))c_b^2]y^2 \\
&\quad + 2[-c_o(c_o + (1-F(y))c_b - c_f) + (1-F(z))(r-c_b)(c_o + c_b - c_f)]yz \\
&\quad + [c_o^2 - 2(1-F(z))(r-c_b)c_o + (1-F(z))(r-c_b)^2]z^2 \\
&\quad - 2[c_fy + c_o(z-y)]r\sum_{i\in I_1}\hat{\xi}_ip_i + 2(r-c_b)(c_by - [c_fy + c_o(z-y)])\sum_{i\in I_2}\hat{\xi}_ip_i \\
&\quad + r^2\sum_{i\in I_1}\hat{\xi}_i^2p_i + (r-c_b)^2\sum_{i\in I_2}\hat{\xi}_i^2p_i. \tag{10.13}
\end{aligned}$$

进一步, 经过计算可得下式

$$\begin{aligned}
& (E_\xi[\pi(y,z;\xi)])^2 \\
&= [(c_o - c_f)^2 + 2(1-F(y))c_b(c_o - c_f) + (1-F(y))^2c_b^2]y^2 \\
&\quad + 2[-c_o(c_o + (1-F(y))c_b - c_f) + (1-F(z))(r-c_b)(c_o + (1-F(y))c_b - c_f)]yz \\
&\quad + [c_o^2 - 2(1-F(z))(r-c_b)c_o + (1-F(z))^2(r-c_b)^2]z^2 \\
&\quad - 2\left[[c_o + (1-F(y))c_b - c_f]y + \left[r\sum_{i\in I_1}\hat{\xi}_ip_i + (r-c_b)\sum_{i\in I_2}\hat{\xi}_ip_i\right]\right]^2 \\
&\quad + [(1-F(z))(r-c_b) - c_o]z\left[r\sum_{i\in I_1}\hat{\xi}_ip_i + (r-c_b)\sum_{i\in I_2}\hat{\xi}_ip_i\right]. \tag{10.14}
\end{aligned}$$

由 (10.13) 和 (10.14) 可得方差

$\text{Var}_\xi[\pi(y,z;\xi)]$

$= \text{E}_\xi[\pi^2(y,z;\xi)] - (\text{E}_\xi[\pi(y,z;\xi)])^2$

$= F(y)(1-F(y))c_b^2 y^2 + 2(1-F(z))(r-c_b)F(y)c_b yz + F(z)(1-F(z))(r-c_b)^2 z^2$

$\quad -2r[[2c_f - (1-F(y))c_b - 2c_o]y - [(1-F(z))(r-c_b) - 2c_o]z]\sum_{i\in I_1}\hat{\xi}_i p_i$

$\quad +2(r-c_b)[[2c_o - (2-F(y))c_b - 2c_f]y + [(1-F(z))(r-c_b) - 2c_o]z]\sum_{i\in I_2}\hat{\xi}_i p_i$

$\quad +r^2\sum_{i\in I_1}\hat{\xi}_i^2 p_i + (r-c_b)^2\sum_{i\in I_2}\hat{\xi}_i^2 p_i - \left[r\sum_{i\in I_1}\hat{\xi}_i p_i + (r-c_b)\sum_{i\in I_2}\hat{\xi}_i p_i\right]^2.$

对其开方即可得标准差.

如果 ξ 服从 (10.11) 给出的等概率分布, 则标准差如下:

$\sigma_\xi[\pi(y,z;\xi)]$

$= \Big\{F(y)(1-F(y))c_b^2 y^2 + 2(1-F(z))(r-c_b)F(y)c_b yz + F(z)(1-F(z))(r-c_b)^2 z^2$

$\quad -2\dfrac{r}{N}[[2c_f - (1-F(y))c_b - 2c_o]y - [(1-F(z))(r-c_b) - 2c_o]z]\sum_{i\in I_1}\hat{\xi}_i$

$\quad +2\dfrac{(r-c_b)}{N}[[2c_o - (2-F(y))c_b - 2c_f]y + [(1-F(z))(r-c_b) - 2c_o]z]\sum_{i\in I_2}\hat{\xi}_i$

$\quad +\dfrac{r^2}{N}\sum_{i\in I_1}\hat{\xi}_i^2 + \dfrac{(r-c_b)^2}{N}\sum_{i\in I_2}\hat{\xi}_i^2 - \dfrac{1}{N^2}\left[r\sum_{i\in I_1}\hat{\xi}_i + (r-c_b)\sum_{i\in I_2}\hat{\xi}_i\right]^2\Big\}^{\frac{1}{2}}.$

下面假设随机需求 ξ 是连续随机变量. 可以导出以下两个表达式:

$\text{E}_\xi[\pi^2(y,z;\xi)]$

$= \displaystyle\int_0^{+\infty} \pi^2(y,z;x)\,\mathrm{d}F_\xi(x)$

$= [(c_o+c_b-c_f)y+(r-c_o-c_b)z]^2 - 2r\displaystyle\int_0^y \pi_o F_\xi(x)\,\mathrm{d}x - 2(r-c_b)\displaystyle\int_y^z \pi_a F_\xi(x)\,\mathrm{d}x,$

$\hfill(10.15)$

10.1 随机双目标均值–标准差模型

$$(\mathrm{E}_\xi[\pi(y,z;\xi)])^2$$

$$= [(c_o + c_b - c_f)y + (r - c_o - c_b)z]^2$$

$$-2[(c_o + c_b - c_f)y + (r - c_o - c_b)z]\left[r\int_0^y F_\xi(x)\mathrm{d}x + (r - c_b)\int_y^z F_\xi(x)\mathrm{d}x\right]$$

$$+ \left[r\int_0^y F_\xi(x)\mathrm{d}x + (r - c_b)\int_y^z F_\xi(x)\mathrm{d}x\right]^2. \tag{10.16}$$

由 (10.15) 和 (10.16) 可以得到方差

$$\mathrm{Var}_\xi[\pi(y,z;\xi)] = \mathrm{E}_\xi[\pi^2(y,z;\xi)] - (\mathrm{E}_\xi[\pi(y,z;\xi)])^2$$

$$= 2r[c_b y + (r - c_b)z]\int_0^y F_\xi(x)\mathrm{d}x - 2r^2\int_0^y x F_\xi(x)\mathrm{d}x$$

$$+ 2(r - c_b)^2 z \int_y^z F_\xi(x)\mathrm{d}x - 2(r - c_b)^2 \int_y^z x F_\xi(x)\mathrm{d}x$$

$$- \left[r\int_0^y F_\xi(x)\mathrm{d}x + (r - c_b)\int_y^z F_\xi(x)\mathrm{d}x\right]^2.$$

对其开方即可得连续概率分布情形的标准差公式.

如果 ξ 服从区间 $[a,b]$ 上的均匀分布, 可推导出标准差

$$\sigma_\xi[\pi(y,z;\xi)] = \Bigg\{\frac{1}{(b-a)}\bigg[c_b((r-c_b)z + ry)(y-a)^2 + (r-c_b)^2 z(z-a)^2$$

$$-\frac{2}{3}r^2(y^3 - a^3) + ar^2(y^2 - a^2) - \frac{2}{3}(r-c_b)^2(z^3 - y^3) + a(r-c_b)^2(z^2 - y^2)\bigg]$$

$$- \left[\frac{1}{2(b-a)}[c_b(y-a)^2 + (r-c_b)(z-a)^2]\right]^2\Bigg\}^{\frac{1}{2}}.$$

如果 ξ 服从参数为 k 的指数分布, 可得标准差

$$\sigma_\xi[\pi(y,z;\xi)] = \Bigg\{\frac{1}{k}\big[-2rc_b y e^{-ky} - 2(r-c_b)[c_b y + (r-c_b)z]e^{-kz}\big]$$

$$+ \frac{1}{k^2}\big[-2c_b(r-c_b)e^{-ky} + 2c_b(r-c_b)e^{-kz} - [c_b e^{-ky} + (r-c_b)e^{-kz}]^2 + r^2\big]\Bigg\}^{\frac{1}{2}}.$$

如果 ξ 服从正态分布 $\mathcal{N}(\mu, \sigma^2)$, 可推导出标准差

$$\sigma_\xi[\pi(y,z;\xi)] = \Bigg\{\frac{1}{4}[c_b y + (r-c_b)z]^2 + \frac{1}{2}r[c_b y + (r-c_b)z]\int_0^y \mathrm{erf}\left(\frac{x-\mu}{\sqrt{2}\sigma}\right)\mathrm{d}x$$

$$+\frac{1}{2}(r-c_b)[(r-c_b)z-c_by]\int_y^z \mathrm{erf}\left(\frac{x-\mu}{\sqrt{2}\sigma}\right)\mathrm{d}x$$
$$-r^2\int_0^y x\mathrm{erf}\left(\frac{x-\mu}{\sqrt{2}\sigma}\right)\mathrm{d}x-(r-c_b)^2\int_y^z x\mathrm{erf}\left(\frac{x-\mu}{\sqrt{2}\sigma}\right)\mathrm{d}x$$
$$-\frac{1}{4}\left[r\int_0^y \mathrm{erf}\left(\frac{x-\mu}{\sqrt{2}\sigma}\right)\mathrm{d}x+(r-c_b)\int_y^z \mathrm{erf}\left(\frac{x-\mu}{\sqrt{2}\sigma}\right)\mathrm{d}x\right]^2\bigg\}^{\frac{1}{2}}.$$

因此, 在一些常见需求分布下, 我们得到了目标函数 $\mathrm{E}_\xi[\pi(y,z;\xi)]$ 和 $\sigma_\xi[\pi(y,z;\xi)]$ 的解析表达式. 下面通过这些解析表达式来求解模型.

10.1.4 等价模型与风险转化定理

模型 (10.3) 反映出了所有分销商的期望, 即在最小风险下获得最大利润. 但这仅仅是一种理想的状态, 在实际供应链管理中是难以实现的. 也就是说无法找到一个决策 (y,z) 使分销商利润最大, 同时风险最小. 此处用权系数法把原始双目标模型转化成单目标模型, 可用优化软件求得第一阶段最优决策.

1. 不同分布下的单阶段确定模型

将相互矛盾的两个目标进行加权, 得到 (10.8) 的一个单目标模型

$$\begin{cases} \max & \lambda\mathrm{E}_\xi[\pi(y,z;\xi)]-(1-\lambda)\sigma_\xi[\pi(y,z;\xi)] \\ \mathrm{s.t.} & 0\leqslant y\leqslant z, \end{cases} \tag{10.17}$$

其中 $\pi(y,z;\xi)$ 由表达式 (10.7) 确定, $\lambda\in[0,1]$ 是权重系数, 表示分销商对风险的偏好水平. 通过改变 λ 的取值, 可以在不同风险偏好水平下得到相对满意的解. $\lambda=1$ 表示分销商是风险中立的, 目标是最大化收益. $\lambda=0$ 表示分销商是完全风险规避的, 目标是最小化风险.

上一小节, 已经推导出几种常见分布下的 $\mathrm{E}_\xi[\pi(y,z;\xi)]$ 和 $\sigma_\xi[\pi(y,z;\xi)]$ 的表达式. 接下来要确定最优决策 y 和 z. 把不同分布下的 $\mathrm{E}_\xi[\pi(y,z;\xi)]$ 和 $\sigma_\xi[\pi(y,z;\xi)]$ 表达式代入模型 (10.17), 模型 (10.17) 在一般的离散分布和连续分布下的等价模型分别在定理 10.1 和定理 10.2 中给出.

定理 10.1 假设随机需求 ξ 服从如下离散概率分布:

$$\xi\sim\begin{pmatrix}\hat{\xi}_1 & \hat{\xi}_2 & \cdots & \hat{\xi}_N \\ p_1 & p_2 & \cdots & p_N\end{pmatrix},$$

其中 $\hat{\xi}_1<\hat{\xi}_2<\cdots<\hat{\xi}_N$, 将 ξ 的概率分布函数记作 $F(\cdot)$, 则模型 (10.17) 可转化为

10.1 随机双目标均值-标准差模型

下面的等价模型：

$$\begin{cases} \max & \lambda\Big\{[c_o+(1-F(y))c_b-c_f]y+[(1-F(z))(r-c_b)-c_o]z \\ & +r\sum_{i\in I_1}\hat{\xi}_ip_i+(r-c_b)\sum_{i\in I_2}\hat{\xi}_ip_i\Big\} \\ & -(1-\lambda)\Big\{F(y)(1-F(y))c_b^2y^2+2(1-F(z))(r-c_b)F(y)c_byz \\ & +F(z)(1-F(z))(r-c_b)^2z^2 \\ & -2r[[2c_f-(1-F(y))c_b-2c_o]y-[(1-F(z))(r-c_b)-2c_o]z]\sum_{i\in I_1}\hat{\xi}_ip_i \\ & +2(r-c_b)[[2c_o-(2-F(y))c_b-2c_f]y+[(1-F(z))(r-c_b)-2c_o]z]\sum_{i\in I_2}\hat{\xi}_ip_i \\ & +r^2\sum_{i\in I_1}\hat{\xi}_i^2p_i+(r-c_b)^2\sum_{i\in I_2}\hat{\xi}_i^2p_i-\Big[r\sum_{i\in I_1}\hat{\xi}_ip_i+(r-c_b)\sum_{i\in I_2}\hat{\xi}_ip_i\Big]^2\Big\}^{\frac{1}{2}} \\ \text{s.t.} & 0\leqslant y\leqslant z. \end{cases}$$

定理 10.2 假设随机需求 ξ 服从连续分布，其概率分布函数为 $F(\cdot)$，则模型 (10.17) 可转化为下面的等价模型：

$$\begin{cases} \max & \lambda\Big\{(c_o+c_b-c_f)y+(r-c_o-c_b)z-r\int_0^y F_\xi(x)\mathrm{d}x-(r-c_b)\int_y^z F_\xi(x)\mathrm{d}x\Big\} \\ & -(1-\lambda)\Big\{2r[c_by+(r-c_b)z]\int_0^y F_\xi(x)\mathrm{d}x-2r^2\int_0^y xF_\xi(x)\mathrm{d}x \\ & +2(r-c_b)^2z\int_y^z F_\xi(x)\mathrm{d}x-2(r-c_b)^2\int_y^z xF_\xi(x)\mathrm{d}x \\ & -\Big[r\int_0^y F_\xi(x)\mathrm{d}x+(r-c_b)\int_y^z F_\xi(x)\mathrm{d}x\Big]^2\Big\}^{\frac{1}{2}} \\ \text{s.t.} & 0\leqslant y\leqslant z. \end{cases}$$

当随机需求 ξ 分别服从等概率分布、均匀分布、指数分布和正态分布时，可以证明定理 10.3—定理 10.6. 定理中的模型可用软件 LINGO 求解.

定理 10.3 假设随机需求 ξ 服从等概率分布

$$\xi \sim \begin{pmatrix} \hat{\xi}_1 & \hat{\xi}_2 & \cdots & \hat{\xi}_N \\ \dfrac{1}{N} & \dfrac{1}{N} & \cdots & \dfrac{1}{N} \end{pmatrix},$$

其中 $\hat{\xi}_1<\hat{\xi}_2<\cdots<\hat{\xi}_N$. 用 $F(\cdot)$ 表示分布函数，则模型 (10.17) 可转化为如下等价模型：

$$\begin{cases} \max \quad \lambda\Big\{[c_o+(1-F(y))c_b-c_f]y+[(1-F(z))(r-c_b)-c_o]z \\ \qquad +\dfrac{r}{N}\sum\limits_{i\in I_1}\hat{\xi}_i+\dfrac{(r-c_b)}{N}\sum\limits_{i\in I_2}\hat{\xi}_i\Big\} \\ \qquad -(1-\lambda)\Big\{F(y)(1-!F(y))c_b^2y^2+2(1-F(z))(r-c_b)F(y)c_byz+F(z)(1-F(z)) \\ \qquad (r-c_b)^2z^2-2\dfrac{r}{N}[[2c_f-(1-F(y))c_b-2c_o]y-[(1-F(z))(r-c_b)-2c_o]z]\sum\limits_{i\in I_1}\hat{\xi}_i \\ \qquad +2\dfrac{(r-c_b)}{N}[[2c_o-(2-F(y))c_b-2c_f]y+[(1-F(z))(r-c_b)-2c_o]z]\sum\limits_{i\in I_2}\hat{\xi}_i \\ \qquad +\dfrac{r^2}{N}\sum\limits_{i\in I_1}\hat{\xi}_i^2+\dfrac{(r-c_b)^2}{N}\sum\limits_{i\in I_2}\hat{\xi}_i^2-\dfrac{1}{N^2}\Big[r\sum\limits_{i\in I_1}\hat{\xi}_i+(r-c_b)\sum\limits_{i\in I_2}\hat{\xi}_i\Big]^2\Big\}^{\frac{1}{2}} \\ \text{s.t.} \quad 0\leqslant y\leqslant z. \end{cases}$$

定理 10.4 假定随机需求 ξ 服从区间 $[a,b]$ 上的均匀分布, 则模型 (10.17) 可转化为等价模型:

$$\begin{cases} \max \quad \lambda\Big\{(c_o+c_b-c_f)y+(r-c_o-c_b)z \\ \qquad -\dfrac{1}{2(b-a)}[c_b(y-a)^2+(r-c_b)(z-a)^2]\Big\} \\ \qquad -(1-\lambda)\Big\{\dfrac{1}{(b-a)}[c_b((r-c_b)z+ry)(y-a)^2+(r-c_b)^2z(z-a)^2 \\ \qquad -\dfrac{2}{3}r^2(y^3-a^3)+ar^2(y^2-a^2)-\dfrac{2}{3}(r-c_b)^2(z^3-y^3)+a(r-c_b)^2(z^2-y^2)] \\ \qquad -\Big[\dfrac{1}{2(b-a)}[c_b(y-a)^2+(r-c_b)(z-a)^2]\Big]^2\Big\}^{\frac{1}{2}} \\ \text{s.t.} \quad a\leqslant y\leqslant z\leqslant b. \end{cases}$$

定理 10.5 假定随机需求 ξ 服从参数为 k 的指数分布, 则模型 (10.17) 可转化为等价模型:

$$\begin{cases} \max \quad \lambda\Big\{(c_o-c_f)y-c_oz+\dfrac{1}{k}[r-c_be^{-ky}-(r-c_b)e^{-kz}]\Big\} \\ \qquad -(1-\lambda)\Big\{\dfrac{1}{k}[-2rc_bye^{-ky}-2(r-c_b)[c_by+(r-c_b)z]e^{-kz}] \\ \qquad +\dfrac{1}{k^2}\Big[-2c_b(r-c_b)e^{-ky}+2c_b(r-c_b)e^{-kz} \\ \qquad -[c_be^{-ky}+(r-c_b)e^{-kz}]^2+r^2\Big]\Big\}^{\frac{1}{2}} \\ \text{s.t.} \quad 0\leqslant y\leqslant z. \end{cases}$$

10.1 随机双目标均值–标准差模型

定理 10.6 假定需求 ξ 服从正态分布 $\mathcal{N}(\mu, \sigma^2)$, 则模型 (10.17) 可转化为等价模型:

$$\begin{cases} \max \quad \lambda\left\{\left(c_o + \dfrac{c_b}{2} - c_f\right)y + \left(\dfrac{r-c_b}{2} - c_o\right)z - \dfrac{r}{2}\int_0^y \mathrm{erf}\left(\dfrac{x-\mu}{\sqrt{2}\sigma}\right)\mathrm{d}x \right. \\ \qquad\quad -\dfrac{(r-c_b)}{2}\int_y^z \mathrm{erf}\left(\dfrac{x-\mu}{\sqrt{2}\sigma}\right)\mathrm{d}x \bigg\} - (1-\lambda)\left\{\dfrac{1}{4}[c_b y + (r-c_b)z]^2 \right.\\ \qquad\quad +\dfrac{1}{2}r[c_b y + (r-c_b)z]\int_0^y \mathrm{erf}\left(\dfrac{x-\mu}{\sqrt{2}\sigma}\right)\mathrm{d}x \\ \qquad\quad +\dfrac{1}{2}(r-c_b)[(r-c_b)z - c_b y]\int_y^z \mathrm{erf}\left(\dfrac{x-\mu}{\sqrt{2}\sigma}\right)\mathrm{d}x - r^2\int_0^y x\,\mathrm{erf}\left(\dfrac{x-\mu}{\sqrt{2}\sigma}\right)\mathrm{d}x \\ \qquad\quad -(r-c_b)^2 \int_y^z x\,\mathrm{erf}\left(\dfrac{x-\mu}{\sqrt{2}\sigma}\right)\mathrm{d}x - \dfrac{1}{4}\bigg[r\int_0^y \mathrm{erf}\left(\dfrac{x-\mu}{\sqrt{2}\sigma}\right)\mathrm{d}x \\ \qquad\quad +(r-c_b)\int_y^z \mathrm{erf}\left(\dfrac{x-\mu}{\sqrt{2}\sigma}\right)\mathrm{d}x\bigg]^2\bigg\}^{\frac{1}{2}} \\ \mathrm{s.\,t.} \quad 0 \leqslant y \leqslant z. \end{cases}$$

2. 风险转化定理

用标准差来表示风险, 只能通过比较标准差值的大小来判断不同决策所对应风险的相对大小. 标准差为 100000 与标准差为 10 相比风险大, 但是不易直观看出当标准差为 100000 时, 分销商具体要承受多大的风险. 为了解决这一问题, 用利润小于 0 的概率刻画风险, 给出以下两个定理.

定理 10.7 (风险转化定理) 对于任意给定的决策向量 (y, z), 有两个结论:

(1) 如果 $y/z > c_o/(r - c_f + c_o)$, 则利润小于零的临界需求是

$$\xi_0 = \frac{(c_f - c_o)y + c_o z}{r}.$$

(2) 如果 $y/z < c_o/(r - c_f + c_o)$, 则利润小于零的临界需求是

$$\xi_0 = \frac{(c_f - c_o - c_b)y + c_o z}{r - c_b}.$$

因此, 给定概率分布函数, 就可以计算得到概率 $\Pr\{\xi \leqslant \xi_0\}$.

证明 (1) 如果 ξ 的实现值是 y, 且有 $\pi(y, z; \xi)_{\xi=y} = ry - c_f y - c_o(z-y) > 0$, 即

$$\frac{y}{z} > \frac{c_o}{r - c_f + c_o},$$

那么, 利润函数 $\pi(y,z;\xi)$ 的零点在 y 的左侧, 即 $\xi_0 \leqslant y$. 所以, 由 $r\xi_0 - c_f y - c_o(z-y) = 0$ 可推导出
$$\xi_0 = \frac{(c_f - c_o)y + c_o z}{r}.$$
(2) 如果 ξ 的实现值是 y, 且有 $\pi(y,z;\xi)_{\xi=y} = ry - c_f y - c_o(z-y) < 0$, 即
$$\frac{y}{z} < \frac{c_o}{r - c_f + c_o},$$
那么, 利润函数 $\pi(y,z;\xi)$ 的零点在 y 的右侧, 即 $y \leqslant \xi_0 \leqslant z$. 所以, 由 $r\xi_0 - c_f y - c_o(z-y) - c_b(\xi_0 - y) = 0$ 可推导出
$$\xi_0 = \frac{(c_f - c_o - c_b)y + c_o z}{r - c_b}. \qquad \Box$$

一般风险转化定理用利润小于 ω $(0 < \omega < (c_o - c_f + c_b)y + (r - c_o - c_b)z)$ 的概率刻画风险.

定理 10.8 (一般风险转化定理) 对于任意给定的决策向量 (y,z), 有两个结论:
(1) 如果 $(r - c_f + c_o)y - c_o z > \omega$, 则利润小于 ω 的临界需求是
$$\xi_\omega = \frac{(c_f - c_o)y + c_o z + \omega}{r}.$$
(2) 如果 $(r - c_f + c_o)y - c_o z < \omega$, 则利润小于 ω 的临界需求是
$$\xi_\omega = \frac{(c_f - c_o - c_b)y + c_o z + \omega}{r - c_b}.$$
因此, 给定概率分布函数, 就可以计算得到概率 $\Pr\{\xi \leqslant \xi_\omega\}$.

证明 定理的证明与定理 10.7 类似. $\qquad \Box$

在做出最终决策后, 可以用定理 10.7 或定理 10.8 计算利润小于某一给定值的概率, 得出的概率对应着标准差. 根据这个概率值, 很容易判断风险是否可承受, 并在必要时做出适当的调整.

10.1.5 数值实验与结果分析

在本小节中, 我们给出一组数值实验来验证建立的模型的有效性, 并观察风险偏好水平 λ 对分销商最优期货订购量 y 和期权期货预定总量 z 的影响.

假设需求在区间 $[5000, 15000]$ 上服从均匀分布, 参数 r, c_f, c_o 和 c_b 分别表示单位的收益、期货成本、期权储备成本和期权购买成本.

这个问题满足定理 10.4 的条件, 下面应用这一定理来求解问题.

在实验一中, 采用文献 [6] 中的参数: $r = 2500$, $c_f = 2000$, $c_o = 400$, $c_b = 1800$. 用定理 10.7 来转化风险. 分销商的风险偏好水平 λ 以 0.1 的增量在区间 $[0.0, 1.0]$ 中取值. 所得结果如表 10.1 所示.

10.1 随机双目标均值-标准差模型

表 10.1 实验一中风险偏好水平对最优决策的影响

λ	0	0.1	0.2	0.3	0.4	0.5
y	5000.000	5003.835	5018.794	5051.355	5108.644	5195.940
z	5000.000	5031.162	5151.403	5405.908	5829.107	6412.674
$E_\xi[\pi(y,z;\xi)]$	2500000.0	2510080.0	2548346.0	2626039.0	2745339.0	2889687.0
$\sigma_\xi[\pi(y,z;\xi)]$	0	744.6276	7947.768	34642.68	99978.32	219097.7
ξ_0	4000.000	4007.440	4036.252	4097.813	4202.189	4351.429
$\Pr\{\xi \leqslant \xi_0\}$	0	0	0	0	0	0
λ	0.6	0.7	0.8	0.9	1	
y	5314.910	5465.147	5647.283	5863.126	6111.111	
z	7090.469	7769.353	8377.522	8883.360	9285.714	
$E_\xi[\pi(y,z;\xi)]$	3028245.0	3135937.0	3205738.0	3242767.0	3253968.0	
$\sigma_\xi[\pi(y,z;\xi)]$	388832.2	588351.8	796599.4	1004802.0	1214268.0	
ξ_0	4536.018	4740.790	4954.665	5173.738	5396.825	
$\Pr\{\xi \leqslant \xi_0\}$	0	0	0	0.017374	0.039683	

根据表 10.1 中的数据,当风险偏好水平 λ 等于 0.8 时,标准差为 796599.4. 这个标准差看起来值很大,会让人感觉风险也很大,因此不选择其对应的决策. 然而,用定理 10.7 算出此时收益小于零的概率为零. 这意味着收益小于零的风险并不大. 这个结果与用标准差直接判断风险得到的结果相去甚远. 如果我们仅仅根据标准差的值进行决策,将很可能损失获得更大利润的机会. 上述分析表明风险转化定理是有意义的.

在实验二中, c_0 和 c_b 的值分别取 100 和 2100, 其他的条件保持不变. 可以看到运用期权后购买每件商品的总成本与实验一的相同. 分销商的风险偏好水平 λ 以 0.1 为增量在 [0.0, 1.0] 中取值. 所得结果如表 10.2 所示.

表 10.2 实验二中风险偏好水平对最优决策的影响

λ	0	0.1	0.2	0.3	0.4	0.5
y	5000.000	5005.377	5026.018	5069.161	5139.415	5234.249
z	5000.000	5093.272	5448.442	6174.455	7299.053	8666.695
$E_\xi[\pi(y,z;\xi)]$	2500000.0	2528880.0	2635643.0	2838080.0	3109845.0	3372204.0
$\sigma_\xi[\pi(y,z;\xi)]$	0.064349	2131.055	22176.81	91444.78	239323.6	453778.6
λ	0.6	0.7	0.8	0.9	1	
y	5345.413	5467.809	5604.440	5763.279	5952.381	
z	9976.380	11001.76	11713.07	12186.05	12500.00	
$E_\xi[\pi(y,z;\xi)]$	3554182.0	3650689.0	3695141.0	3714512.0	3720238.0	
$\sigma_\xi[\pi(y,z;\xi)]$	673917.7	850224.7	981221.9	1089472.0	1198017.0	

10.1.6 灵敏度分析

根据表 10.1 中的数据绘制了图 10.3, 直观地展示出了风险偏好水平对最优决策、利润均值和标准差的影响.

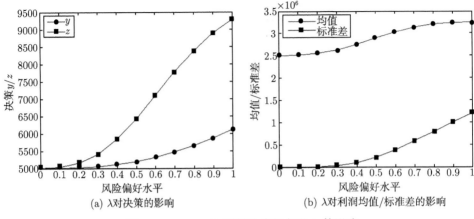

图 10.3 $c_o = 400$ 时风险偏好水平 λ 的影响

图 10.3(a) 直观展示了风险偏好水平 λ 对决策 y 和 z 的影响. 分销商期货订购量 y 和期权期货预定总量 z 随着风险偏好水平 λ 的增加而增加. 与 y 相比, z 的增长速度更快. 当分销商更倾向于风险规避, 即 λ 趋于零时, 期货订购量 y 和期权期货预定总量 z 的数额很接近. 分销商更倾向于风险中立, 即 λ 趋于 1 时, 期货订购量 y 和期权期货预定总量 z 之间的差额很大. 风险偏好水平 λ 对利润均值 $\mathrm{E}_\xi[\pi(y,z;\xi)]$ 和标准差 $\sigma_\xi[\pi(y,z;\xi)]$ 的影响如图 10.3(b) 所示. 分销商的利润均值 $\mathrm{E}_\xi[\pi(y,z;\xi)]$ 和标准差 $\sigma_\xi[\pi(y,z;\xi)]$ 随着风险偏好水平 λ 的增加而增加. 这表明为了获得较大的收益, 分销商必须相应承担相对较大的风险.

根据表 10.2 中的数据绘制图 10.4, 直观地展示出了风险偏好水平对最优决策、利润均值和标准差的影响.

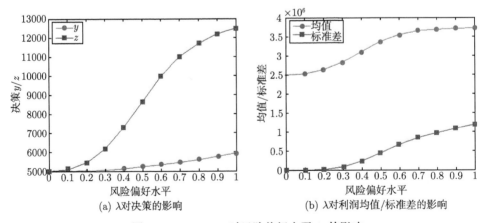

图 10.4 $c_o = 100$ 时风险偏好水平 λ 的影响

图 10.4(a) 描述了风险偏好水平 λ 对最优决策 y 和 z 的影响. 图 10.4(b) 描述了风险偏好水平 λ 对利润均值 $E_\xi[\pi(y,z;\xi)]$ 和标准差 $\sigma_\xi[\pi(y,z;\xi)]$ 的影响. 显然, 图 10.4(a) 和 10.4(b) 与图 10.3(a) 和 10.3(b) 很相似, 所得结论相同. 决策 y 和 z 随着 λ 的增加而增加. 相对来说, y 增加得慢而 z 增加得快. 当 λ 趋于零时, 决策 y 和 z 的值很接近. 当 λ 趋于 1 时, y 和 z 之间的差额很大. 分销商的利润均值和标准差都随着风险偏好水平 λ 的增加而增加. 为了获得较大利润, 分销商必须相应承担相对较大的风险.

综合图 10.3(b) 和 10.4(b), 绘制图 10.5, 其中 α 是风险水平. 图 10.5 直观地表明: 当运用期权购买每件商品的总成本相同时, 相同的风险水平 α 下, 低预定成本对应的利润均值要高于高预定成本对应的利润均值. 因此, 一个风险规避的分销商会选择预定期权单位成本更低的供应商, 或者尽量压低合同中预定期权的单位成本.

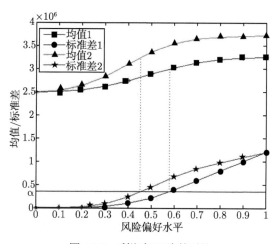

图 10.5 利润与风险的对比

10.2 平衡单目标期望值模型

本节在双重不确定需求下讨论供应合同问题的最优订购决策. 采用期权–期货合同来降低缺货和库存积压风险, 通过周期内的两次决策来实现, 建立了一个两阶段期望值模型来优化订购决策. 在模型求解过程中, 期望值的计算是关键. 对于一些常见的分布, 所建立的模型可以转化成等价的确定单阶段模型. 最后, 用数值实验验证模型的有效性.

10.2.1 两阶段期权–期货合同期望值模型

仍考虑图 10.1 中包含一个供应商、一个分销商和多个零售商的三级季节性供应链. 问题是分销商如何制定订购决策以获取最大利润. 分销商考虑与供应商签订期权–期货合同, 需要确定期权与期货的订购数量. 分销商在知道需求信息后, 决定是否使用期权并决定使用多少. 现在要做的工作是确定最优订购量.

对于要研究的问题, 首先做出以下假设：

(A1) 对于刚上市的新产品或刚打入新市场的老产品, 根据统计数据由专家估计其需求, 设其为随机模糊变量;

(A2) 分销商是风险中立的.

本节使用上一节的记号, 此外再引入以下两个新记号:

ξ: 随机模糊需求;

$\xi(\gamma)$: 对应情景 $\gamma \in \Gamma$ 的随机需求.

两阶段双重不确定供应合同期望值模型建立如下：

$$\begin{cases} \max\limits_{y,z} & \mathrm{E}_\xi[\max\limits_q \pi(y,z,q;\xi)] \\ \text{s.t.} & 0 \leqslant y \leqslant z, \\ & 0 \leqslant q \leqslant z - y. \end{cases} \tag{10.18}$$

10.2.2 分析两阶段随机模糊期望值模型

与 10.1 节模型相比, 第二阶段的优化问题在求解与处理上是相同的, 最优使用期权量 q^* 的表达式为

$$q^*(y,z;\xi) = \begin{cases} 0, & \xi \leqslant y, \\ \xi - y, & y \leqslant \xi \leqslant z, \\ z - y, & z \leqslant \xi. \end{cases}$$

求解出第二阶段最优决策后, 两阶段模型 (10.18) 可以转化成单阶段模型

$$\max\limits_{y,z}\{\mathrm{E}_\xi[\pi(y,z;\xi)] | 0 \leqslant y \leqslant z\}, \tag{10.19}$$

其中

$$\pi(y,z;\xi) = \begin{cases} r\xi - c_f y - c_o(z-y), & \xi \leqslant y, \\ r\xi - c_f y - c_o(z-y) - c_b(\xi-y), & y \leqslant \xi \leqslant z, \\ rz - c_f y - c_o(z-y) - c_b(z-y), & z \leqslant \xi. \end{cases}$$

由于

$$\mathrm{E}_\xi[\pi(y,z;\xi)] = -[c_f y + c_o(z-y)] + \mathrm{E}_\xi[\pi'(y,z;\xi)],$$

其中随机模糊变量 ξ 表示需求, 它在区间 $[0,+\infty)$ 里取值, 那么 $\pi'(y,z;\xi)$ 的近似图像如图 10.6 所示.

10.2 平衡单目标期望值模型

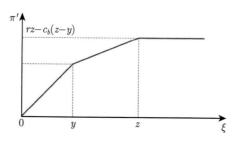

图 10.6 随机模糊利润函数 $\pi'(y,z;\xi)$

从图 10.6 中可以清楚地看出 $\pi'(y,z;\xi) \geqslant 0$. 由于 $\pi'(y,z;\xi)$ 是随机模糊变量 ξ 的函数,根据随机模糊变量期望值的定义,有

$$E_\xi[\pi'(y,z;\xi)] = \int_0^{+\infty} \operatorname{Cr}\{\gamma \in \Gamma | E[\pi'(y,z;\xi(\gamma))] \geqslant t\} \mathrm{d}t.$$

对于任意给定的 $\gamma \in \Gamma$,上式中 $E[\pi'(y,z;\xi(\gamma))]$ 是随机变量 $\pi'(y,z;\xi(\gamma))$ 的期望值,其中

$$\pi'(y,z;\xi(\gamma)) = \begin{cases} r\xi(\gamma), & \xi(\gamma) \leqslant y, \\ r\xi(\gamma) - c_b(\xi(\gamma) - y), & y \leqslant \xi(\gamma) \leqslant z, \\ rz - c_b(z - y), & z \leqslant \xi(\gamma). \end{cases} \tag{10.20}$$

根据上述分析,给定随机模糊变量的分布,即可得到第一阶段目标的等价确定形式.

10.2.3 几种分布下的等价确定单阶段模型

本小节推导随机模糊变量函数期望值在一些常见分布下的等价确定表达式. 相应地,建立的两阶段期望值模型 (10.18) 可转化成等价的确定单阶段模型,使用商用优化软件直接对其进行求解. 只要分销商获得需求分布,就可以通过求解等价确定模型得到最优决策.

对于均匀分布的两个参数,下面用梯形模糊变量或三角模糊变量刻画.

1. 单个端点为模糊变量

假设随机模糊变量服从均匀分布,一个端点为模糊变量,另一个端点为常数. 这种情况下,分两种情形进行讨论.

情形 I:分布的左端点为常数,右端点为模糊变量.

定理 10.9 如果随机模糊变量 ξ 服从均匀分布 $\mathcal{U}(a,\rho)$,其中参数 ρ 是梯形模糊变量 (r_1, r_2, r_3, r_4),a 为常数,那么模型 (10.18) 等价于如下模型:

$$\begin{cases} \max & (c_o+c_b-c_f)y+(r-c_o-c_b)z+\dfrac{c_b(y-a)^2+(r-c_b)(z-a)^2}{4(r_2-r_1)}\ln\dfrac{r_1-a}{r_2-a} \\ & +\dfrac{c_b(y-a)^2+(r-c_b)(z-a)^2}{4(r_4-r_3)}\ln\dfrac{r_3-a}{r_4-a} \\ \text{s.t.} & a\leqslant y\leqslant z\leqslant r_4. \end{cases}$$

证明 首先，对于任意给定的 $\gamma\in\Gamma$，随机变量 $\xi(\gamma)$ 服从均匀分布 $\mathcal{U}(a,\rho(\gamma))$，其中 $\rho(\gamma)$ 是模糊变量 ρ 的一个实现值. $\xi(\gamma)$ 的分布函数 $F_{\xi(\gamma)}(x)$ 是

$$F_{\xi(\gamma)}(x)=\begin{cases} 0, & x<a, \\ \dfrac{x-a}{\rho(\gamma)-a}, & a\leqslant x<\rho(\gamma), \\ 1, & x\geqslant \rho(\gamma). \end{cases} \tag{10.21}$$

把两个表达式 (10.21) 和 (10.20) 代入期望值公式

$$\mathrm{E}[\pi'(y,z;\xi(\gamma))]=\int_0^{+\infty}\pi'(y,z;x)\mathrm{d}F_{\xi(\gamma)}(x)-\int_{-\infty}^0\pi'(y,z;x)\mathrm{d}F_{\xi(\gamma)}(x),$$

计算可得

$$\mathrm{E}[\pi'(y,z;\xi(\gamma))]=c_by+(r-c_b)z \\ -\dfrac{1}{2(\rho(\gamma)-a)}[c_b(y-a)^2+(r-c_b)(z-a)^2],\quad \gamma\in\Gamma.$$

其次，由于 $\pi'(y,z;\xi)\geqslant 0$，只需找出与 $\mathrm{E}[\pi'(y,z;\xi(\gamma))]\geqslant t$ 等价的模糊事件. 经过推导得到

$$\mathrm{E}[\pi'(y,z;\xi(\gamma))]\geqslant t\iff \rho(\gamma)\geqslant\dfrac{c_b(y-a)^2+(r-c_b)(z-a)^2}{2(c_by+(r-c_b)z-t)}+a.$$

为了简化计算，用一些大写字母来表示上式中不含模糊变量的项. 令 $H=c_by+(r-c_b)z$，$J=c_b(y-a)^2+(r-c_b)(z-a)^2$，则有

$$\rho(\gamma)\geqslant\dfrac{J}{2(H-t)}+a.$$

接下来，计算 $\mathrm{Cr}\{\gamma\in\Gamma|\mathrm{E}[\pi'(y,z;\xi(\gamma))]\geqslant t\}$. 经过上面一系列变形与替换，$\mathrm{Cr}\{\gamma\in\Gamma|\mathrm{E}[\pi'(y,z;\xi(\gamma))]\geqslant t\}$ 已经转化为 $\mathrm{Cr}\left\{\gamma\Big|\rho(\gamma)\geqslant\dfrac{J}{2(H-t)}+a\right\}$. 令 ρ 是一个梯形模糊变量 (r_1,r_2,r_3,r_4)，它的可信性分布函数 $\mu_\rho(x)$ 如下：

10.2 平衡单目标期望值模型

$$\mu_\rho(x) = \begin{cases} \dfrac{x-r_1}{2(r_2-r_1)}, & r_1 \leqslant x < r_2, \\ \dfrac{1}{2}, & r_2 \leqslant x < r_3, \\ \dfrac{r_4-x}{2(r_4-r_3)}, & r_3 \leqslant x \leqslant r_4, \\ 0, & 其他. \end{cases}$$

根据文献 [19], 有

$$\mathrm{Cr}\{\gamma|\rho(\gamma) \geqslant x\} = \begin{cases} 1, & x \leqslant r_1, \\ \dfrac{2r_2-r_1-x}{2(r_2-r_1)}, & r_1 < x \leqslant r_2, \\ \dfrac{1}{2}, & r_2 < x \leqslant r_3, \\ \dfrac{r_4-x}{2(r_4-r_3)}, & r_3 < x \leqslant r_4, \\ 0, & x > r_4. \end{cases} \quad (10.22)$$

经计算, 可得

$$\mathrm{Cr}\left\{\gamma \middle| \rho(\gamma) \geqslant \dfrac{J}{2(H-t)} + a\right\}$$

$$= \begin{cases} 1, & t \leqslant H - \dfrac{J}{2(r_1-a)}, \\ \dfrac{2r_2 - r_1 - \dfrac{J}{2(H-t)} - a}{2(r_2-r_1)}, & H - \dfrac{J}{2(r_1-a)} < t \leqslant H - \dfrac{J}{2(r_2-a)}, \\ \dfrac{1}{2}, & H - \dfrac{J}{2(r_2-a)} < t \leqslant H - \dfrac{J}{2(r_3-a)}, \\ \dfrac{r_4 - \dfrac{J}{2(H-t)} - a}{2(r_4-r_3)}, & H - \dfrac{J}{2(r_3-a)} < t \leqslant H - \dfrac{J}{2(r_4-a)}, \\ 0, & t > H - \dfrac{J}{2(r_4-a)}. \end{cases}$$

进一步, 得到期望值的解析式

$$\mathrm{E}_\xi[\pi'(y,z;\xi)] = \int_0^{+\infty} \mathrm{Cr}\{\gamma \in \Gamma | \mathrm{E}[\pi'(y,z;\xi(\gamma))] \geqslant t\} \mathrm{d}t$$

$$= \int_0^{+\infty} \mathrm{Cr}\left\{\gamma \middle| \rho(\gamma) \geqslant \dfrac{J}{2(H-t)} + a\right\} \mathrm{d}t$$

$$= H + \dfrac{J}{4(r_2-r_1)} \ln \dfrac{r_1-a}{r_2-a} + \dfrac{J}{4(r_4-r_3)} \ln \dfrac{r_3-a}{r_4-a}.$$

在上式中, $H = c_b y + (r - c_b)z$, $J = c_b(y-a)^2 + (r-c_b)(z-a)^2$. $-[c_f y + c_o(z-y)] + \mathrm{E}_\xi[\pi'(y,z;\xi)]$ 便是给定分布下目标函数的确定表达式.

此外, 由定理条件 $\xi \sim \mathcal{U}(a, \rho)$, 决策将在区间 $[a, \rho_{\max}(\gamma)]$ 内产生, 其中 $\rho_{\max}(\gamma)$ 是 ρ 的最大实现值. 又因为 ρ 是梯形模糊变量 (r_1, r_2, r_3, r_4), 所以决策应满足

$$a \leqslant y \leqslant z \leqslant r_4.$$

□

三角分布可以看作梯形分布的特例. 根据定理 10.9, 可以得到以下推论.

推论 10.1 如果随机模糊变量 ξ 服从均匀分布 $\mathcal{U}(a, \rho)$, 其中参数 ρ 是三角模糊变量 (r_1, r_2, r_3), a 为常数, 那么模型 (10.18) 等价于如下模型:

$$\begin{cases} \max & (c_o + c_b - c_f)y + (r - c_o - c_b)z + \dfrac{c_b(y-a)^2 + (r-c_b)(z-a)^2}{4(r_2 - r_1)} \ln \dfrac{r_1 - a}{r_2 - a} \\ & + \dfrac{c_b(y-a)^2 + (r-c_b)(z-a)^2}{4(r_3 - r_2)} \ln \dfrac{r_2 - a}{r_3 - a} \\ \text{s.t.} & a \leqslant y \leqslant z \leqslant r_3. \end{cases}$$

情形 II: 分布的右端点为常数, 左端点为模糊变量.

定理 10.10 如果随机模糊变量 ξ 服从均匀分布 $\mathcal{U}(\rho, c)$, 其中参数 ρ 是梯形模糊变量 (r_1, r_2, r_3, r_4), c 为常数, 则模型 (10.18) 等价于如下模型:

$$\begin{cases} \max & -[c_f y + c_o(z-y)] + \dfrac{1}{r_2 - r_1} \sum_{i=1}^{2}(-1)^i h(i) + \dfrac{1}{r_4 - r_3} \sum_{i=3}^{4}(-1)^i h(i) \\ \text{s.t.} & r_1 \leqslant y \leqslant z \leqslant c, \end{cases}$$

其中

$$h(i) = \left[\dfrac{r(r_i^2 - I)}{4(r_i - c)}\left(r_i - \dfrac{r_i^2 - I}{4(r_i - c)}\right) + \dfrac{r}{4}\left(\dfrac{r_i^2 - I}{2(r_i - c)} - c\right)\sqrt{\left(\dfrac{r_i^2 - I}{2(r_i - c)} - c\right)^2 + I - c^2} \right.$$
$$\left. + \dfrac{r(I - c^2)}{4} \ln\left| \dfrac{r_i^2 - I}{2(r_i - c)} - c + \sqrt{\left(\dfrac{r_i^2 - I}{2(r_i - c)} - c\right)^2 + I - c^2} \right| \right]$$

且 $I = \dfrac{2c[c_b y + (r - c_b)z] - c_b y^2 - (r - c_b)z^2}{r}$.

证明 首先, 对于任意给定的 $\gamma \in \Gamma$, 随机变量 $\xi(\gamma)$ 服从均匀分布 $\mathcal{U}(\rho(\gamma), c)$, 其中 $\rho(\gamma)$ 是模糊变量 ρ 的一个实现值. $\xi(\gamma)$ 的分布函数 $F_{\xi(\gamma)}(x)$ 是

$$F_{\xi(\gamma)}(x) = \begin{cases} 0, & x < \rho(\gamma), \\ \dfrac{x - \rho(\gamma)}{c - \rho(\gamma)}, & \rho(\gamma) \leqslant x < c, \\ 1, & x \geqslant c. \end{cases} \quad (10.23)$$

10.2 平衡单目标期望值模型

把两个表达式 (10.23) 和 (10.20) 代入期望值公式，得到如下结果：

$$\mathrm{E}[\pi'(y,z;\xi(\gamma))] = c_b y + (r-c_b)z$$
$$- \frac{1}{2(c-\rho(\gamma))}[c_b(y-\rho(\gamma))^2 + (r-c_b)(z-\rho(\gamma))^2], \quad \gamma \in \Gamma.$$

其次，找到等价形式

$$\mathrm{E}[\pi'(y,z;\xi(\gamma))] \geqslant t \iff \rho(\gamma) \geqslant \frac{t}{r} - \sqrt{\left(\frac{t}{r}-c\right)^2 + I - c^2},$$

其中

$$I = \frac{2c[c_b y + (r-c_b)z] - c_b y^2 - (r-c_b)z^2}{r}.$$

再次，对于梯形模糊变量 $\rho = (r_1, r_2, r_3, r_4)$，根据 (10.22) 式，有

$$\mathrm{Cr}\{\gamma \in \Gamma | \mathrm{E}[\pi'(y,z;\xi(\gamma))] \geqslant t\}$$

$$= \mathrm{Cr}\left\{\gamma \middle| \rho(\gamma) \geqslant \frac{t}{r} - \sqrt{\left(\frac{t}{r}-c\right)^2 + I - c^2}\right\}$$

$$= \begin{cases} 1, & t \leqslant \dfrac{r(r_1^2 - I)}{2(r_1 - c)}, \\[2mm] \dfrac{2r_2 - r_1 - \dfrac{t}{r} + \sqrt{(\dfrac{t}{r}-c)^2 + I - c^2}}{2(r_2 - r_1)}, & \dfrac{r(r_1^2 - I)}{2(r_1 - c)} < t \leqslant \dfrac{r(r_2^2 - I)}{2(r_2 - c)}, \\[2mm] \dfrac{1}{2}, & \dfrac{r(r_2^2 - I)}{2(r_2 - c)} < t \leqslant \dfrac{r(r_3^2 - I)}{2(r_3 - c)}, \\[2mm] \dfrac{r_4 - \dfrac{t}{r} + \sqrt{\left(\dfrac{t}{r}-c\right)^2 + I - c^2}}{2(r_4 - r_3)}, & \dfrac{r(r_3^2 - I)}{2(r_3 - c)} < t \leqslant \dfrac{r(r_4^2 - I)}{2(r_4 - c)}, \\[2mm] 0, & t > \dfrac{r(r_4^2 - I)}{2(r_4 - c)}. \end{cases}$$

最后，计算积分 $\int_0^{+\infty} \mathrm{Cr}\left\{\gamma \in \Gamma \middle| \rho(\gamma) \geqslant \frac{t}{r} - \sqrt{\left(\frac{t}{r}-c\right)^2 + I - c^2}\right\} \mathrm{d}t$，即可求得目标函数 $\mathrm{E}_\xi[\pi'(y,z;\xi)]$ 在给定分布下的确定表达式：

$$\frac{1}{r_2 - r_1} \sum_{i=1}^{2} (-1)^i h(i) + \frac{1}{r_4 - r_3} \sum_{i=3}^{4} (-1)^i h(i).$$

因此

$$\mathrm{E}_\xi[\pi(y,z;\xi)] = -[c_f y + c_o(z-y)] + \frac{1}{r_2-r_1}\sum_{i=1}^{2}(-1)^i h(i) + \frac{1}{r_4-r_3}\sum_{i=3}^{4}(-1)^i h(i),$$

其中

$$h(i) = \left[\frac{r(r_i^2-I)}{4(r_i-c)}\left(r_i - \frac{r_i^2-I}{4(r_i-c)}\right) + \frac{r}{4}\left(\frac{r_i^2-I}{2(r_i-c)}-c\right)\sqrt{\left(\frac{r_i^2-I}{2(r_i-c)}-c\right)^2 + I - c^2}\right.$$

$$\left.+ \frac{r(I-c^2)}{4}\ln\left|\frac{r_i^2-I}{2(r_i-c)}-c+\sqrt{\left(\frac{r_i^2-I}{2(r_i-c)}-c\right)^2 + I - c^2}\right|\right]$$

且 $I = \dfrac{2c[c_b y + (r-c_b)z] - c_b y^2 - (r-c_b)z^2}{r}.$

由定理的条件 $\xi \sim \mathcal{U}(\rho,c)$, 决策将在区间 $[\rho_{\min}(\gamma),c]$ 内产生, 其中 $\rho_{\min}(\gamma)$ 是 ρ 的最小实现值. 由于 ρ 是梯形模糊变量 (r_1,r_2,r_3,r_4), 所以决策满足 $r_1 \leqslant y \leqslant z \leqslant c$. □

对于三角分布, 可以得到以下结论.

推论 10.2 如果随机模糊变量 ξ 服从均匀分布 $\mathcal{U}(\rho,c)$, 其中参数 ρ 是三角模糊变量 (r_1,r_2,r_3), c 为常数, 那么模型 (10.18) 等价于如下模型:

$$\begin{cases} \max & -[c_f y + c_o(z-y)] + \dfrac{1}{r_2-r_1}\sum_{i=1}^{2}(-1)^i h(i) - \dfrac{1}{r_3-r_2}\sum_{i=2}^{3}(-1)^i h(i) \\ \mathrm{s.\,t.} & r_1 \leqslant y \leqslant z \leqslant c, \end{cases}$$

其中

$$h(i) = \left[\frac{r(r_i^2-I)}{4(r_i-c)}\left(r_i - \frac{r_i^2-I}{4(r_i-c)}\right) + \frac{r}{4}\left(\frac{r_i^2-I}{2(r_i-c)}-c\right)\sqrt{\left(\frac{r_i^2-I}{2(r_i-c)}-c\right)^2 + I - c^2}\right.$$

$$\left.+ \frac{r(I-c^2)}{4}\ln\left|\frac{r_i^2-I}{2(r_i-c)}-c+\sqrt{\left(\frac{r_i^2-I}{2(r_i-c)}-c\right)^2 + I - c^2}\right|\right]$$

且

$$I = \frac{2c[c_b y + (r-c_b)z] - c_b y^2 - (r-c_b)z^2}{r}.$$

2. 两个端点均为模糊变量

假设随机模糊变量服从两端点均为模糊变量的均匀分布. 考虑两种情形. 情形 I: 两端模糊变量相差一个常数, 即两个模糊变量可通过平移互相得到. 情形 II:

10.2 平衡单目标期望值模型

右端模糊变量是通过左端模糊变量平移翻转得到的, 它们的可信性分布关于 $\xi = \mathrm{E}[\xi]$ 轴对称. 定理 10.11 和推论 10.3 是情形 I 下的结论; 定理 10.12 和推论 10.4 是情形 II 下的结论.

定理 10.11 如果随机模糊变量 ξ 服从均匀分布 $\mathcal{U}(\rho, \rho+b)$, 其中参数 ρ 是梯形模糊变量 (r_1, r_2, r_3, r_4), b 是常数, 那么模型 (10.18) 等价于如下模型:

$$\begin{cases} \max \quad (c_o + c_b - c_f)y + (r - c_o - c_b)z + \dfrac{\dfrac{[c_b y + (r-c_b)z]^2}{r} - c_b y^2 - (r-c_b)z^2}{2b} \\ \qquad - \dfrac{r\left(\dfrac{c_b y + (r-c_b)z}{r} - r_1\right)^3}{12b(r_2 - r_1)} + \dfrac{r\left(\dfrac{c_b y + (r-c_b)z}{r} - r_2\right)^3}{12b(r_2 - r_1)} \\ \qquad - \dfrac{r\left(\dfrac{c_b y + (r-c_b)z}{r} - r_3\right)^3}{12b(r_4 - r_3)} + \dfrac{r\left(\dfrac{c_b y + (r-c_b)z}{r} - r_4\right)^3}{12b(r_4 - r_3)} \\ \text{s.t.} \quad r_1 \leqslant y \leqslant z \leqslant b + r_4. \end{cases}$$

证明 首先, 对于任意给定的 $\gamma \in \Gamma$, 随机变量 $\xi(\gamma)$ 服从均匀分布 $\mathcal{U}(\rho(\gamma), \rho(\gamma)+b)$, 其中 $\rho(\gamma)$ 是模糊变量 ρ 的一个实现值. $\xi(\gamma)$ 的分布函数 $F_{\xi(\gamma)}(x)$ 是

$$F_{\xi(\gamma)}(x) = \begin{cases} 0, & x < \rho(\gamma), \\ \dfrac{x - \rho(\gamma)}{b}, & \rho(\gamma) \leqslant x < \rho(\gamma) + b, \\ 1, & x \geqslant \rho(\gamma) + b. \end{cases} \qquad (10.24)$$

把两个表达式 (10.24) 和 (10.20) 代入期望值公式, 可得

$$\mathrm{E}[\pi'(y, z; \xi(\gamma))] = c_b y + (r - c_b)z$$
$$- \frac{1}{2b}\left[c_b(y - \rho(\gamma))^2 + (r - c_b)(z - \rho(\gamma))^2\right], \quad \gamma \in \Gamma.$$

其次, 找到等价形式

$$\mathrm{E}[\pi'(y, z; \xi(\gamma))] \geqslant t \iff \rho(\gamma) \geqslant \frac{H}{r} - \sqrt{\frac{-2b(t - H) + G}{r}}.$$

其中 $H = c_b y + (r - c_b)z$, $G = \dfrac{[c_b y + (r-c_b)z]^2}{r} - c_b y^2 - (r-c_b)z^2$.

再次, 对于梯形模糊变量 $\rho = (r_1, r_2, r_3, r_4)$, 根据 (10.22), 有

$$\mathrm{Cr}\{\gamma\in\Gamma|\mathrm{E}[\pi'(y,z;\xi(\gamma))]\geqslant t\}$$

$$=\mathrm{Cr}\left\{\gamma\bigg|\rho(\gamma)\geqslant\frac{H}{r}-\sqrt{\frac{-2b(t-H)+G}{r}}\right\}$$

$$=\begin{cases} 1, & t\leqslant H-\dfrac{r\left(\dfrac{H}{r}-r_1\right)^2-G}{2b}, \\ \dfrac{2r_2-r_1-\dfrac{H}{r}+\sqrt{\dfrac{-2b(t-H)+G}{r}}}{2(r_2-r_1)}, & H-\dfrac{r\left(\dfrac{H}{r}-r_1\right)^2-G}{2b}< \\ & t\leqslant H-\dfrac{r\left(\dfrac{H}{r}-r_2\right)^2-G}{2b}, \\ \dfrac{1}{2}, & H-\dfrac{r\left(\dfrac{H}{r}-r_2\right)^2-G}{2b}< \\ & t\leqslant H-\dfrac{r\left(\dfrac{H}{r}-r_3\right)^2-G}{2b}, \\ \dfrac{r_4-\dfrac{H}{r}+\sqrt{\dfrac{-2b(t-H)+G}{r}}}{2(r_4-r_3)}, & H-\dfrac{r\left(\dfrac{H}{r}-r_3\right)^2-G}{2b}< \\ & t\leqslant H-\dfrac{r\left(\dfrac{H}{r}-r_4\right)^2-G}{2b}, \\ 0, & t> H-\dfrac{r\left(\dfrac{H}{r}-r_4\right)^2-G}{2b}. \end{cases}$$

最后, 计算 $\int_0^{+\infty}\mathrm{Cr}\left\{\gamma\in\Gamma\bigg|\rho(\gamma)\geqslant\dfrac{H}{r}-\sqrt{\dfrac{-2b(t-H)+G}{r}}\right\}\mathrm{d}t$, 并把 H 和 G 代入, 即可求得

$$\mathrm{E}_\xi[\pi'(y,z;\xi)]=c_by+(r-c_b)z+\frac{\dfrac{[c_by+(r-c_b)z]^2}{r}-c_by^2-(r-c_b)z^2}{2b}$$

$$-\frac{r\left(\dfrac{c_by+(r-c_b)z}{r}-r_1\right)^3}{12b(r_2-r_1)}+\frac{r\left(\dfrac{c_by+(r-c_b)z}{r}-r_2\right)^3}{12b(r_2-r_1)}$$

$$-\frac{r\left(\dfrac{c_b y+(r-c_b)z}{r}-r_3\right)^3}{12b(r_4-r_3)}+\frac{r\left(\dfrac{c_b y+(r-c_b)z}{r}-r_4\right)^3}{12b(r_4-r_3)}.$$

进一步计算即得 $\mathrm{E}_\xi[\pi(y,z;\xi)]$ 的表达式.

至此, 在给定分布下, 得到了目标函数 $\mathrm{E}_\xi[\pi(y,z;\xi)]$ 的确定表达式.

此外, 由条件 $\xi\sim\mathcal{U}(\rho,\rho+b)$, 决策在区间 $[\rho_{\min}(\gamma),\rho_{\max}(\gamma)+b]$ 内产生. 由于 ρ 是梯形模糊变量 (r_1,r_2,r_3,r_4), 所以决策应满足约束 $r_1\leqslant y\leqslant z\leqslant b+r_4$. □

对于三角分布, 可以得到以下推论.

推论 10.3 如果随机模糊变量 ξ 服从均匀分布 $\mathcal{U}(\rho,\rho+b)$, 其中参数 ρ 是三角模糊变量 (r_1,r_2,r_3), b 是常数, 那么模型 (10.18) 等价于如下模型:

$$\begin{cases} \max & (c_o+c_b-c_f)y+(r-c_o-c_b)z+\dfrac{\dfrac{[c_b y+(r-c_b)z]^2}{r}-c_b y^2-(r-c_b)z^2}{2b}\\ & -\dfrac{r\left(\dfrac{c_b y+(r-c_b)z}{r}-r_1\right)^3}{12b(r_2-r_1)}+\dfrac{(r_1-2r_2+r_3)r\left(\dfrac{c_b y+(r-c_b)z}{r}-r_2\right)^3}{12b(r_3-r_2)(r_2-r_1)}\\ & +\dfrac{r\left(\dfrac{c_b y+(r-c_b)z}{r}-r_3\right)^3}{12b(r_3-r_2)}\\ \mathrm{s.\,t.} & r_1\leqslant y\leqslant z\leqslant b+r_3. \end{cases}$$

定理 10.12 如果随机模糊变量 ξ 服从均匀分布 $\mathcal{U}(\rho,d-\rho)$, 其中参数 ρ 是梯形模糊变量 (r_1,r_2,r_3,r_4), d 是常数, 那么模型 (10.18) 等价于如下模型:

$$\begin{cases} \max & -[c_f y+c_o(z-y)]+\dfrac{1}{r_2-r_1}\sum_{i=1}^{2}(-1)^i g(i)+\dfrac{1}{r_4-r_3}\sum_{i=3}^{4}(-1)^i g(i)\\ \mathrm{s.\,t.} & r_1\leqslant y\leqslant z\leqslant d-r_1, \end{cases}$$

其中

$$g(i)=\left[\dfrac{t_i}{2r}(rr_i+H-t_i)+\dfrac{4t_i-2H-rd}{16}\sqrt{\left(\dfrac{2t_i-H}{r}-\dfrac{d}{2}\right)^2+\dfrac{Hd-K}{r}-\dfrac{d^2}{4}}\right.$$
$$\left.+\dfrac{4Hd-4K-rd^2}{32}\ln\left|\dfrac{2t_i-H}{r}-\dfrac{d}{2}+\sqrt{\left(\dfrac{2t_i-H}{r}-\dfrac{d}{2}\right)^2+\dfrac{Hd-K}{r}-\dfrac{d^2}{4}}\right|\right],$$

$H=c_b y+(r-c_b)z$, $K=c_b y^2+(r-c_b)z^2$, $t_i=\dfrac{-rr_i^2-2r_iH+2Hd-K}{2(d-2r_i)}, i=1,2,3,4.$

证明 首先,对于任意给定的 $\gamma \in \Gamma$,随机变量 $\xi(\gamma)$ 服从均匀分布 $\mathcal{U}(\rho(\gamma), d - \rho(\gamma))$,其中 $\rho(\gamma)$ 是模糊变量 ρ 的一个实现值. $\xi(\gamma)$ 的分布函数 $F_{\xi(\gamma)}(x)$ 为

$$F_{\xi(\gamma)}(x) = \begin{cases} 0, & x < \rho(\gamma), \\ \dfrac{x - \rho(\gamma)}{d - 2\rho(\gamma)}, & \rho(\gamma) \leqslant x < d - \rho(\gamma), \\ 1, & x \geqslant d - \rho(\gamma). \end{cases} \tag{10.25}$$

把表达式 (10.25) 和 (10.20) 代入期望值公式,可得

$$\mathrm{E}[\pi'(y, z; \xi(\gamma))] = c_b y + (r - c_b) z$$
$$- \frac{1}{2(d - 2\rho(\gamma))}[c_b(y - \rho(\gamma))^2 + (r - c_b)(z - \rho(\gamma))^2], \quad \gamma \in \Gamma.$$

其次, 得到如下等价形式

$$\mathrm{E}[\pi'(y, z; \xi(\gamma))] \geqslant t \Longleftrightarrow \rho(\gamma) \geqslant \frac{2t - H}{r} - \sqrt{\left(\frac{2t - H}{r} - \frac{d}{2}\right)^2 + \frac{Hd - K}{r} - \frac{d^2}{4}},$$

其中 $H = c_b y + (r - c_b) z$, $K = c_b y^2 + (r - c_b) z^2$.

再次, 对于梯形模糊变量 $\rho = (r_1, r_2, r_3, r_4)$, 根据 (10.22) 式, 有

$$\mathrm{Cr}\{\gamma \in \Gamma | \mathrm{E}[\pi'(y, z; \xi(\gamma))] \geqslant t\}$$
$$= \mathrm{Cr}\left\{\gamma \bigg| \rho(\gamma) \geqslant \frac{2t - H}{r} - \sqrt{\left(\frac{2t - H}{r} - \frac{d}{2}\right)^2 + \frac{Hd - K}{r} - \frac{d^2}{4}}\right\}$$

$$= \begin{cases} 1, & t \leqslant t_1, \\ \dfrac{2r_2 - r_1 - \dfrac{2t - H}{r} + \sqrt{\left(\dfrac{2t - H}{r} - \dfrac{d}{2}\right)^2 + \dfrac{Hd - K}{r} - \dfrac{d^2}{4}}}{2(r_2 - r_1)}, & t_1 < t \leqslant t_2, \\ \dfrac{1}{2}, & t_2 < t \leqslant t_3, \\ \dfrac{r_4 - \dfrac{2t - H}{r} + \sqrt{\left(\dfrac{2t - H}{r} - \dfrac{d}{2}\right)^2 + \dfrac{Hd - K}{r} - \dfrac{d^2}{4}}}{2(r_4 - r_3)}, & t_3 < t \leqslant t_4, \\ 0, & t > t_4, \end{cases}$$

其中 $t_i = \dfrac{-r r_i^2 - 2 r_i H + 2Hd - K}{2(d - 2r_i)}, i = 1, 2, 3, 4.$

最后, 计算积分

$$\int_0^{+\infty} \mathrm{Cr}\left\{\gamma \in \Gamma \bigg| \rho(\gamma) \geqslant \frac{2t - H}{r} - \sqrt{\left(\frac{2t - H}{r} - \frac{d}{2}\right)^2 + \frac{Hd - K}{r} - \frac{d^2}{4}}\right\} \mathrm{d}t,$$

10.2 平衡单目标期望值模型

可求得

$$E_\xi[\pi'(y,z;\xi)] = \frac{1}{r_2 - r_1}\sum_{i=1}^{2}(-1)^i g(i) + \frac{1}{r_4 - r_3}\sum_{i=3}^{4}(-1)^i g(i),$$

其中

$$g(i) = \left[\frac{t_i}{2r}(rr_i + H - t_i) + \frac{4t_i - 2H - rd}{16}\sqrt{\left(\frac{2t_i - H}{r} - \frac{d}{2}\right)^2 + \frac{Hd - K}{r} - \frac{d^2}{4}}\right.$$

$$\left. + \frac{4Hd - 4K - rd^2}{32}\ln\left|\frac{2t_i - H}{r} - \frac{d}{2} + \sqrt{\left(\frac{2t_i - H}{r} - \frac{d}{2}\right)^2 + \frac{Hd - K}{r} - \frac{d^2}{4}}\right|\right],$$

$$H = c_b y + (r - c_b)z, \quad K = c_b y^2 + (r - c_b)z^2, \quad t_i = \frac{-rr_i^2 - 2r_i H + 2Hd - K}{2(d - 2r_i)},$$

$$i = 1, 2, 3, 4.$$

进一步, 可得 $E_\xi[\pi(y,z;\xi)]$ 的表达式.

至此, 在给定分布下, 得到了目标函数 $E_\xi[\pi(y,z;\xi)]$ 的确定表达式.

由条件 $\xi \sim \mathcal{U}(\rho, d - \rho)$, 决策在区间 $[\rho_{\min}(\gamma), d - \rho_{\min}(\gamma)]$ 内产生. 因为 ρ 是梯形模糊变量 (r_1, r_2, r_3, r_4), 所以决策应满足约束 $r_1 \leqslant y \leqslant z \leqslant d - r_1$. □

对于三角分布, 可以得到以下推论.

推论 10.4 如果随机模糊变量 ξ 服从均匀分布 $\mathcal{U}(\rho, d - \rho)$, 其中参数 ρ 是三角模糊变量 (r_1, r_2, r_3), d 是常数, 那么模型 (10.18) 等价于如下模型:

$$\begin{cases} \max & -[c_f y + c_o(z - y)] + \frac{1}{r_2 - r_1}\sum_{i=1}^{2}(-1)^i g(i) - \frac{1}{r_3 - r_2}\sum_{i=2}^{3}(-1)^i g(i) \\ \text{s.t.} & r_1 \leqslant y \leqslant z \leqslant d - r_1, \end{cases}$$

其中

$$g(i) = \left[\frac{t_i}{2r}(rr_i + H - t_i) + \frac{4t_i - 2H - rd}{16}\sqrt{\left(\frac{2t_i - H}{r} - \frac{d}{2}\right)^2 + \frac{Hd - K}{r} - \frac{d^2}{4}}\right.$$

$$\left. + \frac{4Hd - 4K - rd^2}{32}\ln\left|\frac{2t_i - H}{r} - \frac{d}{2} + \sqrt{\left(\frac{2t_i - H}{r} - \frac{d}{2}\right)^2 + \frac{Hd - K}{r} - \frac{d^2}{4}}\right|\right],$$

$$H = c_b y + (r - c_b)z, K = c_b y^2 + (r - c_b)z^2 \text{ 且 } t_i = \frac{-rr_i^2 - 2r_i H + 2Hd - K}{2(d - 2r_i)},$$

$$i = 1, 2, 3.$$

当所有的模糊变量都退化成一点时, 所建立的随机模糊期望值模型退化成随机期望值模型, 恰是定理 10.4 中 $\lambda = 1$ 的情况.

10.2.4 数值实验与结果分析

为了验证所建立模型的有效性, 选用一个实际的案例, 考虑一家天然气分销公司的订购决策问题, 其运营过程见图 10.7.

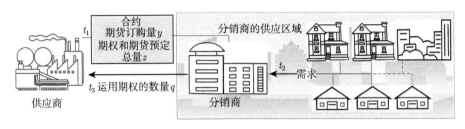

图 10.7 关于时间 t 的天然气供应流程图

1. 天然气供应问题

一家天然气分销公司负责供应某一区域的冬季采暖所用天然气. 天然气从原气开采到销售使用, 需要脱硫、脱碳、脱水等处理过程. 只有提前预定, 才能保证供货. 根据历史统计数据, 此区域的天然气需求量服从均匀分布. 在我国, 采暖方式正逐步向使用天然气转变. 使用天然气供暖的城市中, 普及率最高能达到 85%, 最低的不足 50%. 考虑到天然气采暖并没有完全普及, 且完成天然气采暖改造的用户可以根据自己的体感舒适度控制天然气使用量, 因此天然气的最低和最高需求量会有所波动. 于是, 天然气需求分布的参数需要专家进行估计, 这里使用模糊变量刻画这些参数. 为了降低库存积压, 避免缺货, 这家分销公司可以在全暖季来临前与供应商签订一份期权-期货合同进行天然气预定, 以保证销售季能正常供货, 且收益最大.

下面以石家庄新奥燃气调度中心为石家庄市区供应天然气为例来说明对于此类问题如何确定最优订购方案. 对近几年石家庄市区每年用于冬季采暖的天然气数据进行收集和整理. 例如, 根据石家庄新奥燃气调度中心提供的数据, 石家庄市区 2013 年用于冬季采暖的天然气是 1.449 亿立方米. 参数 r, c_f, c_o 和 c_b 分别表示每件商品的收益、期货成本、期权预定成本和期权使用成本. 取值分别为 $r = 3910$ 元/千立方米、$c_f = 3300$ 元/千立方米、$c_o = 600$ 元/千立方米、$c_b = 3000$ 元/千立方米.

2. 计算结果与数据分析

可使用 10.2.1 小节的模型 (10.18) 来确定合同上的订购量, 以确保公司获得最大利润. 这里不列出所有的实验结果, 仅仅给出一些有代表性的数据.

情形 I: 令需求 ξ 服从均匀分布 $\mathcal{U}(a, \rho)$, 参数 a 是常数, 参数 ρ 是三角模糊变

量 (r_1, r_2, r_3). 参数值和实验结果列于表 10.3 中.

表 10.3　情形 I 下参数对最优决策和收益的影响

序号	分布参数				最优决策		收益
	r_1	r_2	r_3	a	y	z	E_ξ
①	167000.000	170000	170000.001	120000	124923.1	136770.9	76537940
②	168000.000	170000	170000.001	120000	124949.1	136859.7	76555630
③	169000.000	170000	170000.001	120000	124974.8	136947.1	76573020
④	169999.999	170000	170000.001	120000	125000.0	137033.0	76590110
⑤	169999.999	170000	171000.000	120000	125024.8	137117.4	76606920
⑥	169999.999	170000	172000.000	120000	125049.2	137200.5	76623460
⑦	169999.999	170000	173000.000	120000	125073.2	137282.3	76639730
⑧	166000.000	170000	174000.000	120000	124989.3	136996.6	76582870
⑨	167000.000	170000	173000.000	120000	124994.0	137012.5	76586040
⑩	168000.000	170000	172000.000	120000	124997.3	137023.9	76588300
⑪	169000.000	170000	171000.000	120000	124999.3	137030.7	76589660

从表 10.3 的 ①—⑦ 可以看出, 在模糊参数右边跨度接近于零, 左边跨度逐渐减小, 或者模糊参数左边跨度接近于零, 右边跨度逐渐增加的情形下, 订购量和收益增加, 但订购量的增幅递增, 收益的增幅递减.

通过表 10.3 的 ⑧—⑪ 可以看出, 随着三角模糊变量的左跨度和右跨度同时减小, 订购决策和收益都增加, 但它们的增幅递减.

情形 II: 令需求 ξ 服从均匀分布 $\mathcal{U}(\rho, c)$, 参数 c 是常数, 参数 ρ 是三角模糊变量 (r_1, r_2, r_3). 参数值和实验结果列于表 10.4 中.

表 10.4　情形 II 下参数对最优决策和收益的影响

序号	分布参数				最优决策		收益
	r_1	r_2	r_3	c	y	z	E_ξ
①	117000.000	120000	120000.001	170000	124341.3	136550.4	76157820
②	118000.000	120000	120000.001	170000	124557.3	136708.7	76307490
③	119000.000	120000	120000.001	170000	124776.9	136869.5	76451650
④	119999.999	120000	120000.001	170000	125000.0	137033.0	76590110
⑤	119999.999	120000	121000.000	170000	125226.9	137199.2	76722690
⑥	119999.999	120000	122000.000	170000	125457.7	137368.3	76849170
⑦	119999.999	120000	123000.000	170000	125692.5	137540.3	76969360
⑧	116000.000	120000	124000.000	170000	125096.2	137103.4	76439150
⑨	117000.000	120000	123000.000	170000	125054.1	137072.6	76505260
⑩	118000.000	120000	122000.000	170000	125024.0	137050.6	76552420
⑪	119000.000	120000	121000.000	170000	125006.0	137037.4	76580690

从表 10.4 的 ①—⑦ 中可以看出, 在模糊参数右边跨度接近于零, 左边跨度逐渐减小, 或者模糊参数左边跨度接近于零, 右边跨度逐渐增加的情形下, 订购量和

收益增加,并且订购量的增幅递增,但收益的增幅递减.

通过表 10.4 的 ⑧—⑪可以看出,随着三角模糊变量的左跨度和右跨度同时缩小,订购量减小,收益增加,订购量的减幅和收益的增幅递减.

情形Ⅲ:令需求 ξ 服从均匀分布 $\mathcal{U}(\rho,\rho+b)$,参数 b 是常数,参数 ρ 是三角模糊变量 (r_1,r_2,r_3). 参数值和实验结果列于表 10.5 中.

表 10.5 情形Ⅲ下参数对最优决策和收益的影响

序号	分布参数				最优决策		收益
	r_1	r_2	r_3	b	y	z	$E\xi$
①	117000.000	120000	120000.001	50000	124250.0	136283.0	76095950
②	118000.000	120000	120000.001	50000	124500.0	136533.0	76268820
③	119000.000	120000	120000.001	50000	124750.0	136783.0	76433540
④	119999.999	120000	120000.001	50000	125000.0	137033.0	76590110
⑤	119999.999	120000	121000.000	50000	125250.0	137283.0	76738540
⑥	119999.999	120000	122000.000	50000	125500.0	137533.0	76878820
⑦	119999.999	120000	123000.000	50000	125750.0	137783.0	77010950
⑧	116000.000	120000	124000.000	50000	125000.0	137033.0	76381580
⑨	117000.000	120000	123000.000	50000	125000.0	137033.0	76472810
⑩	118000.000	120000	122000.000	50000	125000.0	137033.0	76537980
⑪	119000.000	120000	121000.000	50000	125000.0	137033.0	76577080

由表 10.5 的 ①—③ 可以观察到:当三角模糊变量的右跨度固定时,左跨度越小,收益和最优订购量就越大.随着跨度的减小,订购量线性递增,收益也递增. ①—③ 中所给定的 r_3,只要它大于 r_2 的值,就能得到相同的结论.

通过表 10.5 的 ⑤—⑦,可以观察到三角模糊变量的右跨度变化对收益和决策的影响.当三角模糊变量的左跨度固定,右跨度增加时,收益和最优订购量增加.随着跨度的增长,订购量线性递增. ⑤—⑦ 中所给定的 r_1 值,只要小于 r_2 的值,就能得到相同的结论.

从表 10.5 的 ①—⑦ 中可以看出,当固定右边跨度接近于零,左边跨度逐渐减小,或者固定左边跨度接近于零,右边跨度逐渐增加时,订购量和收益根据上述规律增加.

通过表 10.5 的 ⑧—⑪可以观察到三角模糊变量的左跨度和右跨度同时做相同改变对收益和订购量的影响.左右跨度同时缩小不影响订购量,但收益随之增加,并且增幅递减.

情形Ⅳ:令需求 ξ 服从均匀分布 $\mathcal{U}(\rho,b+2r_2-\rho)$,其主均匀分布与情形Ⅲ的主均匀分布相同,参数 b 为常数,参数 ρ 是三角模糊变量 (r_1,r_2,r_3). 参数值和实验结果列于表 10.6 中.

10.3 本章小结

表 10.6　情形Ⅳ下参数对最优决策和收益的影响

序号	分布参数				最优决策		收益
	r_1	r_2	r_3	b	y	z	E_ξ
①	117000.000	120000	120000.001	50000	124428.2	136805.2	76216620
②	118000.000	120000	120000.001	50000	124612.8	136878.7	76344890
③	119000.000	120000	120000.001	50000	124803.3	136954.6	76469480
④	119999.999	120000	120000.001	50000	125000.0	137033.0	76590110
⑤	119999.999	120000	121000.000	50000	125203.4	137114.0	76706580
⑥	119999.999	120000	122000.000	50000	125414.0	137197.9	76818550
⑦	119999.999	120000	123000.000	50000	125632.1	137284.8	76925700
⑧	116000.000	120000	124000.000	50000	125171.8	137101.4	76482040
⑨	117000.000	120000	123000.000	50000	125096.4	137071.4	76529500
⑩	118000.000	120000	122000.000	50000	125042.7	137050.0	76563230
⑪	119000.000	120000	121000.000	50000	125010.7	137037.2	76583400

观察表 10.6, 得到的结论与由表 10.4 得到的结论相同.

10.2.5　与随机方法比较研究

以上随机模糊变量的主均匀分布是随机模糊变量分布退化得到的结果. 本小节比较随机模糊分布与所对应的随机分布两种情形下所得的结果.

假设均匀分布 $U(a,c)$ 的参数是 $a=120000$, $c=170000$, 其他的价格参数保持不变. 表 10.7 给出了上述天然气供应问题在随机环境下的最优订购决策和收益.

表 10.7　随机环境下的最优决策和收益

价格参数				分布参数		最优决策		收益
r	r_f	c_o	c_b	a	c	y	z	E_ξ
3910	3300	600	3000	120000	170000	125000.0	137033.0	76590110

在表 10.3—表 10.6 中, 四个 ④ 的模糊变量的跨度都非常接近于零. 因此, 随机模糊变量的分布都非常地接近于随机均匀分布 $U(120000,170000)$. 在其他参数都相同的条件下, 四个表格 ④ 中的订购决策和收益都与表 10.7 中均匀分布下的数据相同. 而其他 ①—③ 与 ⑤—⑪ 中的订购决策和收益都与表 10.7 中均匀分布下的数据不同. 这表明: 专家对参数的估计会影响到订购决策和公司的最终收益. 因此, 对双重不确定环境下的供应合同问题进行建模时, 不能忽视主观不确定性. 针对这种情况, 本节所提出的优化方法是必要且有效的.

10.3　本章小结

本章研究了随机需求和随机模糊需求两种情况下供应合同问题的最优订购决

策. 在销售季到来以前, 商品需求未知是分销商进货时经常要面对的情形. 为了降低不确定需求带来的风险, 分销商可以与供应商签订期权–期货合同, 保证进行两次决策, 即先做初始决策, 决定期权与期货的订购数量; 待需求确定后, 决定期权的使用数量, 作为补偿决策. 当历史统计数据充足有效时, 10.1 节用概率分布描述不确定需求. 首先假定分销商是风险规避的, 以最大化收益和最小化风险为目标, 建立了一个两阶段随机双目标供应合同模型. 所建立的两阶段模型等价于一个单阶段模型. 对于一些常见的连续或离散概率分布, 所建立的模型可以转化成等价的确定模型. 用权系数法化双目标模型为单目标模型, 可应用商用软件进行求解. 10.2 节参考历史数据与专家意见, 用可能性分布和概率分布共同描述不确定需求. 以最大化收益为目标, 建立了一个两阶段随机模糊期望值模型. 对于一些常见的分布, 所建立的优化模型也可以转化成等价的确定单阶段模型, 可采用商用软件进行求解. 对于所建立的两个模型, 分别设计了数值实验, 验证模型的有效性. 通过分析计算结果知, 风险偏好水平越大, 两阶段随机双目标模型给出的期货和期权的预定量就越大, 同时收益和风险也越大, 此时建议分销商尽量压低期权预定价格. 此外, 比较研究说明了当数据不充足时, 两阶段随机模糊期望值模型的有效性和必要性.

参 考 文 献

[1] Alumur S, Kara B Y. Network hub location problems: The state of the art. European Journal of Operational Research, 2008, 190: 1–21.

[2] Atamturk A, Savelsbergh M W P. Integer-programming software systems. Annals of operations research, 2005, 140: 67–124.

[3] Bazaraa M S, Jarvis J J. Linear Programming and Network Flows. New York: John Wiley & Sons, Inc., 1977.

[4] Bazaraa M S, Shetty C M. Nonlinear Programming: Theory and Algorithms. New York: John Wiley & Sons, 1979.

[5] Bootaki B, Mahdavi I, Paydar M M. New bi-objective robust design-based utilisation towards dynamic cell formation problem with fuzzy random demands. International Journal of Computer Integrated Manufacturing, 2015, 28(6): 577–592.

[6] Brown A, Lee H. The impact of demand signal quality on optimal dcisions in supply contracts//Shanthikumar J G, et al. Stochastic Modeling and Optimization of Manufacturing Systems and Supply Chains. New York: Springer, 2003: 299–328.

[7] Campbell J F. Integer programming formulations of discrete hub location problems. European Journal of Operational Research, 1994, 72: 387–405.

[8] Campbell J F, Ernst A T, Krishnamoorthy M. Facility Location: Applications and Theory. Heidelberg: Springer Science & Business Media, 2002.

[9] Campbell R, Huisman R, Koedijk K. Optimal portfolio selection in a Value-at-Risk framework. Journal of Banking & Finance, 2001, 25: 1789–1804.

[10] Charnes A, Cooper W W. Chance-constrained programming. Management Science, 1959, 6(1): 73–79.

[11] Chen Z S, Chin K S, Li Y L. A framework for triangular fuzzy random multiple-criteria decision making. International Journal of Fuzzy Systems, 2016, 18(2): 227–247.

[12] Chen Y, Gao J, Yang G Q, Liu Y K. Solving equilibrium standby redundancy optimization problem by hybrid PSO algorithm. Soft Computing, 2018, 22(17): 5631–5645.

[13] Coit D W, Smith A E. Redundancy allocation to maximize a lower percentile of the system time-to-failure distribution. IEEE Transactions on Reliability, 1998, 47: 79–87.

[14] Davis T. Effective supply chain management. Sloan Management Review, 1993, 34(4): 35–46.

[15] Denneberg D. Non-additive Measure and Integral. Dordrecht: Kluwer Academic Publishers, 1994.

[16] Don T, Harit S, English J, Whisker G. Hub and spoke networks in truckload trucking: configuration, testing, and operational concerns. Logistics and Transportation Review, 1995, 31: 209–237.

[17] Ernst A T, Krishnamoorthy M. Efficient algorithms for the uncapacitated single allocation p-hub median problem. Location Science, 1996, 4: 139–154.

[18] Feng X, Liu Y K. Measurability criteria for fuzzy random vectors. Fuzzy Optimization and Decision Making, 2006, 5(3): 245–253.

[19] Feng X, Liu Y K. Bridging credibility measures and credibility distribution functions on Euclidian spaces. Journal of Uncertain Systems, 2016, 10(2): 83–90.

[20] Feng Y, Wu W, Zhang B, Gao J. Transmission line maintenance scheduling considering both randomness and fuzziness. Journal of Uncertain Systems, 2011, 5(4): 243–256.

[21] Gao H X. Applied Multivariate Statistical Analysis. Beijing: Peking University Press, 2005.

[22] Gen M, Cheng R. Genetic algorithms and Engineering Optimization. New York: John Wiley & Sons, 2000.

[23] Glover F. Future paths for integer programming and links to artificial intelligence. Computers & Operations Research, 1986, 5: 533–549.

[24] Hansen P, Mladenović N, Brimberg J, Moreno Pórez J A. Variable Neighborhood Search, Handbook of Metaheuristics. Heidelberg: Springer, 2010.

[25] Hao F, Liu Y K. Portfolio selection problem with equilibrium chance constraint. Journal of Computational Information Systems, 2008, 4(5): 1939–1946.

[26] Hao F, Liu Y K. Mean-variance models for portfolio selection with fuzzy random returns. Journal of Applied Mathematics and Computing, 2009, 30(1-2): 9–38.

[27] Holland J. Adaptation in Natural and Artifical Systems. Ann Arbor: University of Michigan Press, 1975.

[28] Hong D H. Renewal reward process for T-related fuzzy random variables on (R-p, R-q). Fuzzy Optimization and Decision Making, 2014, 13(4): 415–434.

[29] Huang T, Zhao R, Tang W. Risk model with fuzzy random individual claim amount. European Journal of Operational Research, 2009, 192(3): 879–890.

[30] Inuiguchi M, Ichihashi H, Kume Y. Modality constrained programming problems: a unified approach to fuzzy mathematical programming problems in the setting of possibility theory. Information Sciences, 1993, 67: 93–126.

[31] Jeyalakshmi V, Subburaj P. PSO-scaled fuzzy logic to load frequency control in hydrothermal power system. Soft Computing, 2016, 20(7): 2577–2594.

[32] Kall P. Stochastic Linear Programming. Berlin: Springer-Verlag, 1976.

[33] Kall P, Mayer J. Stochastic Linear Programming: Models, Theory and Computation. Dordrecht: Kluwer Academic Publishers, 2005.

[34] Kall P, Wallace S W. Stochastic Programming. New York: John Wiley & Sons, 1994.

[35] Ke H, Ma J. Modeling project time-cost trade-off in fuzzy random environment. Applied Soft Computing, 2014, 19(2): 80–85.

[36] Kennedy J, Eberhart R C. Particle swarm optimization. Proceedings of IEEE International Conference on Neural Networks, Piscataway, NJ, 1995: 1942–1948.

[37] Kibzun AI, Kan Y S. Stochastic Programming Problems with Probability and Quantile Functions. Chichester: Wiley, 1996.

[38] Klein E, Thompson A C. Theory of Correspondences. New York: John Wiley & Sons, 1984.

[39] Kruse R, Meyer K D. Statistics with Vague Data. Dordrecht: D. Reidel Publishing Company, 1987.

[40] Kuby M, Gray R. Hub network design problems with stopovers and feeders: Case of Federal Expess. Transportation Research, 1993, 27: 1–12.

[41] Kumar N, Vidyarthi D P. A model for resource-constrained project scheduling using adaptive PSO. Soft Computing, 2016, 20(4): 1565–1580.

[42] Kuo W, Wan R. Recent advances in optimal reliability allocation. IEEE Transactions on Systems Man and Cybernetics Part A-Systems and Humans, 2007, 37(2): 143–156.

[43] Kwakernaak H. Fuzzy random variables—I. definitions and theorems. Information Sciences, 1978, 15: 1–29.

[44] Kwakernaak H. Fuzzy random variables—II. algorithms and examples for the discrete case. Information Sciences, 1979, 17: 153–178.

[45] Lee Y, Lim B, Park J. A hub location problem in designing digital data sevice networks: Langrangian relaxation approach. Location Science, 1996, 4: 185–194.

[46] Li W, Chen Y. Finding optimal decisions in supply contracts by two-stage bi-objective stochastic optimization method. Journal of Uncertain Systems, 2016, 10(2): 142–160.

[47] Li W, Liu Y K, Chen Y. Modeling a two-stage supply contract problem in a hybrid uncertain environment. Computers & Industrial Engineering, 2018, 123: 289–302.

[48] Li Z H, Liu Y K, Yang G Q. A new probability model for insuring critical path problem with heuristic algorithm. Neurocomputing, 2015, 148: 129–135.

[49] Li S, Shen Q, Tang W, Zhao R. Random fuzzy delayed renewal processes. Soft Computing, 2009, 13(7): 681–690.

[50] Li S, Zhao R, Tang W. Fuzzy random delayed renewal process and fuzzy random equilibrium renewal process. Journal of Intelligent and Fuzzy Systems, 2007, 18(2): 149–156.

[51] Lin Q, Li J, Du Z, Chen J, Ming Z. A novel multi-objective particle swarm optimization with multiple search strategies. European Journal of Operational Research, 2015, 247(3): 732–744.

[52] Liu B. Fuzzy random chance-constrained programming. IEEE Transactions on Fuzzy Systems, 2001, 9(5): 713–720.

[53] Liu B. Theory and Practice of Uncertain Programming. Heidelberg: Physica-Verlag, 2002.

[54] Liu B. Uncertainty Theory: An Introduction to Its Axiomatic Foundations. Berlin: Springer-Verlag, 2004.

[55] Liu B. Uncertainty Theory. 2nd ed. Berlin: Springer, 2007.

[56] Liu Y K. Convergent results about the use of fuzzy simulation in fuzzy optimization priblems. IEEE Transactions on Fuzzy Systems, 2006, 14: 295–304.

[57] Liu Y K. The approximation method for two-stage fuzzy random programming with recourse. IEEE Transactions on Fuzzy Systems, 2007, 15(6): 1197–1208.

[58] Liu Y K. The convergent results about approximating fuzzy random minimum risk problems. Applied Mathematics and Computation, 2008, 205(2): 608–621.

[59] Liu Y K. Credibility Measure Theory-A Modern Methodology of Handling Subjective Uncertainty. Beijing: Science Press, 2018.

[60] Liu Y K, Bai X, Hao F. A class of random fuzzy programming and its hybrid PSO algorithm. Lecture Notes in Artificial Intelligence, 2008, 5227: 308–315.

[61] Liu N, Chen Y, Liu Y K. Optimizing portfolio selection problems under credibilistic CVaR criterion. Journal of Intelligent and Fuzzy Systems, 2018, 34(1): 335–347.

[62] Liu Y K, Chen Y, Yang G Q. Developing multi-objective equilibrium optimization method for sustainable uncertain supply chain planning problems. IEEE Transactions on Fuzzy Systems, 2018, https://doi.org/10.1109/TFUZZ.2018.2851508.

[63] Liu Y K, Dai X. The convergence modes in random fuzzy theory. Thai Journal of Mathematics, 2008, 6(1): 37–47.

[64] Liu Y, Li X, Du Z. Reliability analysis of a random fuzzy repairable parallel system with two non-identical components. Journal of Intelligent & Fuzzy Systems, 2014, 27(6): 2775–2784.

[65] Liu Y K, Gao J. Convergence criteria and convergence relations for sequences of fuzzy random variables. Lecture Notes in Artificial Intelligence, 2005, 3613: 321–331.

[66] Liu Y K, Gao J. The independence of fuzzy variables with applications to fuzzy random optimization. International Journal of Uncertainty, Fuzziness and Knowledge-Based Systems, 2007, 15: 1–20.

[67] Liu Y, Li X, Li J. Reliability analysis of random fuzzy unrepairable systems. Discrete Dynamics in Nature and Society, 2014, (1): 171–188.

[68] Liu Y, Li X, Zhang Y. Random fuzzy repairable coherent systems with independent components. International Journal of Uncertainty, Fuzziness and Knowledge-Based Systems, 2016, 24(06): 859–872.

[69] Liu B, Liu Y K. Expected value of fuzzy variable and fuzzy expected value models. IEEE Transactions on Fuzzy Systems, 2002, 10: 445–450.

[70] Liu Y K, Liu B. Random fuzzy programming with chance measures defined by fuzzy integrals. Mathematical and Computer Modelling, 2002, 36(4–5): 509–524.

[71] Liu Y K, Liu B. Fuzzy random programming with equilibrium chance constraints. Information Sciences, 2005, 170: 363–395.

[72] Liu Y K, Liu B. Expected value operator of random fuzzy variable and random fuzzy expected value models. International Journal of Uncertainty, Fuzziness and Knowledge-Based Systems, 2003, 11(2): 195–215.

[73] Liu Y K, Liu B. A class of fuzzy random optimization: Expected value models. Information Sciences, 2003, 155(1–2): 89–102.

[74] Liu Y K, Liu B. Fuzzy random variables: A scalar expected value operator. Fuzzy Optimization and Decision Making, 2003, 2(2): 143–160.

[75] Liu Y K, Liu B. On minimum-risk problems in fuzzy random decision systems. Computers & Operations Research, 2005, 32(2): 257–283.

[76] Liu Y K, Liu Z, Gao J. The modes of convergence in the approximation of fuzzy random optimization problems. Soft Computing, 2009, 13(2): 117–125.

[77] Liu Y K, Qian W, Yue M. The dominated convergence theorems for sequences of integrable fuzzy random variables. Journal of Uncertain Systems, 2013, 7(2): 118–128.

[78] Liu Y, Tang W, Zhao R. Reliability and mean time to failure of unrepairable systems with fuzzy random lifetimes. IEEE Transactions on Fuzzy Systems, 2007, 15(5): 1009–1026.

[79] Liu Y K, Tian M. Convergence of optimal solutions about approximation scheme for fuzzy programming with minimum-risk criteria. Computers and Mathematics with Applications, 2009, 57(6): 867–884.

[80] Liu Y K, Wang S M. A credibility approach to the measurability of fuzzy random vectors. International Journal of Natural Sciences & Technology, 2006, 1(1): 111–118.

[81] Liu Y K, Wang Y. Equilibrium mean value of random fuzzy variable and its convergence properties. Journal of Uncertain Systems, 2013, 7(4): 243–253.

[82] Liu Y K, Wu X, Hao F. A new chance-variance optimization criterion for portfolio selection in uncertain decision systems. Expert Systems with Applications, 2012, 39: 6514–6526.

[83] Lu J, Wang X, Zhang L, Zhao X. Fuzzy random multi-objective optimization based routing for wireless sensor networks. Soft Computing, 2014, 18(5): 981–994.

[84] Mahata G C. A production-inventory model with imperfect production process and partial backlogging under learning considerations in fuzzy random environments. Journal of Intelligent Manufacturing, 2017, 28(12): 1–15.

[85] Maity S, Roy A, Maiti M. A modified genetic algorithm for solving uncertain constrained solid travelling salesman problems. Computers and Industrial Engineering, 2015, 83: 273–296.

[86] Maity S, Roy A, Maiti M. An imprecise multi-objective genetic algorithm for uncertain constrained multi-objective solid travelling salesman problem. Expert Systems with Applications, 2016, 46: 196–223.

[87] Markowitz H M. Portfolio selection. Journal of Finance, 1952, 7(1): 77–91.

[88] Nureize A, Watada J, Wang S. Fuzzy random regression based multi-attribute evaluation and its application to oil palm fruit grading. Annals of Operations Research, 2014, 219(1): 299–315.

[89] Ojha A, Das B, Mondal S K, Manoranjan M. A transportation problem with fuzzy-stochastic cost. Applied Mathematical Modelling, 2014, 38(4): 1464–1481.

[90] O'Kelly M. A quadratic integer problem for the location of interacting hub facilities. European Journal of Operational Research, 1987, 32: 393–404.

[91] O'Kelly M. The location of interesting hub facilities. Transportation Science, 1986, 20: 92–106.

[92] Painton L, Campbell J. Genetic algorithms in optimization of system reliability. IEEE Transactions on Reliability, 1995, 44: 172–178.

[93] Prékopa A. Stochastic Programming. Dordrecht: Kluwer Academic Publishers, 1995.

[94] Puri M L, Ralescu D A. Fuzzy random variables. Journal of Mathematical Analysis and Applications, 1986, 114: 409–422.

[95] Qin Z. Random fuzzy mean-absolute deviation models for portfolio optimization problem with hybrid uncertainty. Applied Soft Computing, 2017, 56: 597–603.

[96] Qin Q, Cheng S, Zhang Q, Li L, Shi Y. Particle swarm optimization with interswarm interactive learning strategy. IEEE Transactions on Cybernetics, 2016, 46(10): 2238–2251.

[97] Qin R, Liu Y K. Modeling data envelopment analysis by chance method in hybrid uncertain environments. Mathematics and Computers in Simulation, 2010, 80(5): 922–950.

[98] Qin R, Liu Y K. A new data envelopment analysis model with fuzzy random inputs and outputs. Journal of Applied Mathematics and Computing, 2010, 33(1–2): 327–356.

[99] Rubinstein R Y, Melamed B. Modern Simulation and Modeling. Chichester: John Wiley & Sons, 1998.

[100] Sahoo L, Bhunia A K, Kapur P K. Genetic algorithm based multiobjective reliability optimization in interval environment. Computers & Industrial Engineering, 2012, 62: 152–160.

[101] Sakalli U S. Optimization of production-distribution problem in supply chain management under stochastic and fuzzy uncertainties. Mathematical Problems in Engineering, 2017, 2017: 1–29.

[102] Sang S. Optimal models in price competition supply chain under a fuzzy decision environment. Journal of Intelligent & Fuzzy Systems, 2014, 27(1): 257–271.

[103] Sharpe W. The Sharpe ratio. Journal of Portfolio Management, 1994, 21: 49–58.

[104] Shi Y, Eberhart R C. Parameter selection in particle swarm optimization. Lecture Notes in Computer Science, 1998, 1447: 591–600.

[105] Shiryaev A N. Probability. Berlin: Springer-Verlag, 1996.

[106] Sim T, Lowe T J, Thomas B W. The stochastic p-Hub center problem with service-level constraints. Computers & Operations Research, 2009, 36: 3166–3177.

[107] Simon D. Biogeography-based-optimization. IEEE Transactions on Evolutionary Computation, 2008, 12(6): 702–713.

[108] Skorin-Kapov D, Skorin-Kapov J. On tabur search for the location of interacting hub facilities. European Journal of Operational Research, 2008, 190: 1–21.

[109] Soleimani F. Optimal pricing decisions in a fuzzy dual-channel supply chain. Soft Computing, 2016, 20(2): 689–696.

[110] Stancu-Minasian I M. Stochastic Programming with Multiple Objective Functions. Dordrecht: D. Reidel Publishing Company, 1984.

[111] Sugeno M. Theory of fuzzy integral and its applications. Ph. D. Thesis, Tokyo Institute of Technology, 1974.

[112] Walker R C. Introduction to Mathematical Programming. London: Pearson Eduction Inc., 1999.

[113] Wang X. Continuous review inventory model with variable lead time in a fuzzy random environment. Expert Systems with Applications, 2011, 38(9): 11715–11721.

[114] Wang Y, Chen Y, Liu Y K. Modeling portfolio optimization problem by probability-credibility equilibrium risk criterion. Mathematical Problems in Engineering, 2016, 2016(1): 1–13.

[115] Wang Z, Chen T, Tang K, Yao X. A multi-objective approach to redundancy allocation problem in parallel-series systems. IEEE Congress on Evolutionary Computation, 2009: 582–589.

[116] Wang B, Li Y, Watada J. Multi-period portfolio selection with dynamic risk/expected-return level under fuzzy random uncertainty. Information Sciences, 2017, 385: 1–18.

[117] Wang S, Liu Y K, Watada J. Fuzzy random renewal process with queueing applications. Computers & Mathematics with Applications, 2009, 57(7): 1232–1248.

[118] Wang S, Watada J. Fuzzy random redundancy allocation problems//Fuzzy Optimization. Berlin: Springer, 2010: 425–456.

[119] Wang S, Watada J. System reliability optimization models with fuzzy random lifetimes//Fuzzy Stochastic Nptimization. New York: Springer, 2012: 85–116.

[120] Wang S, Watada J. Modelling redundancy allocation for a fuzzy random parallel-series system. Journal of Computational & Applied Mathematics, 2009, 232(2): 539–557.

[121] Wang S, Watada J. A hybrid modified PSO approach to VaR-based facility location problems with variable capacity in fuzzy random uncertainty. Information Sciences, 2012, 192(6): 3–18.

[122] Wang K, Zhou J, Ralescu D A. Arithmetic operations for LR mixed fuzzy random variables via mean chance measure with applications. Journal of Intelligent and Fuzzy Systems, 2017, 32(1): 451–466.

[123] Xu J, Liu Q, Wang R. Multi-objective decision making model under fuzzy random environment and its application to inventory problems. Information Sciences, 2008, 178(14): 2899–2914.

[124] Yang G Q, Liu Y K. Optimizing an equilibrium supply chain network design problem by an improved hybrid biogeography based optimization algorithm. Applied Soft Computing, 2017, 58: 657–668.

[125] Yang K, Liu Y K. Developing equilibrium optimization methods for hub location problems. Soft Computing, 2015, 19: 2337–2353.

[126] Yang G Q, Liu Y K, Yang K. Modeling supply chain network design problem with joint service level constraint. Advances in Intelligent and Soft Computing, 2011, 123: 311–318.

[127] Yang K, Liu Y K, Yang G Q. An improved hybrid particle swarm optimization algorithm for fuzzy p-hub center problem. Computers & Industrial Engineering, 2013, 64: 133–142.

[128] Yang K, Liu Y K, Yang G Q. Solving fuzzy p-hub center problem by genetic algorithm incorporating local search. Applied Soft Computing, 2013, 13: 2624–2632.

[129] Yang K, Liu Y K, Zhang X. Stochastic p-hub center problem with discrete time distributions. Advances in Neural Networks-ISNN 2011, Part II, LNCS, 2011, 6676: 182–191.

[130] Yang D, Xiao T. Pricing and green level decisions of a green supply chain with governmental interventions under fuzzy uncertainties. Journal of Cleaner Production, 2017, 149: 1174–1187.

[131] Yang K, Yang L, Gao Z. Planning and optimization of intermodal hub-and-spoke network under mixed uncertainty. Transportation Research Part E Logistics & Transportation Review, 2016, 95: 248–266.

[132] Zhai H, Liu Y K, Chen W. Applying minimum-risk criterion to stochastic hub location problems. Procedia Engineering, 2012, 29: 2313–2321.

[133] Zhai H, Liu Y K, Yang K. Modeling two-stage UHL problem with uncertain demands. Applied Mathematical Modelling, 2016, 40(4): 3029–3048.

[134] Zhang Q, Li H. MOEA/D: A multiobjective evolutionary algorithm based on decomposition. IEEE Transactions on Evolutionary Computation, 2007, 11(6):712–731.

[135] Zhao R, Liu B. Stochastic programming models for general redundancy-optimization problems. IEEE Transactions on Reliability, 2003, 52(2): 181–191.

[136] Zhao J, Wei J. The coordinating contracts for a fuzzy supply chain with effort and price dependent demand. Applied Mathematical Modelling, 2014, 38(9–10): 2476–2489.

[137] Zhong S, Chen Y, Zhou J. Fuzzy random programming models for location-allocation problem with applications. Computers & Industrial Engineering, 2015, 89: 194–202.

[138] Zhou X, Tu Y, Lev B. Production and work force assignment problem: A bi-level programming approach. International Journal of Management Science and Engineering Management, 2015, 10(1): 50–61.

[139] Zhu Q, Lin Q, Chen W, Wong K C, Coello C A, Li J. Chen J. Zhang J. An external archive-guided multiobjective particle swarm optimization algorithm. IEEE Transactions on Cybernetics, 2017, 47(9): 2794–2808.

[140] 葛泽慧, 孟志青, 胡奇英. 竞争与合作数学模型及供应链管理. 北京: 科学出版社, 2011.

[141] 刘彦奎, 王曙明. 模糊随机优化理论. 北京: 中国农业大学出版社, 2006.

[142] 潘平奇. 线性规划计算 (上). 北京: 科学出版社, 2012.

[143] 潘平奇. 线性规划计算 (下). 北京: 科学出版社, 2012.

[144] 袁亚湘. 非线性优化计算方法. 北京: 科学出版社, 2008.

索　　引

A

AgMOPSO/D 算法，215

B

BBO 算法，169
悲观值方法，26
悲观值，26
本质有界，45，61
逼近方法，61，166，186，208

D

单目标冗余机会约束规划，171
对偶规划 2，7
多目标冗余机会约束规划，172

E

EV-ERV 模型，68

F

非线性规划，3
分离的机会约束，26
分枝定界法，89，118，148
服务水平最大化 pHCP 平衡优化模型，93

G

概率约束规划，8
供应合同问题，216
供应链计划，194
供应链网络设计问题，144

H

混合粒子群优化算法，185
混合整数规划，144

J

均匀分布，46
几乎必然收敛，36，53
几乎一致收敛，36，54

K

可行集，1
可测性准则，16

L

联合机会约束，25
乐观值方法，26
乐观值，26
乐观正偏差变量，27
乐观负偏差变量，27
灵敏度分析，142，231

M

max-max 模糊随机规划模型，27
max-min 模糊随机规划模型，27
max-max 平衡冗余优化模型，175
目标机会约束，27
目标规划模型，27
模糊随机变量，12，13
模糊随机规划，25
模糊随机向量，12
模糊随机事件，22
模糊随机约束，25

P

平衡机会，48，23
平衡分位点函数，43，59

平衡分布, 37, 58
平衡期望值, 36, 63
平衡供应链网络设计模型, 153
平衡关键值枢纽中心选址规划问题, 123
平衡风险值, 67
平衡机会约束, 25
平衡机会规划, 25

Q

期望值, 69, 203, 204, 233, 244
期权–期货合同, 246

R

弱收敛, 37, 53
冗余优化模型, 171

S

随机模糊变量, 46
随机模糊事件, 47
随机模糊向量, 47
三角模糊随机变量, 15
三角模, 25, 49
枢纽选址问题, 84, 113
随机规划, 8, 99, 116, 218

T

凸函数, 29
凸规划, 29, 30, 31

梯形模糊随机变量, 15
碳排放, 196
天然气供应问题, 246
TS 算法, 102

V

VaR 随机供应链网络设计模型, 145

X

线性规划, 1

Y

一致收敛, 36, 53
依平衡测度收敛, 37, 53
依平衡分布收敛, 37, 53
依平衡分位点收敛, 43, 59
一致本质有界, 45, 60
遗传算法, 131
有效不等式, 158

Z

正态模糊随机变量, 15
占优集, 158

其 他

Σ-可测函数, 12
β-悲观值, 26
β-乐观值, 26
0-1 分式规划问题, 116

彩 图

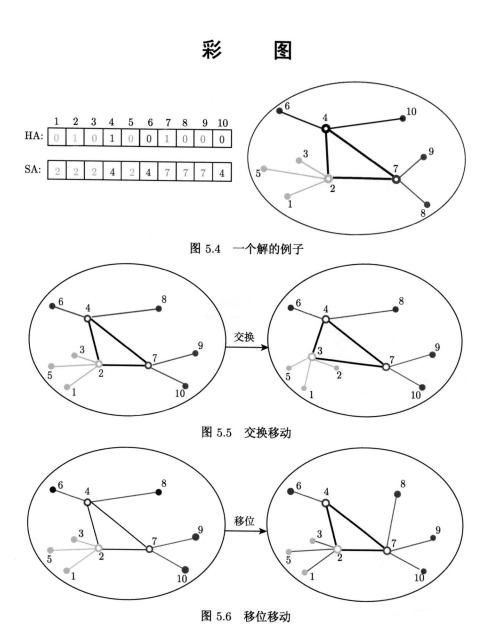

图 5.4 一个解的例子

图 5.5 交换移动

图 5.6 移位移动

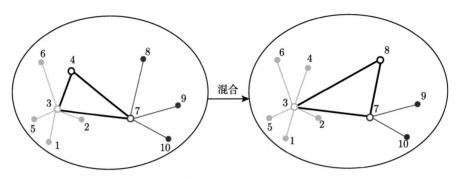

图 5.7 混合移动